多无人飞行器智能自主决策与虚拟仿真验证

宗　群　张秀云　刘　达　刘文静　张睿隆　著

科 学 出 版 社

北　京

内 容 简 介

本书在深入分析未来空间及城市作战需求的基础上，重点对包括多卫星系统及多无人机系统在内的多无人飞行器的智能自主决策问题进行研究。全书以当前国内外在该领域的最新研究成果为背景，提炼其中的关键科学问题，包括星群协同观测的智能任务决策、路径规划和自主协同控制，以及大规模无人机的静态/动态目标观测任务决策、类脑智能攻防对抗及无人机编队避碰控制等。在此基础上，本书将人工智能、类脑智能、协同决策与控制方法相结合，建立了面向多无人飞行器系统的智能自主决策理论框架。

本书适合自动化相关专业的本科生及研究生阅读，同时可供对多无人飞行器协同决策及控制感兴趣的高校师生、科研工作者和工程技术人员阅读参考。

图书在版编目（CIP）数据

多无人飞行器智能自主决策与虚拟仿真验证 / 宗群等著. -- 北京 : 科学出版社，2025. 6. -- ISBN 978-7-03-082068-6

Ⅰ. V47

中国国家版本馆 CIP 数据核字第 2025L3D761 号

责任编辑：张海娜　赵微微 / 责任校对：郝璐璐
责任印制：肖　兴 / 封面设计：无极书装

科学出版社 出版
北京东黄城根北街 16 号
邮政编码：100717
http://www.sciencep.com

三河市骏杰印刷有限公司印刷
科学出版社发行　各地新华书店经销

*

2025 年 6 月第　一　版　开本：720×1000　1/16
2025 年 6 月第一次印刷　印张：18 3/4
字数：375 000

定价：168.00 元

（如有印装质量问题，我社负责调换）

作 者 简 介

宗群，天津大学教授，博士生导师。教育部重大专项专家组副组长、国家科技重大专项制导控制专家组成员、国家863计划项目评审专家，教育部新型飞行器联合研究中心副主任、教育部新型飞行器制导与控制中心主任。中国自动化学会无人飞行器自主控制专业委员会副主任，中国航空学会制导、导航与控制委员会委员，《控制理论与应用》、《宇航学报》、《空间控制技术与应用》等期刊编委。

作为项目负责人完成30余项项目，包括国家科技重大专项、军委科技委项目、民用航天“十三五”技术预先研究项目、国家自然科学基金项目及各航空航天院所项目等。在国内外学术刊物发表论文160余篇，其中SCI收录120余篇，ESI高被引2篇，出版专著5部；授权国家发明专利20余项。获天津市自然科学奖二等奖1项，天津市科学技术进步奖二等奖、三等奖各1项。主要研究方向包括无人机自主运行及实物平台验证、飞行器制导控制与仿真、多智能体编队协调控制、故障诊断与容错控制、复杂系统建模与优化控制，以及类脑智能技术在无人系统上的应用等。

张秀云，天津大学副教授，硕士生导师，工学博士。2014年毕业于青岛大学自动化专业，获工学学士学位，并于天津大学进行硕博连读；2020年毕业于天津大学电气自动化与信息工程学院控制科学与工程专业，获工学博士学位，并留校任教。《空天技术》、《信息与控制》第一届青年编委；中国自动化学会无人飞行器自主控制专业委员会委员、空间及运动体控制专业委员会委员，中国航空学会制导航与控制分会青年委员。作为负责人主持纵向课题9项，包括国家自然科学基金面上项目、国家自然科学基金青年基金项目、国家国防科技工业局稳定支持项目等，以第一/通讯作者发表学术论文30余篇，授权国家发明专利15项，出版飞行器相关专著3部，获天津市科学技术进步奖二等奖1项。主要研究方向为集群智能决策、飞行器故障诊断与容错控制等。

刘达，天津大学博士研究生。2020 年毕业于中国民航大学电子信息与自动化学院电气工程专业，获工学学士学位，并于天津大学进行硕博连读。博士研究生期间针对多飞行器系统开展相关研究工作，参与国家自然科学基金项目、科技创新 2030—“新一代人工智能”重大项目、“思源计划”项目以及各航空航天院所相关项目的研究。在国内外期刊上发表多篇学术论文，并获天津大学优秀博士学位论文培育基金。目前主要从事动态博弈环境下多飞行器任务规划、行为预测、博弈对抗等方面的研究。

刘文静，北京控制工程研究所研究员，工学博士。2003 年毕业于武汉理工大学自动化学院，获工学学士学位；2006 年和 2009 年毕业于天津大学电气自动化与信息工程学院控制理论与控制工程专业，分别获工学硕士、博士学位。2009 年于北京控制工程研究所从事博士后研究工作，2011 年出站并入所工作。中国自动化学会技术过程的故障诊断与安全性专业委员会委员，中国人工智能学会智能空天系统专业委员会委员。参与国家 973 计划项目、国家自然科学基金项目、民用航天项目等 10 余项国家重大项目，以第一/通讯作者发表学术论文 30 余篇，授权专利 20 余项，参与编写行业标准 2 项，出版专著 2 部。主要研究方向为航天器故障诊断与健康管理

张睿隆，北京航天自动控制研究所工程师，工学博士。2015 年毕业于西北工业大学航空学院，获工学学士学位，并于天津大学进行硕博连读；2022 年毕业于天津大学电气自动化与信息工程学院控制科学与工程专业，获工学博士学位；2022 年于北京航天自动控制研究所参加工作。参与科技创新 2030—“新一代人工智能”等国家重大项目，以第一/通讯作者发表学术论文 10 余篇，授权专利 10 余项，出版专著 1 部。主要研究方向为航天器姿态控制、飞行器集群智能决策与规划。

前　言

当前国际形势风云变幻，国际地缘政治危机加剧，我国国防安全面临的不稳定性、不确定性愈发突出，这也对我国的军事攻防能力提出了更高的要求，而分别作为未来空间战场及城市战场的“主导力量”，多卫星系统及多无人机系统将发挥关键性作用，塑造战场格局、实现战略目标并决定战争结果，开展其相关关键技术的研究已经成为当今航天领域的重点及热点。相较于单无人飞行器，多无人飞行器系统具有更强的任务多样性和灵活性，能够执行更多样化的任务，如侦察、监视、搜索与救援等。同时，其任务效率、覆盖范围及抗干扰能力等均更具优势。近年来，人工智能与类脑智能技术的发展，也为多无人飞行器系统赋予了更强大的智能自主决策能力和更高效的任务执行能力，而在未来空间及城市战场环境下，星群协同观测的智能任务决策、路径规划和自主协同控制，以及大规模无人机的静态/动态目标观测任务决策、类脑智能攻防对抗及无人机编队避碰控制等也成为克敌制胜不可或缺的关键技术和挑战，将在决定未来战场态势上发挥重要作用。

在未来复杂的动态博弈环境下，如何借鉴人脑处理信息的机制，赋予多无人飞行器系统智能自主决策、规划、预测及控制能力，实现“全局态势感知、高度协同及适应性”的作战能力，是多无人飞行器研究领域亟待解决的核心问题。本书将人工智能、类脑智能、协同决策与控制相结合，以提高复杂对抗环境下飞行器的智能化与集群化水平为目的，开展相关关键技术研究，探索建立面向多无人飞行器系统智能决策与控制的理论框架，并搭建虚拟仿真验证平台，实现方案部署前的可靠性及有效性验证，为形成我国多无人飞行器系统智能自主决策的创新理论提供相应的技术支撑。

本书的撰写特点如下。

(1) 本书围绕未来城市及空间动态博弈的工程实际需求，以人工智能与类脑智能为主要手段，为包括无人机及卫星在内的多无人飞行器任务决策、规划与控制问题提供解决途径，提高飞行器的智能化与集群化水平，意在抛砖引玉，为读者提供有益借鉴。

(2) 本书涉及星群协同观测的智能任务决策、路径规划和自主协同控制，以及大规模无人机的静态/动态目标观测任务决策、类脑智能攻防对抗及无人机编队避碰控制等多种典型协同决策控制问题，研究内容涵盖当前多无人飞行器领域的重点及热点，提出的决策与控制策略具有一定的理论意义和工程应用价值。

(3) 本书研制并开发面向空间及城市对抗推演的分布式虚拟仿真验证平台，实现典型作战场景下多无人飞行器智能决策控制的算法验证及三维视景演示，为未来算法方案的部署提供可靠保障，具有一定的预见性及实用性价值。

全书共 9 章。第 1 章在介绍多无人机与多卫星系统基本概念的基础上，列举世界各国的多无人机与多卫星项目研究进展，并全面总结国内外多无人飞行器系统任务决策、规划等相关的研究进展，给出本书的撰写特点和内容安排。第 2 章分别考虑空间静态目标及动态威胁目标持续观测需求，重点展开静态及动态任务场景下的星群智能任务决策的研究。第 3 章考虑星群避碰、燃料消耗等多约束条件，研究基于混合专家经验回放与多智能体软演员-评论家(MASAC)的星群路径规划算法。第 4 章考虑星群路径快速安全跟踪控制需求，重点展开基于安全自适应动态规划的星群智能自主协同控制算法的研究。第 5 章考虑多无人机静态及动态任务决策问题，分别展开基于联盟博弈与请求-应答策略的任务分配算法研究，并实现多障碍环境下的多无人机路径规划。第 6 章考虑城市围捕及对抗的典型任务场景，展开基于博弈建模—目标预测—迭代学习—在线决策的类脑智能自主决策策略研究。第 7 章研究基于人工势能法和自适应动态规划的无人机协同控制算法，实现多无人机安全快速的编队控制。第 8 章基于多无人飞行器智能决策算法的验证需求，搭建包括主控软件、视景软件及数据库等在内的多无人飞行器虚拟仿真交互平台。第 9 章分别对星群静态/动态目标观测、编队控制及多无人机围捕、对抗场景下的决策算法展开有效性及可靠性验证。

本书得到国家重点研发计划“‘蜂群’系统智能组网与协同控制”(2018AAA0102401)及国家自然科学基金面上项目“面向空间攻防对抗的星群类脑智能任务决策与动态重构”(62373273)等的资助，并得到北京控制工程研究所的大力支持。此外，中国电子科技集团公司第十四研究所的刘毅，中航工业直升机设计研究所的张正康，中国航空工业集团公司沈阳飞机设计研究所的于卉，天津津航计算技术研究所的张哲宇，中航信移动科技有限公司的李宏博，深圳中广核工程设计有限公司的任梦圆，天津大学的王伟伦、孙树凯、于海然等也参与了本书的撰写工作，在此一并表示感谢。

限于作者水平，书中难免存在不妥之处，恳请读者批评指正。

目　录

前言
第 1 章　绪论 ······ 1
1.1　多无人飞行器基本概念 ······ 2
1.1.1　多无人机的基本概念 ······ 2
1.1.2　多卫星系统的基本概念 ······ 3
1.2　多无人飞行器研究进展 ······ 4
1.2.1　典型多无人飞行器发展现状 ······ 4
1.2.2　任务分配现状 ······ 13
1.2.3　路径规划现状 ······ 17
1.2.4　智能决策现状 ······ 20
1.2.5　协同控制现状 ······ 22
1.2.6　虚拟仿真平台现状 ······ 24
1.3　本书撰写特点和内容安排 ······ 28
1.4　小结 ······ 29
参考文献 ······ 29
第 2 章　星群任务决策 ······ 37
2.1　星群任务决策问题描述 ······ 37
2.1.1　静态目标观测任务决策问题描述 ······ 38
2.1.2　动态目标观测任务决策问题描述 ······ 40
2.2　基于混合专家经验回放的静态目标观测任务决策 ······ 43
2.2.1　基于深度 Q 网络的静态目标观测任务决策模型建立 ······ 43
2.2.2　星群静态目标观测任务智能决策 ······ 45
2.2.3　仿真验证 ······ 47
2.3　基于深度强化学习与指针网络的动态目标观测任务决策 ······ 51
2.3.1　面向接力观测的动态目标观测任务决策模型建立 ······ 52
2.3.2　星群动态目标观测任务智能决策 ······ 53
2.3.3　仿真验证 ······ 55
2.4　小结 ······ 59
参考文献 ······ 59

第 3 章　星群路径规划 ······ 60
3.1　星群路径规划问题描述 ······ 60
3.1.1　卫星路径规划动力学模型 ······ 60
3.1.2　星群路径规划问题约束条件 ······ 61
3.1.3　优化目标 ······ 62
3.1.4　优化模型 ······ 62
3.2　基于序列凸规划的星群路径规划 ······ 63
3.2.1　序列凸规划模型预处理 ······ 63
3.2.2　基于序列凸规划算法的星群路径规划求解 ······ 65
3.2.3　仿真验证 ······ 66
3.3　基于混合专家经验回放与 MASAC 的星群路径规划 ······ 68
3.3.1　面向卫星编队路径规划的随机博弈模型建立 ······ 69
3.3.2　智能路径规划求解 ······ 70
3.3.3　在线任务决策 ······ 74
3.3.4　仿真验证 ······ 74
3.4　小结 ······ 77
参考文献 ······ 77
第 4 章　星群智能自主协同控制 ······ 79
4.1　星群智能自主协同控制基础知识 ······ 79
4.1.1　问题描述 ······ 79
4.1.2　代数图论 ······ 80
4.1.3　多卫星编队控制模型建立 ······ 80
4.2　基于安全自适应动态规划的星群智能自主协同控制 ······ 82
4.2.1　星群智能自主协同控制框架设计 ······ 83
4.2.2　星群智能自主协同控制网络和控制器的设计 ······ 84
4.3　仿真设置与验证 ······ 96
4.3.1　仿真环境设置 ······ 96
4.3.2　仿真参数设置 ······ 96
4.3.3　仿真验证 ······ 98
4.4　小结 ······ 101
参考文献 ······ 102
第 5 章　多无人机任务分配与轨迹规划 ······ 103
5.1　基于联盟博弈的多无人机静态任务分配 ······ 103
5.1.1　任务场景 ······ 104
5.1.2　问题描述 ······ 104

5.1.3 基于联盟博弈的多无人机静态任务分配算法 …… 107
5.1.4 仿真验证 …… 113
5.2 基于请求-应答策略的多无人机动态任务分配 …… 117
5.2.1 任务场景 …… 118
5.2.2 问题描述 …… 118
5.2.3 基于请求-应答策略的多无人机动态任务分配算法 …… 121
5.2.4 仿真验证 …… 131
5.3 基于深度强化学习的多无人机路径规划 …… 134
5.3.1 问题描述 …… 134
5.3.2 基于 MASAC-D 算法的多无人机路径规划算法 …… 136
5.3.3 仿真验证 …… 144
5.4 小结 …… 149
参考文献 …… 150
第 6 章 典型任务场景下多无人机类脑智能自主决策 …… 151
6.1 基于星型拓扑网络的多无人机群体轨迹预测 …… 151
6.1.1 问题描述 …… 152
6.1.2 基于星型拓扑网络的预测模型建立 …… 153
6.1.3 多无人机轨迹预测过程 …… 157
6.1.4 仿真验证 …… 162
6.2 面向围捕任务的多无人机类脑智能自主决策 …… 165
6.2.1 问题描述 …… 165
6.2.2 面向围捕任务的博弈模型建立 …… 168
6.2.3 面向围捕任务的多无人机类脑智能自主决策算法 …… 170
6.2.4 仿真验证 …… 179
6.3 面向对抗任务的多无人机类脑智能自主决策 …… 183
6.3.1 问题描述 …… 184
6.3.2 面向对抗任务的博弈模型建立 …… 186
6.3.3 面向对抗任务的多无人机类脑智能自主决策算法 …… 191
6.3.4 仿真验证 …… 198
6.4 小结 …… 201
参考文献 …… 202
第 7 章 多无人机协同控制 …… 203
7.1 多无人机协同控制模型 …… 203
7.1.1 坐标系建立及坐标转换关系 …… 203
7.1.2 无人机六自由度模型建立 …… 205

7.1.3 无人机编队跟踪误差系统建立 …… 208
7.2 多无人机智能自主协同控制 …… 209
7.2.1 有限时间滑模干扰观测器设计 …… 210
7.2.2 基于人工势能法的避碰项设计 …… 211
7.2.3 无人机编队位置外环智能最优控制器设计 …… 212
7.2.4 多无人机姿态内环控制器设计 …… 217
7.3 仿真设置与验证 …… 219
7.3.1 仿真参数设置 …… 219
7.3.2 仿真验证 …… 221
7.4 小结 …… 225
参考文献 …… 225
第 8 章 多无人飞行器虚拟仿真交互平台设计 …… 227
8.1 虚拟仿真交互平台总体方案 …… 227
8.1.1 虚拟仿真交互平台需求分析 …… 227
8.1.2 虚拟仿真交互平台总体方案设计 …… 229
8.2 主控软件设计 …… 231
8.2.1 主控软件总体架构设计 …… 231
8.2.2 主控软件设计模式与开发框架 …… 232
8.2.3 主控软件用户界面设计 …… 234
8.2.4 主控软件实时仿真模块设计 …… 236
8.2.5 主控软件通信模块设计 …… 238
8.3 实时仿真单元设计 …… 240
8.3.1 任务决策算法实现 …… 240
8.3.2 实时仿真状态信息的获取 …… 241
8.3.3 实时仿真架构设计 …… 243
8.3.4 实时训练环境搭建 …… 246
8.4 视景软件设计 …… 247
8.4.1 视景软件总体架构设计 …… 247
8.4.2 无人飞行器模型库和空间环境库 …… 248
8.4.3 无人机模型库和城市场景搭建 …… 250
8.5 数据库管理模块设计 …… 255
8.5.1 数据表结构设计 …… 256
8.5.2 数据库存取逻辑设计 …… 258
8.5.3 数据查询优化方案 …… 259
8.5.4 数据库回放功能 …… 260

8.6　小结 …… 262
第 9 章　多无人飞行器虚拟仿真演示验证 …… 263
9.1　星群智能自主运行演示验证 …… 263
9.1.1　静态目标观测场景演示验证 …… 263
9.1.2　动态目标观测场景演示验证 …… 267
9.1.3　星群智能自主协同控制场景演示验证 …… 270
9.2　多任务场景下多无人机智能决策演示验证 …… 274
9.2.1　围捕场景演示验证 …… 274
9.2.2　对抗场景演示验证 …… 277
9.2.3　路径规划与编队飞行场景演示验证 …… 280
9.3　小结 …… 285

第1章 绪 论

随着现代科技的飞速发展，多无人飞行器系统——包括多无人机与多卫星，已逐渐成为航空航天领域的重要组成部分，在军事侦察、环境监测、灾难响应和空间探索等众多应用中展示了独特的优势。无人机具有成本低廉、结构轻巧、机动灵活且隐蔽性好等优势。其研究过程大致经历了三个发展阶段，从第一次世界大战的萌芽期，到20世纪80年代以色列首创有人-无人机协同作战引起的发展期，再到当前伴随人工智能相关技术快速发展的蓬勃期，其种类不断增多，性能日益提升，应用领域也逐步拓展。此外，随着信息技术与制造技术的快速进步，批量化、模块化的卫星制造技术显著降低了卫星的制造成本，卫星小型化发展势头强劲。自 2019 年 SpaceX“星链计划”和 OneWeb 的卫星互联网系统进入空间部署阶段以来，全球小卫星发射数量呈现数量级增长，利用大规模低成本小型卫星组成的低轨巨型星座，采用多轨道面、低轨部署，实现面向全球业务区域的高密度覆盖，具有全天候、组网灵活、覆盖范围广、不受地理环境制约等优势，在国家军事、民用领域具有非常大的应用潜力。

当前阶段，单架无人机系统的自主控制技术已经完成了大量的研究工作，针对各种应用场景，专家学者研究了相应的控制算法满足了任务需求。伴随飞行器的批量化、低成本化发展，大规模无人飞行器广泛应用到了民用、军事等领域，如无人机表演、多无人机集群在俄乌战争中的应用。然而随着飞行器数量的增加以及在双方飞行器的动态博弈的场景下，简单的单机控制已经不能满足日益增长的实际应用需求。近年来，动态博弈场景下的大规模无人机任务决策、卫星星群对静态目标与动态目标实时协同观测，城市环境下的多无人机集群实时运动规划、无人机集群的智能攻防对抗、多无人飞行器的协同控制技术以及面向动态博弈场景的虚拟仿真验证等将成为推动多无人飞行器智能化、自主化的关键技术。本书重点针对动态博弈场景下的多无人飞行器自主决策与控制的关键问题进行介绍，针对大规模场景以及动态场景下的任务决策求解慢、适应性不足等问题，提出基于联盟博弈的大规模无人机自主决策与基于深度指针网络的卫星星群智能任务决策方法，同时针对城市楼宇环境下的无人机集群动态博弈场景，设计基于类脑智能的多无人机智能决策方法，此外针对多种任务场景下的多无人飞行器编队控制问题，设计基于深度强化学习的轨迹规划与基于自适应动态规划的多无人机与多航天器的协同控制方法，同时搭建面向典型任务场景下的多无人飞行器智能自主决策虚拟仿真演示验证平台，提高多无人飞行器在多种任务场景下的智能化、自主化水平。

1.1 多无人飞行器基本概念

1.1.1 多无人机的基本概念

无人机是指不载有操作人员、可以自主飞行或遥控驾驶、可以一次使用也可回收使用、携带致命或非致命有效载荷的有动力飞行器。多无人飞行器系统指由多架独立自主的无人机组成的集群，它们通过高级的协同控制与智能决策技术实现集体行动和任务执行。这种系统利用无人机间的通信和协作，形成一个分布式网络，共同完成复杂或危险的任务，如搜索救援、环境监测等。多无人飞行器系统的主要优势在于它们能够通过合作分担单架无人机无法独立完成的任务，提高效率和效果。

与单无人机相比，多无人机系统结合了无人机自身的性能优势和多无人机系统的数量优势，具有更多的优点和应用空间，具体如下。①集群功能分布与专业化：在多无人机系统中，可以将复杂的任务分解并分配给专门配置的无人机执行。这种分布式方法降低了成本，这是因为单一功能的无人机通常比多功能无人机更经济，还能通过专业化提高执行效率和精度。例如，某些无人机可能专注于高速飞行进行区域快速覆盖，而其他无人机搭载高精度传感器进行数据收集。②去中心化的通信和决策：多无人机系统通过去中心化的通信架构提升了整体的鲁棒性和可靠性。在这种模式下，无人机不依赖单一的指挥中心，而是能够自组织并通过点对点通信交换信息，这种方式增强了系统对故障和攻击的抵抗力。例如，在某无人机失效或信号受阻的情况下，依靠自组网技术，其他无人机可以重新组织网络，保证任务继续进行。③分布式探测与信息融合：多无人机系统利用群体中的每一个成员部署在不同的位置和角度上的传感器，进行数据的收集和融合。这种分布式探测能力使得系统在进行环境监测、搜救行动或军事侦察时，能够获取更全面和精确的信息。多无人机协作，如同一台大型、高分辨率的传感网络，极大地提升了探测和分析的能力。④灵活的任务适应与执行：多无人机系统通过协同作业，可以在执行任务时将传感器数据实时发送到任务决策中心，根据实际情况动态调整策略和行动。这种灵活性让无人机群能够在面对复杂和变化多端的环境时，迅速适应并优化任务执行路径，如在灾难响应或复杂地形中的操作。

总体来说，多无人机系统通过群体智能与协同控制技术的赋能，不仅增强了单一任务的执行能力，而且提高了系统的整体效率、可靠性和适应性。这种集体协作的力量展示了多无人机技术在未来应用中的巨大潜力和扩展性。

1.1.2　多卫星系统的基本概念

人造地球卫星即环绕地球飞行并在空间轨道运行一圈以上的无人航天器。人造卫星是发射数量最多、用途最广、发展最快的航天器，主要用于科学探测与研究、天气预报、土地资源调查、土地利用、区域规划、通信、跟踪、导航等各个领域。人造地球卫星主要包括侦察卫星、气象卫星、通信卫星与导航卫星。多卫星系统是由多颗侦察卫星、气象卫星、通信卫星与导航卫星组成的网络化群体，通过空间通信链路相互连接，并通过地面控制站的集中或分布式控制来协同执行复杂的任务。下面首先给出多种人造卫星的定义，并介绍其功能。

1. 侦察卫星

侦察卫星，又称“间谍卫星”，是用于获取军事情报的军用卫星。侦察卫星利用所载的光电遥感器、雷达或无线电接收机等侦察设备，从轨道上对目标实施侦察、监视或跟踪，以获取地面、海洋或空中目标辐射、反射或发射的电磁波信息，用胶片、磁带等记录器将电磁波信息存储于返回舱内，在地面回收或通过无线电传输方式发送到地面接收站，经过光学、电子设备和计算机加工处理，从中提取有价值的军事情报。

2. 气象卫星

气象卫星是世界上应用最广的卫星之一，是指从太空对地球及其大气层进行气象观测的人造地球卫星。卫星所载各种气象遥感器，接收和测量地球及其大气层的可见光、红外和微波辐射，以及卫星导航系统反射的电磁波，并将其转换成电信号传送给地面站。地面站将卫星传来的电信号复原，绘制成各种云层、风速风向、地表和海面图片，再经进一步处理和计算，得出各种气象资料。气象卫星观测范围广，观测次数多，观测时效快，观测数据质量高，不受自然条件和地域条件限制，它所提供的气象信息已广泛应用于日常气象业务、环境监测、防灾减灾、大气科学、海洋学和水文学的研究。

3. 通信卫星

通信卫星是世界上应用最早和最广的卫星之一，是指作为无线电通信中继站的人造地球卫星。通信卫星通过转发无线电信号，实现地面站与航天器之间的无线电通信。通信卫星可以传输电话、电报、传真、数据和电视等信息，按轨道的不同分为地球静止轨道通信卫星、大椭圆轨道通信卫星、中轨道通信卫星和低轨道通信卫星。

4. 导航卫星

导航卫星是指从卫星上连续发射无线电信号，为地面、海洋、空中和空间用户导航定位的人造地球卫星。导航卫星装有专用的无线电导航设备，用户接收导航卫星发来的无线电导航信号，通过时间测距或多普勒测速分别获得用户相对于卫星的距离或距离变化率等导航参数，并根据卫星发送的时间、轨道参数，求出在定位瞬间卫星的实时位置坐标，从而定位出用户的地理位置坐标(二维或三维坐标)和速度矢量分量。

近年来，随着协同控制技术与航天器小型化的发展，多卫星系统取得重要的研究进展，多卫星系统通过集体智能和高度自主的控制，执行复杂的太空任务，如卫星维修、空间构建、行星探索和太空清理等。这种技术的应用标志着航天任务执行方式的一大进步，与单航天器相比，多航天器系统具有较大的应用优势。①自主协同操作：多卫星系统通过高度协调的操作共同执行任务，这种协同可以在无人航天器之间通过协同控制和导航技术实现，使得多航天器在执行复杂操作时具有高度的灵活性和效率。②分布式功能：每个无人航天器可以承担特定的角色或功能，如一些专注于搜集科学数据，而其他则负责物理操作或维护任务。这样的功能分布提高了多航天器执行任务的适应性和成功率。③自主决策能力：随着人工智能和机器学习技术的发展，多卫星系统将具备更好的环境感知、决策支持和自适应任务规划能力，减少了对地面控制中心的依赖，降低通信延迟造成的不安全因素，这对于深空任务尤为重要。

目前，随着人工智能技术与先进控制理论的深入，多无人飞行器如无人机集群、卫星星群朝着批量化、低成本、智能化发展，大规模多无人飞行器系统被广泛应用到了民用、军事等领域。接下来将首先对典型多无人飞行器项目研究进展进行介绍，然后对多无人飞行器中的任务决策、路径规划、智能决策、协同控制和虚拟仿真平台等关键研究问题的发展现状进行分析，总结未来的发展方向。

1.2 多无人飞行器研究进展

1.2.1 典型多无人飞行器发展现状

1. 多无人机系统发展现状

多无人机系统可用于协同执行侦察、对抗打击搜索救援等多种任务。现有的多无人机系统多用于军用领域，由于其成本低、灵活性强等特点，在俄乌战争中已经发挥了巨大作用，受到了世界各国尤其是美国的广泛关注。下面给出近年来美国在军事领域多无人机系统典型战例及相关研究计划，说明其重要地位。

1) “拒止环境中协同作战”项目

2014 年，美国国防高级研究计划局(Defense Advanced Research Projects Agency，DARPA)提出“拒止环境中协同作战”(Collaborative Operations in Denied Environment, CODE)项目。项目目标是发展一套包含协同方法的软件系统，可以适应带宽限制和通信干扰，减少任务指挥官的认知负担，通过自主能力、编队协同、人机接口和开放式架构支撑拒止环境中协同作战。图 1.1 给出 CODE 项目第 2 阶段任务模拟示意图。2018 年 11 月，DARPA 在亚利桑那州尤马试验场进行的一系列测试中，演示了装备 CODE 的无人机系统在“反介入区域拒止”环境下适应和响应意外威胁的能力。无人机系统在尽量降低通信量的同时，高效共享信息，协同规划和分配任务目标，制定协调的战术决策，并协同应对高威胁动态环境。

图 1.1　CODE 项目第 2 阶段任务模拟示意图

2) “小精灵”项目

2015 年，DARPA 下属的战术技术办公室启动了“小精灵”项目，旨在通过有人驾驶飞机发射和回收小型无人机蜂群，增强在反介入/区域拒止环境下的作战能力。这种类似“小精灵”外形的无人机额外安装了可折叠式主翼及低成本发动机，可用于多种不同类型的空中平台投放和回收。如图 1.2 所示，美军通过 B-52H 战略轰炸机携带大量“小精灵”蜂群，在距离目标区域五百公里外，在接近万米的飞行高度上投放，“小精灵”以蜂群形式前往任务目标，执行电子干扰、侦察和攻击等多种任务，执行完任务后在预定地点与运输机汇合，返回基地。

图 1.2 “小精灵”蜂群协同作战示意图

同年，可回收并重复使用的“小精灵”无人机以蜂群形式在空中发射(图 1.3)，通过保养维修后，可在 24h 内执行新的任务，从而实现对当前作战思路和装备系统的颠覆及低成本高效作战。2017 年 3 月 15 日，DARPA 宣布已完成“小精灵”空中发射/回收无人机蜂群项目第 1 阶段的工作，完成了无人机空中发射和回收系统可行性分析，从而确保母机被改装程度最低。项目第 2 阶段的研究重点为设计全尺寸方案，验证关键技术并开展飞行试验。2019 年 2 月初，Dynetics 公司在中国湖(China Lake)的对接站进行了飞行测试，但是测试中并未出现“小精灵”无人机。2021 年 11 月，DARPA 宣布一架改装的 C-130 Hercules(“大力神”)运输机首次成功地从空中回收了一架 X-61A“小精灵”无人机。

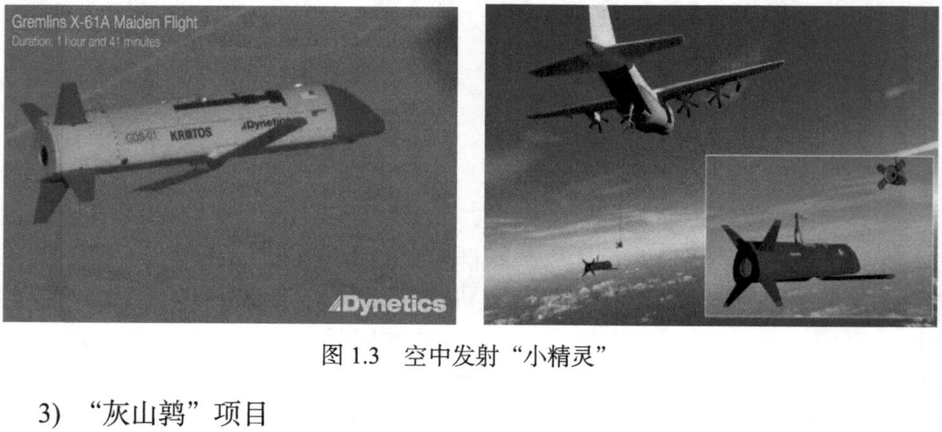

图 1.3 空中发射“小精灵”

3) “灰山鹑”项目

2015 年，美国国防战略能力办公室研发了 Perdix(“灰山鹑”)小型空射无人机。如图 1.4 所示，该无人机质量只有 1lb(1lb=0.454kg)，体积只有“巴掌大小”。由于体积极小，很难被导弹击中，可被用于执行一些特定任务。2016 年 10 月，该无人机已经完成了一次大规模微型无人机蜂群演示。演示中，美国海军通过 3

架战斗机共投放了 103 架“灰山鹑”无人机，无人机间及无人机与指挥站之间可以进行通信与信息共享，演示了集体决策、自修正和自适应编队飞行等多种功能。

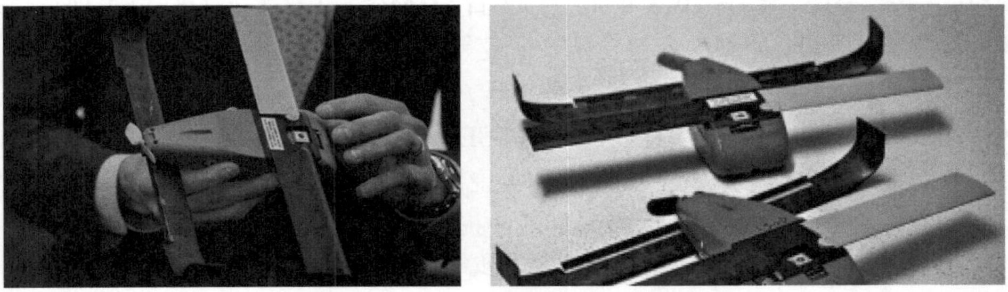

图 1.4　“灰山鹑”无人机

2016 年，美国海军研究院和佐治亚理工学院在双方合作的“低成本无人机蜂群技术”(Low-Cost UAV Swarming Technology, LOCUST)项目中联合发布了一段视频，如图 1.5 所示，已经完成了 30 架无人机连续发射并编组飞行的试验。该项目发展了一型多管发射装置，可在陆地或舰艇甲板上，以每秒一架的速度发射上百架管射小型无人机。这些小型无人机可在特定区域一起执行掩护或巡逻任务，而且还可发展为武器实施对地攻击。同年，美国通用原子公司提出了捕食者 C Avenger(“复仇者”)无人机集群与 F-22 战斗机协同作战概念，计划在 4 架 F-22 战斗机护航下，两个由 8 架“复仇者”组成的无人机集群摧毁敌方地空导弹阵地。

图 1.5　无人机发射(LOCUST 项目)

4)　“进攻性蜂群使能战术”项目

2017 年 1 月，DARPA 发布了“进攻性蜂群使能战术”(OFFensive Swarm-Enabled Tactics，OFFSET)项目的招标书。如图 1.6 所示，OFFSET 项目的目标是设计、研

发并验证一种蜂群系统架构，推动新型蜂群战术的创新、互动和集成。该项目的核心元素在于执行任务过程中提出多种不同的蜂群战术；设计先进沉浸式的蜂群界面从而使得地面指挥人员获得更好的人机交互体验；最终在蜂群作战过程中实现更优的蜂群作战能力。2018 年 11 月 13 日，DARPA 正式发布 OFFSET 项目“蜂群冲刺”第三阶段，冲刺内容包含两个研究领域，一是士兵-蜂群编队形式的创新，二是蜂群战术库的扩充。2019 年 4 月 1 日，DARPA 发布消息，为 OFFSET 项目征集第四阶段蜂群冲刺的创意提案。OFFSET 希望通过超过 250 个自主系统的相互协作，在基本通信、传感、机动性和自主性受限的各种条件(如高层建筑、狭小空间和有限视线)下，为城市区域局部战斗提供关键作战能力，这次征集将聚焦在虚拟环境中开发综合技术方案和在虚拟环境中利用人工智能技术发现和学习新的群体战术。2019 年 9 月发起第五次冲刺方案，该冲刺包含两个主题，一是集群物理试验平台，二是城市环境中的集群实战战术。该方案主要侧重物理测试床的改进，集成到蜂群系统试验台的潜在新技术包括但不限于蜂群传感器、蜂群应用技术、蜂群通信方法、模块化平台和蜂群操纵机制。

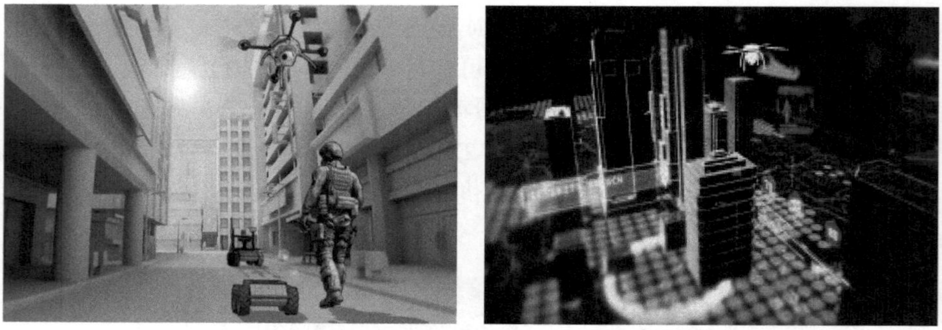

图 1.6　OFFSET 项目

5)　“超级蜂群”项目

“超级蜂群”(Super Swarm)是一项由美国海军研究的新一代人工智能赋能大规模无人机集群的项目，旨在开发和部署大规模的无人机群体，这些无人机能够执行复杂的协同任务，以提高战场上的战术灵活性和打击能力。该项目涉及以下几个关键研究内容。①多域操作：计划利用从舰船、潜艇、飞机和地面车辆发射的无人机群体，执行“多域操作”。这些无人机将携带多种有效载荷，包括传感器、电子战设备和武器。②自主协同规划和任务决策：包括协同规划和任务决策，以增强无人机群体的自主作战能力；还包括在通信带宽可能受到干扰的情况下，无人机能够独立执行任务和作出决策。③人机协作(MATes)：致力于改善人类操作者与无人机群体之间的互动，简化控制接口，并提高群体的独立作战能力。④长距离和精确侦察：通过这些技术，美国海军希望能够部署长距离旅行、进行广域详细侦察并找到攻击目标的大规模无人机群体。

综上，多无人机通过近年来的不断发展，在军事领域中发挥了越来越重要的作用，同时智能技术的落地，使得无人机集群在战场环境中目标识别、任务规划、自主控制等能力不断提高，成为未来发展的主流方向。

2. 多卫星系统发展现状

与多无人机系统类似，多航天器系统可由多个航天器组成，具备载荷样化、任务执行能力多样化的优势，近年来也取得了重要进展。

1) LISA 卫星

激光干涉空间天线(Laser Interferometer Space Antenna，LISA)项目最早是从 20 世纪 90 年代开始，最初由美国国家航空航天局(National Aeronautics and Space Administration, NASA)和欧洲航天局(European Space Agency, ESA)合作研发，如图 1.7 所示，是当前国际上发展最为成熟的空间引力波探测计划之一，后来由于 NASA 的退出和欧洲经费预算的缩减，LISA 发展成为 eLISA(evolved-LISA)项目。eLISA 的技术演示项目 LISA-Pathfinder 已于 2015 年 12 月发射，以验证 LISA 任务中的关键技术，主要有惯性传感技术、无拖曳姿态控制技术和微推进技术，并在 38cm 的距离上实现了 0.01pm 测距精度。2016 年 ESA 重新与 NASA 展开合作，LISA 项目又得以恢复，预计于 2034 年发射。

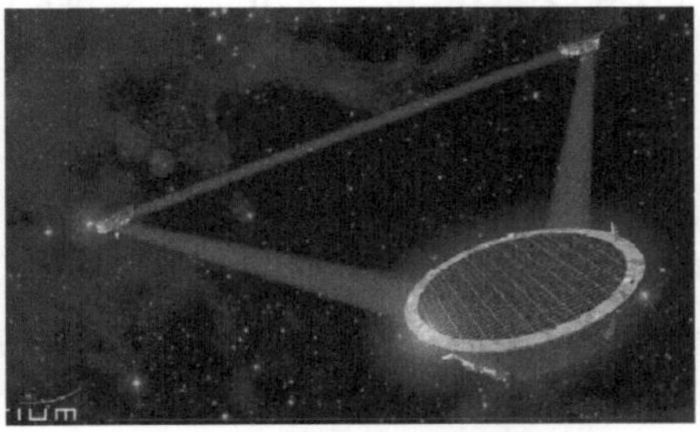

(a) LISA 系统渲染图

(b) LISA 上的激光干涉测距验证系统

图 1.7 LISA 系统结构示意

LISA 由分布在拉格朗日 L2 点轨道上的相互间为等边三角形的三颗卫星组成，卫星间距为 2.5×10^6km。用外差式激光干涉测距技术来测量星间距离的相对变化。每颗卫星包含两组光学组件结构，每组分别指向另两颗星，构成迈克耳孙干涉结构。在卫星的中心，是一个真空包络下的自由状态的 4cm 铂金块，用作反馈的镜面，测量精度为 10pm 量级。整颗卫星构成一个检验质量的防护体。三颗卫星通过无拖曳设计，实现卫星间温和地、稳定地相对运动。LISA 的激光干涉系统的功能主要包括：①测量相邻两星间的相对位移变化，敏感 $3\times10^{-5}\sim10^{-1}$ Hz 频带的宇宙引力波引起的光线偏折；②测量接收激光和发射激光的指向夹角，动态调整光路，使得接收激光和发射激光保持平行。

2) GRACE Follow-on 卫星

2002 年发射的 NASA 与德国地球科学研究中心合作研发的重力恢复和气候实验(Gravity Recovery and Climate Experiment，GRACE)卫星取得了巨大的成功，发现了格陵兰冰盖的加速消融，为碳排放导致全球变暖提供了可靠的依据。GRACE 是由两颗卫星构成的双星系统，如图 1.8 所示，基线长度达到 200km 级，测距精度达到微米级。

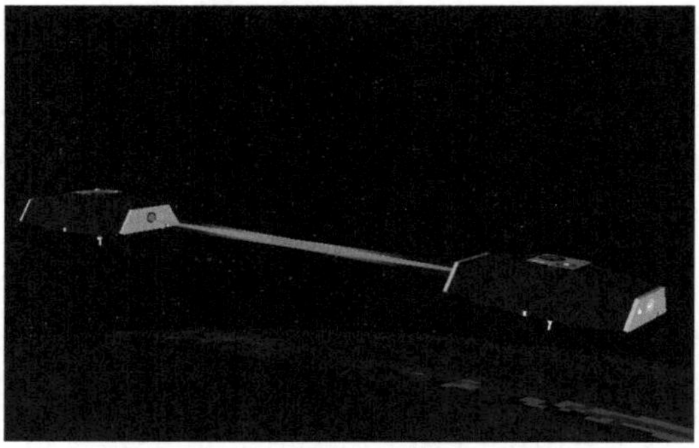

图 1.8　GRACE 编队飞行效果图

随着 GRACE 寿命期限的临近，下一代 GRACE(GRACE Follow-on)已经于 2018 年发射升空并成功运转，GRACE Follow-on 与前代 GRACE 最重要的区别在于其搭载了具有更高测距精度的激光干涉仪。激光测距处理器基于 LISA 的设计，处理追踪到的以及锁相环节获得的相位信息，并为星间的差分波前传感系统提供反馈控制信号。GRACE Follow-on 是人类首次应用星载干涉仪进行远程空间飞行器测距，标志着空间大长度激光测量时代已经到来，具有里程碑的意义，如图 1.9 所示。

图 1.9　GRACE Follow-on 卫星

3) “黑杰克”项目

“黑杰克”项目寻求研发多个具有较低“尺寸、质量、功耗及成本”特征的低轨军事通信与监视卫星,包括低成本卫星有效载荷和商业化卫星平台,如图1.10所示。虽然在低轨运行,但能力上与目前在地球同步轨道上运行的军事通信系统相似,而成本只占后者的一小部分。“黑杰克”卫星是一种即插即用型的卫星,主要功能是提供宽度通信,由一个商业化卫星平台、一个控制单元和一个或多个能够自主运行超过24h的军用有效载荷组成,用于导弹防御、定时、导航、定位以及情报、监视和侦察,不需要进行重新设计就可以添加新的有效载荷,与传统的卫星相比,能够实现快速生产和成本降低。2018年4月,DARPA发布“黑杰克”项目跨部门公告。11月,DARPA与空客防务和航天公司、蓝峡谷技术公司、Telesat公司签署合同,为项目开发卫星总线。2019年1月,空客公司获得290万美元的合同,为“黑杰克”计划生产卫星总线,实现将军事传感器与商用总线的集成。10月,雷声公司完成了“黑杰克”的初步设计审查。2020年,DARPA启动“黑杰克”项目卫星集成的第一阶段,洛克希德·马丁公司获得项目的卫星集成合同,对项目卫星总线、有效载荷和太空指挥与数据处理器之间的接口进行定义和管理。

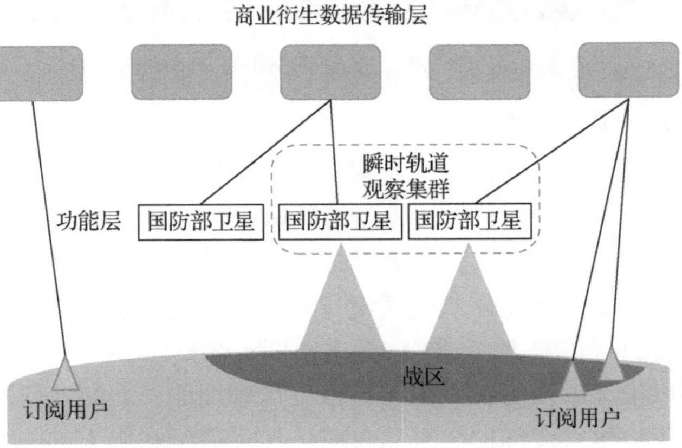

图1.10 “黑杰克”星座运行概念图

4) 星链项目

星链(Starlink)系统是一类典型的多航天器系统,是由美国SpaceX公司于2015年推出的低轨卫星互联网星座,旨在提供高效的全球卫星通信服务。在俄乌冲突中,SpaceX公司向乌军提供了2万个终端,有效提升了乌军在信息拒止条件下的通信能力。2022年12月,SpaceX公司推出“星盾”计划,为政府与军事机构提供传感、通信、导航服务。星链计划在2019～2024年完成由1.2万颗卫星构成的第一星座,之后再发射3万颗卫星构成第二星座。后调整为在2024年完成第一星座的一半,2026年前后完成第一星座。

其中，第一星座分两个阶段部署，第一阶段由 5 个壳层的 4408 颗卫星构成，以高度 550km 左右、倾斜 53°左右的壳层 1 与壳层 2 为主；第二阶段由 3 个壳层的 7500 颗卫星组成，高度 340km 左右，倾角分别为 42°、48°、53°。一阶段壳层的主要构型是 72 个轨道面，每个轨道面有 22 颗卫星。二阶段卫星分布更为密集，在 72 个轨道面的情况下，每个轨道面将有 35 颗卫星。星座构型如图 1.11 所示。

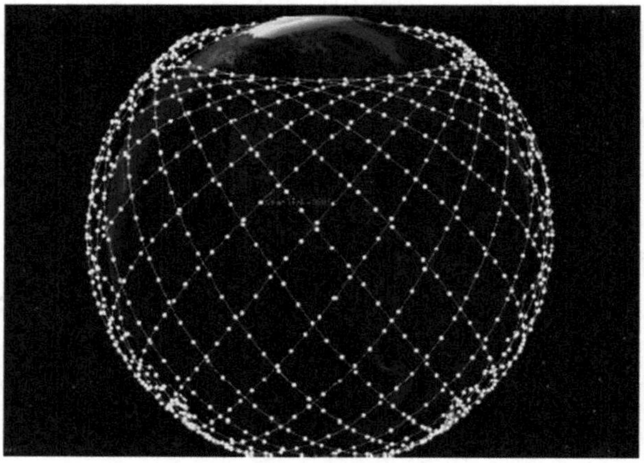

图 1.11　星座构型示意图

星链在未来军事领域中具有广泛的应用潜力。①智能远程火力打击：美陆军使用低轨卫星与无人机进行探测，发现目标后迅速将信息回传至战术情报地面接入点，将信息输入“普罗米修斯”系统进行快速的目标分析与坐标计算，得到可靠目指之后利用人工智能“火力风暴”进行迅速的弹目匹配，星链的庞大规模、高速星间通信及分布式计算使星链系统具备独立发现、定位、跟踪、瞄准、评估支撑远程精确火力打击能力。②有人/无人协同大洋反潜：星链能够提供前线情报、目指回传、远程指令下达服务、远程目指下达等功能，在海战反潜领域，可利用各种平台常态化搜集海洋环境信息与目标特征，战时利用大型无人潜航器、水下预置武器、敏捷反潜系统进行反潜作战，必要时与反潜机、驱逐舰等进行协同反潜。③无人蜂群作战：星链加入前线情报目指回传、远程指令下达、无人系统广域自组网、目标跟踪、部队机动等环节，使得蜂群自主协同能力增强，蜂群与云端智能系统之间的即时交互成为可能，大幅提高蜂群的智能程度及战场的适应性。总之，由于星链具有全球覆盖、数量巨大、高速通信等特点，在未来海、陆、空等领域几乎具有融入所有作战行动的潜力，未来必将在各种战场上深度嵌入美军作战体系，发挥重要的作战能力。

综上，多卫星系统通过近年来的不断发展，批量化、模块化的卫星制造技术显著降低了卫星的制造成本，同时随着智能技术与先进控制理论方法的落地，由多颗卫星组成的多卫星系统，将会在未来全面提升全域作战能力，使得多卫星系统的信息通信、太空监视、导弹预警和导航定位能力不断提高，成为未来发展的主流方向。

1.2.2　任务分配现状

多无人飞行器任务分配是指在给定飞行器种类和数量的前提下，基于任务需求、环境条件、飞行器性能、携带载荷、任务目标、执行任务能力、任务重要程度等约束条件，以执行任务收益最大、代价最小或执行时间最短等为性能指标，为各个任务分配合适的执行飞行器，合理进行资源分配，使多无人飞行器系统高效完成指定任务。对此，国内外相关领域的专家进行了较为深入的理论分析与研究。在此针对多无人飞行器的任务分配问题，从静态任务分配和动态任务分配两方面展开论述。

1. 多无人飞行器静态任务分配

多无人飞行器的静态任务分配是指在静态环境下，针对确定的静态任务或目标，地面控制站或无人飞行器根据获取到的环境、任务等信息，将总体任务分配建模为优化问题，并采用相关优化方法进行求解，得到相应的任务分配结果。在静态任务分配问题中，可以将地面站作为决策主体，也可以将无人飞行器作为决策主体。

1) 由地面站进行分配

由地面站进行分配，是指由地面站中心节点根据收集到的所有信息，给出相应的任务分配结果，从而引导各飞行器在指定的约束条件下完成任务。采用的方法通常为集中式方法，主要包括整数规划、图论等最优化方法，以及遗传算法、粒子群优化算法等启发式方法。2005 年，国防科技大学的叶媛媛等[1]提出了基于满意决策的多无人机协同目标分配技术，对其中的满意集计算、联合满意度、拒绝度和选择度的建立和计算等关键问题进行了讨论。2013 年，西安电子科技大学的谷稳[2]提出基于改进匈牙利算法的无人机目标分配，使其可以同时适用于平衡与不平衡的目标分配问题。2015 年，海军航空工程学院的颜骥等[3]针对多无人机协同复杂任务分配问题，建立了将任务收益与任务执行时间直接联系起来的任务分配模型，设计了混合离散粒子群-郭涛算法的组合优化问题求解策略，解决了 3 架无人机对 10 个静态目标的任务分配问题，相较于传统离散粒子群优化算法，其获得最优解的次数明显增多，有效提高了求解精度。2016 年，西北工业大学的 Zhang 等[4]考虑多无人机协同执行侦察任务的区域分配问题，提出改进的粒子群优化算法，利用二进制矩阵对粒子进行离散化，并加入交叉变异算子，最大化无人机收益。同年，韩国首尔大学的 Oh 等[5]针对多无人机执行协同定时任务，提出结合图论的改进粒子群算法，获得最小化成本的任务序列，相较于贪婪算法，能够得到更优的分配结果。2018 年，国防科技大学的林君灿等[6]针对异构无人机反雷达作战任务，考虑时间窗约束，建立混合整数线性规划模型，并结合多层编码遗传算法获取无人机编队任务执行序列。2018 年，葡萄牙波尔图大学 Baliyarasimhuni 团队[7]针对多无人机执行信息收集任务，提出基于混合整数规划的任务分配方法，实现了网络能耗最小化。2018 年，天津大学的宗群等[8]针对复杂约束环境下大规模作战无人机的协同任务分配问题，提出了离散粒子群-郭涛-模拟退火算法，通过粒子交叉变异进行搜索与寻优，并通过模拟退火 Metropolis 准则跳出局部最优，解决局部极小与收敛速度慢的问题，实现了 100 架无人机执行 10 个任务目标的任务分配，求解时间大约为 165s，比动态离散粒子优化群算法缩短了 170s。2019 年，美国北亚利桑那大学的 Mousavi 等[9]考虑资源受限情况，提出基于量子遗传算法的多目标优化方法，解决异构无人机网络的任务分配，实现资源消耗最小化。2020 年，国防科技大学的 Wang 等[10]针对复杂场景中的异构无人机任务分配，设计了多层编码策略和约束调度方法来处理多种耦合约束，并采用改进的量子粒子群优化算法，实现多目标优化问题的高效求解。

2) 由飞行器自主分配

与地面站分配不同，飞行器自主分配不具有中央控制器，而是将每个无人单元作为决策主体，无人单元之间通过通信，将所处环境、任务目标情况、自身状态等信息进行交互，并在此基础上选择自身要执行的任务。采用的方法通常为分布式方法，主要包括拍卖算法、一致性包算法(consensus-based bundle algorithm, CBBA)等基于市场机制的方法以及基于博弈论的方法。2009 年，美国麻省理工学院 How 团队[11]考虑智能体通信距离受限，针对时间敏感型目标，首次提出一致性拍卖算法(consensus-based auction algorithm, CBAA)，该算法通过借鉴市场决策机制，采用拍卖方式进行任务选择，并基于一致性策略消解冲突，同时将该算法扩展为一致性包算法，并应用到多任务场景。2011 年，美国弗吉尼亚理工大学的 Saad 等[12]针对无人机数据收集时的任务分配，考虑任务执行顺序，以吞吐量和时延作为性能指标，提出基于享乐博弈的任务分配方法，将无人机和任务作为博弈参与者，通过切换得到最优任务分配结果。2011 年，美国麻省理工学院的 Whitten 等[13]针对多无人机协同搜救问题，考虑执行任务的无人机无法与地面站建立连接的情况，设置中继无人机并采用一致性包算法，决策出无人机的搜救区域，保证无人机在进行搜救过程中网络连通，可以给地面决策站提供实时信息。2015 年，韩国科学技术院的 Lee 等[14]针对通信范围与资源受限情况下的多无人机任务分配问题，采用基于多跳网络结合分布式拍卖的求解策略，解决了资源和电量消耗下的实时最优分配问题，实现了 4 架无人机执行 56 个任务的任务分配问题，相比传统的分布式拍卖算法，具有更快的执行任务速度，且消耗资源更少。2017

年，英国克兰菲尔德大学的 Jang 等[15]考虑任务对异构无人机不同能力的要求，提出了一种分布式博弈算法，将任务分配问题转化为最小背包问题并结合禁忌学习启发算法，能快速地得出分配结果且保证了算法的次优性。次年，Jang 等[16]为解决大规模智能体系统的任务分配问题，考虑具有社会抑制性的智能体，提出基于享乐博弈的自主决策框架，由每个智能体根据局部信息自主选择，并通过冲突消解在系统内达成一致结果，在多项式时间内实现了收敛。2020 年，空军工程大学的 Luan 等[17]考虑无人机的任务类型、能量消耗和执行任务时间等约束，将多无人机任务分配问题建模为联盟形成博弈，基于合作规则进行迭代求解，无人机自主选择任务区域，在提高任务完成度的同时，减少无人机的能量消耗。2021 年，美国北佛罗里达大学 Czarnecki 等[18]针对异构智能体协同完成任务问题，采用基于加权匹配算法的享乐联盟形成策略，通过最小化联盟形成成本以及最大化匹配程度，实现异构智能体载荷传感器与任务的最佳匹配。2020 年，澳大利亚斯威本科技大学的 Li 等[19]将大规模异构智能体任务分配建模为势博弈，采用贪婪纳什均衡算法进行求解，通过设定迭代次数上限，可随时获得与各任务对应的联盟结构，该算法与其他任务分配算法相比，计算时间显著缩短。

2. 多无人飞行器动态任务分配

多无人飞行器的动态任务分配主要针对不确定环境下的动态目标或者变化的网络拓扑，通常由无人飞行器根据获取到的实时数据进行分布式分配，动态确定或调整执行任务的飞行器分组结果或自身的任务执行序列，一般包括飞行器调度、突发任务分配以及飞行器攻击目标分配等。

动态任务分配一般由无人飞行器自主进行，采用的方法有粒子群优化算法、生物智能算法、市场机制方法和强化学习算法。2015 年，北京航空航天大学 Duan 等[20]以敌我双方剩余作战能力作为性能指标，建立攻击目标分配问题的动态博弈模型，提出基于改进的粒子群优化算法求解近似纳什均衡解。同年，北京理工大学 Zha 等[21]针对敌我无人机对抗目标分配问题，考虑敌方类型不确定，以敌我双方导弹剩余数量和平台毁伤程度为性能指标，提出基于最佳响应的迭代求解方法。空军航空大学的赵雪森等[22]针对动态环境下的多无人作战飞机协同任务分配问题，采用基于改进量子粒子群优化算法的策略进行了研究，实现了动态环境下的协同任务重分配。2017 年，伦敦大学学院汪军团队联合阿里巴巴合作研究了多个智能体间的合作与竞争，建立《星际争霸》的随机博弈模型，综合考虑任务的突发性与不确定性，采用多智能体强化学习算法研究分布式智能任务分配方法；并进一步考虑红蓝双方大规模智能体协同打击场景，提出平均场多智能体强化学习算法，为智能体规划打击或移动方向[23-25]。2018 年，韩国科学技术院 Choi 团队[26]针对超视距敌我作战，建立随机博弈模型，考虑导弹发射时间，以己方损伤最小、敌方损伤最大为目标，采用最优化方法得到最优目标分配和导弹最佳发射时间。2018年，美国麻省理工学院航空航天控制实验室的 Kurdi 等[27]受到蝗虫物种对内外部刺激产生的自主和弹性行为启发，提出一种新的自主生物启发任务分配方法，实现了不同任务区域的多无人机协同搜索与救援。该方法使得每架无人机在执行任务的过程中只需根据自身运行状态与任务参数进行动态调整，无须与邻机进行直接通信，实现了 128 架无人机救援 12 个目标，仿真实验结果验证了所提方法可以显著提高静吞吐量，缩短平均完成任务的时间。2019 年，天津大学的 Zhao 等[28]针对不确定环境下的异构无人机任务分配问题，考虑任务优先级，采用基于 Q 学习的强化学习算法学习分配策略，在求解速度上具有较大优势，并且对突发任务具有较强的自适应能力。2019 年，南京航空航天大学的 Zhen 等[29]针对动态目标的多无人机协同搜索攻击问题，提出基于分布式蚁群优化的智能自组织任务分配方法，在该分布式框架内，每架无人机解决自己的局部优化问题，并通过通信获取其他无人机信息，实现多无人机协同的最佳分配。同年，西北工业大学的 Fu 等[30]在一致性拍卖算法的基础上，提出基于任务序列机制的无人机任务和资源动态分配算法，能够在各无人机资源有限的情况下，以实时分布式的方式为无人机分配不同的任务。2020 年，复旦大学的 Wu 等[31]考虑动态环境下的任务工作负载变化，提出基于势博弈的分布式动态任务分配方法，利用二进制对数线性学习算法进行求解，分阶段对任务分配结果进行调整，以最佳资源配置执行任务，实现无人机蜂群任务完成时间最短。2020 年，美国麻省理工学院的 Kurdi 等[32]采用蜂群启发的任务分配方法解决多无人机搜索救援问题，无人机通过模仿蜜蜂寻找花蜜的行为动态改变自身角色，以适应搜索救援过程中不断变化的任务参数与环境情况，实验结果表明该方法能够以更短的时间救援更多的目标，且具有高度的灵活性。2021 年，美国得克萨斯大学奥斯汀分校的 Bakolas 等[33]将博弈论引入动态任务分配过程，考虑智能体的状态变化，基于贪婪算法，以智能体个体效用最大完成空间分布任务。

综上所述，对于静态任务分配问题，国内外的相关研究方法已经相当成熟，地面站采用的集中式方法可以获得全局信息，得到的分配结果具有较好的全局最优性，但不适用于规模较大的场合，存在求解难度大、实时性差的问题；无人飞行器采用的方法对地面控制中心的依赖性小，鲁棒性与可扩展性较好，求解速度也有所提升，但求解速度与分配效果受无人系统规模的限制。此外，由于博弈方法收敛性较好，与集中式方法和市场机制方法相比，计算资源消耗与通信相对较少，多用于处理大规模任务分配。对于动态任务分配问题，目前的研究主流方向依然是以拍卖、一致性包算法等基于市场机制的方法进行动态环境下的任务重分配。而存在的问题在于由于基于市场机制方法是分布式方法，其结果的最优性会受到影响，并且无人机之间的交互较多，计算资源消耗较大，不适合向大规模扩展。此外，利用强化学习算法解决高动态环境下的无人机分配问题在近些年也得到了较多关注，提供了一种新的解决思路。

1.2.3 路径规划现状

多无人飞行器的轨迹规划是一种具有自由终端时间的最优控制问题，综合考虑燃料消耗等性能指标，并在满足初始终端约束、控制约束和避撞约束等条件的前提下，求解最优轨迹。针对轨迹规划问题，学者研究出了许多方法解决这一问题，下面将从传统轨迹规划方法和智能轨迹规划方法两个方面进行研究现状的综述。

1. 传统轨迹规划方法研究现状

2009 年，新加坡南洋理工大学的 Wu 等[34]利用低推力推进系统实现卫星编队重构的燃料最优机动策略，应用 Legendre 伪谱法将得到的非线性最优控制问题转化为非线性规划问题，主星和所有子星都考虑障碍约束，通过施加能量匹配条件和最终几何结构来确保与所需编队相对应的卫星终端轨道状态。2012 年，哈尔滨工业大学的黄海滨等[35]同样是用 Legendre 伪谱法求解卫星编队重构的规划问题，并通过庞特里亚金最小值原理计算出各星间的碰撞点，在碰撞点附近设置符合高斯分布的测试点以避免碰撞。2014 年，伊利诺伊大学厄巴纳-香槟分校的 Morgan 等[36]提出了一种去中心方法的由数百到数千个能力有限的小卫星构成的集群最优制导与重构算法，该算法在避免碰撞和最小化燃料的同时，从一个不变轨道转移到另一个不变轨道，利用序列凸规划求解一系列近似解直到解收敛为止的路径规划问题。2015 年，北京航空航天大学的 Zhang 等[37]提出了一种改进的鸽群算法解决航天器编队重构问题，传统鸽群算法虽然解决了收敛速度问题，但其全局搜索能力仍不容乐观，为解决此问题，在鸽群算法中引入高斯项，即高斯鸽群算法。2016 年，美国空中客车防务与航天公司的 Camino 等[38]针对多波束卫星系统，利用混合整数线性规划求解波束布局的优化问题，相比于其他算法得出的次优解，混合整数线性规划(mixed-integer linear programming，MILP)算法达到并且证明了解的最优性，可为后续研究打下良好的基础。2017 年，加州理工学院的 Goel 等[39]针对实现天基太阳能发电系统的空间太阳能计划，设计了 4×4 的卫星编队系统，用序列凸优化方法实现了推进剂用量最小化和地面站功率最大化，同时要满足各种轨道约束。2017 年，罗马萨皮恩扎大学的 Spiller 等[40]提出了一种以摄动力为控制变量的卫星编队最小时间重构方法，为每颗卫星规划适当的姿态机动，以控制大气阻力和太阳辐射压力，引入逆动力学粒子群优化算法，避免姿态动力学的积分，减少了计算量，保证在初始时刻和最终时刻满足姿态约束，并采用 B 样条曲线逼近姿态运动学，引入变时间网格点，并考虑了约束条件下的自适应降容。2018 年，哈尔滨工业大学的 Chen 等[41]提出了基于势场函数的卫星编队飞行控制的避障方法，主要用于深空探测等任务，该方法确保了所有主星都能保持相对期望构型，子星在主星运动轨迹形成的凸面体里运动，同时避免了相互之间的碰撞。2019 年，加州理工学院的 Foust 等[42]在 Morgan 等[36]的工作基础上，对序列凸规划算法进行了修正，迭代过程从卫星求解其最优状态和控制轨迹开始，再对控制轨迹进行数值积分，以获得下一次迭代的标称非线性状态轨迹。

人工势能法的路径一般是平滑、安全的，但该方法存在局部最优点问题，容易陷入局部极小点，在相似的障碍物之间找不到路径，检测到新的环境障碍物后，人工势能法规划的路径可能发生振荡，在狭窄通道中摆动；伪谱法由于能够使用较少的离散节点得到较高的精度，被广泛应用于航天器的各种优化问题中，但伪谱法在对问题进行离散后，求解速度均比较慢，对于一些要求实时性的问题，效果不是很理想，还存在初值较为敏感、缺乏收敛解判定准则、难以处理非光滑问题等不足。混合整数线性规划能够求得模型的精确最优解，但其缺点在于在现有计算机技术下、在有限的计算时间内无法处理决策变量较多的问题；以遗传算法、粒子群优化算法、鸽群算法为主的启发式算法虽然能够处理决策变量较多的问题，但其得到的最优解为近似最优解，且比较容易陷入局部最优解，所求得的近似最优解与实际最优解之间的差距无法衡量和估计。

综上所述，传统轨迹规划方法的求解精度较高，但伪谱法等方法存在初值较为敏感、缺乏收敛解判定准则、难以处理非光滑问题等不足，并且当卫星的个数较多时会造成巨大的计算量，难以实时快速地规划出最优轨迹。

2. 智能轨迹规划方法研究现状

对于轨迹规划问题，传统的方法如序列凸优化法、伪谱法、人工势函数法、混合整数线性规划、对偶分解法、交替方向乘子法、遗传算法、粒子群优化算法等方法已经比较成熟，但难以满足目前卫星编队智能自主运行的要求。传统方法的实时性差，在未知的环境下，不能快速生成安全的轨迹。随着强化学习理论与神经网络的发展，深度强化学习算法在航天器轨迹规划有了较大的突破。

2007 年，欧洲航天局的 Izzo 等[43]分析了通信受限的情况下编队航天器进行路径规划的问题，并开发了一种基于行为的路径规划算法。该技术利用有限的感知信息，实现对卫星形成不同几何构型的自主和分布式控制。通过建立一个动态系统，该系统将最终目标位置与卫星进行一对一的关联。然后，将卫星的速度定义为卫星的行为。从最终位置的几何结构开始，逆向计算出达到该位置所需的行为。Izzo 等提出的新方法有两个优点：它将卫星间通信限制在最低限度，并在最终编队中自主分配卫星位置。2012 年，西北工业大学的曾志峰等[44]提出了一种基于行为的太阳帆航天器集群编队路径规划方法。该方法通过行为控制技术，在有限的感知信息条件下，便可获得自动的分布式控制律，将同质的各太阳帆导引至目标构型。为了让各帆依据有限的感知信息自行规划路径，无碰撞地编成目标构型，主要分两步来实现：第一，利用相对位置关系定义三个速度行为，即聚集、驻留、避让，建立期望速度场，场中各帆实时期望速度为三行为速度矢量和；第二，依照期望速度场，采用滑模控制方法控制各帆飞行到位。2013 年，欧洲航天局高级概念小组的 Nag 等[45]讨论了拥有数十颗卫星的集群在外部动态碰撞威胁的情况下，通过分布式自主控制执行防撞机动的能力，以及在威胁过去后恢复其原始配置的能力。集群中的卫星被建模为一群智能体，遵循生物规则“避免”彼此和威胁，“聚集”以保持编队集群，并根据预先定义的人工势函数“吸引”目标位置。2017 年，哈尔滨工业大学的王涛等[46]考虑目标非合作性、构型复杂性及控制协同性等条件，针对非合作目标多航天器编队系统，提出了一种基于行为的相对运动轨迹规划方法。首先，基于聚集行为模型设计了期望运动场，将期望速度视为一系列具有不同行为特性的速度矢量和，通过构造平衡态构型公式计算行为调节参数。其次，采用高斯型环境函数描述了非合作目标特性，并通过相对运动方程对期望运动场进行改进，使得该方法在多航天器编队系统与非合作目标形成期望构型的过程中，既能避免编队成员之间发生碰撞，又能保证与非合作目标之间的安全距离。2018 年，罗格斯大学的 Peng 等[47]针对轨道上的漂浮物可能与卫星相撞的情况，提出了使用人工神经网络(artificial neural network，ANN)方法来提高轨道预测精度。ANN 通过模拟空间目录环境中的常驻空间物体的历史轨道确定和预测数据训练。由于 ANN 的通用逼近能力和灵活的网络结构，训练后的 ANN 在各种情况下都能取得良好的性能。2018 年，亚利桑那大学的 Furfaro 等[48]针对航天器自主登月难以计算最优燃料轨迹的问题，设计了一套深度神经网络，即卷积神经网络和递归神经网络，它们能够仅使用机载最佳摄像机拍摄的原始图像来预测执行自主登月的最佳燃料控制动作。这种方法可以直接选择动作生成燃料最优轨迹，而不需要用于状态估计的直接滤波器。2018 年，北京理工大学的 Shang 等[49]将监督机器学习应用于小行星最佳转移轨迹的参数估计。其团队基于高斯过程回归技术，建立了有效的最优轨迹重要参数估计模型。对于一个目标变量，只需要几百个训练样本就可以构建相应的基于探地雷达的模型。利用该模型，只需几十秒钟就可以获得内主带小行星(超过 15 万颗)的最优轨迹参数，这比数值优化方法的计算时间要少得多。2021 年，哈尔滨工业大学的 Ye 等[50]针对信息不完全的航天器末端拦截博弈问题，提出了多模式自适应拦截策略。这是一种多模式自适应辨识方案，通过一组并行滤波器匹配不同目标信息模式，从而辨识未知信息并导出基于估计结果的策略。

由上述分析可知，有很多文献使用多智能体强化学习进行轨迹规划的研究，但该方法在多无人飞行器的应用中还不成熟，并且传统强化学习的收敛速度慢，训练时间过长。因此，将传统轨迹规划算法作为专家经验与多智能体强化学习算法结合，应用到多无人飞行器构型变换以及更为复杂的环境中是未来重要的研究方向。

1.2.4 智能决策现状

基于机器学习的预测方法利用网络模型，通过训练自主学习数据库中输入和输出之间的关系，从而获取网络预测值。2015 年，空军工程大学的杨彬等[51]针对高超声速飞行器提出了基于误差修正的轨迹预测算法，在逼近能力和学习速度上较其他径向基神经网络有更强的优势，并且在样本数据较少时，预测效果也较好。考虑到移动目标的轨迹数据是一种特殊的时序数据，采用循环神经网络在处理时序数据方面具有一定的性能优势。2016 年，清华大学的 Liu 等[52]提出了适用于时空数据预测的循环神经网络算法，可以通过时间转换矩阵和距离转换矩阵，对每一层的局部时空上下文进行建模，实现了对智能体轨迹下一个位置的预测，相对于常规循环神经网络算法有显著的改进。2018 年，空军工程大学的张涛等[53]针对传统轨迹预测方法模型简化程度大、预测精度偏低的问题，提出了基于 Elman 神经网络的战斗机空战轨迹预测方法，与传统粒子滤波算法相比，Elman 网络模型预测误差更小、预测效果更好，可以更加准确地进行目标机空战轨迹的预测。2020 年，美国亚利桑那州立大学的 Pang 等[54]针对飞行器轨迹预测问题，采用一种新的条件生成对抗网络方法，利用生成器网络提取轨迹特征并输出生成的轨迹，利用判别器区分真实数据集和生成轨迹的输入，从而实现未来轨迹的生成。2021 年，空军工程大学的 Xie 等[55]针对无人作战飞机机动轨迹精度低的问题，提出了一种粒子群优化卷积神经网络预测算法，通过建立带约束的无人机运动模型获取轨迹数据，然后利用卷积神经网络构造预测模型，并采用粒子群优化算法代替反向传播算法更新内部权值和偏置，实现预测模型权值的快速更新，保障了预测的准确性。2022 年，针对现有方法难以预测出符合飞行移动目标不确定行为方式轨迹的问题，哈尔滨工业大学的 Yan 等[56]提出基于逆强化学习的飞行移动目标轨迹预测方法，通过学习目标行为偏好以及模拟目标行为决策过程的方式预测目标的移动轨迹，提出的飞行移动目标轨迹预测方法可通过学习到的目标行为决策模型较为准确地模拟目标的行为方式。2024 年，西北工业大学的张堃等[57]引入双向传播机制和 Mogrifier 数据耦合模块，改进传统门控循环单元网络，提出基于 Mogrifier-BiGRU 的飞行器轨迹预测算法，加强了网络对历史数据的学习与记忆，使得输入信息与隐藏层数据充分耦合，提高预测准确度。

考虑到飞行环境中飞行器间行为交互影响的问题，目前依据神经网络方法处理多无人飞行器轨迹预测问题的研究较少，但其预测机理与自动驾驶领域中行人轨迹预测极为相似。2016 年，斯坦福大学的 Alahi 等[58]针对行人运动轨迹预测问题，首次提出依据长短期记忆(long short-term memory，LSTM)网络学习人类运动并预测未来轨迹，与使用手工构造特征的传统方法形成对比，有效提升了预测模型的性能。2019 年，斯坦福大学的 Kosaraju 团队[59]提出了基于图的生成式对抗网络，以解决多智能体轨迹预测问题，该模型考虑人类交互场景并应用图注意力网络对其进行准确建模，生成精准的多轨迹预测，提高了轨迹预测的准确度。2020 年，马里兰大学的 Chandra 团队[60]针对城市交通行人轨迹预测问题，将 LSTM 网络与图频谱分析结合，提出了基于加权动态图的行人轨迹预测模型，该模型在预测行人轨迹的同时能够预测行人的行为，改善了行人预测模型的长期预测精度。2022 年，加州大学伯克利分校的 Zhou 等[61]针对高密度人群轨迹预测问题提出了一种多尺度动态预测框架，采用时空聚类算法来识别行人群体，通过分析群体意识提升预测模型的性能，并利用个人层面、群体层面和场景层面的信息来更好地理解和表示场景，通过使用图神经网络对不同尺度的动态进行编码，提高了模型在高密度人群中的轨迹预测精度。上述研究表明，采用基于数据的方法解决飞行器轨迹预测问题的优势和可行性，为非合作飞行器轨迹预测的研究提供了新思路。

考虑飞行器在执行任务过程中存在诸多不可预知的威胁或障碍，飞行器自主决策是指通过对环境态势的感知，决策飞行器机动动作以保障飞行器的安全飞行。目前常用的方法主要分为基于数学模型的传统方法和基于强化学习的人工智能方法，其中基于数学模型的传统方法包含微分对策法、影响图法、矩阵对策法等[62-65]。

基于数学模型的传统方法可实时针对飞行器的环境态势进行博弈控制，其规避算法根据数学模型实时求解最优策略，对弹上计算能力要求较高。随着微电子技术发展，近年来基于微分对策理论的决策方法取得了较多研究成果。微分对策理论在对抗模型基础上构建 Hamilton 函数，根据攻防双方过载等约束设计性能指标，由数值算法迭代求解出最优控制量。2014 年，第二炮兵工程大学的鲜勇等[62]针对具备连续变轨能力的弹头，进行了基于微分对策理论的机动制导律研究，获得了规避机动最优策略集。2015 年，印度科学学院的 Bardhan 等[63]根据飞行器与拦截器攻防模型设计了基于状态相关 Riccati 方程的微分对策制导律，得到了优于经典微分对策理论的作战效能。然而，微分对策理论计算量大，实时性差，而且在对抗模型线性化过程中会引入模型误差，故飞行器的策略稳定性、鲁棒性和泛化能力有待进一步研究。针对微分对策法的上述问题，2019 年，西北工业大学的邓可等[64]针对飞行器自主空战决策的实时性与准确性需求，采用矩阵对策法与遗传算法相结合的空战决策算法，但在应用中存在无法求解出最优策略的可能。2020 年，王雨琪等[65]基于微分对策理论，以飞行器能量为指标，以初始时刻的机动状态、初始位置和速度作为参数建立解析表达式，仿真验证了飞行器的规避效果，证明了在有限的过载下，选择适当的机动可以提高规避效果。上述研究均建立在离线规划数学模型的基础上，在实际复杂的飞行环境中，由于无法获得威胁目标的参数信息，飞行器无法在短时间内推导出威胁目标的弹道和制导方式，因此无法自主应对威胁目标的实时跟踪和拦截。

随着人工智能的发展，基于强化学习的人工智能方法可用于求解无模型非线性规划问题，具有求解速度比传统数学算法快的优势，逐渐成为飞行器自主决策领域的研究重点[66-69]。

2010 年，麻省理工学院的 McGrew 团队[70]针对飞行器博弈对战问题，采用近似动态规划方法对博弈环境下的最优决策进行求解，并进行了飞行试验，验证智能方法的有效性。2018 年，韩国科学技术院的 Cho 等[71]针对多无人机协同环境感知任务，通过基于组合优化的高斯过程方法实现最优观测点决策，并采用分层动态规划算法实现了多机路径规划。2020 年，西北工业大学的 Piao 等[72]针对复杂动态环境下飞行器决策缺少先验知识的问题，提出了一种完全自主的端对端强化学习网络，通过红蓝双方在虚拟环境中的交互学习，得到了超越人类驾驶员水平的决策网络。2021 年，南京航空航天大学的 Jiang 等[73]考虑二维平面内向上和向下的推进点火决策，提出了一种基于深度神经网络架构竞争双深度 Q 网络的飞行器中段突防决策模型，通过引入竞争架构和目标网络架构加快了深度神经网络的收敛速度，增强训练过程中的稳定性。2022 年，北京机电工程研究院的 Wang 等[74]针对事先不知道拦截策略的情况，提出了一种在线智能机动突防方法，将飞行过程分为试探性机动与训练网络过程，在试探性机动阶段获取威胁目标的响应信息，并利用 Q 学习方法在线训练飞行器机动突防策略。目前的决策理论研究大多集中在无人机等无人系统上，针对飞行器自主决策技术的研究还较少。

综上所述，基于强化学习的方法被逐渐应用于飞行器决策领域，具有响应速度快、策略灵活等优点。但目前针对飞行器自主决策的研究中，缺少针对三维空间与连续动作空间的决策策略研究。因此，考虑飞行器的机动灵活性设计连续控制量是实现飞行器智能自主决策的重要研究方向。

1.2.5 协同控制现状

随着计算机和人工智能技术的发展，智能控制算法逐渐兴起。自适应动态规划(adaptive dynamic programming，ADP)又被称为近似动态规划、神经动态规划[75]，这一算法被提出以来，一直受到学术界和工业界的广泛关注[76]。作为一种代表性的最优性求解非线性系统的控制方法，它克服了在动态规划求解过程中，状态信息呈指数级增长的“维数诅咒”，其核心原理是运用神经网络或函数方程等结构逼近 Hamilton 函数的解，从而获取系统所需的控制策略和最优性能指标函数。

ADP 迭代算法包括决策网络和评价网络的更新两部分。在已知系统动力学模型的情况下，我们可以省略决策网络，只使用单个评价网络进行迭代更新求解，从而简化分析并减少计算量[77]。ADP 控制器通常需要较长的训练周期，因为一旦使用的样本被丢弃，数据利用效率就会相对较低，为了提升学习效率，在数据使用方面，常与经验回放(experience replay，ER)法结合。例如，2019 年，美国北达科他州立大学的 Zhen 等[78]提出了一种将经验回放整合到评价网络和决策网络中设计 ADP 控制器的方法。相对于传统的 ADP 算法，Zhen 等所提出的方法在倒立摆任务和三连杆平衡任务都表现出优越性。ADP 算法自提出以来受到了广泛关注，在多智能体最优控制、电力系统、工业控制、博弈求解等领域得到了广泛应用。

针对环境中存在干扰影响的 ADP 控制问题，国内外都存在不少研究成果。例如，2016 年，西北工业大学的 Fan 等[79]同时充分考虑了滑模算法与 ADP 方法各自的优势，通过准确观测外部干扰，设计了 ADP 标称控制器，成功实现了对系统的稳定控制。2018 年，美国得克萨斯大学的 Lewis 和沈阳化工大学的 Li 等[80]针对连续系统受干扰影响的控制问题，运用零和博弈的思想，将干扰和控制器视为博弈的双方，巧妙地应用了脱策略的 ADP 算法，获得了在最大扰动影响下的最优控制策略。2018 年，纽约大学的 Gao 等[81]结合小增益定理，采用决策-评价网络的结构学到多智能体系统的最优控制策略，成功解决了受干扰影响下的多智能体一致性跟踪控制问题。2018 年，广东工业大学的 Wang 等[82]巧妙地结合了 ADP 算法的迭代优化特性，应用 H_∞算法，通过神经网络求解了在扰动上界未知且计算资源受限的情况下的最优控制策略。2018 年，Wang 等[83]又通过设计与干扰相关的性能指标，确保了在标称系统下的最优控制策略能够保持干扰系统状态的稳定性，同时评价网络和决策网络都采用神经网络来进行逼近。2020 年，东北大学的 Zhang 等[84]将鲁棒跟踪控制问题转化为最优控制问题，并设计了与干扰相关的性能指标，仅采用单神经网络来近似评价网络输出，从而降低了系统的计算复杂度。

另外，ADP 算法也可以结合速度障碍法[85]、人工势能法[86]等解决避碰控制问题，例如，2015 年，印度特里凡得琅工程学院的 Rajasree 等[85]在最优控制框架下结合了速度障碍法和 ADP 算法设计控制器，以保证无人机集群在形成任何所需的编队形态时能够保持安全性。算法使用的障碍物避让控制器能够使得无人机在三维空间中进行避障动作，从而使其适用于各种实际障碍物避让场景。2020 年，北京航空航天大学的 Wang 等[86]在人工势能法的基础上，引入了一个三维位置误差椭球和感应椭球，分别用于替代传统的排斥区域和吸引区域，并进一步提出了一种基于决策-评价网络的参数自调节强化学习算法，以自动学习合适的参数。2022 年，天津大学的 Mu 等[87]提出了一种基于 ADP 算法的控制器，旨在解决带有避碰功能的多智能体系统的编队协同控制问题。文献受到人工势能法思想的启发，基于提出的学习结构，引入了排斥力场的概念，从而实现简单而高效的避碰。但值得注意的是，人工势能法的使用需要给系统加入一个避碰外力，容易影响整个闭环编队系统的稳定性，造成系统不稳定。近年来，研究将安全障碍函数[88]与 ADP 算法结合，形成安全 ADP 算法，此算法可以实现在系统内部调整控制器参数达到安全约束系统状态的目的。例如，2022 年，上海交通大学的 Xu 等[89]提出了一种用于解决具有状态约束的离散非线性系统的最优控制器，通过将控制障碍函数融入代价函数，将具有状态约束的问题转化为无约束的最优控制问题，从而解决了传统 ADP 算法难以处理的状态约束问题。沿用这种思路，如果能将避碰控制问题转化为安全状态约束的问题，那么自主调整控制器解决避碰控制问题将得以实现。

值得注意的是，目前 ADP 算法虽广泛应用于多智能体控制，但多为在线性或非线性系统中的理论研究，而在无人机等实际系统的研究应用较少。目前基于 ADP 算法的多无人机编队协同控制面临的挑战问题如下。

(1) 在编队避碰控制方面：如何在连续时间域设计一个能够反映避碰和编队跟踪的性能指标函数，使得实现避碰时更容易保证编队系统的稳定性。

(2) 在算法结构方面：考虑到任务要求的实时性，为了提高学习速度和数据的使用效率，在已有的学习算法的基础上，在学习过程中加入经验回放(使用过去的经验数据样本)和贝尔曼误差外推学习(使用在线外推状态的虚拟样本)。但是，这些方法不能完全结合历史数据样本和在线更新数据样本，所选样本也有局限性。如何在学习过程中平衡学习样本也是需要解决的问题。

综上所述，对于多无人机的编队控制问题，如何实现安全、稳定、快速、自主学习的分布式编队协同，是目前需要挑战的难点问题之一，与此同时，ADP 智能控制算法具备自适应性和自学习能力，可以针对不同的任务场景设计不同的性能指标函数完成任务，给控制器的设计带来了更多选择。基于此，开展基于任务驱动的 ADP 多无人机编队飞行控制具有十分重大的意义。

1.2.6 虚拟仿真平台现状

系统仿真技术在无人机集群研究领域具有重要意义，国内外相关研究机构根据实际需求研制了大量的仿真系统。DARPA 一直将仿真技术列为国防关键技术，1983 年与美国陆军共同启动了仿真组网(SIMulator NETworking，SIMNET)研究项目，计划将分散在不同地点的地面坦克、车辆仿真器通过计算机网络联合在一起，为军队提供用于复杂任务训练与作战演练的虚拟战场环境，该项目完成于 1990 年，是全世界首个大规模军用仿真系统[90]。随后，美国又先后开发了联合作战分析与需求系统(Joint Warfare Analysis and Requirements System，JWARS)[91]、联合仿真系统(Joint SIMulation System，JSIMS)[92]以及联合建模与仿真系统(Joint Modeling and Simulation System，JMASS)等军用仿真系统[93]。

2003 年，在 DARPA 的支持下，美国空军实验室启动了基于硬件在环的开放式控制平台(Open Control Platform Hardware-in-the-Loop，OCP-HITL)项目，该项目意在为开发人员提供一个开放式软件框架和开发平台，用于开发和测试无人机控制算法，其中间件的设计可帮助开发人员专注于上层控制算法的设计而无须关注底层系统层面的实现细节。

2003 年，悉尼大学的 Goktogan 等[93]基于分布式架构及 CommLibX 通信框架开发了多无人机实时仿真系统，该系统提供了包含离线仿真、硬件在环仿真、实物测试等环节的完整测试链，用于多无人机控制研究。

2005 年，美国 Rasmussen 等[94]基于 MATLAB/Simulink 和 C++开发了 MultiUAV2 仿真系统，用于多无人机协同执行战略任务的仿真研究，该系统将多无人机协同任务定义为在指定区域中搜寻和摧毁目标，开发了任务目标、无人机动力学、传感、通信和任务分配算法等模块，并针对每种任务类型开发了轨迹规划算法。

2007 年，韩国建国大学的 Xu 等[95]基于时间消息触发模型设计了硬件在环仿真架构，支持大型系统的分布式实时仿真，并基于该架构开发了无人机控制仿真系统，在嵌入式控制器中运行控制算法，在计算机上运行无人机动力学模型，并基于 FlightGear 开发了视景显示模块，用于多无人机协同控制的分布式实时仿真。

2008 年，新加坡国立大学 Cai 等[96]设计并实现了针对小型无人直升机的硬件在环实时仿真系统，用于多无人机编队飞行研究。2010 年，美国宾夕法尼亚大学的 Michael 等[97]开发了针对微型无人机的通用机器人、自动化、传感与感知(General Robotics, Automation, Sensing and Perception，GRASP)多无人机测试床，用于多无人机协同控制研究。2015 年，英国伦敦大学学院 Rodríguez-Fernández 等[98]基于 Web 架构开发了如图 1.12 所示的轻量级多无人机仿真器，其由仿真逻辑、数据输入、数据可视化、仿真控制及数据输出五部分组成，可对多无人机的任务执行进行仿真模拟，未来将作为人机交互(human-machine interaction，HMI)研究的测试床。

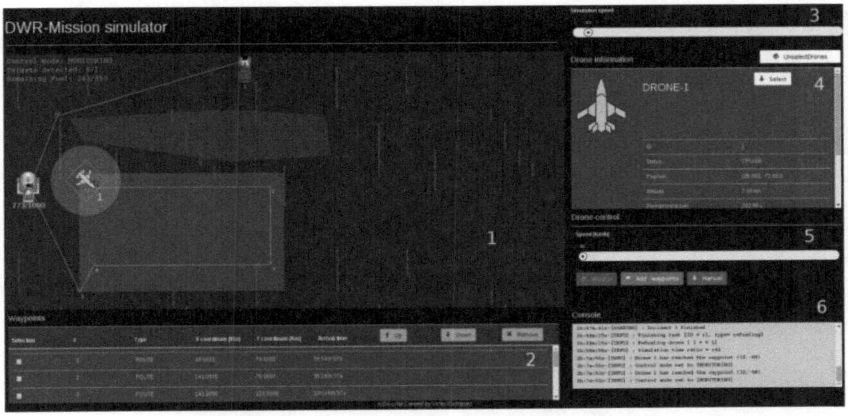

图 1.12　轻量级多无人机仿真器 DWR

2010 年，美国陆军研究所 Garcia 等[99]使用 MATLAB 结合商用模拟器 X-Plane 开发了如图 1.13 所示的多无人机仿真平台，用于多无人机系统的协同控制研究，可进行 4 架无人机的编队与导航控制仿真。基于 MATLAB/Simulink 开发了该平台的控制算法模块，基于 X-Plane 模拟无人机运动学和动力学特性，并进行仿真可视化显示。由于 X-Plane 无法在一台机器上以多实例运行，因而该平台采取了集群架构进行设计，同时由于商业软件的授权费用，该平台的开发成本较高。

图 1.13　基于 MATLAB 和 X-Plane 的多无人机仿真平台

2015 年，新加坡国立大学的 Meng 等[100]基于机器人操作系统(Robot Operating System，ROS)和 Unity 三维引擎开发了多无人机三维实时仿真系统 ROSUnitySim，如图 1.14 所示，该系统使用 Unity 三维引擎搭建了虚拟仿真场景，并基于 Unity 物理射线组件和相机组件实现了对激光雷达和相机的模拟，在 ROS 环境中集成了即时定位与地图构建(simultaneous localization and mapping，SLAM)算法、三维路径规划算法、无人机动力学模型和内外环控制算法，并在二者之间构建了通信接口，将 Unity 节点中采集的传感器信息发送至 ROS 节点，基于 SLAM 算法计算定位信息，进行复杂环境下多无人机的路径规划研究。

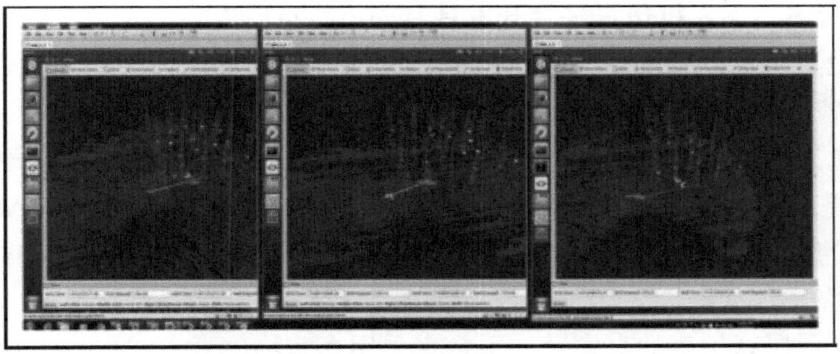

图 1.14 多无人机三维实时仿真系统 ROSUnitySim

2017 年，微软 Shah 等[101]基于 Unreal 引擎和 C++开发了用于无人机和无人车的开源模拟器 AirSim，其包含刚体模型、环境模型、传感器模型、物理引擎等模块，可进行解算频率高达 1kHz 的高保真度硬件在环实时仿真，未来将作为人工智能研究的实验平台，用于深度学习、计算机视觉和增强学习算法的相关研究。

2019 年，来自斯图加特大学空间系统研究所的 Bruguera 等[102]使用 Unity3D、Orbiter 软件，以及 Oculus Touch、Leap Motion 等外设开发了基于虚拟现实(virtual reality，VR)的航天器驾驶座舱模拟器，实现了具有沉浸感的虚拟仿真。

国内方面，1996 年，863 计划将“分布式虚拟环境”确定为重点项目，在 863 计划支持下，北京航空航天大学、中国科学院计算技术研究所等单位共同开发了分布式虚拟环境基础信息平台 DVENET(Distributed Virtual Environment NETwork)[103]，作为分布式虚拟环境的原型系统，为后续的研究工作提供网络平台和软硬件基础环境。

国内的各大高校和相关研究单位基于 xPC Target、dSPACE 和 VxWorks 等实时仿真设备做了大量的无人机实时仿真系统的研究和开发工作。南京航空航天大学飞行控制研究所长期从事无人机飞行控制系统的研究与开发工作，取得了丰富的研究成果。其中，王松辉[104]、王刚[105]、沈永建等[106]基于 dSPACE 开发了可移植的无人机半物理快速原型仿真系统；叶志航[107]开发了基于 PowerPC 架构的无人机半物理仿真平台；宋炜[108]、进兵[109]基于 xPC Target 开发了基于 PC 的无人机半物理仿真系统；向孝龙[110]、王永亮[111]基于 VxWorks 开发了无人机飞行控制软件，可进行无人机半实物全过程飞行仿真实验。西北工业大学的王前[112]基于 VxWorks 和 PC104 完成了飞行控制系统的开发，并设计和实现了余度飞行控制软件，此外，还开发了无人机模拟训练平台和无人机组合导航软件。华南理工大学的江宏伟等[113]采用多任务的实现形式，基于 VxWorks 设计了无人直升机控制系统，可用于模拟无人机任务飞行试验。北京航空航天大学的孔繁峨等[114]基于 VxWorks 开发了飞行控制软件和实时仿真软件。国防科技大学的冯磊[115]基于 Simulink/RTW 在分布式实时仿真系统的研究方面取得了丰富的成果。

综上所述，无人机仿真平台开发具有如下特点。

(1) 无人机集群中的单体数量较大，需通过搭建分布式仿真环境来均衡计算负载，以满足实时性的需求。

(2) 无人机集群前期的理论研究多通过MATLAB/Simulink等仿真建模软件进行，为了提高开发效率，仿真平台多通过代码生成技术完成与MATLAB/Simulink开发体系的对接，让研究人员专注于控制算法的设计而无须关注系统层面的具体实现，加快开发流程。

(3) 为了提高仿真的真实性，平台多采用半实物仿真方式进行仿真验证。

考虑到平台搭建成本等实际因素，基于半实物仿真方式难以进行大规模的集群系统仿真。此外，已有的仿真平台大多缺乏可视化的环节，极少数仿真平台基于 FlightGear、X-Plane 等商用软件实现仿真可视化功能，然而都因授权费用高、功能有限等问题限制了平台仿真可视化功能的开发。因此，本书提出了一种基于低成本 PC 硬件设备和免费软件组件开发无人机集群仿真平台的解决方案。

1.3 本书撰写特点和内容安排

本书以多无人飞行器智能决策与协同控制为基础，重点研究了多无人飞行器的任务分配、路径规划、智能决策、协同控制和虚拟仿真演示验证等问题。全书以实际工程背景为基础，以提高多无人飞行器智能自主决策与协同控制能力为目标，引入人工智能及类脑智能决策理论、先进控制理论解决关键科学问题，并将智能决策与控制方法和仿真平台相结合，验证多无人飞行器控制方法有效性，由浅入深，帮助读者逐步理解和掌握多无人飞行器智能决策与协同控制问题及解决方法，对于理论研究与工程实践具有一定的指导意义。本书的编排详略得当，尽量避免晦涩难懂，适用于有深度强化学习与控制理论基础的读者。

本书共 9 章，各章内容安排如下。

第 1 章为绪论，介绍多无人机与多卫星系统的基本概念，并列举世界各国的多无人机与多卫星系统项目研究进展，在此基础上总结多无人飞行器任务分配、路径规划、智能决策、协同控制、虚拟仿真平台的研究现状，使读者对多无人飞行器的基本概念和研究进展有基本了解。

第 2 章从星群任务决策角度出发，考虑多目标多约束条件，设计深度强化学习算法，分别实现对静态目标观测及动态目标观测任务场景下的持续接力观测。

第 3 章从星群路径规划的角度出发，通过考虑卫星星群动力学模型约束、避碰避障及星间燃料消耗最优等多目标多约束条件，实现实时快速的卫星编队路径规划。

第 4 章从星群智能自主协同控制问题出发，设计一种基于安全自适应动态规划的星群智能自主协同控制算法，实现卫星星群的安全稳定构型重构。

第5章从多无人机任务分配角度出发，实现大规模无人机集群的静态任务分配及复杂环境下的智能动态任务分配，并完成多障碍环境下的多无人机路径规划。

第6章从多无人机类脑智能自主决策角度出发，提出一种基于博弈建模-目标预测-迭代学习-在线决策的类脑智能求解策略，实现复杂动态环境下多无人机群体围捕任务与对抗任务的智能自主决策。

第7章从多无人机编队避碰控制问题出发，设计一种基于人工势能法和自适应动态规划的无人机协同控制算法，实现多无人机位置外环及姿态内环的安全稳定编队控制。

第8章从多无人飞行器虚拟仿真交互平台设计角度出发，给出虚拟仿真交互平台的总体设计方案，搭建主控软件及视景软件的总体架构，并设计数据库管理模块，为虚拟仿真平台验证奠定基础。

第9章从仿真验证的角度，针对不同任务场景，验证多无人飞行器虚拟仿真交互平台的有效性和可靠性。

1.4 小 结

本章首先介绍多无人机与多卫星系统的基本概念，阐述基于人工智能技术、类脑智能技术及先进控制理论等先进控制方法下未来多无人飞行器系统的发展趋势；其次，通过从国内外各大数据库获取的大量文献资料，对多无人机与多卫星系统项目研究进展进行概述，并从多无人飞行器任务分配、路径规划、智能决策、协同控制、虚拟仿真平台五个方面进行展开描述，为后续智能决策与控制方法研究提供方向；最后给出本书的撰写特点及内容安排，方便读者理解本书框架及内容。

参考文献

[1] 叶媛媛, 闵春平, 沈林成, 等. 基于满意决策的多 UAV 协同目标分配方法. 国防科技大学学报, 2005, 27(4): 116-120.

[2] 谷稳. 基于进化匈牙利算法的目标分配问题研究及应用. 西安: 西安电子科技大学, 2013.

[3] 颜骥, 李相民, 刘波. 应用离散粒子群-郭涛算法分配多无人机协同任务. 国防科技大学学报, 2015, 37(4): 165-171.

[4] Zhang Y Z, Li J W, Hu B, et al. An improved PSO algorithm for solving multi-UAV cooperative reconnaissance task decision-making problem. 2016 IEEE International Conference on Aircraft Utility Systems (AUS), Beijing, 2016: 434-437.

[5] Oh G, Kim Y, Ahn J, et al. PSO-based optimal task allocation for cooperative timing missions. IFAC-Papers OnLine, 2016, 49(17): 314-319.

[6] 林君灿, 贾高伟, 侯中喜. 异构 UAV 编队反雷达作战中任务分配方法. 系统工程与电子技术, 2018, 40(9): 1986-1992.

[7] Thammawichai M, Baliyarasimhuni S P, Kerrigan E C, et al. Optimizing communication and computation for multi-UAV information gathering applications. IEEE Transactions on Aerospace and Electronic Systems, 2018, 54(2): 601-615.
[8] 宗群, 秦新立, 张博渊, 等. 基于 DPSO-GT-SA 算法的大规模 UCAV 协同任务分配. 天津大学学报: 自然科学与工程技术版, 2018, 51(10): 1005-1014.
[9] Mousavi S, Afghah F, Ashdown J D, et al. Use of a quantum genetic algorithm for coalition formation in large-scale UAV networks. Ad Hoc Networks, 2019, 87: 26-36.
[10] Wang J F, Jia G W, Lin J C, et al. Cooperative task allocation for heterogeneous multi-UAV using multi-objective optimization algorithm. Journal of Central South University, 2020, 27(2): 432-448.
[11] Choi H L, Brunet L, How J P. Consensus-based decentralized auctions for robust task allocation. IEEE Transactions on Robotics, 2009, 25(4): 912-926.
[12] Saad W, Han Z, Basar T, et al. Hedonic coalition formation for distributed task allocation among wireless agents. IEEE Transactions on Mobile Computing, 2011, 10(9): 1327-1344.
[13] Whitten A K, Choi H L, Johnson L B, et al. Decentralized task allocation with coupled constraints in complex missions. American Control Conference, San Francisco, 2011: 1642-1649.
[14] Lee D H, Zaheer S A, Kim J H. A resource-oriented, decentralized auction algorithm for multirobot task allocation. IEEE Transactions on Automation Science and Engineering, 2015, 12(4): 1469-1481.
[15] Jang I, Shin H S, Tsourdos A. A game-theoretical approach to heterogeneous multi-robot task assignment problem with minimum workload requirements. 2017 Workshop on Research, Education and Development of Unmanned Aerial Systems, Linköping, 2017: 156-161.
[16] Jang I, Shin H S, Tsourdos A. Anonymous hedonic game for task allocation in a large-scale multiple agent system. IEEE Transactions on Robotics, 2018, 34(6): 1534-1548.
[17] Luan H Y, Xu Y T, Liu D X, et al. Energy efficient task cooperation for multi-UAV networks: A coalition formation game approach. IEEE Access, 2020, 8: 149372-149384.
[18] Czarnecki E, Dutta A. Scalable hedonic coalition formation for task allocation with heterogeneous robots. Intelligent Service Robotics, 2021, 14(3): 501-517.
[19] Li Q Y, Li M, Vo B Q, et al. An anytime algorithm for large-scale heterogeneous task allocation. 2020 25th International Conference on Engineering of Complex Computer Systems, Singapore, 2020: 206-215.
[20] Duan H B, Li P, Yu Y X. A predator-prey particle swarm optimization approach to multiple UCAV air combat modeled by dynamic game theory. IEEE/CAA Journal of Automatica Sinica, 2015, 2(1): 11-18.
[21] Zha W Z, Chen J, Peng Z H. Dynamic multi-team antagonistic games model with incomplete information and its application to multi-UAV. IEEE/CAA Journal of Automatica Sinica, 2015, 2(1): 74-84.
[22] 赵雪森, 王社伟, 邵校. 基于改进量子粒子群优化算法的多 UCAV 协同任务分配研究. 四川兵工学报, 2015, 36(10): 120-124.

[23] Peng P, Wen Y, Yang Y D, et al. Multiagent bidirectionally-coordinated nets: Emergence of human-level coordination in learning to play starcraft combat games. arXiv preprint arXiv:1703.10069, 2017.

[24] Zheng L M, Yang J C, Cai H, et al. Magent: A many-agent reinforcement learning platform for artificial collective intelligence. arXiv preprint arXiv:1712.00600, 2017.

[25] Yang Y D, Luo R, Li M, et al. Mean field multi-agent reinforcement learning. International Conference on Machine Learning, Stockholm, 2018: 5571-5580.

[26] Ha J S, Chae H J, Choi H L. A stochastic game-based approach for multiple beyond-visual-range air combat. Unmanned Systems, 2018, 6(1): 67-79.

[27] Kurdi H A, Aloboud E, Alalwan M, et al. Autonomous task allocation for multi-UAV systems based on the locust elastic behavior. Applied Soft Computing, 2018, 71: 110-126.

[28] Zhao X Y, Zong Q, Tian B L, et al. Fast task allocation for heterogeneous unmanned aerial vehicles through reinforcement learning. Aerospace Science and Technology, 2019, 92: 588-594.

[29] Zhen Z Y, Zhu P, Xue Y X, et al. Distributed intelligent self-organized mission planning of multi-UAV for dynamic targets cooperative search-attack. Chinese Journal of Aeronautics, 2019, 32(12): 2706-2716.

[30] Fu X W, Feng P, Gao X G. Swarm UAVs task and resource dynamic assignment algorithm based on task sequence mechanism. IEEE Access, 2019, 7: 41090-41100.

[31] Wu H, Shang H L. Potential game for dynamic task allocation in multi-agent system. ISA Transactions, 2020, 102: 208-220.

[32] Kurdi H, Al-Megren S, Aloboud E, et al. Bee-inspired task allocation algorithm for multi-UAV search and rescue missions. International Journal of Bio-Inspired Computation, 2020, 16(4): 252-263.

[33] Bakolas E, Lee Y. Decentralized game-theoretic control for dynamic task allocation problems for multi-agent systems. 2021 American Control Conference, New Orleans, 2021: 3228-3233.

[34] Wu B L, Wang D W, Poh E K, et al. Nonlinear optimization of low-thrust trajectory for satellite formation: Legendre pseudospectral approach. Journal of Guidance, Control, and Dynamics, 2009, 32(4): 1371-1381.

[35] 黄海滨, 马广富, 庄宇飞, 等. 基于伪谱法的编队卫星队形重构防碰撞轨迹优化. 控制与决策, 2012, 27(4): 551-556.

[36] Morgan D, Chung S J, Hadaegh F Y. Model predictive control of swarms of spacecraft using sequential convex programming. Journal of Guidance, Control, and Dynamics, 2014, 37(6): 1725-1740.

[37] Zhang S J, Duan H B. Gaussian pigeon-inspired optimization approach to orbital spacecraft formation reconfiguration. Chinese Journal of Aeronautics, 2015, 28(1): 200-205.

[38] Camino J T, Artigues C, Houssin L, et al. Mixed-integer linear programming for multibeam satellite systems design: Application to the beam layout optimization. 2016 Annual IEEE Systems Conference, Orlando, 2016: 1-6.

[39] Goel A, Chung S J, Pellegrino S. Trajectory design of a spacecraft formation for space-based solar power using sequential convex programming. Proceedings of the 9th International

Workshop on Satellites Constellations and Formation Flying, Boulder, 2017: 1-20.
[40] Spiller D, Curti F, Circi C. Minimum-time reconfiguration maneuvers of satellite formations using perturbation forces. Journal of Guidance, Control, and Dynamics, 2017, 40(5): 1130-1143.
[41] Chen L M, Guo Y N, Li C J, et al. Satellite formation-containment flying control with collision avoidance. Journal of Aerospace Information Systems, 2018, 15(5): 253-270.
[42] Foust R, Chung S J, Hadaegh F Y. Solving optimal control with nonlinear dynamics using sequential convex programming. AIAA Scitech 2019 Forum, San Diego, 2019: 0652.
[43] Izzo D, Pettazzi L. Autonomous and distributed motion planning for satellite swarm. Journal of Guidance, Control, and Dynamics, 2007, 30(2): 449-459.
[44] 曾志峰, 汤一华, 陈士橹, 等. 基于行为的太阳帆群编队方法. 西北工业大学学报, 2012, 30(1): 44-49.
[45] Nag S, Summerer L. Behaviour based, autonomous and distributed scatter manoeuvres for satellite swarms. Acta Astronautica, 2013, 82(1): 95-109.
[46] 王涛, 许永生, 张迎春, 等. 基于行为的非合作目标多航天器编队轨迹规划. 中国空间科学技术, 2017, 37(1): 19-25.
[47] Peng H, Bai X L. Artificial neural network-based machine learning approach to improve orbit prediction accuracy. Journal of Spacecraft and Rockets, 2018, 55(5): 1248-1260.
[48] Furfaro R, Bloise I, Orlandelli M, et al. Deep learning for autonomous lunar landing. Advances in the Astronautical Sciences, 2018, 167: 3285-3306.
[49] Shang H B, Wu X Y, Qiao D, et al. Parameter estimation for optimal asteroid transfer trajectories using supervised machine learning. Aerospace Science and Technology, 2018, 79: 570-579.
[50] Ye D, Tang X, Sun Z W, et al. Multiple model adaptive intercept strategy of spacecraft for an incomplete-information game. Acta Astronautica, 2021, 180: 340-349.
[51] 杨彬, 贺正洪. 一种 GRNN 神经网络的高超声速飞行器轨迹预测方法. 计算机应用与软件, 2015, 32(7): 239-243.
[52] Liu Q, Wu S, Wang L, et al. Predicting the next location: A recurrent model with spatial and temporal contexts. Proceedings of the AAAI Conference on Artificial Intelligence, Phoenix, 2016: 194-200.
[53] 张涛, 郭基联, 徐西蒙, 等. 基于 Elman 神经网络的战斗机空战轨迹预测. 飞行力学, 2018, 36(5): 86-91.
[54] Pang Y T, Liu Y M. Conditional Generative Adversarial Networks (CGAN) for Aircraft Trajectory Prediction considering weather effects. AIAA Scitech 2020 Forum, Orlando, 2020: 1853.
[55] Xie L, Ding D L, Zhang H P, et al. UCAV maneuvering trajectory prediction based on PSO-CNN. 2021 International Conference on Computer Engineering and Application, Kunming, 2021: 54-58.
[56] Yan P, Guo J, Bai C. A trajectory prediction method considering uncertain behavior patterns of moving targets. Journal of Astronautics, 2022, 43(8): 1040.
[57] 张堃, 杜睿怡, 时昊天, 等. 基于 Mogrifier-BiGRU 的飞行器轨迹预测. 兵工学报, 2024, 45(2): 373-384.

[58] Alahi A, Goel K, Ramanathan V, et al. Social LSTM: Human trajectory prediction in crowded spaces. 2016 IEEE Conference on Computer Vision and Pattern Recognition, Las Vegas, 2016: 961-971.

[59] Kosaraju V, Sadeghian A, Martín-Martín R, et al. Social-bigat: Multimodal trajectory forecasting using bicycle-gan and graph attention networks. arXiv preprint arXiv:1907.03395v2, 2019.

[60] Chandra R, Guan T R, Panuganti S, et al. Forecasting trajectory and behavior of road-agents using spectral clustering in graph-LSTMs. IEEE Robotics and Automation Letters, 2020, 5(3): 4882-4890.

[61] Zhou R, Zhou H Y, Gao H D, et al. Grouptron: Dynamic multi-scale graph convolutional networks for group-aware dense crowd trajectory forecasting. 2022 International Conference on Robotics and Automation, Philadelphia, 2022: 805-811.

[62] 鲜勇, 田海鹏, 王剑, 等. 基于微分对策的导弹智能机动突防研究. 飞行力学, 2014, 32 (1): 70-73, 83.

[63] Bardhan R, Ghose D. Nonlinear differential games-based impact-angle-constrained guidance law. Journal of Guidance, Control, and Dynamics, 2015, 38(3): 384-402.

[64] 邓可, 彭宣淇, 周德云. 基于矩阵对策与遗传算法的无人机空战决策. 火力与指挥控制, 2019, 44(12): 61-66, 71.

[65] 王雨琪, 宁国栋, 王晓峰, 等. 基于微分对策的临近空间飞行器机动突防策略. 航空学报, 2020, 41(S2): 724276.

[66] 崔雅萌, 王会霞, 郑春胜, 等. 高速飞行器追逃博弈决策技术. 指挥与控制学报, 2021, 7(4): 403-414.

[67] Zhu Y M, Zhang H R, Zhou G F, et al. A design method of maneuvering game guidance law based on deep reinforcement learning. Aerospace Control, 2023, 40(3): 28-36.

[68] Zhao Y, Zhou D, Bai C C, et al. Reinforcement learning based spacecraft autonomous evasive maneuvers method against multi-interceptors. 2020 3rd International Conference on Unmanned Systems, Harbin, 2020: 1108-1113.

[69] Kong W R, Zhou D Y, Yang Z, et al. UAV autonomous aerial combat maneuver strategy generation with observation error based on state-adversarial deep deterministic policy gradient and inverse reinforcement learning. Electronics, 2020, 9(7): 1121.

[70] McGrew J S, How J P, Williams B, et al. Air-combat strategy using approximate dynamic programming. Journal of Guidance, Control, and Dynamics, 2010, 33(5): 1641-1654.

[71] Cho D H, Ha J S, Lee S, et al. Informative path planning and mapping with multiple uavs in wind fields. Distributed Autonomous Robotic Systems: The 13th International Symposium, Hong Kong, 2018: 269-283.

[72] Piao H Y, Sun Z X, Meng G L, et al. Beyond-visual-range air combat tactics auto-generation by reinforcement learning. 2020 International Joint Conference on Neural Networks, Glasgow, 2020: 1-8.

[73] Jiang L, Nan Y, Li Z H. Realizing midcourse penetration with deep reinforcement learning. IEEE Access, 2021, 9: 89812-89822.

[74] Wang Y K, Zhao K, Guirao J L, et al. Online intelligent maneuvering penetration methods of

missile with respect to unknown intercepting strategies based on reinforcement learning. Electronic Research Archive, 2022, 30(12): 4366-4381.

[75] Werbos P. ADP: Goals, opportunities and principles// Si J, Barto A G, Powell W B, et al. Handbook of Learning and Approximate Dynamic Programming. Hoboken: Wiley-Interscience, 2004: 3-44.

[76] Miller W T, Sutton R S, Werbos P J. A menu of designs for reinforcement learning over time// Miller W T, Sutton R S, Werbos P J. Neural Networks for Control. Cambridge: MIT Press, 1990: 67-95.

[77] Padhi R, Unnikrishnan N, Wang X H, et al. A single network adaptive critic (SNAC) architecture for optimal control synthesis for a class of nonlinear systems. Neural Networks, 2006, 19(10): 1648-1660.

[78] Zhen N, Malla N, Zhong X N. Prioritizing useful experience replay for heuristic dynamic programming-based learning systems. IEEE Transactions on Cybernetics, 2019, 49(11): 3911-3922.

[79] Fan Q Y, Yang G H. Adaptive actor-critic design-based integral sliding-mode control for partially unknown nonlinear systems with input disturbances. IEEE Transactions on Neural Networks and Learning Systems, 2016, 27(1): 165-177.

[80] Li J N, Chai T, Lewis F L, et al. Off-policy Q-learning: Set-point design for optimizing dual-rate rougher flotation operational processes. IEEE Transactions on Industrial Electronics, 2018, 65(5): 4092-4102.

[81] Gao W N, Jiang Z P, Lewis F L, et al. Leader-to-formation stability of multiagent systems: An adaptive optimal control approach. IEEE Transactions on Automatic Control, 2018, 63(10): 3581-3587.

[82] Wang D, Mu C, Liu D, et al. On mixed data and event driven design for adaptive-critic-based nonlinear H_∞ control. IEEE Transactions on Neural Networks and Learning Systems, 2018, 29(4): 993-1005.

[83] Wang D, Liu D R, Mu C X, et al. Neural network learning and robust stabilization of nonlinear systems with dynamic uncertainties. IEEE Transactions on Neural Networks and Learning Systems, 2018, 29(4): 1342-1351.

[84] Zhang K, Zhang H G, Liang Y L, et al. A new robust output tracking control for discrete-time switched constrained-input systems with uncertainty via a critic-only iteration learning method. Neurocomputing, 2020, 396: 162-171.

[85] Rajasree R, Jisha V R. Optimal formation control of unmanned aerial vehicles with obstacle avoidance. 2015 International Conference on Control, Instrumentation, Communication and Computational Technologies, Kumaracoil, 2015: 163-168.

[86] Wang X, Shi P, Wen C X, et al. An algorithm of reinforcement learning for maneuvering parameter self-tuning applying in satellite cluster. Mathematical Problems in Engineering, 2020, 2020(1): 1836159.

[87] Mu C X, Peng J W. Learning-based cooperative multiagent formation control with collision avoidance. IEEE Transactions on Systems, Man, and Cybernetics: Systems, 2022, 52(12): 7341-7352.

[88] Li B Q, Wen S P, Yan Z, et al. A survey on the control Lyapunov function and control barrier function for nonlinear-affine control systems. IEEE/CAA Journal of Automatica Sinica, 2023, 10(3): 584-602.

[89] Xu J H, Wang J C, Rao J, et al. Adaptive dynamic programming for optimal control of discrete-time nonlinear system with state constraints based on control barrier function. International Journal of Robust and Nonlinear Control, 2022, 32(6): 3408-3424.

[90] Miller D C, Thorpe J A. SIMNET: The advent of simulator networking. Proceedings of the IEEE, 1995, 83(8): 1114-1123.

[91] 李进, 钱大庆, 陈豪. 美军大型仿真系统. 国防科技, 2009, 30(1): 87-91.

[92] Pruett S, Slutz G, Paunicka J, et al. Hardware-in-the-loop simulation using open control platform. AIAA Modeling and Simulation Technologies Conference and Exhibit, Austin, 2003: 5759.

[93] Goktogan A H, Nettleton E, Ridley M, et al. Real time multi-UAV simulator. 2003 IEEE International Conference on Robotics and Automation, Taipei, 2003: 2720-2726.

[94] Rasmussen S J, Jason W M, Phillip R C, et al. Introduction to the MultiUAV2 simulation and its application to cooperative control research. 2005 American Control Conference, Portland, 2005: 4490-4501.

[95] Xu J Y, Park H, Jeong K, et al. TMO-HILS architecture for real-time control system. 2007 International Conference on Control, Automation and Systems, Seoul, 2007: 1855-1861.

[96] Cai G W, Chen B M, Lee T H, et al. Design and implementation of a hardware-in-the-loop simulation system for small-scale UAV helicopters. 2008 IEEE International Conference on Automation and Logistics, Qingdao, 2008: 29-34.

[97] Michael N, Mellinger D, Lindsey Q, et al. The GRASP multiple micro-UAV testbed. IEEE Robotics & Automation Magazine, 2010, 17(3): 56-65.

[98] Rodríguez-Fernández V, Menéndez H D, Camacho D. Design and development of a lightweight multi-UAV simulator. IEEE 2nd International Conference on Cybernetics, Gdynia, 2015: 255-260.

[99] Garcia R, Laura B. Multi-UAV simulator utilizing x-plane. Journal of Intelligent & Robotic Systems: Theory & Applications, 2010,57(1-4): 393-406.

[100] Meng W, Hu Y C, Lin J X, et al. ROS unity: An efficient high-fidelity 3D multi-UAV navigation and control simulator in GPS-denied environments. IECON 2015—41st Annual Conference of the IEEE Industrial Electronics Society, Yokohama, 2015: 2562-2567.

[101] Shah S, Dey D, Lovett C, et al. Airsim: High-fidelity visual and physical simulation for autonomous vehicles. Field and Service Robotics: Results of the 11th International Conference, Zurich, 2017: 621-635.

[102] Bruguera M B, Valentin I S, Reinhold E. Use of virtual reality for astronaut training in future space missions-spacecraft piloting for the lunar orbital platform-gateway (LOP-G). The 70th International Astronautical Congress, Washington, 2019: x54772.

[103] 赵沁平, 沈旭昆, 夏春和, 等. DVENET: 一个分布式虚拟环境. 计算机研究与发展, 1998, 35(12): 1064-1068.

[104] 王松辉. 基于 dSPACE 的无人机飞行控制系统半实物仿真研究. 南京: 南京航空航天大学, 2008.
[105] 王刚. 基于 dSPACE 的无人机飞行控制快速原型设计. 南京: 南京航空航天大学, 2008.
[106] 沈永建, 陈欣. 基于 dSPACE 的无人机飞行控制系统快速原型设计. 工业控制计算机, 2005, 18(11): 63-64.
[107] 叶志航. 小型无人机快速原型仿真技术研究. 南京: 南京航空航天大学, 2012.
[108] 宋炜. 基于 MATLAB 的无人机硬件在回路仿真技术研究. 南京: 南京航空航天大学, 2008.
[109] 进兵. 基于 xPC Target 的无人机飞行控制软件快速原型设计. 南京: 南京航空航天大学, 2008.
[110] 向孝龙. 基于 VxWorks 的无人机快速原型仿真技术研究. 南京: 南京航空航天大学, 2014.
[111] 王永亮. 基于 VxWorks 的无人机飞行控制软件设计与开发. 南京: 南京航空航天大学, 2010.
[112] 王前. 无人机飞控系统 VxWorks 平台研究与开发. 西安: 西北工业大学, 2007.
[113] 江宏伟, 罗飞, 陈治明. 基于 VxWorks 的无人直升机控制系统设计. 微计算机信息, 2008, 24(19): 17-18, 21.
[114] 孔繁峨, 陈宗基. 基于 RTW 和 VxWorks 的飞行控制系统实时仿真. 系统仿真学报, 2007, 19(11): 2455-2457, 2542.
[115] 冯磊. 基于 RTW 的分布式实时仿真系统研究与实现. 长沙: 国防科技大学, 2005.

第 2 章　星群任务决策

随着空天技术的快速发展，由于敏捷成像小卫星星群具备响应快速、空间指向能力强、稳定性较高等特点，同时利用星群进行观测具有观测范围广、无视国界、运行时间长等特点，在对地观测、天基预警中具备较强的观测优势，目前已经广泛应用在军事侦察、海洋监视、反恐作战、自然灾害、公共安全等领域。星群卫星参与众多，导致大规模星群执行观测任务时的卫星调度复杂度大大提高，针对静态目标观测的任务决策需求，现有传统的卫星智能调度方法如遗传算法、粒子群优化算法等，难以兼顾实时性与最优决策性能，存在收敛速度慢、不能对用户需求实时在线决策等缺点；而针对动态目标观测任务的协同智能决策问题，目前的相关研究大多未从全球尺度的角度考虑，如何对随机分布、高速运动的动态目标进行协同接力观测成为当前的研究重点。因此，本章分别针对空间静态及动态目标观测需求，展开问题分析与建模，设计面向静、动态观测任务的智能任务决策算法，实现卫星星群对静、动态目标的协同观测。

本章的主要内容安排如下：2.1 节针对静、动态目标观测的卫星星群任务决策场景进行问题描述；2.2 节考虑静态目标观测任务决策场景，设计基于混合专家经验回放的静态目标观测任务决策算法；2.3 节考虑动态目标观测任务决策场景，设计基于深度强化学习与指针网络的动态目标观测任务决策算法；2.4 节为本章小结。

2.1　星群任务决策问题描述

星群任务决策是指卫星星群面向地面的侦察观测目标与空中的动态目标等协同观测任务，根据卫星星群对目标的可观测能力与运行成本，将星群卫星对静、动态的观测时间窗口合理分配到对应的卫星上，实现星群对目标的协同观测。在卫星静态目标观测的任务决策中，如执行对地灾难探测、军事目标侦察等任务，卫星星群需要针对实时到达的用户观测需求，计算星群卫星对观测目标的可视时间窗口，然后考虑用户需求约束、唯一性观测约束和存储空间约束等约束条件，以最大化任务收益为目标，将最优可视时间窗口分配到任务中去，以选择合适的卫星完成观测任务。在卫星对动态目标观测的任务决策中，如执行对飞行中的弹道导弹的跟踪监视、对其他卫星进行持续探测等任务，卫星星群则需要对卫星跟踪监视的过程进行任务分解，在系列子任务下综合考虑星群对目标的二重观测、唯一性观测和可见性视场等约束条件，以系统的二重覆盖率和系统的工作效率为综合评判指标，求解最优二重观测卫星组合，对动态目标进行协同观测。

针对星群静态目标观测任务决策与动态目标观测任务决策问题，本节分别对静态、动态目标观测任务决策问题进行描述，介绍对应任务场景中的约束条件、优化目标与优化模型。

2.1.1 静态目标观测任务决策问题描述

面向卫星星群对地观测任务的静态目标观测任务决策问题描述包括变量定义、约束条件、优化目标和优化模型四部分。

1. 变量定义

为方便后续讨论分析，给出关于卫星星群任务决策模型变量的定义，如表 2.1 所示。

表 2.1 卫星星群任务决策模型变量设置

变量	变量说明
i	第 i 个观测任务
s	观测卫星 s
Sat	星群中的卫星集合，$s \in \text{Sat}$
I	待观测任务集合，$i \in I$
WinSet_i^s	卫星 s 对观测任务 i $(i \in I)$ 的可视时间窗口集合
ts_i^s	卫星 s 执行观测任务 i 的开始时刻
te_i^s	卫星 s 执行观测任务 i 的结束时刻
Store_s	卫星 s 的星上初始空闲存储空间容量
V_{record}	卫星执行观测任务时数据写入星上存储器的速率
q_i^s	卫星 s 完成观测任务 i 所需的星上存储空间容量
Q_i^s	卫星 s 执行观测任务 i 之前星上存储器空间占用量
D_i^π	观测任务 i 在策略 π 下的决策
w_i	执行观测任务 i 所获得的即时收益
TimeTask_i	观测任务 i 到达规划决策中心的时刻
$\text{Time}_{\text{trans}}$	卫星在两个连续观测任务之间的转换时间

1) 观测任务

在卫星星群任务决策过程中，一系列观测任务会先后到达决策中心。定义观

测任务 i 的到达时刻为 TimeTask_i，观测任务 i 对应的优先级为 Pri_i。

2) 对地观测卫星

卫星如果选择执行第 i 个到达的观测任务，在收获观测收益的同时也会消耗卫星内部的资源。定义 Store_s 为卫星 s 的星上初始空闲存储空间容量，执行观测任务时数据写入星上存储器的速率为 V_{record}。此外，卫星在执行完一个任务后，需要留出足够的空闲时间进行姿态调整，才能进行下一次观测。定义 $\text{Time}_{\text{trans}}$ 为卫星在两个连续观测任务之间的转换时间。

3) 时间窗口定义

观测卫星是沿一定的空间轨道进行高速运动，只能在某些时间段与观测目标存在可视性关系；而且，在用户给定的任务执行时间范围内可能会有多个可视时间窗口，因此在星群任务决策过程中可能需要在多个时间窗口中为观测目标选定其中一个观测卫星。定义卫星 s 对观测任务 i 的可视时间窗口集合为 $\text{WinSet}_i^s=\left\{\text{Win}_{i,1}^s,\cdots,\text{Win}_{i,k}^s,\cdots,\text{Win}_{i,\text{Num}}^s\right\},\text{Win}_{i,k}^s=\left[\text{ws}_{i,k}^s,\text{we}_{i,k}^s\right]$。其中 $\text{ws}_{i,k}^s$ 和 $\text{we}_{i,k}^s$ 分别代表卫星 s 对观测任务 i 的第 k 个时间窗口的开始和结束时刻，Num 是卫星 s 对观测任务 i 的可视时间窗口总数。

2. 约束条件

基于星群任务决策的特点和问题假设，在建立模型过程中主要考虑如下三个约束条件。

1) 用户需求约束

在用户需求的任务到达后才能为任务决策执行时间窗口，即任务决策执行窗口的时刻要后于任务需求到达的时刻：

$$\text{TimeTask}_i<\text{ts}_i^s \tag{2.1}$$

式中，TimeTask_i 表示观测任务 i 到达规划决策中心的时刻；ts_i^s 表示卫星 s 执行观测任务 i 的开始时刻。

2) 唯一性观测约束

每颗卫星在同一时刻只能对一个目标进行观测。在任务执行过程不能中断，即只能在一个任务执行完毕后再执行下一个任务：

$$\text{te}_i^s+\text{Time}_{\text{trans}}\leqslant\text{ts}_j^s,\quad\forall i,j\in\text{task}_s \tag{2.2}$$

式中，task_s 表示分配给卫星 s 的观测任务；$\text{Time}_{\text{trans}}$ 表示卫星在两个连续观测任务之间的转换时间。执行观测任务 i 和 j 的开始和结束时刻分别为 $\left[\text{ts}_i^s,\text{te}_i^s\right]$ 和 $\left[\text{ts}_j^s,\text{te}_j^s\right]$，且 $\text{ts}_j^s>\text{ts}_i^s$。

3) 存储空间容量约束

当卫星进行观测活动时，需要将收集的实时数据存储于星载存储器上。当观测卫星执行任务时获取的数据量超过星上存储器的可用容量时，任务不能执行：

$$Q_t^s + q_i^s \leqslant \text{Store}_s, \quad t = \text{ts}_i^s \tag{2.3}$$

式中，Q_t^s 表示卫星 s 执行观测任务 i 之前星上存储器空间占用量；$q_i^s = \left(\text{te}_i^s - \text{ts}_i^s\right) \times V_{\text{record}}$ 表示卫星 s 完成观测任务 i 所需的星上存储器空间容量。

3. 优化目标

在面向静态目标的多星协同观测任务中，希望卫星在最短的时间内完成对更多目标的观测，同时能够均匀地消耗卫星的观测资源，因此本节以任务完成收益、观测延迟时间、卫星剩余观测资源方差为综合优化目标，目标函数可以定义为

$$\begin{aligned} J(\pi) &= \sum_i D_i^\pi w_i \\ w_i &= \alpha_1 \text{done\_reward} + \alpha_2 (\text{ts}_i^s - \text{TimeTask}_i) + \alpha_3 \sigma_i \end{aligned} \tag{2.4}$$

式中，D_i^π 为观测任务 i 在策略 π 下的决策；w_i 为执行观测任务 i 所获得的即时收益；done_reward 为任务完成收益，优先级越高的任务，完成收益越大，在整个调度周期中，任务完成越多即任务完成率越高，累计收益越大；σ_i 为观测任务 i 完成后，此时的卫星剩余观测资源方差即剩余观测资源均衡度；α_1、α_2、α_3 分别为任务完成收益、观测延迟时间、剩余资源均衡度的收益权值。

4. 优化模型

根据上述约束条件和性能指标，建立如式(2.5)所示的面向静态目标观测的任务决策优化模型：

$$\begin{aligned} &\max J(\pi) = \sum_i D_i^\pi w_i \\ &\text{s.t. TimeTask}_i < \text{ts}_i^s \\ &\qquad \text{te}_i^s + \text{Time}_{\text{trans}} \leqslant \text{ts}_j^s, \quad \forall i, j \in \text{task}_s \\ &\qquad Q_t^s + q_i^s \leqslant \text{Store}_s, \quad t = \text{ts}_i^s \end{aligned} \tag{2.5}$$

综上，式(2.5)建立的优化问题的求解目标为：在满足用户需求约束、唯一性观测约束、存储空间约束的条件下，确定面向静态目标观测需求下的卫星分配策略，以最大化包括任务完成收益(以任务完成率来表示)、观测延迟时间和剩余资源均衡度等在内的静态目标观测任务收益。

2.1.2 动态目标观测任务决策问题描述

与静态目标观测任务不同的是，动态目标具有全球分布、高速运动的特点，

同时在协同观测中，需要至少两颗卫星同时观测才能完成对动态目标的定位，且在目标运动的过程中需要持续、接力地对多个动态目标进行观测，因此，对动态目标观测下的星群任务决策更具难度。下面将针对动态目标接力观测的星群动态目标观测任务决策问题描述进行详细介绍，包括约束条件、优化目标和优化模型三部分。

1. 约束条件

基于星群任务决策的特点和问题假设，在建立模型过程中主要考虑如下约束条件。

1) 二重观测约束

低轨敏捷卫星星群为了获得目标的位置与运动信息，需要同时为一个目标分配至少 2 颗卫星的观测资源，即

$$\text{Select}_{\text{num}} \geqslant 2 \tag{2.6}$$

式中，$\text{Select}_{\text{num}}$ 为选择的观测卫星数目。

2) 唯一性观测约束

动态目标观测任务的唯一性观测约束与静态目标观测任务一致。

3) 持续观测约束

由于动态目标一直在持续不断地运动，对观测动态目标的卫星也提出了持续性观测需求，要求每颗卫星对目标的开始观测时刻为上一颗卫星对该目标的结束观测时刻，即

$$T_{k\_\text{start}} + \text{Time}_{\text{obs}} = T_{l\_\text{start}}, \quad \forall k,l \in \text{sates} \tag{2.7}$$

式中，sates 表示卫星的集合；k、l 是对同一个目标观测的前后两颗卫星；Time_{obs} 表示观测时间；T_{k_start}、T_{l_start} 分别表示卫星 k、l 开始观测的时刻。

4) 临边观测角约束

卫星对于目标的观测采用临边与深空背景观测模式，即卫星对于目标的观测需要高于地球大气临边高度，临边观测角度约束计算公式如下所示：

$$\theta_a = \arcsin\left(\frac{R_e + H_a}{R_e + H_{\text{sat}}}\right) \tag{2.8}$$

式中，R_e 为地球半径；H_a 为临边高度；H_{sat} 为卫星高度。如果目标观测角 $\theta_{\text{tar}} > \theta_a$，则目标可被观测；如果 $\theta_{\text{tar}} < \theta_a$，则卫星对目标的观测视线低于临边高度，无法对目标进行观测。

5) 太阳规避约束

探测时，相机视场需要避开太阳，以避免太阳光对探测造成影响。以卫星指

向目标的视线为基准，建立如式(2.9)所示的太阳规避约束：

$$\lambda_{\text{sun}} > \lambda_{\text{dev-sun}} \tag{2.9}$$

式中，λ_{sun} 为相机指向目标的视线与卫星、太阳间向量的角度；$\lambda_{\text{dev-sun}}$ 为太阳规避角。如果不满足太阳规避约束要求，则可判定该时刻相机不可对目标观测。

6) 最大观测距离约束

在确定的信噪比下，系统的最大观测距离 $L_{\max}$ 取决于探测系统的能力、目标强度、背景强度及透过率，定义为

$$L_{\max} = \left(\frac{\tau(I_t - I_b)}{\text{NEFD} \cdot \text{SNR}} \right)^{\frac{1}{2}} \tag{2.10}$$

式中，NEFD 为噪声等效通量密度；SNR 为信噪比；τ 为透过率，在观测条件中，提出临边观测的需求，是保证 τ 的取值近似为 1；I_t 为目标强度；I_b 为背景强度，深空背景观测 $I_b = 0$ 。在观测过程中，需要保证目标在最大观测距离内，即 $L \leqslant L_{\max}$ 。

2. 优化目标

在对动态目标观测过程中，对目标完成定位的次数越多，表明该卫星的收益越大，因此观测收益应为卫星对目标进行成功定位的次数，故定义如式(2.11)所示的优化目标函数：

$$J = k_1 \sum_{i=1}^{N} \sum_{j=1}^{K} \text{cover}_j\left(T_i\right) - k_2 \sum_{j=1}^{N} \text{change\_time}_j \tag{2.11}$$

式中，$\text{cover}_j\left(T_i\right)$ 表示目标 T_i 在调度周期 j 的二重覆盖率；change_time_j 表示系统在调度周期 j 的切换次数；k_1、k_2 均大于 0，分别表示二重覆盖率与系统切换次数的重要权值；$\sum_{i=1}^{N} \sum_{j=1}^{K} \text{cover}_j\left(T_i\right)$ 表示系统对所有动态目标的二重覆盖率；$\sum_{j=1}^{N} \text{change\_time}_j$ 表示系统对动态目标的二重接力跟踪观测过程中的切换次数，二重覆盖率越高代表对目标的协同观测时间越长，系统切换次数越低代表系统的工作效率越高。

3. 优化模型

根据上述约束条件及优化指标，建立如式(2.12)所示的面向动态目标二重接力

观测问题的优化模型：

$$
\begin{aligned}
&\max J = k_1\sum_{i=1}^{N}\sum_{j=1}^{K}\mathrm{cover}_j\left(T_i\right) - k_2\sum_{j=1}^{N}\mathrm{change\_time}_j \\
&\text{s.t. } \mathrm{Select}_{\mathrm{num}} \geqslant 2 \\
&\quad \mathrm{te}_i^s + \mathrm{Time}_{\mathrm{trans}} \leqslant \mathrm{ts}_j^s, \quad \forall i, j \in \mathrm{task}_s \\
&\quad T_{k\_\mathrm{start}} + \mathrm{Time}_{\mathrm{obs}} = T_{l\_\mathrm{start}}, \quad \forall k, l \in \mathrm{sates} \\
&\quad \theta_a = \arcsin\left(\frac{R_e + H_a}{R_e + H_{\mathrm{sat}}}\right) \\
&\quad \lambda_{\mathrm{sun}} > \lambda_{\mathrm{dev\text{-}sun}} \\
&\quad L_{\max} = \left(\frac{\tau(I_t - I_b)}{\mathrm{NEFD}\cdot\mathrm{SNR}}\right)^{\frac{1}{2}}
\end{aligned}
\tag{2.12}
$$

式(2.12)建立的优化问题的目标为在满足二重观测约束、唯一性观测约束、持续观测约束、临边观测角约束、太阳规避约束和最大观测距离约束等条件下，确定面向动态目标观测需求下的卫星分配策略，以最大化动态观测任务的综合收益，该综合收益包括了二重覆盖率以及系统的工作效率，即以最小的观测代价，实现对动态目标最长时间的二重观测覆盖。

2.2　基于混合专家经验回放的静态目标观测任务决策

2.1 节对星群静态目标观测任务决策的优化模型进行了描述，详细说明了卫星可视窗口、优先级等变量定义，并对静态目标观测任务决策过程的特点与问题假设，以及约束条件和优化目标进行了分析与介绍，以任务完成率、观测延迟时间和卫星剩余观测资源均衡度为综合评判指标，建立了面向静态目标观测的星群任务决策优化模型，进一步地，本节将基于建立的任务决策优化模型，展开基于混合专家经验回放的静态目标观测任务决策问题的求解，实现星群卫星的任务分配，并给出仿真验证。

2.2.1　基于深度 Q 网络的静态目标观测任务决策模型建立

当一个观测需求到达时，未来系统的资源状态仅和当前决策者的决策与当前的系统状态有关。当卫星执行到达的观测任务时，会占用卫星内部的存储资源[1]，从长远来看，可能会导致后面到达的拥有更大收益的任务不能执行，当卫星不执行到达的观测需求时，则会损失当前的即时收益，以上就是一个典型的马尔可夫决策过程。因此，在星群任务决策问题中，首先定义马尔可夫决策过程的状态，包括状态集、动作集、立即收益值和折扣因子等。

1. 状态集 S

根据式(2.12)描述的约束条件，将观测任务的到达时刻、观测任务的优先级、各颗卫星时间空间的空闲情况(图 2.1)，以及星群中各颗卫星的空闲存储空间作为状态，则状态集 S 表示如式(2.13)所示：

$$S = \{\text{TimeTask}_i, \text{Pri}_i, \text{Sattime}_1, \cdots, \text{Sattime}_{\text{num}}, \text{SatStore}_1, \cdots, \text{SatStore}_{\text{num}}\} \quad (2.13)$$

式中，Pri_i 表示任务优先级；Sattime_i、SatStore_i 分别表示卫星可视窗口起始时间与空闲存储空间；num 表示星群中包含的卫星总数。

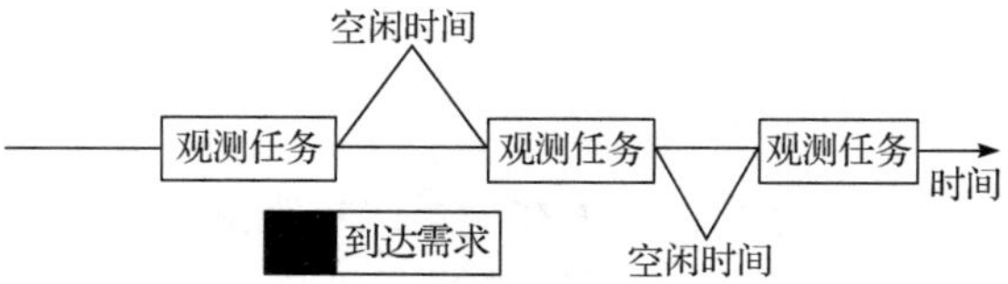

图 2.1 卫星时间空间的空闲情况

2. 动作集 A

规划决策中心为观测任务 i 决策可视时间窗口，即开始的观测时间与结束时间。因此，将该时间窗口作为动作 a，表达式为

$$a = \text{Win}_{i,k}^s \in \text{WinSet}_i^s \quad (2.14)$$

$$A = \{\text{WinSet}_i^1, \text{WinSet}_i^2, \cdots, \text{WinSet}_i^s\} \quad (2.15)$$

式中，$\text{Win}_{i,k}^s$ 表示针对第 i 个任务，采用卫星 s 的第 k 个时间窗口进行观测；A 表示动作集合，即所有卫星可选的时间窗口集合。

3. 立即收益值 R

根据式(2.12)描述的优化目标，设计立即收益，即回报函数，该回报函数体现了综合收益目标，即包括任务完成率、观测延迟时间和卫星剩余观测资源均衡度，综合收益越大，立即收益值越大，否则越小。立即收益值表达式为

$$R = R_\varepsilon(s, a) \quad (2.16)$$

式中，ε 为神经网络的参数；$R_\varepsilon(s,a)$ 表示在状态 s 下基于动作 a，即分配的时间窗口 $\text{Win}_{i,k}^s$ 根据优化目标所计算得到的收益。

4. 折扣因子γ

折扣因子γ表示未来收益值相对于立即收益值的重要程度，$0<\gamma<1$。当$\gamma=0$时，相当于只考虑立即收益不考虑未来收益；当$\gamma=1$时，表示将未来收益和立即收益看得同等重要。

2.2.2 星群静态目标观测任务智能决策

传统的强化学习算法通过与环境不断地交互，执行动作，获得奖励，收集与环境交互的数据，并从中抽取数据反向传播，更新网络参数。然而这种传统的经验学习方法由于初始网络产生的经验数据较差，容易使智能体在训练过程中不稳定陷入局部极小或者造成算法难以收敛，而智能体更应该像人脑一样"虚心接受专家的经验"，通过对专家经验的学习使自身初步获得解决问题的基本能力，并基于自身的学习，逐步提高能力，达到超越"专家"的能力。因此，本书提出了基于经验学习-迭代改进-在线决策的混合专家经验回放的静态目标观测任务决策算法。

基于建立的星群任务决策模型(2.13)～(2.16)，设计如图 2.2 所示的基于混合专家经验回放的静态目标观测任务决策框架，其中当前值网络即决策网络，以获得最大任务收益为目标，输入为式(2.13)建立的状态 $s\in S$，即当前任务的到达时刻、观测任务优先级及所有卫星的可视窗口起始时间、空闲存储空间，输出为所有卫星可视时间窗口对应的累计期望收益，即Q值，并选择最大的收益作为静态目标观测任务决策的时间窗口，完成智能任务决策。目标值网络为计算下一个任

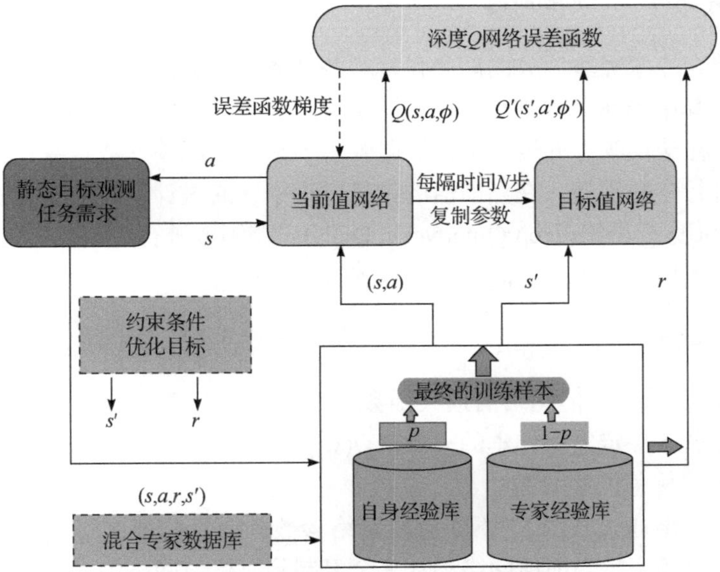

图 2.2　基于混合专家经验回放的静态目标观测任务决策框架图

务的所有可视时间窗口的累计期望收益(即 Q' 值)，并通过利用自身决策经验数据与专家经验数据混合训练，将决策网络与目标网络进行计算的累计收益误差作为误差函数，采用梯度更新的方式更新网络参数，最终获得最优决策网络，实现静态目标观测需求下的星群任务决策。

1. 经验学习——基于专家经验的数据回放

数据采集过程中，地面站接收到观测任务需求得到状态 s，并将状态送入决策网络即当前值网络中，从而输出对应的动作 a，即针对当前观测任务所分配的卫星可用时间窗口，进而得到收益 r，然后得到下一个任务需求 s'。执行完上述操作后，每一迭代回合都会将数据以如下形式储存：(s,a,r,s')。

此过程需要进行大量的回合以获取足够多的经验数据，将其全部存在自身经验库中。此外，将先进先出算法与粒子群优化算法求解数据作为专家经验，建立专家经验库，并采用边采集边训练网络的方法，在训练的初始阶段，以概率 p 在自身经验库中采集大小为 batch size 的自身决策数据，以概率 $1-p$ 在专家经验库进行采样，相比于初始网络参数下的决策能力，专家经验库中的决策数据具有较高的借鉴性，可以提高算法的学习速度与训练的稳定性。随着训练次数的增加，p 逐步增大，逐渐使用自身的数据进行学习，以提高网络本身的适应能力。通过混合专家经验回放的方法，使智能决策网络在训练初期借鉴高质量经验数据，避免无用试错，从而提高网络的收敛速度。

2. 迭代改进——决策网络参数更新

基于混合专家经验回放的静态目标观测任务决策算法由当前值网络与目标值网络构成，其中当前值网络与目标值网络的结构完全相同，均由 3 层全连接神经网络构成。在迭代改进的过程中，根据概率 p 从专家经验库或自身经验库获得样本数据，进行参数更新。在当前值的训练过程中，通过计算时间差分误差，即图 2.2 所示的深度 Q 网络(deep Q-network, DQN)误差函数进行更新，如式(2.17)所示，采用 Adam 优化器进行当前值网络参数 ϕ 的更新：

$$\mathcal{L}(\phi)=E_{(s_t,r_t,a_t,s_{t+1})\sim D_1,D_2}\left[\left(r_t+\gamma Q^{\phi'}\left(s_{t+1},\mu(s_{t+1})|\phi'\right)-Q^{\phi}\left(s_t,a_t\right)\right)^2\right] \tag{2.17}$$

式中，$\mathcal{L}(\phi)$ 表示当前值网络的损失函数；D_1、D_2 分别表示自身经验库与专家经验库，由概率 p 决定经验样本的来源；$\mu(s_{t+1})$ 表示在下一个状态所采取的调度策略；ϕ' 表示目标值网络参数。

当前值网络通过式(2.17)不断更新网络参数，而目标值网络采用硬更新的方式，即以固定频率将当前值网络参数完全复制到目标值网络中进行参数更新。

3. 在线任务决策

完成上述离线训练过程之后，当前值网络与目标值网络参数也被确定下来。对于静态目标观测任务决策过程，利用已经训练好的当前值网络即可对已有的卫星观测资源进行在线的任务决策。值得注意的是，目标值网络只参与算法的迭代训练阶段，并不参与在线决策。

下面给出静态目标观测任务在线决策过程，即算法 2.1。

算法 2.1　静态目标观测任务在线决策算法

输入：观测任务到达时刻、任务优先级、卫星的可视窗口起始时间、卫星空闲存储空间。

输出：所有卫星的可用时间窗口的 Q 值，并选取最大 Q 值对应的时间窗口作为针对该任务的观测资源。

1：从任务 1 到任务 N：

2：计算任务 i 的状态信息，包括任务到达时刻、任务优先级、卫星的可视窗口起始时间、卫星空闲存储空间。

3：将状态信息作为当前值网络的输入，计算可选时间窗口的 Q 值，然后将最大 Q 值对应的时间窗口作为任务 i 的分配结果。

4：是否满足任务决策需求：

否：进行决策网络的离线训练。

是：静态目标观测任务决策结束。

2.2.3　仿真验证

为了验证静态目标观测任务决策算法的有效性，同时考虑到没有较好的开源数据集提供训练和验证，因此在 STK(Satellite Toolkit) 软件中设置 32/4/1 Walker 构型的星群卫星和观测目标，并根据软件的可见性分析工具获得卫星的可视时间窗口。

1. 场景设置

本节分别针对全球区域(纬度–60°～60°，经度–30°～30°)范围，随机生成了 4500 个地面静态目标。

每组实验的仿真场景中均设置相应区域内动态到达的目标观测任务数为 150 个，选择观测卫星星群为 Walker 星群，且由 4 个轨道面及每个轨道面上 8 颗卫星组成。星群中轨道面与同一轨道面中卫星围绕地球均匀分布，轨道面的高度为 1500km，轨道倾角为 60°。其他场景参数设置如表 2.2 所示。

表 2.2　静态目标观测任务场景参数设置

卫星参数	数值
星群调度周期	16h
最大姿态调整时间	30s
传感器锥半角	45°
数据上载速率	4kbit/s
星上最大存储空间	8GB
需求最短观测时间	200s

2. 算法参数设置

静态目标观测任务决策算法超参数和神经网络参数如表 2.3 和表 2.4 所示。

表 2.3　静态目标观测任务决策算法超参数设置

超参数	数值
折扣因子 γ	0.99
学习率	1×10^{-4}
自身经验库大小	1×10^{6}
专家经验库大小	1×10^{6}
更新频率	20
最大训练次数	50000
采样样本数	256
硬更新参数	20
$\sigma_1,\sigma_2,\sigma_3$	0.8，0.1，0.1

表 2.4　静态目标观测任务决策算法神经网络参数设置

网络参数	数值
当前值网络隐藏层层数	3
目标值网络隐藏层层数	3
当前值网络隐藏层节点数	256
目标值网络隐藏层节点数	256
激活函数	ReLU

此外，静态目标观测任务决策算法进行测试的计算机平台配置为：Intel Xeon Gold 6144 CPU，内存 128GB，配备显卡为 NVDIA RTX 3090。

3. 算法效能对比

基于 STK 软件获取的 150 个待观测的任务时间窗口信息，下面对本节提出的静态目标观测任务决策算法进行性能对比。首先将普通的深度 Q 学习任务决策算法与传统的先进先出、粒子群优化算法进行有效性对比验证，其次针对训练过程中的任务收益、任务完成率、观测延迟时间与卫星剩余观测资源均衡度等性能指标，将本节提出的基于混合专家经验回放的静态目标观测任务决策算法与普通基于随机经验回放的深度 Q 学习任务决策算法进行对比，从而验证本节所提基于混合专家经验回放的静态目标观测任务决策算法的收敛性能。

任务完成率是用来评判任务决策算法有效性的重要依据，这里首先将基于混合专家经验回放的静态目标观测任务决策算法与先进先出任务决策算法、粒子群优化任务决策算法进行了平均任务完成率、平均求解时间与平均卫星剩余观测资源均衡度对比，如表 2.5 所示。从表中可以看出，针对 150 个观测任务需求，先进先出任务决策算法的平均求解时间最快，但是算法的平均任务完成率较差；粒子群优化任务决策算法虽然最优性好，平均任务完成率较高，但是平均求解时间较慢，不具备实时在线决策的特点，而基于混合专家经验回放的静态目标观测任务决策算法兼顾了决策的实时性与最优性，能够均匀地将星上观测资源进行分配，实现了对 150 个观测任务的实时最优的星群卫星分配。

表 2.5　算法性能对比

算法	平均任务完成率	平均求解时间/s	平均卫星剩余观测资源均衡度
基于混合专家经验回放的静态目标观测任务决策算法	0.8242	0.32	0.007
先进先出任务决策算法	0.7444	0.24	0.02
粒子群优化任务决策算法	0.8569	8.51	0.012

此外，为了进一步验证本节所提出的基于混合专家经验回放的静态目标观测任务决策算法的有效性，进一步与传统的基于随机经验回放的深度 Q 学习任务决策算法展开了仿真对比，对比结果如图 2.3～图 2.6 所示。

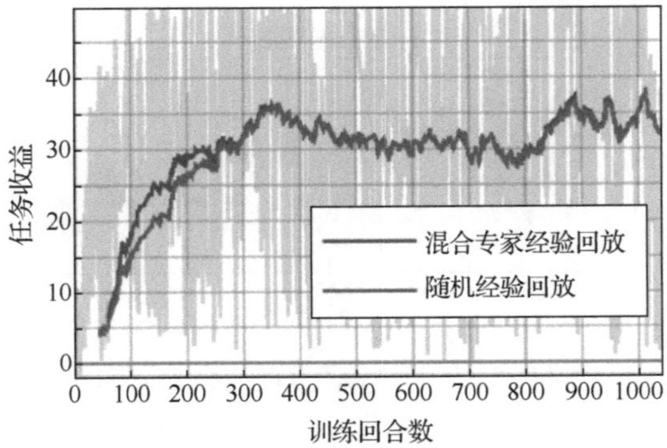

图 2.3　任务收益曲线图

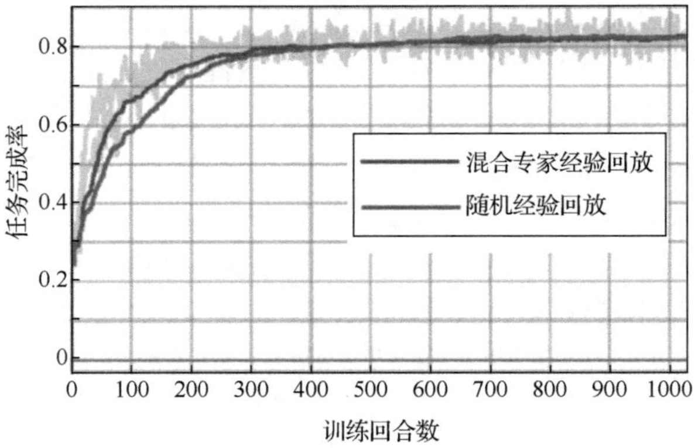

图 2.4　任务完成率曲线图

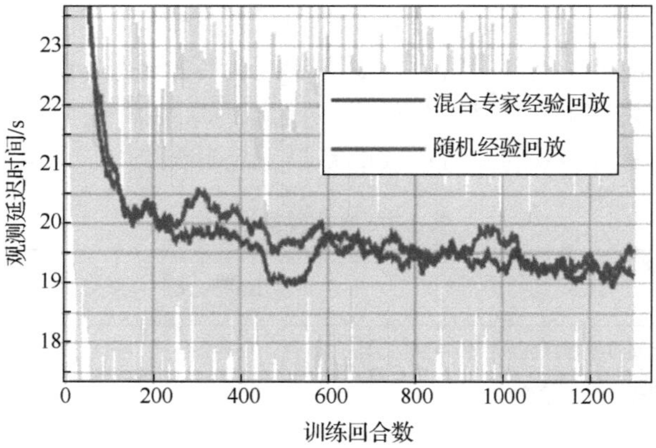

图 2.5　观测延迟时间曲线图

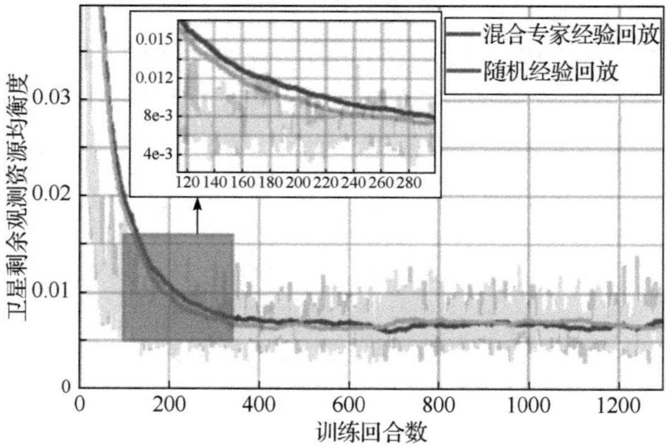

图 2.6　卫星剩余观测资源均衡度曲线图

图 2.3 为任务收益曲线图，综合考虑任务完成率、观测延迟时间与卫星剩余观测资源均衡度等因素，可以看出，相比于传统采用随机经验回放的深度 Q 学习任务决策算法，基于混合专家经验回放的静态目标观测任务决策算法在任务收益上能够较快收敛。

图 2.4 为任务完成率曲线图。在训练过程中，可以看出基于混合专家经验回放的静态目标观测任务决策算法收敛速度更快，其中任务完成率为 80%左右，这是由于 150 个观测任务较多，卫星存储空间的限制使得卫星不能完成更多的任务。

图 2.5 为观测延迟时间曲线图。由图可以看出，基于混合专家经验回放的静态目标观测任务决策算法相比于传统采用随机经验回放的深度 Q 学习任务决策算法具有更短的观测延迟时间，即所分配的观测时间窗口能够更快地满足任务需求。

图 2.6 显示了卫星剩余观测资源均衡度随着训练回合数的迭代曲线图。由图可以看出，基于混合专家经验回放的静态目标观测任务决策算法在卫星空闲资源上具有更快的收敛速度，即通过利用专家经验，在离线训练阶段任务决策中心可以更快地将观测资源均匀地分配到观测目标上去。

综上所述，针对对地观测等星群静态目标观测任务决策问题，本节提出的基于混合专家经验回放的静态目标观测任务决策算法，能够在训练初期借鉴专家数据进行训练，提高了算法的训练稳定性和收敛速度，与传统的粒子群优化、先进先出及随机经验回放等算法的仿真对比也验证了本节所提出的基于混合专家经验回放的静态目标观测任务决策算法可以兼顾星群卫星分配的实时性与最优性，具备较好的应用前景。

2.3　基于深度强化学习与指针网络的动态目标观测任务决策

2.2 节针对空间静态目标观测任务需求，考虑任务完成率、观测延迟时间和卫星剩余观测资源均衡度等因素，完成了基于混合专家经验回放的星群静态目标观测任务决策，然而在卫星星群的协同观测任务中，由于观测目标的多样性，除地球表面的静态目标外，如卫星、导弹等动态目标也需要星群进行协同观测，进而提供天基态势感知能力。针对这种情况，本节主要介绍面向全球分布、高速运动的动态目标观测任务下的星群协同任务决策问题。

与静态目标观测任务决策不同的是，在动态目标的协同观测中需要卫星星群进行持续、接力观测，同时接力观测卫星需要协同定位，即至少需要两颗卫星才能完成对一个动态目标的观测。近年来，基于深度强化学习的任务决策算法引起了国内外学者的关注，其在解决任务决策问题上具有较高的实时性，同时基于指针网络的组合优化方法在不同的任务场景也具有较好的适应能力。本节主要基于深度强化学习与指针网络的方法解决动态目标的协同接力观测问题。

2.3.1　面向接力观测的动态目标观测任务决策模型建立

在星群动态目标观测任务决策问题中，本节将对动态目标的连续协同接力跟踪决策过程按照固定的调度周期进行划分，按照时间顺序，分解成一系列的连续决策过程，即在每个调度周期内，卫星星群基于对多个动态目标的协同观测信息，决策最佳二重观测卫星组合，进行接力观测，因此根据式(2.12)描述的约束条件与优化目标，将面向接力观测的动态目标观测任务决策定义为马尔可夫决策过程。

1. 状态集 S

在多星协同观测的过程中，卫星对目标的可见性与相对运动特性都会影响目标观测效果。因此，将观测卫星与目标的距离、卫星与目标相对运动、卫星对目标的可观测时间窗口作为状态量，则状态集 S 可以表示如下：

$$
\begin{aligned}
&s_T=\left\{s_T^1,s_T^2,\cdots,s_T^N\right\}\in S\\
&s_T^i=\{(\mathrm{dis}_{i,j},\mathrm{cover}_{i,j},\mathrm{rela}_{i,j},\mathrm{change\_time}_i),\ j=1,2,\cdots,K\}
\end{aligned}
\tag{2.18}
$$

式中，$\mathrm{dis}_{i,j}$、$\mathrm{rela}_{i,j}$ 分别表示第 j 个观测目标与第 i 颗卫星的距离及相对运动关系；$\mathrm{cover}_{i,j}$ 表示第 i 颗卫星对第 j 个观测目标的观测覆盖率；$\mathrm{change\_time}_i$ 表示第 i 颗卫星的切换次数。

2. 动作集 A

根据二重观测约束，规划决策中心为 j 个待观测的动态目标，选择 $2j$ 颗观测卫星，并分配对应的可视时间窗口种类作为动作 a：

$$
a=\{\mathrm{sate}_1,\mathrm{sate}_2,\cdots,\mathrm{state}_{2j-1},\mathrm{sate}_{2j}\}
\tag{2.19}
$$

式中，state_1、state_2 表示第 1 个观测目标的观测卫星；sate_{2j-1}、sate_{2j} 表示第 j 个观测目标的观测卫星。

3. 立即收益值 R

在面向动态目标协同观测任务的在线学习过程中，综合考虑式(2.12)定义的优化目标，如果观测卫星二重覆盖率越高同时保持较高的系统的工作效率，则综合观测收益越大，奖励越大。因此，立即收益值设计如下：

$$R(s,a)=k_1\sum_{i=1}^{N}\sum_{j=1}^{K}\text{cover}_j(T_i)-k_2\sum_{j=1}^{N}\text{change\_time}_j \tag{2.20}$$

式中，$R(s,a)$表示在状态s下，执行协同观测动作a所获得立即收益值。

4. 折扣因子γ

与静态目标观测任务决策相似，γ表示未来收益值相对于立即收益值的重要程度，$0<\gamma<1$。$\gamma=0$相当于只考虑立即收益不考虑未来收益，$\gamma=1$表示将未来收益和立即收益看得同等重要。

2.3.2　星群动态目标观测任务智能决策

针对上述建立的动态目标观测任务决策模型，本节进一步设计基于深度强化学习与指针网络的动态目标观测任务智能决策算法，整体框架如图 2.7 所示。

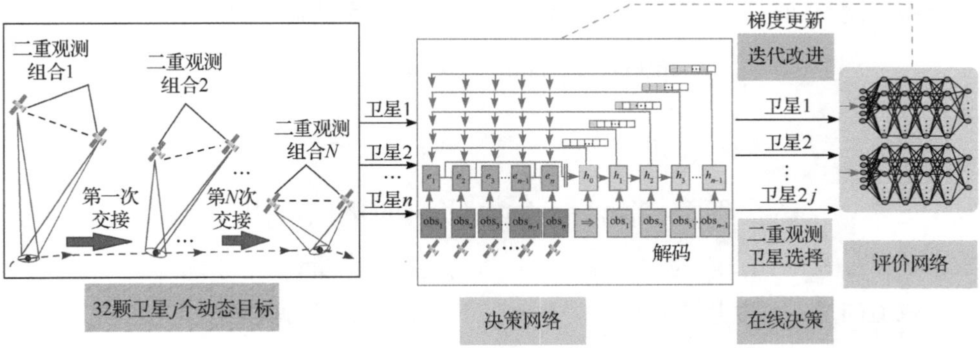

图 2.7　星群动态目标观测任务智能决策框架模型

星群动态目标观测任务智能决策算法主要包括决策网络与评价网络两部分，其中决策网络由指针网络构成，针对具有高速运动、全球分布等特点的j个动态多目标，决策网络根据任务决策模型中的状态信息，采用注意力机制依次计算卫星的选择概率，输出$2j$颗卫星作为j个动态目标的观测组合；评价网络负责估计当前决策网络的累计收益，特别地，本书采用双评价网络估计累计收益，采用较小值作为估计值，避免在训练过程由估计偏差带来的过估计问题，从而提高收敛速度。

深度指针网络[2]由于具备较好的可扩展性，对于多种多样的复杂环境具有较好的适应能力，因此将深度指针网络引入卫星二重接力观测求解中[3]，其网络模型如图 2.8 所示。

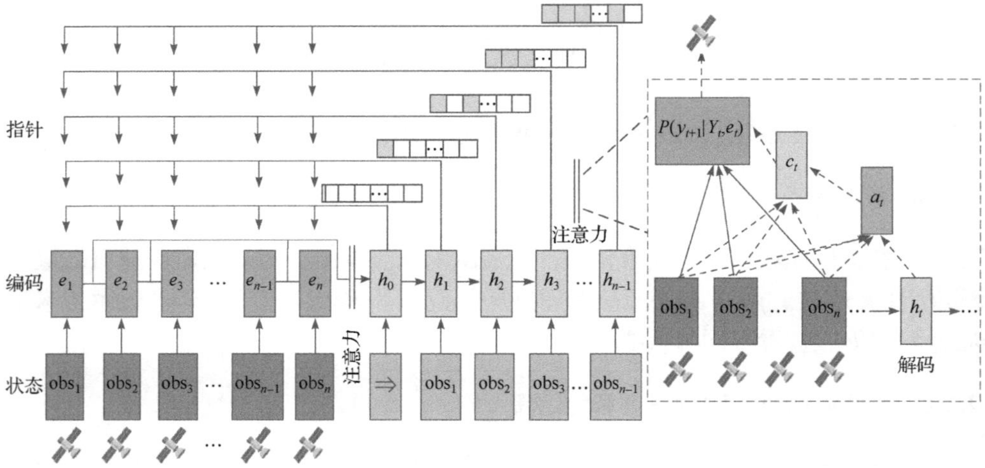

图 2.8　深度指针网络模型

指针网络通过以下注意力机制计算依次待选卫星的概率分布:

$$
\begin{aligned}
a_t &= \text{softmax}\left(V_a \tanh\left(W_a\left[e_t;h_t\right]\right)\right) \\
c_t &= \sum_{i=1}^{N} a_t^i e_t^i \\
P\left(y_{t+1}|\ Y_t,e_t\right) &= \text{softmax}\left(V_c \tanh\left(W_c\left[e_t;c_t\right]\right)\right)
\end{aligned}
\tag{2.21}
$$

式中，W_a、W_c、V_a、V_c 为学习参数；e_t 为输入特征向量；h_t 为隐藏状态；a_t 为注意力权值向量；c_t 为上下文向量；$P\left(y_{t+1}|\ Y_t,e_t\right)$ 为卫星选择概率。

在网络训练过程中，通常基于 $P\left(y_{t+1}|\ Y_t,e_t\right)$ 概率分布采样选择观测卫星，并进行 $2j$ 次如式(2.21)所示的计算，获得 $2j$ 个观测卫星组合。由于指针网络依次计算卫星的选择概率，该种计算方式使得本节提出的动态目标观测任务决策算法具有较好的适应能力，即可适应动态目标数目频繁变化的场景。

本节采用策略梯度方法对动态目标观测任务决策的决策网络与评价网络参数优化，首先通过建立经验库，将每一迭代回合的数据以如下形式储存：(s_t,r_t,a_t,s_{t+1})，在每个回合结束，即对所有的动态目标结束接力观测后，采用 Adam 优化器最小化评价网络近似的均方误差：

$$
\begin{aligned}
\phi_{k+1} &= \arg\min_{\phi} \frac{1}{|D_k|k} \sum_{\tau \in D_k} \sum_{t=0}^{kT} \left(V_{\phi}\left(s_t\right) - \hat{R}_t\right)^2 \\
\hat{R}_t &= \sum_{t=t'}^{kT} R_t
\end{aligned}
\tag{2.22}
$$

式中，ϕ_{k+1} 为评价网络更新之后的参数；$D_k = \{\tau_i\}$ 为经验库数据中的多个决策回合τ交互数据；k为调度周期的数目；T为调度周期；$V_{\phi}(s_t)$为评价网络的输出；$\hat{R}_t$为回合中的累计收益。

决策网络参数θ按照以下规则进行更新：

$$\begin{aligned}
&\nabla_{\theta}J(\pi_{\theta}) = \underset{\tau\sim\pi_{\theta}}{E}\left[\frac{1}{|D_k|}\sum_{t=0}^{kT}\nabla_{\theta}\log\pi_{\theta}(a_t|\ s_t)A^{\pi_{\theta}}(s_t)\right] \\
&A^{\pi_{\theta}}(s_t) = \sum_{t=0}^{kT}R_t - \min_{i=1,2}V_{\phi_i}(s_t)
\end{aligned} \tag{2.23}$$

式中，π_{θ}表示决策网络；优势函数$A^{\pi_{\theta}}(s_t)$表示累计收益评价网络输出$V_{\phi_i}(s_t)$的偏差。本节通过将双评价网络中的最小值作为累计收益的估计值，避免网络初始化参数的不同导致的收敛速度缓慢的问题。

下面给出动态目标观测任务在线决策过程，即算法 2.2。

算法 2.2　动态目标观测任务在线决策算法

输入：观测任务的到达时刻、观测任务的优先级、卫星与目标的距离、卫星与目标相对运动、卫星可观测时间窗口。

输出：所有卫星的可用时间窗口的概率值，并选取最大的概率值对应的时间窗口作为针对该任务的观测资源。

1：在每个任务决策周期内：

2：从动态目标 1 到动态目标N：

3：计算目标j的状态信息：卫星与目标的距离、卫星与目标相对运动、卫星可观测时间窗口。

4：将状态信息作为指针网络的输入，依次计算式(2.21)中$P(y_{t+1}|\ Y_t,e_t)$的最大概率分布，根据采样获得对应的两颗卫星观测组合，并根据其观测时间窗口，地面指挥中心将这两颗卫星作为针对动态目标j的下一个接力观测。

5：当前决策网络，即指针网络是否满足任务决策需求：

　　否：进行决策网络的离线优化，更新误差函数，更新网络参数。

　　是：动态目标观测任务决策结束。

2.3.3　仿真验证

为了验证动态目标观测任务决策算法的有效性，同时考虑到没有较好的开源数据集提供训练和验证，与静态目标观测场景类似，在 STK 软件中设置 32/4/1 Walker 构型的星群卫星和观测目标，并根据软件的可见性分析工具获得卫星对动态目标的可视时间窗口。

1. 场景设置

为了使动态目标观测任务决策场景更具有现实意义，本书首先以全球美国公开的军事基地为起点，以国内千万级人口大城市为终点，在 STK 软件中设置了 5074 条动态目标轨迹，星群构型为 32/4/1 的 Walker 星群，轨道高度为 1500km，轨道倾角为 60°，基于 STK 软件获得星群卫星对于动态目标的可观测窗口，获得训练集，在训练过程中随机抽取 4 个动态目标作为需要跟踪的观测任务。

进一步，构建 16 个动态目标的测试场景，由于星座卫星总体数目的限制，将测试场景的 16 个动态目标以 4 个为一组，每组目标在测试场景中依次发射。在动态目标的任务决策过程中，单个调度周期为 50s，目标的平均马赫数为 20。

2. 算法参数设置

本节所设计的动态目标观测任务决策算法超参数和神经网络参数如表 2.6 和表 2.7 所示。

表 2.6　动态目标观测任务决策算法超参数设置

超参数	数值
折扣因子	0.99
学习率	0.001
最大训练次数	50000
采样样本数	256
硬更新参数	20
k_1,k_2	0.8，0.2

表 2.7　动态目标观测任务决策算法神经网络参数设置

网络参数	数值
编码网络隐藏层参数	128
编码网络类型与层数	1 层 1 维卷积层
解码网络隐藏层参数	128
解码网络类型与层数	1 层 1 维卷积层
指针网络隐藏层层数	1 层
指针网络隐藏层参数	128
激活函数	ReLU

此外，本节算法进行测试的计算机平台配置为：Intel Xeon Gold 6144 CPU、128GB 内存和为 NVDIA RTX 3090 GPU。

3. 算法效能对比

本节首先针对模型中双评价网络对于提高算法收敛速度的有效性进行验证。图 2.9 表示整体观测任务收益随训练回合数的变化，可以看出，两种算法均能在训练过程中稳步提升观测收益。图 2.10 表示所有动态目标的二重覆盖率随着训练回合数的变化曲线。图 2.11 为系统切换次数的训练曲线，在协同观测的过程中，切换次数越低，代表系统的工作效率越高。从图 2.9～图 2.11 可以看出，两种算法均能不断迭代改进观测效果，提升观测收益，同时基于双评价网络在任务收益、二重覆盖率和系统切换次数上相较于单评价网络收敛速度更快，这是由于在训练过程中通过保守地估计未来的累计收益，避免由参数初始化的不同造成的估计偏差问题。

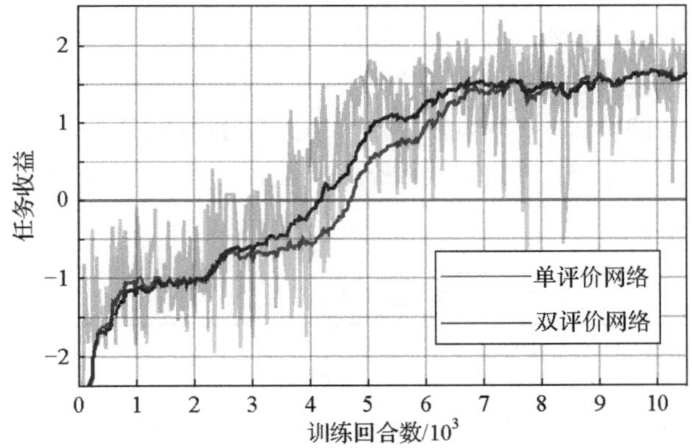

图 2.9　训练过程中的任务收益

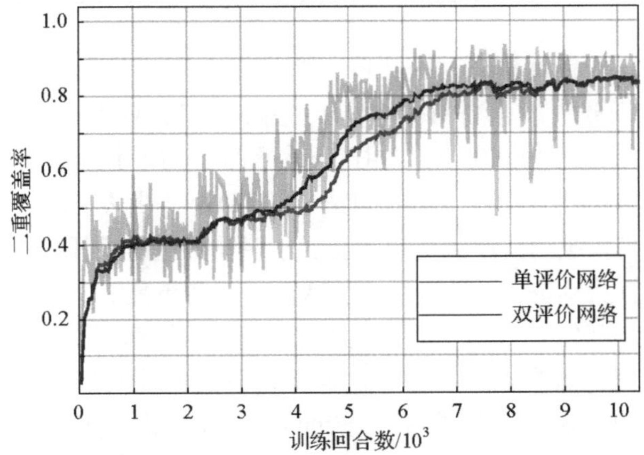

图 2.10　训练过程中的二重覆盖率

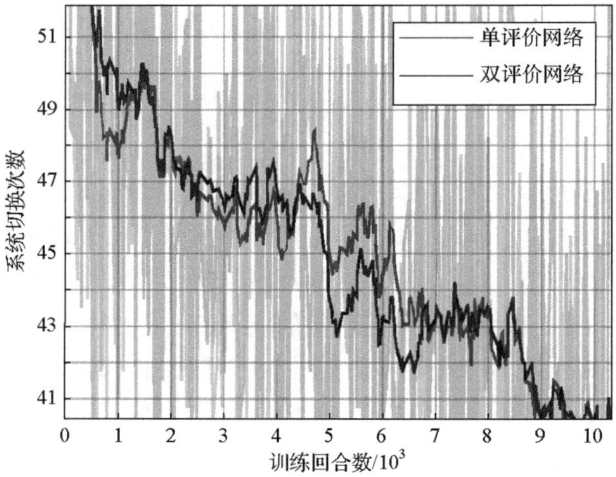

图 2.11 训练过程中系统切换次数

为进一步验证本节所提算法的有效性，在面向 16 个目标观测需求的动态调度场景中，将本节所设计的基于深度强化学习与指针网络的动态目标观测任务决策算法与当前基于全球快速分区的多重分组协同任务决策算法分别进行了仿真，并从平均二重覆盖率、平均系统切换次数和平均任务计算时间进行了效果对比，对比结果如表 2.8 所示。

表 2.8 效能对比

算法	平均二重覆盖率/%	平均系统切换次数	平均任务计算时间/s	16 个目标二重覆盖率提升百分点数
动态目标观测任务决策算法	94.38	24.56	0.007×149=1.043	—
多重分组协同任务决策算法	91.18	26.25	0.0146×149≈2.175	3.2×16=51.2

表 2.8 中平均任务计算时间一栏中，数字 149 表示共有 149 个调度周期，其中动态目标观测任务决策算法的平均单步决策时间为 0.007s，多重分组协同任务决策算法单步决策时间为 0.0146s，相比于多重分组协同任务决策算法、动态目标观测任务决策算法的平均单步决策时间减少了 52.05%。由表 2.8 中 16 个目标的单个平均二重覆盖率与系统切换次数可知，相比于多重分组协同任务决策算法，动态目标观测任务决策算法具备较低的系统切换次数即具备更高的工作效率，平均二重覆盖率提高了 3.2 个百分点，16 个目标的累计二重覆盖率增加了 51.2 个百分点。

综上所述，针对具有全球分布、高速运动特点的动态目标的星群协同任务决策问题，本节提出的深度强化学习与指针网络的动态目标观测任务决策算法，与传统的多重分组协同任务决策算法相比，具有相近的工作效率，但同时获得了较大的二重覆盖率，从而验证了本节所提算法的有效性。

2.4 小　结

本章从星群任务决策角度出发，首先针对卫星星群面向对地观测、军事侦察等静态目标观测任务决策需求，考虑用户需求约束、唯一性观测约束等约束条件，设计基于混合专家经验回放的深度 Q 学习任务决策算法，实现了静态观测任务场景下的实时任务决策；其次面向对空间动态目标，如卫星、导弹等的观测需求，考虑二重观测约束、深空探测约束等约束条件，设计基于深度强化学习与指针网络的动态目标观测任务决策算法，实现了动态目标观测任务场景下的持续接力观测。

参 考 文 献

[1] Wang H J, Yang Z, Zhou W G, et al. Online scheduling of image satellites based on neural networks and deep reinforcement learning. Chinese Journal of Aeronautics, 2019, 32(4): 1011-1019.

[2] Bello I, Pham H, Le Q V, et al. Neural combinatorial optimization with reinforcement learning. arXiv preprint arXiv:1611.09940, 2016.

[3] Liu D, Zong Q, Zhang X Y, et al. Enhancing space-based situational awareness: Real-time observation of dynamic targets with meta-cooperative-scheduling net. IEEE Transactions on Aerospace and Electronic Systems, 2024, 60(6): 8198-8211.

第 3 章　星群路径规划

在过去的几十年中，随着高新技术的发展以及对航天任务需求的不断扩大，多颗卫星组成星群编队协同工作共同完成复杂的任务目标，成为空间技术发展的主流方向，而星群最优路径规划成为编队飞行的关键技术之一。传统的基于数值优化路径规划方法求解精度较高，但该方法存在初值敏感以及缺乏收敛解判定准则等问题，且当卫星个数较多时会加剧计算复杂度，难以实时快速地规划出最优轨迹。随着强化学习理论与神经网络技术的高速发展，深度强化学习算法在卫星路径规划领域有了较大的突破。这种规划方式将卫星路径规划的线上计算量转化为线下训练量，可以实时生成安全轨迹，但深度强化学习算法存在延迟奖励机制，在面对复杂系统时可能会导致陷入局部极小或出现难以收敛的问题。因此，本章通过结合两种路径规划方法的优势，提出一种基于混合专家经验回放与多智能体软演员-评论家(multi-agent soft actor-critic，MASAC)[1]的星群路径规划算法，实时快速地生成卫星最优路径。

本章的主要内容安排如下：3.1 节给出卫星编队路径规划问题描述，包括多约束条件、优化目标和优化模型；3.2 节设计快速收敛的序列凸规划算法，实现低计算量、高精度、安全的卫星编队路径规划；3.3 节将序列凸规划算法的数据作为专家经验，与 MASAC 算法结合，实现卫星编队的实时快速安全的路径规划；3.4 节给出本章小结。

3.1　星群路径规划问题描述

假设编队中存在 N 颗一主多从架构的卫星，主星沿着既定轨道飞行，其他从星则与主星形成特定构型飞行，且从星可以通过摄像头、雷达等设备感知邻居卫星部分状态。当对地观测任务发生变更时，卫星编队构型则需相应变化。在此情形下，卫星如何根据自身以及邻星部分状态信息，并考虑星间避碰问题，以完成编队燃料消耗最少下的构型变换路径规划是亟须解决的难点问题。下面将对编队卫星路径规划动力学模型、路径规划的约束条件、优化目标及优化模型展开介绍。

3.1.1　卫星路径规划动力学模型

卫星运行过程中，状态量变化必须满足动力学模型约束，根据 Clohessy-Wiltshire

(C-W)方程[2]建立一个考虑 N 颗从星相对于主星在椭圆平面轨道上的运动模型：

$$
\begin{cases}
\ddot{x}_i = 2\dot{\theta}\dot{y}_i + \ddot{\theta}y_i + \dot{\theta}^2 x_i - \dfrac{\Omega\left(x_i + R_c\right)}{R_i^3} + \dfrac{\Omega}{R_c^2} + \dfrac{1}{m_i}u_{ix} \\
\ddot{y}_i = -2\dot{\theta}\dot{x}_i - \ddot{\theta}x_i + \dot{\theta}y_i - \dfrac{\Omega y_i}{R_i^3} + \dfrac{1}{m_i}u_{iy} \\
\ddot{z}_i = -\dfrac{\Omega z_i}{R_i^3} + \dfrac{1}{m_i}u_{iz}
\end{cases}
\tag{3.1}
$$

式中，$i=1,2,\cdots,N$ 表示第 i 颗从星；$X_i=\left[x_i,y_i,z_i\right]^{\mathrm{T}}$ 为主星到第 i 颗从星的相对位置矢量；θ 为主星的纬度角；$R_c=a_c\left(1-e_c^2\right)/\left(1+e_c\cos\theta\right)$ 为主星距离地心的标量半径，其中 a_c 为半长轴，e_c 为参考轨道的轨道偏心率；Ω 为万有引力常量；$R_i=[\left(R_c+x_i\right)^2+y_i^2+z_i^2]^{1/2}$ 为第 i 颗从星与地心的距离；m_i 为第 i 颗从星的质量；$u_i=[u_{ix},u_{iy},u_{iz}]^{\mathrm{T}}$ 为控制推力。

3.1.2　星群路径规划问题约束条件

星群路径规划问题的约束条件包含卫星状态量约束、边界值约束及避碰约束等约束条件。其中，状态量约束是指卫星在飞行过程中的位置、速度等状态变量的变化范围；边界值约束是指卫星编队飞行的初始状态和终端状态需要满足的条件；避碰约束是指在编队构型生成及保持过程中卫星之间需要保持一定的安全距离。具体分析如下。

1. 状态量约束

星群在编队飞行过程中，卫星的状态量即位置、速度的变化必须满足式(3.1)所示的动力学约束，此外由于持续推力功率的限制，输出的连续推力一般限制在某个范围，即

$$
-u_{\max} \leqslant u_i \leqslant u_{\max}, \quad i=1,2,\cdots,N \tag{3.2}
$$

式中，u_i 为第 i 颗卫星的推力；$u_{\max}$ 为执行机构所能达到的最大推力。

2. 边界值约束

边界值约束指卫星编队飞行的初始状态和终端状态需要满足的条件，即

$$
X_i(t_0)=X_0, \quad X_i(t_f)=X_f \tag{3.3}
$$

式中，t_0 表示初始时刻；t_f 表示终端时刻。

3. 避碰约束

在卫星编队运动过程中，卫星与卫星之间需要避免碰撞，以保证编队飞行的安全性。考虑到卫星大小和编队构型大小设定安全距离为 r_s ，则主星和从星的避碰约束及从星之间的避碰约束为

$$\begin{cases} x_i^2 + y_i^2 + z_i^2 \geqslant r_s^2 \\ (x_i - x_j)^2 + (y_i - y_j)^2 + (z_i - z_j)^2 \geqslant r_s^2 \end{cases} \tag{3.4}$$

式中， $i \neq j$ ，且 $i, j = 1, 2, \cdots, N$ ； x、y、z 为主星轨道坐标系下从星的相对位置。

3.1.3 优化目标

为了减少卫星编队构型优化过程的燃料消耗，以卫星编队总能耗最少为性能指标，建立如式(3.5)所示的优化目标函数：

$$\min J = \varphi\left(X(t_f)\right) + \int_{t_0}^{t_f} \sum_{i=1}^{N} \left(u_{ix}^2 + u_{iy}^2 + u_{iz}^2\right) \mathrm{d}t \tag{3.5}$$

式中，t_f 是卫星编队飞行的终止时间；$\varphi\left(X(t_f)\right)$ 是终端状态量相关函数；u_{ix}、u_{iy}、u_{iz} 是第 i 颗卫星不同方向的推力矢量。

3.1.4 优化模型

根据上述约束条件和优化目标，建立面向卫星编队路径规划的优化模型，如式(3.6)所示：

$$\begin{aligned} & \min J = \varphi\left(X(t_f)\right) + \int_{0}^{t_f} \sum_{i=1}^{N} \left(u_{ix}^2 + u_{iy}^2 + u_{iz}^2\right) \mathrm{d}t \\ & \text{s.t. } -u_{\max} \leqslant u_i \leqslant u_{\max}, \quad i = 1, 2, \cdots, N \\ & \begin{cases} \ddot{x}_i = 2\dot{\theta}\dot{y}_i + \ddot{\theta} y_i + \dot{\theta}^2 x_i - \dfrac{\Omega\left(x_i + R_c\right)}{R_i^3} + \dfrac{\Omega}{R_c^2} + \dfrac{1}{m_i} u_{ix} \\ \ddot{y}_i = -2\dot{\theta}\dot{x}_i - \ddot{\theta} x_i + \dot{\theta} y_i - \dfrac{\Omega y_i}{R_i^3} + \dfrac{1}{m_i} u_{iy} \\ \ddot{z}_i = -\dfrac{\Omega z_i}{R_i^3} + \dfrac{1}{m_i} u_{iz} \end{cases} \\ & X_i(t_0) = X_0, \quad X_i(t_f) = X_f \\ & \begin{cases} x_i^2 + y_i^2 + z_i^2 \geqslant r_s^2 \\ (x_i - x_j)^2 + (y_i - y_j)^2 + (z_i - z_j)^2 \geqslant r_s^2 \end{cases} \end{aligned} \tag{3.6}$$

星群路径规划问题的优化目标是在满足卫星状态量约束、边界值约束和避碰约束条件下，找到一条最优的变化轨迹，使得卫星在燃料消耗最少的前提下到达目标地点。下面分别给出基于序列凸规划的星群路径规划算法以及基于混合专家经验和 MASAC 的星群路径规划算法的轨迹求解策略。

3.2　基于序列凸规划的星群路径规划

针对式(3.6)建立的优化问题，为了保证卫星编队路径规划的快速性与准确性，采用基于可信安全域的快速收敛序列凸规划算法[3]。针对路径规划模型，利用线性化、引入松弛变量等手段，将非线性非凸的路径规划问题转变为可快速求解的二阶锥规划子问题，并在求解后基于当前解对原问题进行线性化处理，重复上述步骤，不断迭代直到收敛。下面对基于序列凸规划的星群路径规划问题展开详细介绍。

3.2.1　序列凸规划模型预处理

定义卫星状态变量为 $p_i=\left(x_i,y_i,z_i,\dot{x}_i,\dot{y}_i,\dot{z}_i\right)^{\mathrm{T}}$，假设主星纬度角 θ 为常值，则卫星编队动力学模型(3.1)可以转化为

$$\dot{p}_i=f\left(p_i\right)+B_iu_i,\quad i=1,2,\cdots,n \tag{3.7}$$

式中，$f\left(p_i\right)$ 为状态矩阵；B_i 为控制矩阵。具体的表现形式为

$$f\left(p_i\right)=\begin{bmatrix}\dot{x}_i\\ \dot{y}_i\\ \dot{z}_i\\ -\dfrac{\Omega\left(x_i+R_c\right)}{R_i^3}+\dfrac{\Omega}{R_c^2}\\ -\dfrac{\Omega y_i}{R_i^3}\\ -\dfrac{\Omega z_i}{R_i^3}\end{bmatrix},\quad B_i=\begin{bmatrix}0&0&0\\0&0&0\\0&0&0\\ \dfrac{1}{m_i}&0&0\\ 0&\dfrac{1}{m_i}&0\\ 0&0&\dfrac{1}{m_i}\end{bmatrix}$$

B_i 是常数矩阵，与状态变量 p_i 无关。

卫星路径规划的优化问题为：在满足式(3.1)～式(3.4)的约束下，求解使得式 (3.5)所示的目标函数为最小卫星路径，从而实现卫星编队重构。

1. 线性化处理

显然地，上述优化问题是一个复杂的非凸问题，为了求解方便，对该卫星路径规划问题进行凸化处理，对非凸约束(3.1)～(3.4)进行线性化处理以将其转换为

线性的凸约束。基于小扰动线性化理论对动力学模型约束(3.1)及避碰约束(3.4)进行线性化处理，在给定平衡点 p^* 处利用一阶泰勒展开式对方程(3.7)进行逼近：

$$\dot{p}_i \approx f\left(p_i^*\right)+A\left(p_i^*\right)\left(p_i-p_i^*\right)+B_i u_i \tag{3.8}$$

$$c(p') \approx c\left(p^*\right)+\left.\frac{\partial c(p)}{\partial p}\right|_{p=p^*}\left(p-p^*\right) \tag{3.9}$$

式中，$A\left(p_i^*\right)$ 为 $f\left(p_i^*\right)$ 在 p_i^* 处的雅可比矩阵；$c(p)$ 为星间避碰约束，为避免出现歧义，定义 $c(p)$ 如下：

$$\begin{cases}-x_i^2-y_i^2-z_i^2+r_s^2 \leqslant 0 \\ -\left(x_i-x_j\right)^2-\left(y_i-y_j\right)^2-\left(z_i-z_j\right)^2+r_s^2 \leqslant 0\end{cases}, \quad i,j=1,2,\cdots,N; i \neq j \tag{3.10}$$

采用泰勒展开对约束进行线性化处理后，卫星运动学方程约束和星间避碰约束可以用式(3.8)进行近似。需要注意的是，在参考点附近取值时，才能对原非线性问题进行更好的近似，因此为了尽可能减小逼近误差，保证线性化约束合理逼近原约束，引入信赖域约束：

$$\left|p'-p'^*\right| \leqslant \varepsilon \tag{3.11}$$

式中，ε 为信赖域半径；p'^* 为逼近目标。

2. 离散化处理

由于当前凸规划问题描述的仍是一个连续的最优控制问题，为了求得问题的数值解，需要对问题进行离散化处理。因此，进一步采用梯形离散化方法对该问题进行离散化处理，并在离散化过程中直接将优化目标函数转化为凸函数。

将时域 $[t_0,t_f]$ 均匀地划分为 M 段，设每步的步长为 $\Delta t=\left(t_f-t_0\right)/M$，则会有 $M+1$ 个离散点。整个轨迹的状态变量表示为 $\{p_0',p_1',\cdots,p_M'\}$，控制变量为 $\{u_0,u_1,\cdots,u_M\}$。离散后的运动学方程(3.7)及星间避碰约束(3.4)表示为

$$\begin{aligned}H_i=&\ p_i-p_{i-1}\\&-\frac{\Delta t}{2}\left(A_{i-1}^{k-1}p_{i-1}+Bu_{i-1}+f_{i-1}^{k-1}-A_{i-1}^{k-1}p_{i-1}^{k-1}+A_i^{k-1}p_i+Bu_i+f_i^{k-1}-A_i^{k-1}p_i^{k-1}\right)=0\end{aligned} \tag{3.12}$$

$$C_i=c\left(p_i^{k-1}\right)+\left.\frac{\partial c}{\partial p}\right|_{p_i=p_i^{k-1}}\left(p_i-p_i^{k-1}\right)+r_s^2 \leqslant 0 \tag{3.13}$$

式中，k 表示序列凸规划的迭代次数。

控制量离散化后，进一步对优化目标函数进行离散化：

$$\min J_1 = \sum_{j=1}^{M+1}\sum_{i=1}^{N}\left\| u_{ji} \right\| \tag{3.14}$$

式中，$\left\| u_{ji} \right\|$ 为第 i 颗卫星在第 j 个离散点控制量的范数，为保证问题存在可行解，将终端约束拓展为目标函数中的软约束：

$$\min J_2 = \sum_{j=1}^{M+1}\sum_{i=1}^{N}\left\| u_{ji} \right\| + \eta\xi(p(t_f)) \tag{3.15}$$

式中，η 为惩罚因子；$\xi(p(t_f))$ 为终端约束各元素之和。

经过离散化处理，轨迹优化问题进一步转化为离散序列的凸规划问题：在满足式(3.12)、式(3.13)的约束条件下，求解最优的控制量，使得目标函数 J_2 值最小。下面采用序列凸规划算法对该问题进行求解。

3.2.2 基于序列凸规划算法的星群路径规划求解

在经过上述处理后，通过序列凸规划算法实时求解的卫星轨迹优化流程图如图 3.1 所示，求解步骤如下。

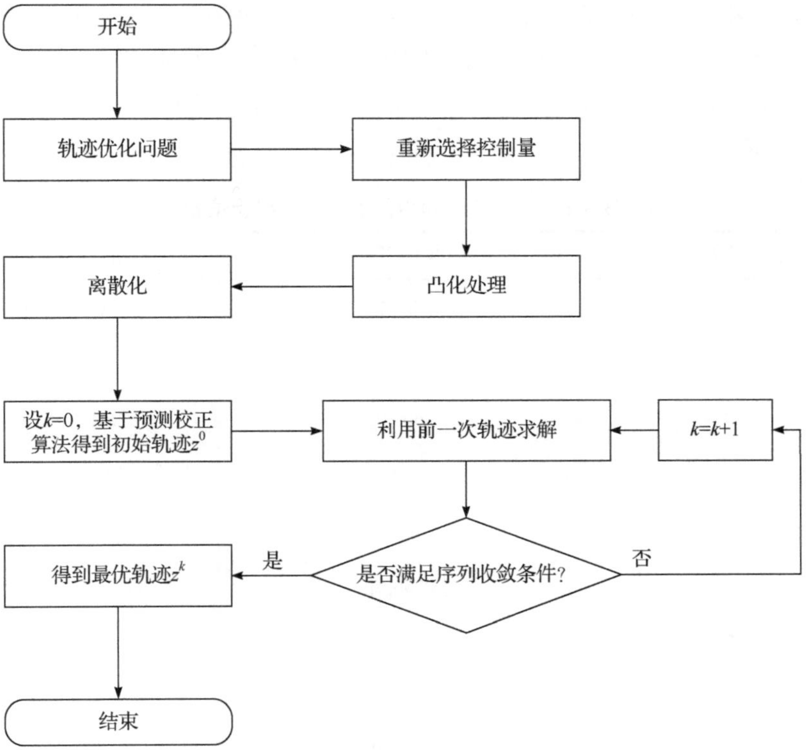

图 3.1 基于序列凸规划算法的卫星轨迹优化流程图

步骤 1：令 $k=0$，k 代表序列凸规划迭代次数，设置初始状态 $z'(x_0)=z'_0$，基于预测校正算法得到初始轨迹 z^0。

步骤 2：对于 $k\geqslant 1$，在第 k 次迭代中对离散序列凸规划问题利用前一次的轨迹 z^{k-1} 求解得到 $[z'^k,u'^k]$。

步骤 3：检查序列收敛条件 $\sup|x'^k-x'^{k-1}|\leqslant\delta$ $(k\geqslant 2)$ 是否满足，其中 δ 为迭代收敛阈值。若条件满足，则转至步骤 4，否则令 $k=k+1$，转至步骤 2。

步骤 4：得到最优轨迹 z^k，迭代停止。

3.2.3 仿真验证

1. 仿真环境

在 Windows 10 操作系统中，计算机配置为：Intel Xeon Silver 6144 CPU、128GB 内存和 NVIDIA GTX 2080Ti GPU。

2. 仿真参数

针对 1 颗主星、12 颗从星组成的卫星编队，卫星编队从串行编队重构为星下点圆编队。在主星轨道坐标系下，每颗从星的初始位置及期望终止位置如表 3.1 所示。轨迹优化约束条件的参数设置为 $r_s=5\text{m}$，$u_{\max}=1\text{N}\cdot\text{m}$，$t_f=1500\text{s}$，节点个数为 30 个。

表 3.1 卫星编队初始位置和期望终止位置

卫星序号	初始位置/m	期望终止位置/m
1	$[0,500,0]^{\mathrm{T}}$	$[-250,0,-500]^{\mathrm{T}}$
2	$[0,550,0]^{\mathrm{T}}$	$[-216,250,-433]^{\mathrm{T}}$
3	$[0,600,0]^{\mathrm{T}}$	$[-125,433,-250]^{\mathrm{T}}$
4	$[0,650,0]^{\mathrm{T}}$	$[0,500,0]^{\mathrm{T}}$
5	$[0,700,0]^{\mathrm{T}}$	$[125,433,250]^{\mathrm{T}}$
6	$[0,750,0]^{\mathrm{T}}$	$[216,250,433]^{\mathrm{T}}$
7	$[0,800,0]^{\mathrm{T}}$	$[250,0,500]^{\mathrm{T}}$
8	$[0,850,0]^{\mathrm{T}}$	$[216,-250,433]^{\mathrm{T}}$
9	$[0,900,0]^{\mathrm{T}}$	$[125,-433,250]^{\mathrm{T}}$
10	$[0,950,0]^{\mathrm{T}}$	$[0,-500,0]^{\mathrm{T}}$

续表

卫星序号	初始位置/m	期望终止位置/m
11	$[0,1000,0]^{T}$	$[-125,-433,-250]^{T}$
12	$[0,1050,0]^{T}$	$[-216,-250,-433]^{T}$

3. 仿真结果及分析

图 3.2 为 12 颗从星编队重构三维轨迹示意图。从图中可以看出，卫星编队在规定时间内从串行编队变换成星下点圆编队，较好地完成了期望的队形重构，满足工程实际要求。图 3.3 为从星 1 的三个方向推力 u 的变化曲线，从图中可以看出，卫星推力变化在 ±1N·m 之间，满足给定的约束条件要求，表明输出推力满足执行机构的约束要求。

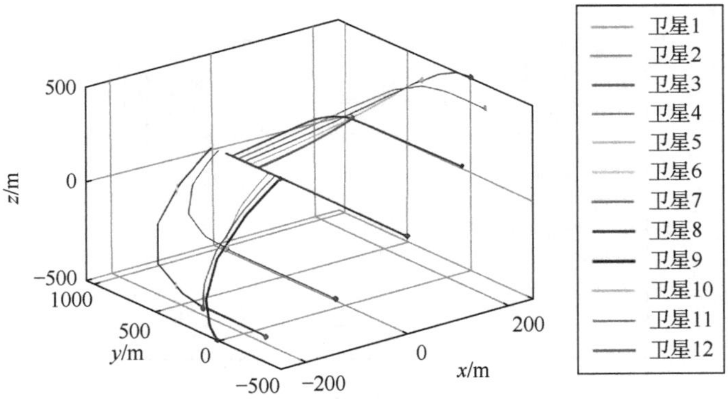

图 3.2　12 颗从星编队重构三维轨迹示意图

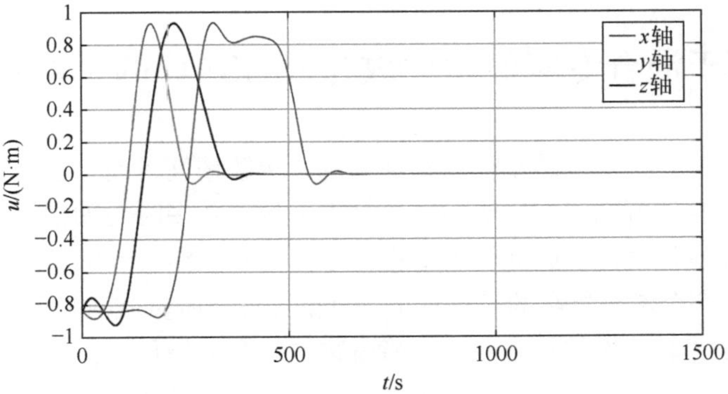

图 3.3　从星 1 三个方向推力变化曲线

图 3.4 和图 3.5 分别为未加入和加入避碰约束两两卫星之间的距离 d 的变化

曲线，基于序列凸规划的星群路径规划算法满足卫星自身安全要求，优化求解时间为 94s，验证了所提出的算法能够在较短的时间内规划出安全的轨迹，减小了计算量。

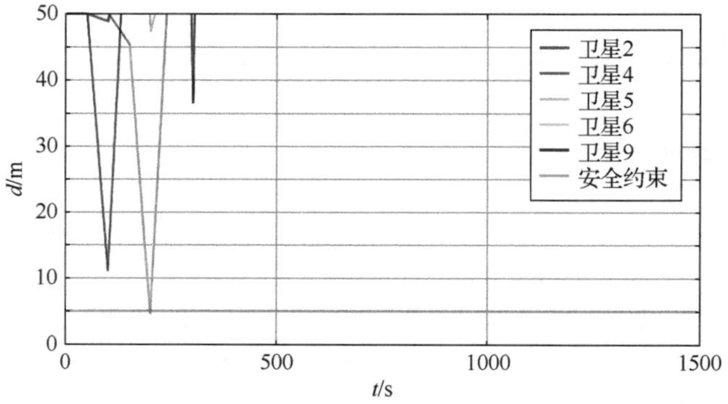

图 3.4　两两卫星之间的距离图(未加入避碰约束)

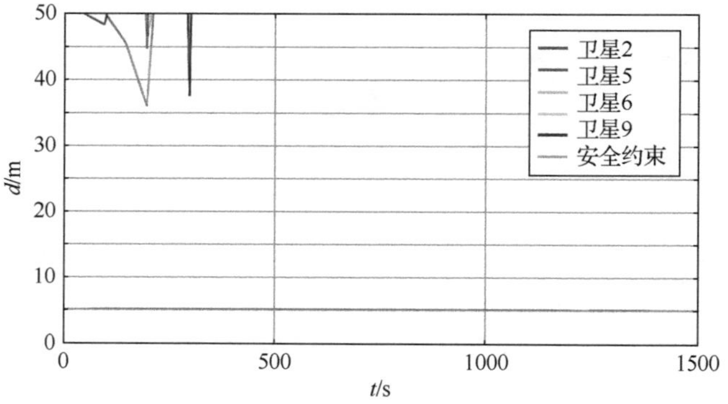

图 3.5　两两卫星之间的距离图(加入避碰约束)

3.3　基于混合专家经验回放与 MASAC 的星群路径规划

采用基于序列凸规划的星群路径规划算法求解精度较高，但该算法存在初值敏感以及缺乏收敛解判定准则等问题，且当卫星数较多时会加剧计算复杂度，难以快速规划出最优轨迹。因此，本节进一步提出基于混合专家经验回放的星群路径规划算法。综合考虑复杂的运行环境、卫星自身及所负载荷、避碰约束等条件，并基于星上传感器获得的状态数据、障碍物位置及卫星目标位置，建立包括卫星燃料消耗及路径规划误差在内的随机博弈模型；进一步基于 MASAC 算法，分别构建评价网络及决策网络。值得注意的是，在对网络进行离线训练过程中，区别于传统的强化学习算法，本节所提的基于混合专家经验回放与 MASAC 的星群路径规划算法在网络学习中加入了专家经验，通过利用序列凸规划算法获得的经验数据建立专家经验库，并以一定的动态概率随机从经验库中抽取数据进行网络的更新，从而有效加快网络的收敛速度，最终实现卫星最优路径规划，保证卫星编队安全快速构型重构。

3.3.1　面向卫星编队路径规划的随机博弈模型建立

在卫星编队运动过程中，卫星会基于局部的观察做出向期望目标移动，同时，卫星需要满足星间避碰约束、运动约束和推力约束等多约束条件。为此，首先建立面向卫星编队路径规划的随机博弈模型。

1. 状态集 S

在 N 颗卫星的随机博弈中，由 $s \in S$ 表示全局状态，描述卫星编队在路径规划中可能的状态，且满足式(3.6)中的卫星动力学约束。将卫星 i ($i \in [1, N]$)的位置 p_i、速度 v_i 及目标点位置 p_{ik} 作为每颗卫星局部状态量 s_i：

$$s_i = \left(p_i, v_i, p_{ik}\right) \in S \tag{3.16}$$

2. 动作集 A

将卫星执行器的三个方向推力当成网络输出的动作集：

$$a_i = [u_{ix}, u_{iy}, u_{iz}] \in A \tag{3.17}$$

3. 星群立即收益值 R

根据式(3.6)定义的优化目标，以卫星在规定时间内到达期望目标点且运行过程中卫星消耗燃料最优并能够避免星间避碰为依据，建立卫星路径规划的激励机制，以确定单步决策的收益价值，即卫星立即收益值 $r_i \in R$。立即收益值 r_i 主要包括以下三个部分。

1) 卫星与目标点之间的相对距离

将卫星与目标点间的相对距离作为卫星的距离奖励：

$$r_i^{\text{dis}} = -0.001 \Delta p_{ik} \tag{3.18}$$

式中，Δp_{ik} 表示卫星 i 到目标点 k 的距离，对于任何 $i \in \left[1, N\right]$，当卫星与目标点之间的总体相对距离更近时，r_i^{dis} 更大；0.001 为经验值，代表相对距离奖励的惩罚系数。

2) 碰撞惩罚

假如卫星 i 与相邻卫星 j 即将发生碰撞，则施加碰撞惩罚：

$$r_i^{\text{collision}} = \begin{cases} -1, & \Delta p_{ij} \leqslant r_s \\ 0, & \Delta p_{ij} > r_s \end{cases} \tag{3.19}$$

式中，$\Delta p_{ij} = \| p_i - p_j \|$ 表示卫星 i 和最近的卫星 j 之间的距离；r_s 表示安全距离。

3) 燃料最优

进一步，考虑卫星的燃料消耗，增加燃料消耗惩罚：

$$r_i^{\text{fuel}} = -0.01\sqrt{u_{ix}^2 + u_{iy}^2 + u_{iz}^2} \tag{3.20}$$

式中，$a_i = [u_{ix}, u_{iy}, u_{iz}] \in A$ 表示第 i 颗卫星的推力；0.01 表示燃料消耗奖励的惩罚系数。

综上，基于式(3.18)～式(3.20)描述的相对距离、碰撞惩罚、燃料消耗等奖励项，卫星 i 的单步决策综合收益值 r_i 由式(3.21)给出：

$$r_i = r_i^{\text{dis}} + r_i^{\text{collision}} + r_i^{\text{fuel}} \tag{3.21}$$

4. 状态转移概率 $\varGamma : s \times a_1 \times \cdots \times a_N \mapsto s'$

本节根据式(3.1)建立了卫星的相对运动动力学方程，实现从当前状态 s 和选定动作 $a_1 \times \cdots \times a_N$ 到下一时刻状态 s' 的状态转换。

5. 折扣因子 γ

折扣因子 γ 表示未来效益价值相对于当前效益价值的重要性，$0 < \gamma < 1$。当 $\gamma = 0$ 时，只考虑当前收入，不考虑未来收入；当 $\gamma = 1$ 时，未来收入和当前收入被视为同等重要。

通过以上对卫星编队路径规划随机博弈模型的建立，卫星编队路径规划的过程可以描述为：编队中每颗卫星 i 根据其自身可用的观测信息 s_i 选择卫星执行器的推力 a_i，并根据式(3.21)获得相应的立即收益值，进一步由式(3.1)确定下一时刻的观测信息 s_i'，并重复该过程，直到形成目标构型。

3.3.2 智能路径规划求解

1. 建立专家经验库

考虑到传统的数值优化路径规划算法实时性差，而传统的深度强化学习算法存在延迟奖励的机制，在面对复杂系统时可能会导致陷入局部极小或者难以收敛的问题，因此，本节进一步收集传统序列凸规划算法获得的规划数据，并与 MASAC 算法结合，通过加入专家经验库进行网络参数的更新，以有效地提高网络的收敛速度。

基于 3.2.2 节的序列凸规划算法，建立专家经验库，在数据采集过程中，将每颗卫星的状态 x_i 及对应的控制量 u_i，以如下形式储存：

$$\left(x_1,\cdots,x_N,u_1,\cdots,u_N\right) \tag{3.22}$$

此过程需要进行多次以获取足够多的经验向量，将其全部存在专家经验库中。通过建立专家经验库，将序列凸规划算法的经验数据作为专家经验提供给智能算法，可以有效提高算法的收敛速度。因此，本节在卫星路径规划网络训练过程中建立了两个经验数据库，其中一个为专家经验库 D_A，存储了基于传统序列凸规划算法得到的历史经验轨迹；另一个为 MASAC 算法中使用的自身经验库 D_E。这两个经验数据库将用于后续卫星路径规划网络的训练过程。

2. 建立评价网络与决策网络

本节基于全连接神经网络的拟合能力，建立评价网络与决策网络，分别用来输出当前状态下卫星的推力与当前动作可能获得的平均总收益值。

1) 建立评价网络与目标网络

评价网络表示在当前时刻所有卫星的观测状态集合下，第 i 颗卫星根据行动策略和当前观测值选择的推力可能获得的平均总收益值，而目标评价网络根据下一时刻的观测状态集合与行动策略，计算可能获得的平均总收益。本节设计的评价网络与目标评价网络结构完全相同，均为全连接层神经网络，对于每一颗卫星，网络层数为 5，包括 1 层输入层、3 层隐藏层和 1 层输出层，输入节点个数为所有卫星观测状态集合和动作集合的维度；由于评价网络输出为当前观测状态集合下第 i 颗卫星执行当前动作可能获得的平均累计总收益，因此，输出节点个数为 1。

2) 建立决策网络与目标网络

本节采用分布式执行框架，第 i 颗卫星的行动策略仅根据当前的观测值决定当前的动作。网络决策的输入为卫星自身的可观测状态，输出为当前时刻卫星执行器的推力。在训练过程中，目标决策网络的输入为卫星自身的下一拍的可观测状态，输出为下一拍的卫星执行器的推力，在线应用过程中，目标决策网络不参与计算。本节设计的决策网络与目标决策网络也为全连接层神经网络，网络层数为 4，包括 1 层输入层、2 层隐藏层和 1 层输出层，输入节点个数为第 i 颗卫星观测状态的维度，由于决策网络输出卫星的推力，因此输出节点个数为动作的维度。

3. 更新网络参数

如图 3.6 所示，本节算法是在 MASAC 架构基础上，加入专家经验库。以序列凸规划算法的数据作为专家经验参与网络的更新，提高网络的收敛速度。决策网络与卫星动力学模型进行交互，将数据存储在自身经验库 D_E 中，序列凸规划的轨迹数据储存在专家经验库 D_A 中。在进行评价网络参数更新时，从专家经验库 D_A

中以概率 q 获得数据，从自身经验库 D_E 中以概率 $1-q$ 获得数据，其中，以动态概率 q 进行经验库的选择，在训练开始时 q 值较大，随着训练回合数的增多，q 值逐渐降低。因此，该算法前期使用专家经验进行学习，可以快速收敛，随着训练时间的加长，使用智能算法的数据进行学习，达到超过专家经验的效果。

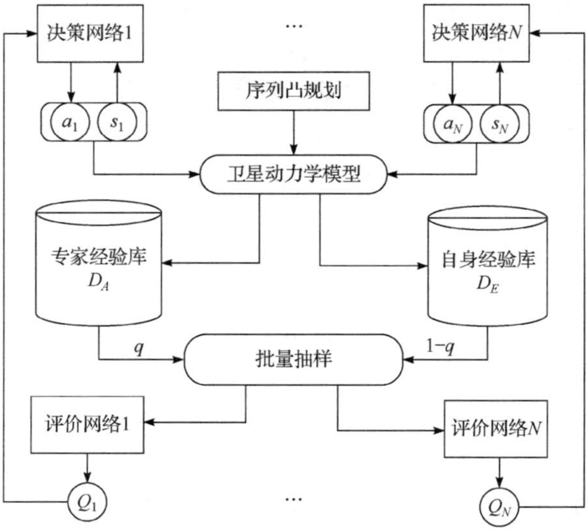

图 3.6　基于混合专家经验回放与 MASAC 的星群路径规划算法框架

评价网络从经验库 D_A 或 D_E 获得状态和动作元组，并通过时间差分误差进行更新。在评价网络训练过程中，使用 Adam 优化器更新评价网络参数，第 i 颗卫星的评价网络参数更新方式如式(3.23)所示：

$$\mathcal{L}(\phi)=E_{(s_t,r_t,a_t,s_{t+1})\sim D_E,D_A}\left[\left(r_i+\gamma Q^{\phi'}\left(s_{t+1},\mu\left(s_{t+1}^i;\theta'\right)\right)-\alpha\log\left(\mu\left(s_{t+1}^i;\theta\right)\right)-Q^{\phi}\left(s_t,a_t\right)\right)\right] \tag{3.23}$$

式中，D_A、D_E 分别表示专家经验库和自身经验库；s_t、a_t 分别表示 N 颗卫星在 t 时刻的全局状态与动作；ϕ 表示评价网络的参数；ϕ' 表示目标评价网络的参数；θ 表示决策网络的参数；θ' 表示目标决策网络的参数；$\mu\left(s_{t+1}^i;\theta'\right)$ 表示卫星 i 以参数 θ' 的决策网络即目标决策网络在 $t+1$ 时刻所计算的动作；α 表示策略熵温度系数。目标决策网络和目标评价网络参数采用软更新的方式更新，即

$$\begin{aligned}\theta' &\leftarrow \tau\theta+(1-\tau)\theta' \\ \phi' &\leftarrow \tau\phi+(1-\tau)\phi'\end{aligned} \tag{3.24}$$

在决策网络的训练中，最大化累计奖励与策略熵：

$$\nabla J(\theta)=E_{(s_t,r_t,a_t,s_{t+1})\sim D_E,D_A}\left[\nabla_\theta\mu_i\left(s_t^i;\theta\right)\nabla_{a_i}Q^{\phi}\left(s_t,a_t\right)\Big|_{a_i=\mu_i(s_t;\theta)}-\alpha\log\left(\mu_i\left(s_{t+1}^i;\theta\right)\right)\right] \tag{3.25}$$

式中，μ_i 是第 i 颗卫星的决策网络。

下面给出基于混合专家经验回放与 MASAC 的星群路径规划算法的训练过程，即算法 3.1。

算法 3.1　基于混合专家经验回放与 MASAC 的星群路径规划算法

输入： 编队卫星的决策网络、评价网络。

输出： 编队卫星完成训练的决策网络、评价网络。

将序列凸规划算法生成的数据 $\left(x, x', u_1, \cdots, u_N, r_1, \cdots, r_N\right)$ 储存在专家经验库 D_A 中。
初始化具有随机参数 ϕ 、θ 的评价网络 Q^{ϕ_i} 与决策网络 μ^{θ_i} 。
初始化目标网络：$\phi' = \phi, \theta' = \theta$。
初始化自身经验库 D_E 。
初始化概率 q 。
for episode =1 to M (最大步长)：
　　初始化卫星的随机位置；
　　初始化随机数 $p(0 < p < 1)$ ；
　　接收初始状态 s ；
　　for $t = 1$ to T (终端时间步长)：
　　　　对于卫星 i 使用当前的决策网络选择动作，$a_i^t = \mu_i(s_t^i, \theta_i)$ ；
　　　　获得立即收益值 r_i ，并得到下一时刻的全局状态 s_{t+1} ；
　　　　将数据 $(s_t, s_{t+1}, a_1, \cdots, a_N, r_1, \cdots, r_N)$ 存到自身经验库 D_E 中；
　　　　for 卫星 i to 卫星 N ：
　　　　　　if $p < q$
　　　　　　　　使用专家经验库 D_A ，根据式(3.23)和式(3.25)更新网络参数；
　　　　　　else
　　　　　　　　使用自身经验库 D_E ，根据式(3.23)和式(3.25)更新网络参数；
　　　　　　end if
　　　　end for
　　　　更新卫星 i 的目标网络参数；
　　　　$\theta' \leftarrow \tau\theta + (1-\tau)\theta', \phi' \leftarrow \tau\phi + (1-\tau)\phi'$ ；
　　end for
end for

3.3.3　在线任务决策

在完成上述离线训练过程之后，评价网络和决策网络的网络参数也被确定下来。考虑到实际任务执行过程中的卫星仅能观测到部分状态，这时需要全局状态信息和动作信息作为输入的评价网络将无法应用，因此对于卫星编队路径规划任务，各卫星采用去中心式决策结构，即仅将离线学习后得到的决策网络用于在线环节(算法 3.2)，在存在环境不确定影响的真实任务环境中，最终实现卫星编队实时轨迹优化决策。

算法 3.2　在线轨迹优化算法

输入： 卫星 i 的状态信息 s_i。

输出： 卫星 i 的推力 u_i。

1:　仿真环境随机生成卫星初始位置及目标点。

2:　得到更新后的观测状态 s_i。

3:　根据训练好的决策网络获得卫星 i 的推力 u_i。

4:　根据卫星的运动学模型得到下一时刻状态 s_{t+1}^{i}。

5:　if 未完成重构任务：

6:　　　执行上述步骤 2～4；

7:　end if

3.3.4　仿真验证

1. 仿真环境

在 Windows 10 操作系统中，基于 Python3.8 环境实现仿真实验，计算机配置为：Intel Xeon Silver 6144 CPU、128GB 内存和 NVIDIA GTX 2080Ti GPU。

2. 仿真参数

基于混合专家经验回放与 MASAC 的星群路径规划算法的超参数如表 3.2 所示，同样针对 1 颗主星、12 颗从星组成的卫星编队，卫星编队从串行编队重构为星下点圆编队。其中卫星规格与主星轨道参数如表 3.3 所示，在主星轨道坐标系下，12 颗从星的初始位置和期望终止位置见表 3.1。

表 3.2　基于混合专家经验回放与 MASAC 的星群路径规划算法超参数设置

超参数	数值
折扣因子	0.99
学习率	1×10^{-4}

续表

超参数	数值
软更新系数	1×10^{-2}
专家经验库 D_A 大小	1×10^{4}
强化学习自身经验库 D_E 大小	1×10^{6}
更新频率	20
激活函数	ReLU
最大训练步长	50000

表 3.3　卫星规格与主星轨道参数设置

参数	数值
卫星质量 m	50kg
主星纬度角 θ	0.35°
半长轴 a_c	7162977m
偏心率 e_c	0.0004262
重力常数 μ	6.67×10^{-11}
卫星之间的安全距离 r_s	5m
卫星的最大推力 $u_{\max}$	1N
轨迹的终端时间 t_f	1500s

3. 仿真结果

仿真结果如图 3.7～图 3.9 所示。图 3.7 在基于 Unity 搭建的虚拟仿真视景下，直观显示了从星编队由初始构型到目标构型变化的全过程。

根据表 3.1 中设置的卫星初始位置和期望终止位置，使用智能算法规划轨迹。图 3.8 显示了 12 颗从星的三维变化轨迹，从图中可以看出卫星能够在有限时间内到达期望终止位置，从而证明所设计的基于混合专家经验回放与 MASAC 的星群路径规划算法的有效性。图 3.9 为卫星两两之间的距离图。仿真过程中卫星间的安全距离设置为 5m，从图 3.9 可以看出，卫星之间的最近距离大于 5m，从而证明所设计的路径规划算法能够避免卫星编队运行过程中的碰撞。

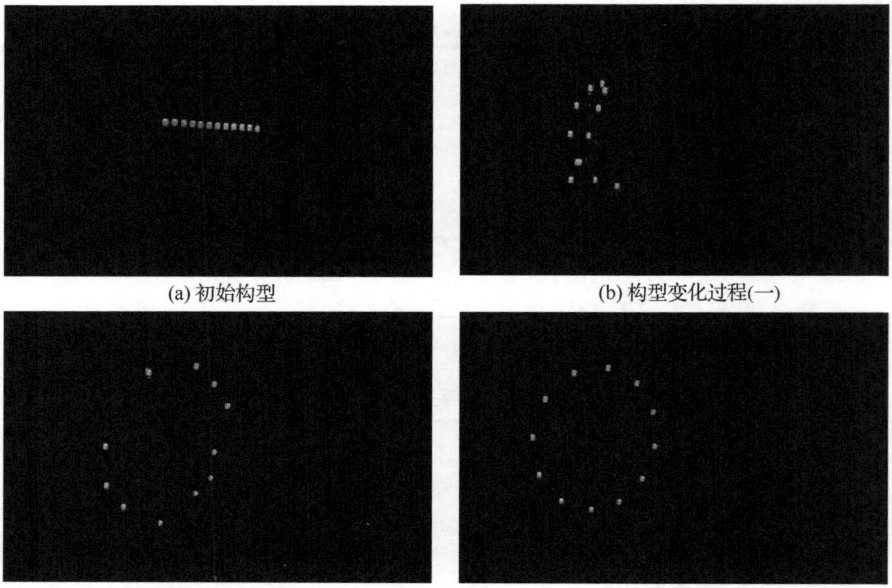

(a) 初始构型　(b) 构型变化过程(一)

(c) 构型变化过程(二)　(d) 最终构型

图 3.7　12 颗从星编队过程示意图

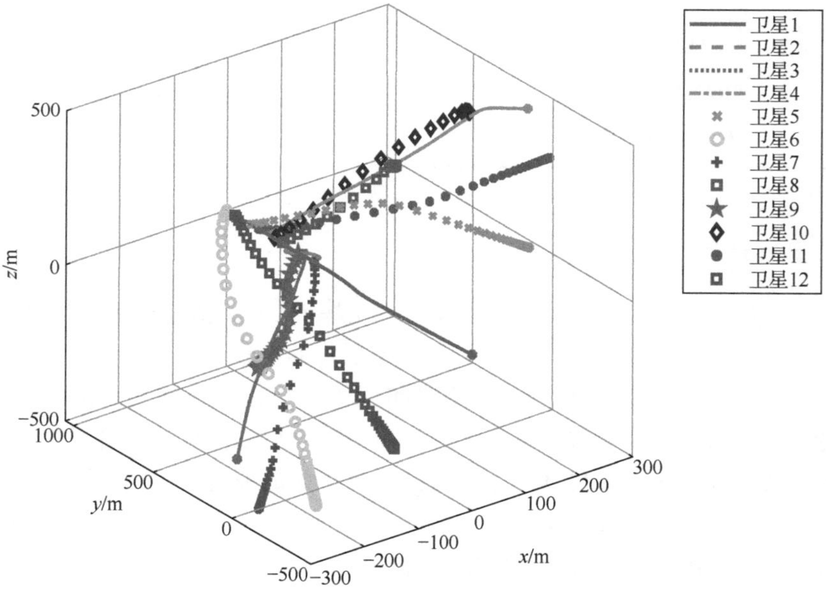

图 3.8　12 颗从星编队重构轨迹示意图

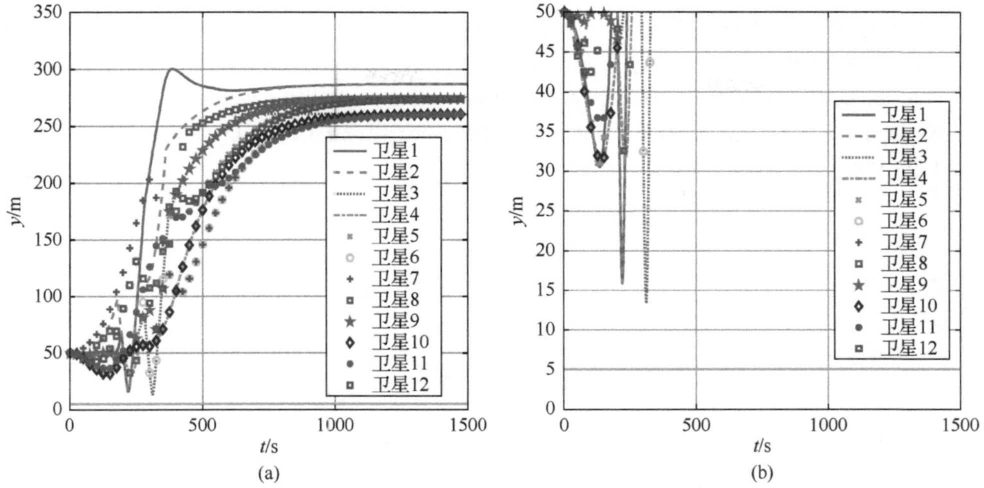

图 3.9　卫星两两之间的距离图

进一步，通过对比序列凸规划算法与基于混合专家经验回放的星群路径规划算法访真结果，可以得到结论：这两种算法均可以生成安全的卫星编队轨迹，但序列凸规划算法需要 94s 才可以规划出完整的卫星编队轨迹；而基于混合专家经验回放与 MASAC 的星群路径规划算法的时间消耗是在离线训练阶段，在线规划过程中仅需要 25s 即可生成卫星编队的运行轨迹，且燃料的消耗比序列凸规划法算法少 10%，从而验证了基于混合专家经验回放与 MASAC 的星群路径规划算法有效性及优越性。

3.4　小　　结

本章对卫星编队的路径规划问题进行了研究,综合考虑卫星动力学模型约束、避碰约束及星间燃料消耗最优等多目标多约束条件，为提高传统路径规划方法的实时性与最优性，提出基于混合专家经验回放与 MASAC 的星群路径规划算法。将数值优化方法中的凸规划算法与深度强化学习算法结合，构建面向卫星编队路径规划的随机博弈模型；然后通过序列凸规划算法建立专家经验库，并利用全连接神经网络拟合的特点，建立评价网络与决策网络；最后以动态概率进行经验库的选择，并基于集中式训练-分布式执行方式，实现了实时快速的卫星编队路径规划。

参 考 文 献

[1] Lowe R, Wu Y I, Tamar A, et al. Multi-agent actor-critic for mixed cooperative-competitive environments. Advances in Neural Information Processing Systems, Long Beach, 2017: 6382-6393.

[2] Clohessy W H, Wiltshire R S. Terminal guidance system for satellite rendezvous. Journal of the Aerospace Sciences, 1960, 27(9): 653-658.

[3] Morgan D, Chung S J, Hadaegh F Y. Model predictive control of swarms of spacecraft using sequential convex programming. Journal of Guidance, Control, and Dynamics, 2014, 37(6): 1725-1740.

第 4 章　星群智能自主协同控制

相较于传统卫星，微小卫星群具有独特的性能优势，如相对轻量化、成本低、感知覆盖范围更大，且能够快速生产等[1-3]。面对复杂的空间环境，考虑星间避碰及卫星与空间碎片之间的碰撞限制，设计一种稳定、快速、安全无碰撞、具有自适应编队和自学习能力的星群智能自主协同控制器是星群编队控制的研究难点之一。本章在安全障碍函数法避碰的基础上，提出一种基于自适应动态规划的星群智能自主编队控制方法。首先，考虑复杂空间运行环境、卫星重构路径跟踪和编队自主避碰需求的综合影响，基于星上传感器获得的在线状态数据及星间相对距离定义编队误差；其次，为了避免多星编队过程中可能遇到的碰撞问题，利用安全障碍函数设计避碰项；再次，设计一种同时反映避碰项、编队跟踪误差和控制量的性能指标函数，并结合神经网络的自适应、自学习和映射逼近的优点，设计评价网络近似性能指标函数，完成基于自适应动态规划的星群智能控制网络的设计；最后，采用策略梯度法，对神经网络所有权值的范数进行更新，以获得星群最优控制器及最优性能指标，提高星群运行的适应性。

本章的主要内容安排如下：4.1 节对问题展开描述，并通过图论建立卫星编队模型；4.2 节考虑安全障碍函数法，设计基于安全自适应动态规划的星群智能自主协同控制器；4.3 节进行仿真验证；4.4 节给出本章小结。

4.1　星群智能自主协同控制基础知识

4.1.1　问题描述

本节主要介绍星群智能协同最优控制问题。星群智能自主协同控制的主要难点在于如何实现一个快速、稳定、具有自适应学习和避碰能力的智能协同控制器。以一组卫星编队为例，在确定星群中主星飞行轨迹后，考虑到星上资源有限及复杂的空间运行环境，要求星群编队控制过程中同时保证卫星的最优控制性能及星群系统的安全性，因此，如何实现对卫星编队控制量的在线实时自主优化和调整，保证星群编队飞行过程中燃料消耗最小，并提高星群编队运行对复杂空间环境的适应性，是本章重点解决的难点问题。

4.1.2 代数图论

为了描述星群系统中各颗卫星通过无线通信传递信息的关系，下面将引入代数图论建立星群编队拓扑图，并进一步建立多卫星编队控制模型。星群系统是一个典型的多智能体系统，为了方便对其控制算法和状态进行研究，一般会基于代数图论的知识，用图结构来描述系统中各个智能体之间的通信信息和拓扑结构。通常，以图的顶点来代表各个智能体，其彼此之间的通信关系用图的边来表示，如图 4.1 所示。

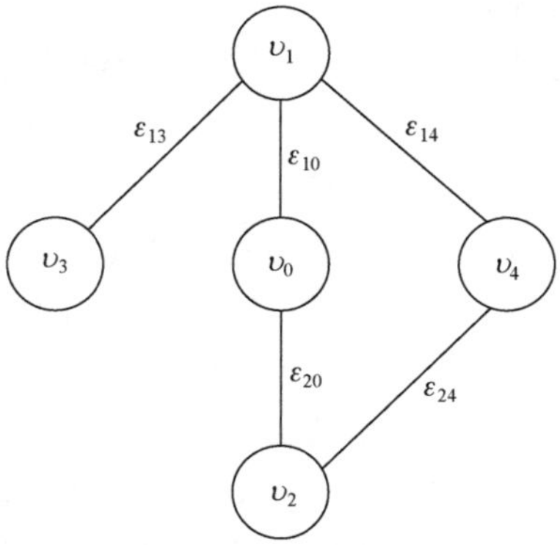

图 4.1 星群编队拓扑图

针对星群系统而言，假设系统由 1 颗主星和 n 颗从星组成，为形象描述此系统的通信拓扑关系，用一个由卫星节点集 υ 与边集 ε 组成的二元数组 $G=(\upsilon,\varepsilon)$ 来描述 n 个卫星节点和一个主星节点组成的系统的通信拓扑关系，其中 $\upsilon=\{\upsilon_0,\upsilon_1,\cdots,\upsilon_n\}$ 表示有限个点组成的非空有限集合，n 为编队中卫星数，$\varepsilon\subseteq\upsilon\times\upsilon$ 是一个边集，其中边集由一对有序的不同节点的连线表示。如果卫星节点 υ_i 与 υ_j 之间存在边 $(\upsilon_i,\upsilon_j)\in\varepsilon$，则称卫星节点 υ_i 是卫星节点 υ_j 的邻居，把卫星节点 υ_i 的邻居集表示为 $N_i=\{\upsilon_j\mid(\upsilon_j,\upsilon_i)\in\varepsilon\}$。定义邻接矩阵 $A=[a_{ij}]\in\mathbf{R}^{(n+1)\times(n+1)}$ 表示卫星节点间的通信关系，其中 a_{ij} 可以表示为

$$a_{ij}=\begin{cases}1, & (\upsilon_i,\upsilon_j)\in\varepsilon\\0, & (\upsilon_i,\upsilon_j)\notin\varepsilon\end{cases}$$

值得注意的是，a_{i0} 表示卫星节点 υ_i 与主星节点 υ_0 的通信关系，代表卫星 i 可否直接获取主星的信息。

4.1.3 多卫星编队控制模型建立

考虑一个包含 1 颗主星和 n 颗从星的多星编队系统，为了展开星群编队控制

器的设计，首先建立如式(4.1)所示的第 i 颗卫星的动力学模型：

$$\begin{cases} \ddot{x}_i = 2\dot{\theta}\dot{y}_i + \ddot{\theta}y_i + \dot{\theta}^2 x_i - \dfrac{\Omega\left(x_i + R_c\right)}{R_i^3} + \dfrac{\Omega}{R_c^2} + \dfrac{1}{m_i}u_{ix} \\ \ddot{y}_i = -2\dot{\theta}\dot{x}_i - \ddot{\theta}x_i + \dot{\theta}y_i - \dfrac{\Omega y_i}{R_i^3} + \dfrac{1}{m_i}u_{iy} \\ \ddot{z}_i = -\dfrac{\Omega z_i}{R_i^3} + \dfrac{1}{m_i}u_{iz} \end{cases} \tag{4.1}$$

式中，$i=1,2,\cdots,n$ 表示第 i 颗从星；x_i、y_i、z_i 分别为主星到第 i 颗从星在 x、y、z 三个方向的相对位置；θ 为主星的纬度角；$R_c = a_c\left(1-e_c^2\right)\big/\left(1+e_c\cos\theta\right)$ 为主星距离地心的标量半径，其中 a_c 为半长轴，e_c 为参考轨道的轨道偏心率；Ω 为万有引力常量；$R_i = [\left(R_c + x_i\right)^2 + y_i^2 + z_i^2]^{1/2}$ 为第 i 颗从星与地心的距离；m_i 为第 i 颗从星的质量；u_{ix}、u_{iy}、u_{iz} 分别为第 i 颗从星在 x、y、z 三个方向的控制量。

为后续表示方便，将第 i 颗从星的动力学模型(4.1)转化为以下形式：

$$m_i\ddot{p}_i + C_i\dot{p}_i + E_i = u_i \tag{4.2}$$

式中，$p_i = [x_i, y_i, z_i]^{\mathrm{T}}$ 表示主星到第 i 颗从星的相对位置；$u_i = [u_{ix}, u_{iy}, u_{iz}]^{\mathrm{T}}$ 表示第 i 颗从星的控制量；C_i 和模型矩阵 E_i 可以表示为

$$C_i = 2m_i\begin{bmatrix} 0 & \dot{\theta} & 0 \\ -\dot{\theta} & 0 & 0 \\ 0 & 0 & 0 \end{bmatrix},\quad E_i = m_i\begin{bmatrix} -\ddot{\theta}y_i - \dot{\theta}^2 x_i + \mu\left(x_i + R_c\right)/R_i^3 - \Omega/R_c^2 \\ \ddot{\theta}x_i - \dot{\theta}y_i + \Omega y_i/R_i^3 \\ \Omega z_i/R_i^3 \end{bmatrix}$$

定义第 i 颗从星相对于主星的期望编队构型为 $c_i = [c_{ix}, c_{iy}, c_{iz}]^{\mathrm{T}}$，则星群编队控制问题的控制目标如下。

(1) 系统中的第 i 颗从星和其所有邻星之间能够达到期望编队构型，表示为

$$\lim_{t\to T}\left(p_j - p_i\right) = c_j - c_i = c_{ij}$$

(2) 系统内主星和第 i 颗从星之间能够保持期望编队构型，表示为

$$\lim_{t\to T}\left(p_0 - p_i\right) = c_0 - c_i$$

式中，编队中的各颗从星由 $i, j = 1, 2, \cdots, n$ 来表示；主星由下标 0 来表示；t 为形成编队的时间；T 为正常值；p_i、p_j 分别表示第 i 颗从星及其邻星 j 在主星轨道坐标系中的位置；p_0 为主星的位置；$c_{ij} = c_j - c_i$ 表示第 i 颗从星与其邻星 j 的期望编队距离。

定义 $\dot{p}_i = v_i$，则第 i 颗从星编队位置 e_{pi} 及速度跟踪误差 e_{vi} 表示为

$$\begin{cases} e_{pi} = \sum_{j=0}^{n} a_{ij}\left(p_i - p_j + c_{ij}\right) \\ e_{vi} = \sum_{j=0}^{n} a_{ij}\left(v_i - v_j\right) \end{cases} \tag{4.3}$$

式中，v_i、v_j 分别表示第 i 颗从星及其邻星 j 在主星轨道坐标系中的速度。

因此，基于卫星动力学模型(4.2)及编队跟踪误差(4.3)，建立卫星编队跟踪误差动态方程：

$$\begin{cases} \dot{e}_{pi} = e_{vi} \\ m_i\dot{e}_{vi} = \sum_{j=0}^{n} a_{ij}\left[-C_i v_i - E_i + u_i - \left(u_j - C_j v_j - E_j\right)\right] \\ \qquad = -C_i \sum_{j=0}^{n} a_{ij} e_{vi} + \sum_{j=0}^{n} a_{ij}\left[u_i - E_i - \left(u_j - E_j\right)\right] \end{cases} \tag{4.4}$$

进一步定义第 i 颗从星的编队误差为 $e_i = \left[e_{pi}^{\mathrm{T}}, e_{vi}^{\mathrm{T}}\right]^{\mathrm{T}}$，那么编队跟踪误差动态方程 (4.4)可进一步表示为

$$\dot{e}_i = A_i e_i + B_i u_i - B_i u_j + H_{ij} \tag{4.5}$$

式中，$A_i = \frac{1}{m_i}\begin{bmatrix} 0_3 & I_3 \\ 0_3 & -\sum_{j=0}^{n} a_{ij} \end{bmatrix}$，$B_i = \frac{1}{m_i}\begin{bmatrix} 0_3 \\ \sum_{j=0}^{n} a_{ij} \end{bmatrix}$，$H_{ij} = \frac{1}{m_i}\begin{bmatrix} 0_3 \\ \sum_{j=0}^{n} a_{ij} \end{bmatrix}\left(E_j - E_i\right)$，其中，$0_3$ 表示 3 阶零矩阵，I_3 表示 3 阶单位阵。

假设 4.1　对于上述领导-跟随分布式编队控制问题，假设系统中的从星存在一条及以上到达主星的有向路径，即通信拓扑 G 至少包含一棵有向生成树。

假设 4.2　假设系统中主星位置的二阶导数 $\ddot{p}_0$ 可以获得，即存在 $u_0=\ddot{p}_0$；主星的姿态角是一个常数，即 $\theta=\theta_c$。

基于此，星群智能自主协同控制的目标为：针对卫星编队控制模型(4.5)，寻找一组最优的反馈控制律 $u_i(i=1,2,\cdots,n)$，使编队跟踪误差(4.3)能够快速收敛到稳定值，实现卫星智能快速自适应编队飞行和避碰控制，以保证星群系统的稳定性和安全性。

4.2　基于安全自适应动态规划的星群智能自主协同控制

在星群安全快速编队控制过程中，首先考虑到传统避碰算法通常基于人工势能法给系统加入一个避碰外力以实现避碰，这容易影响整个闭环编队系统的稳定

性；其次采用智能控制方法进行编队控制时，通过挑选适当的学习样本可以提高系统的精度和收敛时间，但在学习过程中使用的数据不足，会导致学习数据不能被充分利用。因此，目前基于自适应动态规划的星群智能自主协同控制面临的挑战问题主要体现在以下两个方面。

(1) 如何在连续时间域设计一个能够反映避碰和编队跟踪的代价函数，同时保证编队系统的稳定性。

(2) 为了提高数据的使用效率，基于已有的学习算法，在学习过程中加入经验回放(使用过去的经验数据样本)及贝尔曼误差外推学习(使用在线外推状态的虚拟样本)。但是，这些方法不能完全结合历史数据样本和在线更新数据样本，所选样本也有局限性。因此，如何在学习过程中平衡学习样本也是需要解决的问题。

4.2.1　星群智能自主协同控制框架设计

本节的目的在于提出一种基于安全自适应动态规划的星群智能自主协同控制算法。该算法通过定义一种全新的性能指标函数和自适应数据更新方法，保证星群编队系统的快速稳定，并提高自适应动态规划算法的学习效率。该算法通过星群编队通信拓扑图建立通信关系，基于星上传感器获得的星群在线状态数据，定义从星编队误差，构建性能指标函数，设计星群智能自主协同控制网络和控制器，并且将控制器输入到整个星群系统中形成闭环。其控制框图如图 4.2 所示，整个控制过程包括如下三部分。

第一部分，基于安全障碍函数的性能指标函数设计：首先基于安全域和安全障碍函数设计避碰项，解决星群编队系统存在的避碰问题，将场景下的避碰问题转换为约束问题，设计出一种同时反映编队误差、控制量和安全障碍函数的性能指标函数，从而将卫星编队避碰控制问题转换为标称编队误差系统的最优稳定控制问题，保证星群编队系统的安全性。

第二部分，基于安全自适应动态规划的星群智能协同控制算法设计：通过建立哈密顿-雅可比-贝尔曼(HJB)方程，并结合策略迭代和值迭代两种自适应动态规划迭代方法，计算星群编队控制最优性能指标函数及最优控制量 u_i^* (见式(4.17))。为解决 HJB 方程难以在数值上求解的难题，构建评价网络近似最优性能指标函数并求解最优控制律，完成星群智能控制网络设计；并且采用策略梯度法，通过与瞬时性能指标函数 U_i (见式(4.9))的差值构建神经网络误差对决策-评价网络所有权值的范数进行更新，利用网络输出迭代，最终获得最优控制器，完成星群智能最优编队控制器设计。

第三部分，基于优先经验回放和外推学习数据自适应数据学习算法的设计：首先创建一个由优先经验回放学习样本和外推学习样本组成的样本池(e_{ik},u_{ik},u_{Jk})，通过引入距离变化权值，将优先排序的经验回放学习样本与贝尔曼误差外推学习样本相结合，每次迭代时从样本池中适当地选取样本。学习算法充分利用了历史数据和在线数据，在在线学习的基础上加入了离线的经验回放学习样本和外推学习样本，加入两部分样本后的学习算法与在线学习相比，有效提高了星群系统的精度和收敛时间，最终实现星群编队的快速重构。

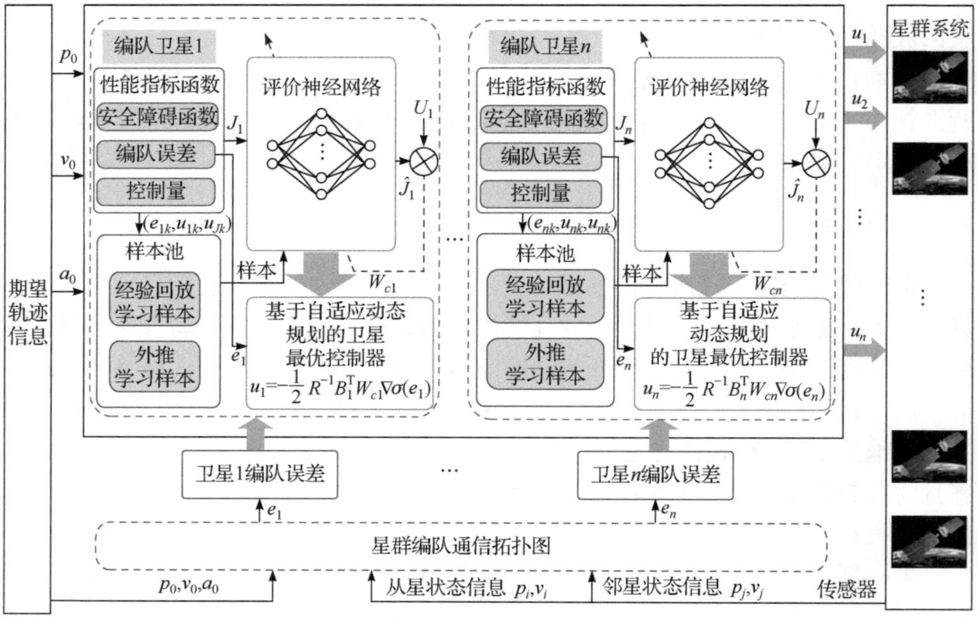

图 4.2　基于安全自适应动态规划的星群智能自主协同控制框图

4.2.2　星群智能自主协同控制网络和控制器的设计

在星群系统编队飞行过程中，需要令编队中各颗卫星能够自主避免碰撞，并实现对空间碎片等威胁的避撞，从而保证星群编队重构的安全性。为了实现这一目标，本节引入一种基于安全障碍函数的避碰方法，将安全障碍函数加入到性能指标函数中，将多卫星避碰问题转化为星群编队系统的安全问题，并利用自适应动态规划算法的特性，将多卫星编队系统的安全性转化为最优控制问题，通过优化设计的性能指标函数，最终获得最优控制器以保证编队系统的稳定性和安全性。

针对卫星之间自主避碰的需求，卫星的安全域和障碍函数分别设计如下。

安全域：

$$D_{ij}=\left\{d_{ij}\in\mathbf{R}^n \middle|\, d_{ij}\geqslant r_s\right\} \tag{4.6}$$

障碍函数：

$$\mu_{ij}=\sum_{(v_i,v_j)\in\varepsilon}\left(\frac{c_{ij}}{d_{ij}-r_s}\right)^{\eta} \tag{4.7}$$

式中，d_{ij} 为编队控制过程中从星 i 及从星 j 之间的相对距离，$d_{ij}=\left\|p_i-p_j\right\|$；$r_s$ 表示安全距离，当某一时刻两颗从星之间的距离小于安全距离时，判断此时这两颗从星碰撞；η 为一个正实数，满足 $\eta>1$。

由式(4.7)可以看出，μ_{ij} 为一个安全障碍函数，当系统状态满足 $d_{ij}>r_s$ 时，μ_{ij} 为正，并且在 $d_{ij}=r_s$ 达到无穷大。通过函数 μ_{ij} 设计相关的性能指标函数，如果初始状态满足 $d_{ij}>r_s$，那么当某一时刻两颗卫星之间的距离即将到达安全距离时，性能指标函数将会接近无穷大，则下一时刻控制器会朝着最小化性能指标函数的方向改变，从而保证了卫星系统的安全性。

基于设计的安全障碍函数(4.7)，进一步建立如式(4.8)所示的星群编队跟踪控制系统性能指标函数：

$$J_i(e_i)=\int_t^{\infty}U_i\left(e_i,u_i,u_J\right)\mathrm{d}t \tag{4.8}$$

式中，u_J 代表卫星 i 所有邻星的控制量。瞬时性能指标函数 U_i 定义为

$$U_i\left(e_i,u_i,u_J\right)=e_i^{\mathrm{T}}Se_i+u_i^{\mathrm{T}}Ru_i+\mu_{ij}e_i^{\mathrm{T}}e_i \tag{4.9}$$

式中，S、R 是正定的斜对称矩阵。

从式(4.8)及式(4.9)可以看出，性能指标函数由三部分组成：第一项 $e_i^{\mathrm{T}}Se_i$ 代表卫星 i 的编队跟踪误差代价，第二项 $u_i^{\mathrm{T}}Ru_i$ 代表卫星 i 的控制量代价，第三项 $\mu_{ij}e_i^{\mathrm{T}}e_i$ 代表卫星之间的避碰代价。基于式(4.8)，将最优性能指标函数 $J_i^*(e_i)$ 表示为

$$J_i^*(e_i)=\min_{u_i^*\in\Gamma}\int_t^{\infty}U_i\left(e_i,u_i,u_J\right)\mathrm{d}t \tag{4.10}$$

式中，u_i^* 为最优控制量；Γ 为一组容许控制策略的集合。

因此，为了实现星群编队系统(4.5)的稳定控制及安全避碰，当前控制目标为找到一组能够最小化性能指标函数(4.8)并且使系统状态限制在安全域 D_{ij} 之内的控制策略 $u_i(i=1,2,\cdots,n)$，则编队避碰控制问题可以写为

$$\begin{aligned}&J_i^*(e_i)=\min_{u_i^*\in\Gamma}\int_t^{\infty}U_i\left(e_i,u_i,u_J\right)\mathrm{d}t\\&\text{s.t.}\quad e_i\text{满足式(4.5)},\quad d_{ij}\in D_{ij},\quad i,j=1,2,\cdots,n\end{aligned} \tag{4.11}$$

根据贝尔曼方程，式(4.11)可以表示为

$$J_i^*(e_i^t)=\min_{u^*}\left\{U_i(e_i^t,u_i^t,u_J^t)+J_i^*(e_i^{t+1})\right\} \tag{4.12}$$

式中，t 表示迭代时间。

接下来设计基于自适应动态规划的星群编队控制器，当性能指标函数连续可微时，其一阶非线性偏微分方程可以表示为

$$\nabla J_i^{\mathrm{T}}(e_i)\dot{e}_i+e_i^{\mathrm{T}}Se_i+u_i^{\mathrm{T}}Ru_i+\mu_{ij}e_i^{\mathrm{T}}e_i=0 \tag{4.13}$$

式中，$\nabla J_i(e_i)=\partial J_i(e_i)/\partial e_i$ 表示性能指标函数 $J_i(e_i)$ 关于编队误差 e_i 的偏导，$J_i(0)=0$。

定义哈密顿函数为

$$H(e_i,\nabla J_i(e_i),u_i,u_J)=\nabla J_i^{\mathrm{T}}(e_i)(A_ie_i+B_iu_i-B_iu_j+H_{ij})+e_i^{\mathrm{T}}Se_i+u_i^{\mathrm{T}}Ru_i+\mu_{ij}e_i^{\mathrm{T}}e_i \tag{4.14}$$

则可以得到最优的 HJB 方程为

$$\min_{u_i\in\Gamma}H(e_i,\nabla J_i^*(e_i),u_i,u_J)=0 \tag{4.15}$$

从而令卫星 i 的性能指标函数最小的编队控制策略为

$$u_i^*=\arg\min H(e_i,\nabla J_i^*(e_i),u_i,u_J) \tag{4.16}$$

进一步，通过求解 $\partial H(e_i,\nabla J_i(e_i)^*,u_i,u_J)/\partial u_i=0$ 得到最优编队控制器，即基于最优性能指标函数，可以获得卫星 i 的控制量为

$$u_i^*=-\frac{1}{2}R^{-1}B_i^{\mathrm{T}}\nabla J_i^*(e_i) \tag{4.17}$$

综上所述，通过不断交替迭代卫星的控制量 u_i 及卫星的性能指标函数 $J_i(e_i)$，最终可以得到星群系统的最优控制量 u_i^*。在具体迭代过程中，为了平衡自适应动态规划的策略迭代和值迭代两种迭代方式，实现算法在快速迭代的基础上不需要初始的稳定控制策略，本节设计了一种全新的迭代方法，如算法 4.1 所示。

算法 4.1 基于策略迭代和值迭代的迭代方法

输入： 传感器测量获得的卫星位置、速度等状态信息和期望轨迹信息。

输出： 卫星最优控制器。

1. 初始化：给定 $J_i^0=0$，设置 $t=0$。
2. 策略更新：更新第 i 颗从星的控制策略：

$$u_i^t=-\frac{1}{2}R^{-1}B_i^{\mathrm{T}}\nabla J_i^t(e_i) \tag{4.18}$$

3. 性能指标函数迭代：根据贝尔曼最优理论求解方程[4]

$$J_i^{(t+1)}(e_i^t)=U_i(e_i^t,u_i^t,u_J^t)+\alpha_i J_i^{(t+1)}(e_i^{t+1})+(1-\alpha_i)J_i^t(e_i^{t+1}) \tag{4.19}$$

式中，$\alpha_i=\tanh(b\ln(t+1))$，$b>0$。

4. 直到编队控制进程停止之前，回到第 2 步并继续算法。

由算法 4.1 可以看出，在性能指标函数迭代方程(4.19)中引入了平衡参数 $\alpha_i(0\leqslant\alpha_i<1)$，其中 α_i 是一个关于时间的单调递增函数。因此，如果 $\alpha_i=1$，那么迭代方式为策略迭代，它可以实现快速收敛，同时需要初始稳定控制策略；如果 $\alpha_i=0$，那么迭代方式为值迭代，它避免了初始稳定控制策略的要求，同时收敛速度较慢。因此，在算法开始时使用较小的 α_i，以避免初始稳定控制策略的要求，并逐渐增加 α_i 以加速收敛。

值得注意的是，由于星群编队系统中多卫星之间的耦合问题，性能指标函数(4.8)并不能用传统的二次形式，这就导致了求解 HJB 方程(4.15)更具难度。因此，进一步引入神经网络逼近性能指标函数，并利用神经网络的普遍逼近性质，针对所提出的安全自适应动态规划算法，构建评价网络结构以获得最优控制器。采用策略梯度法实现网络权值的独立优化。

下面建立星群智能自主协同控制网络，设计一个单隐层前向神经网络用于逼近性能指标函数 $J_i^*(e_i)$：

$$J_i^*(e_i)=W_{ci}^{\mathrm{T}}\sigma(e_i)+\varepsilon_{ci} \tag{4.20}$$

式中，$W_{ci}\in\mathbf{R}^n$ 表示理想的神经网络权值向量，上界为 λ_{Wi}，即 $\|W_{ci}\|\leqslant\lambda_{Wi}$；$\sigma(e_i)\in\mathbf{R}^n$ 表示神经网络的激活函数；$\varepsilon_{ci}\in\mathbf{R}$ 表示神经网络的近似误差。

基于式(4.20)，可获得性能指标函数的偏导为

$$\nabla J_i^*(e_i)=W_{ci}^{\mathrm{T}}\nabla\sigma(e_i)+\nabla\varepsilon_{ci} \tag{4.21}$$

式中，$\nabla\sigma(e_i)=\partial\sigma/\partial e_i$ 和 $\nabla\varepsilon_{ci}$ 表示激活函数和近似误差偏导。

将式(4.21)代入式(4.14)可得

$$H(e_i,W_{ci},u_i)=W_{ci}^{\mathrm{T}}\nabla\sigma(e_i)\dot{e}_i+U_i(e_i,u_i,u_J)=\ell_{\varepsilon 1i} \tag{4.22}$$

式中，$\ell_{\varepsilon 1i}=-\nabla\varepsilon_{ci}\dot{e}_i$。

在自适应动态规划的一般框架中，考虑到理想权值是未知的，通常根据估计的权值向量 $\hat{W}_{ci}$ 建立评价网络来逼近最优性能指标函数：

$$\begin{aligned}\hat{J}_i(e_i)&=\hat{W}_{ci}^{\mathrm{T}}\sigma(e_i)\\ \nabla\hat{J}_i(e_i)&=\hat{W}_{ci}^{\mathrm{T}}\nabla\sigma(e_i)\end{aligned} \tag{4.23}$$

式中，$\hat{W}_{ci}\in\mathbf{R}^n$、$\hat{J}_i(e_i)$、$\nabla\hat{J}_i(e_i)$ 分别代表神经网络的权值估计值、性能指标函

数估计值及性能指标函数估计值的偏导。

定义权值估计误差 $\tilde{W}_{ci} = W_{ci} - \hat{W}_{ci}$，式(4.22)可变换为

$$\hat{W}_{ci}^{\mathrm{T}} \nabla \sigma(e_i) \dot{e}_i + U_i(e_i, u_i, u_J) = \ell_{\varepsilon 2i} \tag{4.24}$$

式中，$\ell_{\varepsilon 2i} = \ell_{\varepsilon 1i} - \tilde{W}_{ci}^{\mathrm{T}} \nabla \sigma(e_i) \dot{e}_i$，$\ell_{\varepsilon 1i}$ 表示评价网络近似导致的残差。

为了调节评价网络的权值，利用策略梯度法使得误差函数 $E_1 = \frac{1}{2} \ell_{\varepsilon 2i}^{\mathrm{T}} \ell_{\varepsilon 2i}$ 最小，因此提出评价网络权值调整规则为

$$\dot{\hat{W}}_{cion} = -\lambda_{1i} \frac{\beta_i}{\left(1 + \beta_i^{\mathrm{T}} \beta_i\right)^2} \ell_{\varepsilon 2i} \tag{4.25}$$

式中，$\beta_i = \nabla \sigma(e_i) \dot{e}_i$；$\lambda_{1i} > 0$ 是评价网络的在线学习率。

为了能加快星群系统控制过程的收敛时间，进一步设计一种基于距离变化的自适应学习算法，在学习过程中，学习样本被分为优先经验回放学习样本和贝尔曼误差外推学习样本两部分，它们在卫星之间的距离中平滑切换。

1. 优先经验回放学习样本

为了获得更好的学习效果，在已知在线学习的权值调整规则的基础上，首先建立经验数据库，抽取样本进行学习。学习样本的一部分是优先经验回放学习样本，其主要思想是创建一个由历史数据样本组成的数据库。在学习时，每次迭代从数据库中随机选取样本，然后逐步计算样本梯度，这样神经网络学习过程可以借鉴过去的学习经验，加速权值的收敛，样本选择过程如图 4.3 所示。定义一个有限大小的经验数据库：$D = (s_1, s_2, \cdots, s_L)$，$L$ 代表数据库容量。

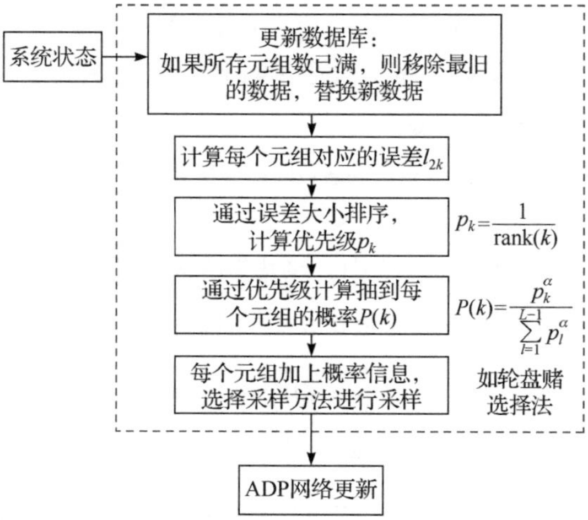

图 4.3　优先经验回放学习样本选择过程

在每一时刻，计算数据库中每个样本对应的误差，利用计算出的误差大小对库中的样本进行排序，通过排序结果计算优先级 p_k：

$$p_k = \frac{1}{\mathrm{rank}(k)} \tag{4.26}$$

通过优先级 p_k 计算该样本的抽取概率 $P(k)$：

$$P(k) = \frac{p_k^{\alpha}}{\sum_{l=1}^{L-1} p_l^{\alpha}} \tag{4.27}$$

每个样本获得了概率信息，通过得到的抽取概率 $P(k)$ 在数据库中进行抽样，样本的概率选取可用如下过程模拟来实现：

(1) 在 $[0,1]$ 内产生一个均匀分布的随机数 r。

(2) 若 $r \leqslant q_1$，则元组 1 被选中；若 $q_{k-1} < r \leqslant q_k (2 \leqslant k \leqslant L)$，则元组 k 被选中。q_i 称为积累概率，其计算公式 $q_i = \sum_{i=1}^{k} P(i)$。

(3) 在取得相应的样本 (e_{ik}, u_{ik}, u_{Jk}) 之后，代入式(4.24)计算在每一时刻需要计算抽取到样本的网络误差，最后可得该部分样本权值调整规则为

$$\dot{\hat{W}}_{cik} = -\frac{1}{n_k} \sum_{k}^{n_k} \lambda_{1k} \frac{\beta_{ik}}{\left(1 + \beta_{ik}^{\mathrm{T}} \beta_{ik}\right)^2} \ell_{\varepsilon 2ik} \tag{4.28}$$

式中，$\beta_{ik} = \nabla \sigma(e_{ik}) \dot{e}_{ik}$；$\lambda_{1k} > 0$ 是学习率；$\ell_{\varepsilon 2ik}$ 是该样本下的神经网络残差；n_k 是每个时刻选择的样本数，满足 $n_k < L$。

2. 贝尔曼误差外推学习样本

使用优先经验回放选择的样本是从卫星轨迹的历史数据中提取的。事实上，当面对两颗卫星之间的距离太近或卫星距离在安全距离内的情况时，卫星编队过程中是无法得到这样的数据的，因此很难获得这些样本。因此，对于优先经验回放，这些学习样本只能从给定的轨迹中选择。

为了获得从星之间距离接近安全距离条件下的虚拟样本，采用贝尔曼误差外推的形式允许在外推状态下模拟估计学习误差，即在每颗从星当前状态周围选取一定的样本，利用这些样本对神经网络进行学习。这种学习样本方法强调从星之间避免碰撞，而不是跟踪主星。在以当前卫星位置为中心的半径为 R_e 的球面上随机选取外推学习样本，利用这些样本建立编队误差。在取得相应的元组 m 样本 (e_{im}, u_{im}, u_{Jm}) 之后，代入式(4.24)计算在每一时刻需要计算抽取到样本的网络误差，该部分样本权值调整规则为

$$\dot{\hat{W}}_{cim} = -\frac{1}{n_m}\sum_{m}^{n_m}\lambda_{1m}\frac{\beta_{im}}{\left(1+\beta_{im}^{\mathrm{T}}\beta_{im}\right)^2}\ell_{\varepsilon 2im} \tag{4.29}$$

式中，$\beta_{im}=\nabla\sigma(e_{im})\dot{e}_{im}$ 是学习率；$\ell_{\varepsilon 2im}$ 是该样本下的神经网络残差；n_m 是每个时刻选择的样本数。

从上面可以看出，学习样本分为两个部分，并且两个部分的侧重点不同。优先经验回放学习样本产生于实际系统轨迹中，更注重跟踪效果和全局优化；贝尔曼误差外推学习样本允许选择虚拟样本，更注重避碰效果和局部优化。因为两种样本的侧重点不同，所以需要设计一个连接两者的设计权值。首先定义各卫星的样本选择区域。

(1) 转换区：一旦两颗从星进入该区域，就要考虑从星之间的避碰问题，学习样本中开始出现贝尔曼误差外推学习样本，表示为

$$W_i=\left\{d_{ij}\in\mathbf{R}^n \middle| \ r_s<d_{ij}<R_s\right\}$$

(2) 避碰区：任何时候都不允许卫星之间进入该区域，表示为

$$A_i=\left\{d_{ij}\in\mathbf{R}^n \middle| \ d_{ij}<r_s\right\}$$

卫星的学习样本选择区域划分如图 4.4 所示。

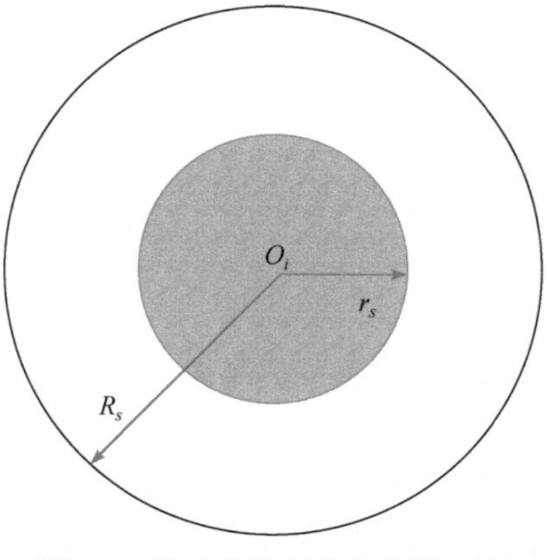

图 4.4　卫星的学习样本选择区域

为了平衡以上两种样本，定义一种随距离变化的权值为

$$s_{ij}=\begin{cases}1, & d_{ij}\leqslant r_s\\ 0.5+0.5\cos\left(\pi\dfrac{d_{ij}^2-r_i^2}{R_s^2-r_s^2}\right), & r_s<d_{ij}\leqslant R_s\\ 0, & d_{ij}>R_s\end{cases} \tag{4.30}$$

根据设计的权值，当卫星之间距离较远时，不需要考虑卫星之间的避碰作用，权值调整由在线学习和优先经验回放的离线学习两部分组成；当卫星之间的距离小于一定距离时，考虑加入外推学习的样本，这是一个连续的过渡过程。

因此，进一步推导出神经网络误差为

$$E_i = \frac{1}{2}\ell_{\varepsilon 2i}^{\mathrm{T}}\ell_{\varepsilon 2i} + \frac{1}{n_k}\sum_{k}^{n_k}\ell_{\varepsilon 2ik}^{\mathrm{T}}\ell_{\varepsilon 2ik} + \frac{1}{n_m}\sum_{m}^{n_m}\ell_{\varepsilon 2im}^{\mathrm{T}}\ell_{\varepsilon 2im} \tag{4.31}$$

评价网络的权值更新规则为

$$\begin{aligned}\dot{\hat{W}}_{ci} &= \dot{\hat{W}}_{cion} + \dot{\hat{W}}_{cik} + \dot{\hat{W}}_{cim} \\ &= -\lambda_{1i}\frac{\beta_i}{\left(1+\beta_i^{\mathrm{T}}\beta_i\right)^2}\ell_{\varepsilon 2i} - \frac{1}{n_k}\sum_{k}^{n_k}\lambda_{1k}\frac{\beta_{ik}}{\left(1+\beta_{ik}^{\mathrm{T}}\beta_{ik}\right)^2}\ell_{\varepsilon 2ik} \\ &\quad -\frac{1}{n_m}\sum_{i\neq j}^{n-1}s_{ij}\sum_{m}^{n_m}\lambda_{1m}\frac{\beta_{im}}{\left(1+\beta_{im}^{\mathrm{T}}\beta_{im}\right)^2}\ell_{\varepsilon 2im}\end{aligned} \tag{4.32}$$

接下来对所设计的基于安全自适应动态规划算法的稳定性和安全性进行证明，首先设计考虑了神经网络权值误差、编队误差和安全障碍函数在内的李雅普诺夫候选函数，通过李雅普诺夫稳定性定理，证明多卫星编队系统误差一致有界。

下面，在证明多卫星编队控制算法的稳定性之前先给出一组假设。

假设 4.3　系统矩阵是有界的，即$\|A_i\| \leqslant \bar{A}_i$，$\|B_i\| \leqslant \bar{B}_i$，$\bar{A}_i, \bar{B}_i > 0$。

假设 4.4　评价网络的激活函数、逼近误差，以及它们关于编队误差状态的偏导都是有上界的，即$\|\sigma(e_i)\| \leqslant \bar{\sigma}_i, \|\varepsilon_{ci}\| \leqslant \bar{\varepsilon}_{ci}, \|\nabla\sigma(e_i)\| \leqslant \bar{\sigma}_{di}, \|\nabla\varepsilon_{ci}\| \leqslant \bar{\varepsilon}_{dci}$，其中$\bar{\sigma}_i$、$\bar{\varepsilon}_{ci}$、$\bar{\sigma}_{di}$、$\bar{\varepsilon}_{dci}$都是大于零的常数。

定理 4.1　针对卫星编队位置误差系统(4.5)，如果假设 4.1～4.4 成立，且最优性能指标函数和控制律分别设计为如式(4.20)及式(4.17)所示，评价网络权值更新规则设计如式(4.32)所示，并且假设神经网络选取足够数量的神经元，当$\|e_i\| \geqslant \dfrac{\frac{1}{2}\|u_j\|^2 + \|H_{ij}\|^2}{\lambda_{\min}(S) - \bar{A}_i - B_i^2 - \frac{1}{2} - \lambda_{\max}(\mu_{ij})}$时，系统参数满足下列条件：

$$\begin{aligned}&\lambda_{\min}(R) \geqslant \frac{1}{2}B_i^2 \\ &\lambda_{\min}(S) \geqslant \bar{A}_i + B_i^2 + \frac{1}{2} + \lambda_{\max}(\mu_{ij})\end{aligned} \tag{4.33}$$

则编队位置误差e_i和评价网络的权值估计误差都是一致最终有界的。

证明　选取李雅普诺夫函数：

$$\begin{aligned}
&L(t)=L_1(t)+L_2(t)+L_3(t)\\
&L_1(t)=\frac{1}{2\lambda_{1i}}\tilde{W}_{cion}^{\mathrm{T}}W_{cion}\\
&L_2(t)=\frac{n_k}{2\lambda_{1k}}\tilde{W}_{cik}^{\mathrm{T}}W_{cik}\\
&L_3(t)=\frac{n_m}{2\lambda_{1m}}\tilde{W}_{cim}^{\mathrm{T}}W_{cim}
\end{aligned}\tag{4.34}$$

存在$\tilde{W}_{cion}=W_{cion}-\hat{W}_{cion}$，首先将$L_1(t)$对时间求导数可得

$$\begin{aligned}
\dot{L}_1(t)&=\frac{1}{\lambda_{1i}}\tilde{W}_{cion}^{\mathrm{T}}\dot{\tilde{W}}_{cion}\\
&=\tilde{W}_{cion}^{\mathrm{T}}(e_{con}-\tilde{W}_{cion}^{\mathrm{T}}\beta_i)\frac{\beta_i}{(1+\beta_i^{\mathrm{T}}\beta_i)^2}\\
&=\tilde{W}_{cion}^{\mathrm{T}}e_{con}\frac{\beta_i}{(1+\beta_i^{\mathrm{T}}\beta_i)^2}-\frac{1}{(1+\beta_i^{\mathrm{T}}\beta_i)^2}\left\|\tilde{W}_{cion}^{\mathrm{T}}\beta_i\right\|^2\\
&\leqslant\frac{1}{2(1+\beta_i^{\mathrm{T}}\beta_i)^2}(e_{con}^2-\left\|\tilde{W}_{cion}^{\mathrm{T}}\beta_i\right\|^2)
\end{aligned}\tag{4.35}$$

式中，$e_{con}=H(e_i,W_{cion},u_i)$。

如果相关参数满足

$$\begin{aligned}
&\left\|\beta_i\right\|\leqslant\beta_{iM}\\
&\left\|\tilde{W}_{cion}\right\|\geqslant\left\|\frac{H(e_{1i},W_{cion},u_i)}{\beta_{iM}}\right\|
\end{aligned}\tag{4.36}$$

式中，β_{iM}是一个正常数。

结合式(4.35)和式(4.36)可以看出，$\dot{L}_1(t)<0$。

与$L_1(t)$相似，对$L_2(t)$和$L_3(t)$求时间导数：

$$\begin{aligned}
\dot{L}_2&=\frac{n_k}{\lambda_{1k}}\tilde{W}_{cik}^{\mathrm{T}}\dot{\tilde{W}}_{cik}\\
&=\tilde{W}_{cik}^{\mathrm{T}}\sum_k^{n_k}(e_{ck}-\tilde{W}_{cik}^{\mathrm{T}}\beta_{ik})\frac{\beta_{ik}}{(1+\beta_{ik}^{\mathrm{T}}\beta_{ik})^2}\\
&=\sum_k^{n_k}\tilde{W}_{cik}^{\mathrm{T}}e_{ck}\frac{\beta_{ik}}{(1+\beta_{ik}^{\mathrm{T}}\beta_{ik})^2}-\frac{1}{(1+\beta_{ik}^{\mathrm{T}}\beta_{ik})^2}\left\|\tilde{W}_{cik}^{\mathrm{T}}\beta_{ik}\right\|^2\\
&\leqslant\sum_k^{n_k}\frac{1}{2(1+\beta_{ik}^{\mathrm{T}}\beta_{ik})^2}(e_{ck}^2-\left\|\tilde{W}_{cik}^{\mathrm{T}}\beta_{ik}\right\|^2)
\end{aligned}\tag{4.37}$$

式中，$e_{ck}=H(e_{ik},W_{cik},u_{ik})$。

$$
\begin{aligned}
\dot{L}_3&=\frac{n_m}{\lambda_{1m}}\tilde{W}_{cim}^{\mathrm{T}}\dot{\tilde{W}}_{cim}\\
&=\tilde{W}_{cim}^{\mathrm{T}}\sum_{i\neq j}^{n}s_{ij}\sum_{k}^{n_k}(e_{cm}-\tilde{W}_{cim}^{\mathrm{T}}\beta_{im})C_{im}\\
&=\sum_{i\neq j}^{n}s_{ij}\sum_{k}^{n_k}\tilde{W}_{cim}^{\mathrm{T}}e_{cm}C_{im}-\frac{1}{(1+\beta_{im}^{\mathrm{T}}\beta_{im})^2}\left\|\tilde{W}_{cim}^{\mathrm{T}}\beta_{im}\right\|^2\\
&\leqslant\sum_{i\neq j}^{n}s_{ij}\sum_{k}^{n_k}\frac{1}{2(1+\beta_{im}^{\mathrm{T}}\beta_{im})^2}\left(e_{cm}^2-\left\|\tilde{W}_{cim}^{\mathrm{T}}\beta_{im}\right\|^2\right)
\end{aligned}
\tag{4.38}
$$

式中，$e_{cm}=H(e_{im},W_{cim},u_{im})$；$C_{im}=\dfrac{\beta_{im}}{(1+\beta_{im}^{\mathrm{T}}\beta_{im})^2}$。

如果相关参数满足

$$
\begin{aligned}
&\|\beta_{ik}\|\leqslant\beta_{ikM}\\
&\left\|\tilde{W}_{cik}\right\|\geqslant\left\|\frac{H(e_{ik},W_{cik},u_{ik})}{\beta_{ikM}}\right\|\\
&\|\beta_{im}\|\leqslant\beta_{imM}\\
&\left\|\tilde{W}_{cim}\right\|\geqslant\left\|\frac{H(e_{im},W_{cim},u_{im})}{\beta_{imM}}\right\|
\end{aligned}
\tag{4.39}
$$

式中，β_{ikM}、β_{imM} 是正常数。

可以看出 $\dot{L}_2,\dot{L}_3<0$，则 $\dot{L}=\dot{L}_1+\dot{L}_2+\dot{L}_3<0$。根据李雅普诺夫稳定性定理，评价网络权值近似误差为一致有界的。接下来，可以证明编队系统误差也是一致有界的，则选择李雅谱诺夫函数为

$$
L_4=\frac{1}{2}e_i^{\mathrm{T}}e_i+J_i \tag{4.40}
$$

其导数为

$$
\begin{aligned}
\dot{L}_4&=e_i^{\mathrm{T}}\dot{e}_i+(\nabla J_i)^{\mathrm{T}}\dot{e}_i\\
&\leqslant\overline{A}\|e_i\|^2+\frac{1}{2}\|e_i\|^2+\frac{1}{2}B_i^2\|u_i\|^2+\frac{1}{2}B_i^2\|e_i\|^2\\
&\quad+\frac{1}{2}\|u_j\|^2+\frac{1}{2}B_i^2\|e_i\|^2+\|H_{ij}\|^2-(\mu_{ij}+\lambda_{\min}(S))\|e_i\|^2-\lambda_{\min}(R)\|u_i\|^2\\
&=-\left(\lambda_{\min}(S)-\overline{A}_i-B_i^2-\frac{1}{2}-\lambda_{\max}(\mu_{ij})\right)\|e_i\|^2+\delta_b-\left(\lambda_{\min}(R)-\frac{1}{2}B_i^2\right)\|u_i\|^2
\end{aligned}
\tag{4.41}
$$

式中，$\delta_b = \frac{1}{2}\left\|u_j\right\|^2 + \left\|H_{ij}\right\|^2$。

根据定理中的条件，可以得到 $\dot{L}_4 < 0$。根据李雅普诺夫稳定性定理，编队误差一致有界。定理 4.1 得证。

下面进一步对多卫星编队系统的安全性给出理论证明。

定理 4.2　考虑式(4.11)定义的最优编队控制问题，通过使用所设计最优控制律(4.17)的连续改进控制策略能够使编队系统的状态保持在安全集内，保证了在所有 $t > 0$ 时间段内星群系统的安全性。

证明　定理 4.2 的证明分两步展开。

第一步：证明对于编队中第 i 颗从星，考虑一组可容许的控制策略 $u_{iz}, u_{JZ} \in \Upsilon$，如果存在一个时不变正定函数 Z_i 满足

$$\frac{\partial Z_i}{\partial e_i}\dot{e}_i + e_i^{\mathrm{T}} S e_i + u_{iz}^{\mathrm{T}} R u_{iz} + \mu_{ij} e_i^{\mathrm{T}} e_i = 0 \tag{4.42}$$

当 $t = 0$ 时，如果 $Z_i(e_{i0}, u_{iz}, u_{Jz}) = J_i(e_{i0}, u_{iz}, u_{Jz})$，则对于所有的 $t \in [0, \infty)$，Z_i 是编队系统的性能指标函数，即

$$Z_i(e_i, u_{iz}, u_{Jz}) = J_i(e_i, u_{iz}, u_{Jz}) \tag{4.43}$$

第一步证明：假定存在 $Z_i(e_i, u_{iz}, u_{Jz}) > 0$，且因为其是一个连续可微函数，则有

$$\begin{aligned} Z_i(e_i, u_{iz}, u_{Jz}) - Z_i(e_{i0}, u_{iz}, u_{Jz}) &= \int_0^t \dot{Z}_i(e_i, u_{iz}, u_{Jz})\,\mathrm{d}t \\ &= \int_0^t \frac{\partial Z_i}{\partial e_i}\dot{e}_i \mathrm{d}t \end{aligned} \tag{4.44}$$

考虑到式(4.8)，则可以得到

$$J_i(e_i, u_{iz}, u_{Jz}) - J_i(e_{i0}, u_{iz}, u_{Jz}) = -\int_0^t U_i(e_i, u_z, u_{Jz})\mathrm{d}t \tag{4.45}$$

整合式(4.45)和式(4.44)，则可以得到

$$J_i(e_i, u_{iz}, u_{Jz}) - Z_i(e_i, u_{iz}, u_{Jz}) = \int_0^t \left(-\frac{\partial Z_i}{\partial e_i}\dot{e}_i - U_i(e_i, u_z, u_{Jz})\right)\mathrm{d}t + J_{i0} - Z_{i0} \tag{4.46}$$

式中，$J_{i0} = J_i(e_{i0}, u_{iz}, u_{Jz})$；$Z_{i0} = Z_i(e_{i0}, u_{iz}, u_{Jz})$。

考虑到式(4.42)，则整理式(4.46)得到

$$J_i(e_i, u_{iz}, u_{Jz}) = Z_i(e_i, u_{iz}, u_{Jz}) \tag{4.47}$$

第一步证明完毕。

第二步：考虑一组由可容许控制输入 $u_{i1}, u_{J1}, \cdots, u_{iw}, u_{Jw} \in Y$ 驱动的性能指标函

数 $Z_i(e_i,u_{i1},u_{J1}),Z_i(e_i,u_{i2},u_{J2}),\cdots,Z_i(e_i,u_{iw},u_{Jw})$ (缩写为 $Z_{i1},Z_{i2},\cdots,Z_{iw}$), 如果哈密顿函数(4.14)满足

$$H_{\min_1} \leqslant H_{\min_2} \leqslant \cdots \leqslant H_{\min_w} \tag{4.48}$$

则安全障碍函数 $\mu_{ij}^p (1 \leqslant p \leqslant w)$ 是有界的。

第二步证明：对于任意 $p,q(0 \leqslant p \leqslant q \leqslant w)$ ，假定 $H_{\min_p} \leqslant H_{\min_q}$ ，考虑：

$$\begin{aligned} Z_{iq} &= Z_{ip} + Z_{id} \\ Z_{Jq} &= Z_{Jp} + Z_{Jd} \end{aligned} \tag{4.49}$$

式中， $Z_{id} = Z_{id}(e_i,u_{id},u_{Jd})$ 。

将式(4.49)代入 $u_{iq}^* = -\frac{1}{2}R^{-1}B_i^{\mathrm{T}}\nabla Z_{iq}$ 和 $u_{Jq}^* = -\frac{1}{2}R^{-1}B_i^{\mathrm{T}}\nabla Z_{Jq}$ ，则有

$$\begin{aligned} H_{\min_q} =& e_i^{\mathrm{T}} S e_i + \mu_{ij} e_i^{\mathrm{T}} e_i + \frac{1}{4}\nabla Z_{iq}^{\mathrm{T}} g R^{-1} g^{\mathrm{T}} \nabla Z_{iq} - \frac{1}{2}\nabla Z_{iq}^{\mathrm{T}} B_i R^{-1} B_i^{\mathrm{T}} \nabla Z_{jq} \\ &+ \nabla Z_{iq}^{\mathrm{T}}\left(A_i e_i + H_{ij} + \frac{1}{2} B_i R^{-1} B_i^{\mathrm{T}} \nabla Z_{Jq} \right) \end{aligned} \tag{4.50}$$

进一步可以写为

$$H_{\min_q} = \nabla Z_{id}^{\mathrm{T}}\left(A_i e_i + H_{ij} + B_i u_{ip} - B_i u_{Jp} \right) + H_{\min_p} - u_{id}^{*\mathrm{T}} R u_{id}^* \tag{4.51}$$

因为 $H_{\min_q} - H_{\min_p} + u_{id}^{*\mathrm{T}} R u_{id}^* \geqslant 0$ ，则有

$$\frac{\mathrm{d}Z_{id}\left(e_i,u_{ip},u_{Jp}\right)}{\mathrm{d}t} \geqslant 0 \tag{4.52}$$

另外有 $\lim_{t\to\infty} Z_{id}(e_i(t)) = 0$ ，所以

$$Z_{id} \leqslant 0 \tag{4.53}$$

进一步可以得到

$$Z_{iq} \leqslant Z_{ip} \tag{4.54}$$

则有

$$Z_i(e_i,u_{i1},u_{J1}) > Z_i(e_i,u_{i2},u_{J2}) > Z_i(e_i,u_{iw},u_{Jw}) \tag{4.55}$$

$$Z_{ip} \leqslant Z_{i1}, \quad 1 \leqslant p \leqslant w \tag{4.56}$$

从第一步可以得到

$$J_i(e_i,u_{ip},u_{Jp}) < J_i(e_i,u_{i1},u_{J1}), \quad 1 \leqslant p \leqslant w \tag{4.57}$$

因此，性能指标函数 $J_i(e_i,u_{ip},u_{Jp})$ 是有界的，因此 μ_{ij}^p 也是有界的。第二步证毕。

通过第二步表明性能指标函数 $J_i(e_i,u_{ip},u_{Jp})$ 和障碍函数 μ_{ij}^{p} 在每个迭代步中保持有界。另外，由障碍函数的特性可知，障碍函数的值只有在安全集的边界处才趋于无穷大。因此，由于障碍函数在每次迭代后都保持有界，它保证了多卫星编队系统状态永远不会达到安全集的边界，这反过来又保证了系统的安全。

4.3 仿真设置与验证

4.3.1 仿真环境设置

在 Windows 10 操作系统中验证了考虑避碰因素的基于自适应动态规划的编队避碰控制算法的有效性。计算机配置为：Intel(R) Core(TM) i7-8700 3.20GHz CPU、16GB 内存。

4.3.2 仿真参数设置

仿真考虑一组由 1 颗虚拟主星和 4 颗从星组成的卫星编队，在每颗卫星的学习过程中加入对其他卫星的安全障碍函数避碰项，多卫星编队的通信初始拓扑图选取如图 4.5 所示，其中 0 表示虚拟主星，1～4 表示 4 颗从星。主要参数设置如下所示。

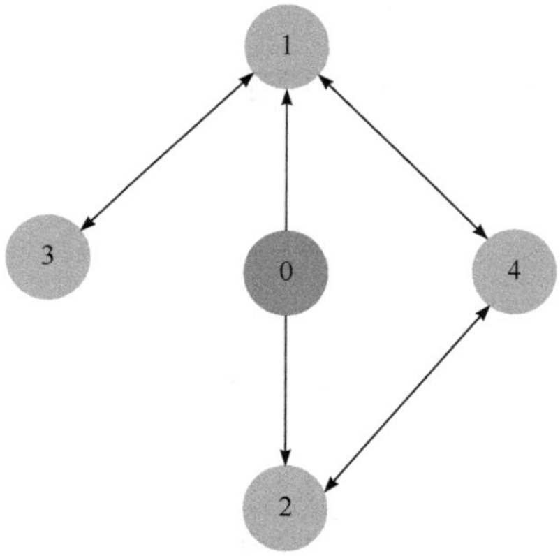

图 4.5　多卫星编队通信初始拓扑图

1. 主星运动轨迹参数

虚拟主星的运动轨迹设置为

$$P_0=[3t \quad 3t \quad t]^{\mathrm{T}}$$

2. 卫星轨道模型参数

参考轨道半长轴 a_c=7162977m，轨道偏心率 e_c=0.0004262，万有引力常量 Ω=6.67×10^{-11}N·m^2/kg^2，第 i 颗卫星的质量 m_i=50kg，主星的纬度角 θ=0.35rad。

3. 评价网络参数

神经网络激活函数为 $\sigma_i=[e_{Pi}^2,e_{Vi}^2,e_{Pi}^{\mathrm{T}}e_{Vi},e_{Pi}^4,e_{Vi}^4,e_{Pi}^3e_{Vi},e_{Pi}^2e_{Vi}^2,e_{Pi}e_{Vi}^3]^{\mathrm{T}}$，评价网络权值初值为 $W_{ci}=\left[75,60,80,20,90,30,60,50\right]^{\mathrm{T}}$，神经网络的学习率均为 0.5，$b=4$，$\eta=1.5$。

4. 学习参数

对于优先经验回放学习，经验数据库容量为 L=10，抽样样本数量为 $n_k=3$；对于贝尔曼误差外推学习，在当前卫星位置为中心的半径 $R_e=0.5$ 的球体中随机选取样本进行外推学习，样本的数量是 $n_m=3$。每颗卫星的安全域设置为 $R_s=1.5r_s$，$r_s=8$。

贝尔曼误差外推学习样本的选择在以当前卫星位置为中心，一定半径的球体中随机选择，并且随着控制过程和卫星之间的距离变化，样本的权值也发生变化，具体表现为在两颗卫星之间距离过近时开始引入外推样本，并且随着距离越来越近样本权值越来越高。

5. 期望位置和初始位置参数

假设主星的坐标为编队中心，由 c_0 表示，编队的期望队形为表 4.1 所示的正方形，各卫星的初始位置如表 4.2 所示。其中，初始速度全为 0。

表 4.1　初始编队队形期望坐标设置

卫星	期望构型	期望三维位置/m
1	c_1	$[10,0,0]^{\mathrm{T}}$
2	c_2	$[0,10,0]^{\mathrm{T}}$
3	c_3	$[-10,0,0]^{\mathrm{T}}$
4	c_4	$[0,-10,0]^{\mathrm{T}}$
0(主星)	c_0	$[0,0,0]^{\mathrm{T}}$

表 4.2　各卫星初始位置设置

卫星	初始位置/m
1	$[50,0,0]^{\mathrm{T}}$
2	$[10,0,0]^{\mathrm{T}}$
3	$[0,50,0]^{\mathrm{T}}$
4	$[50,50,0]^{\mathrm{T}}$
0(主星)	$[0,0,0]^{\mathrm{T}}$

4.3.3　仿真验证

图 4.6 表示卫星编队过程中各颗卫星的轨迹变化。从图 4.6 可以看出，设计的多卫星编队控制器可以使得从星实时准确地跟踪虚拟主星。图 4.7 和图 4.8 显示了编队中各颗卫星速度坐标实时跟踪参考轨迹的曲线过程。由图 4.7 和图 4.8 可知，在所设计的协同控制算法下，4 颗从星能够安全、快速地形成预设编队构型。

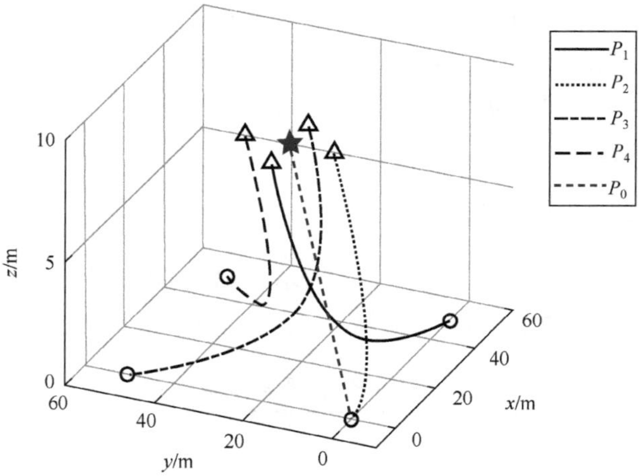

图 4.6　卫星三维轨迹图

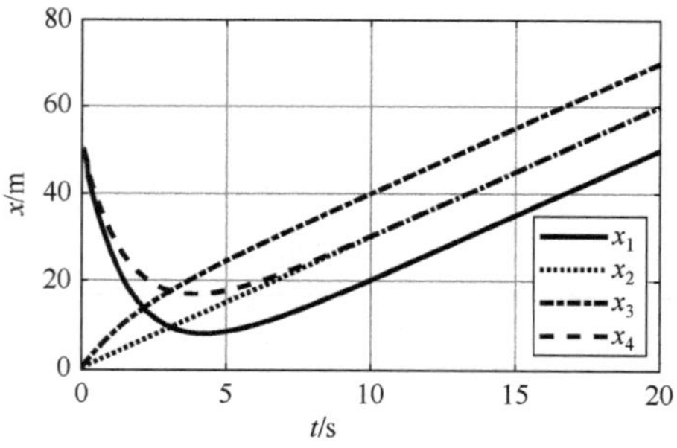

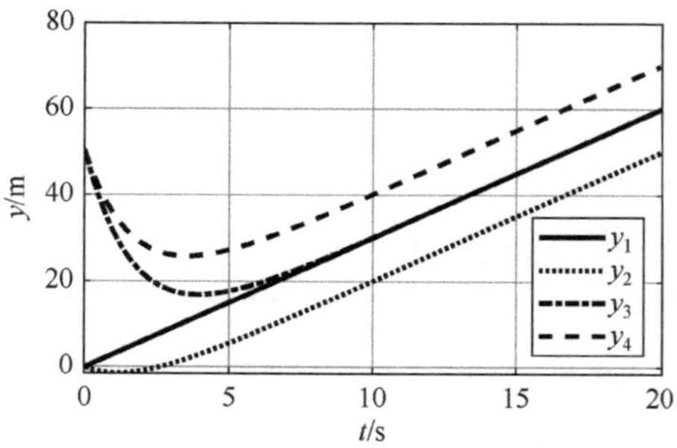

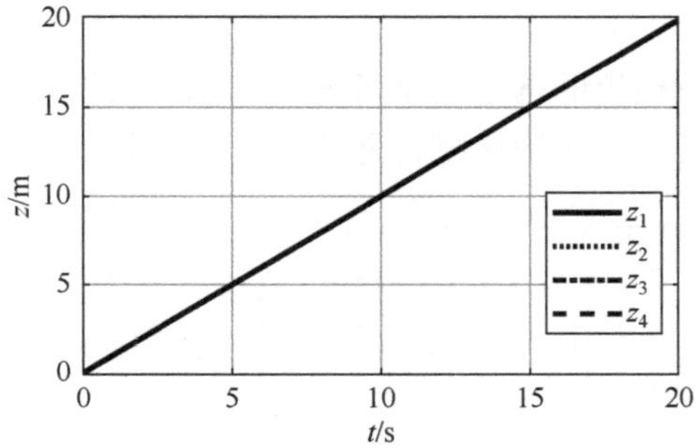

图 4.7　基于安全自适应动态规划的星群智能自主协同控制算法的位置跟踪响应曲线

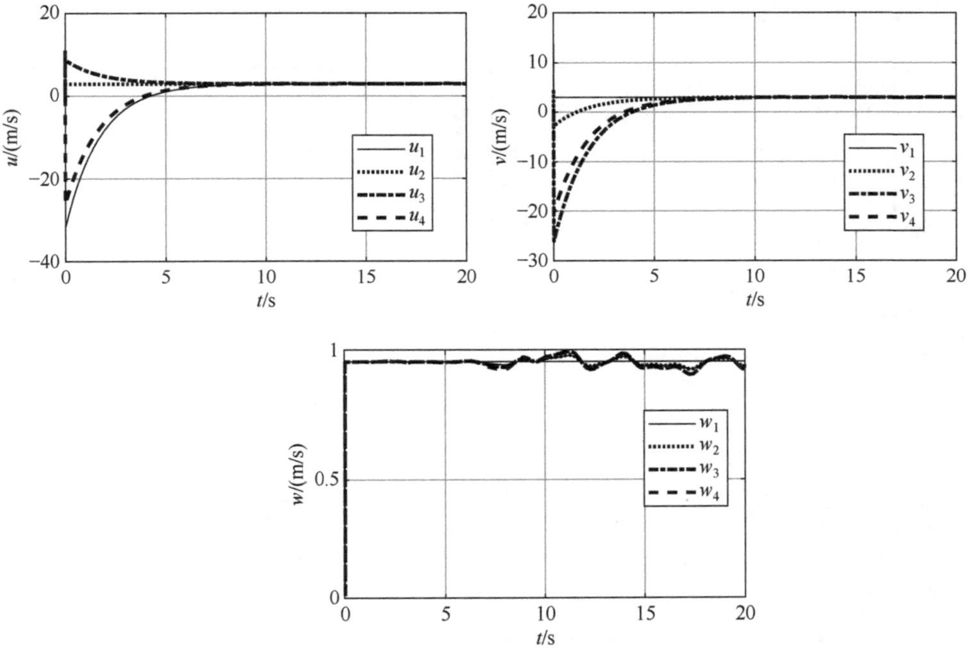

图 4.8　基于安全自适应动态规划的星群智能自主协同控制算法的速度跟踪响应曲线

图 4.9 为编队中 4 颗从星的编队位置误差响应曲线。从图 4.9 中可以看出，4 颗卫星的编队位置误差在有限时间内收敛于 0，进一步验证了算法的快速稳定性。

由图 4.10 可知当控制算法中未加入安全障碍函数避碰项时，卫星 1 和卫星 4 之间的距离在开始时将会达到 1.4m 左右，这明显小于安全距离，视为卫星已发生碰撞，而加入安全障碍函数避碰项的 4 颗卫星在编队控制过程中可以保证安全距离，说明避碰算法的有效性。

图 4.11 为卫星 2 的评价网络权值的变化曲线。由图 4.11 可知，评价网络权值

是稳定收敛的。

综上所述，本节所提出的基于安全自适应动态规划的星群智能自主协同控制算法能在多卫星编队飞行中实现避碰，并能快速收敛到最优值。

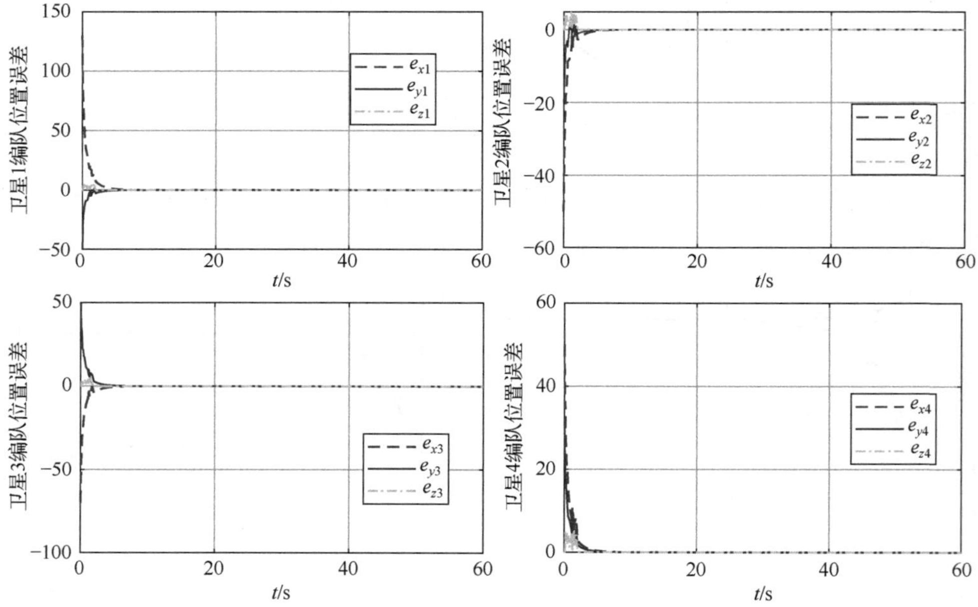

图 4.9　卫星编队中 4 颗从星的编队位置误差响应曲线

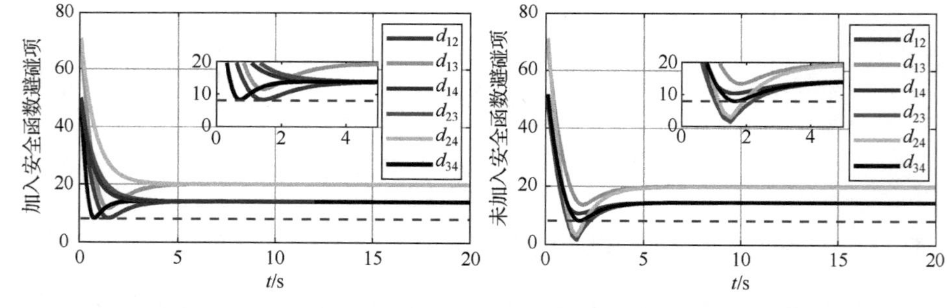

图 4.10　加入和未加入安全障碍函数避碰项后星间距离变化

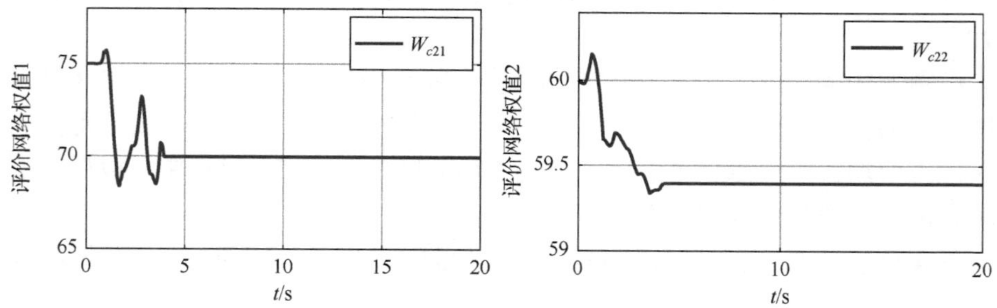

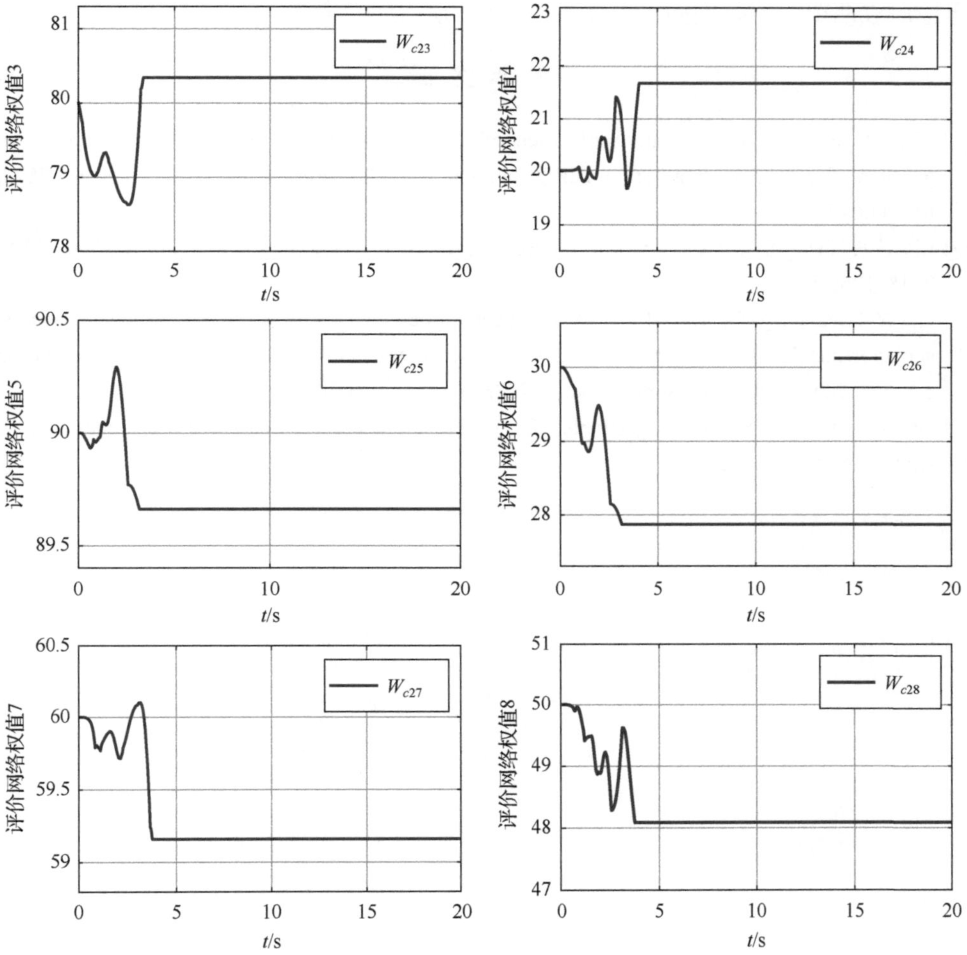

图 4.11　卫星 2 的评价网络权值变化曲线

4.4 小　　结

本章从星群智能自主协同控制问题出发，首先，基于星上传感器等获得的在线状态数据及星间相对距离定义编队误差，建立多卫星编队控制模型；其次，将星间避碰问题转换为最优控制问题，设计出一种同时反映编队误差、控制量和避碰作用的性能指标函数，结合神经网络的自适应、自主学习和映射逼近的优点，构建评价网络和决策网络，通过引入距离变化权值将优先排序的经验回放学习样本与贝尔曼误差外推学习样本相结合，设计了一种基于安全自适应动态规划的星群智能自主协同控制算法，实现自主调整学习参数，并使得卫星星群能够安全稳定地形成期望的编队构型，提高星群运行的适应性。

参 考 文 献

[1] Chen J, Wu Y, Wu S, et al. Application of FY-4B geostationary meteorological satellite in grassland fire dynamic monitoring. IEEE Transactions on Geoscience and Remote Sensing, 2023, 61: 1000409.

[2] Liu G P, Zhang S J. A survey on formation control of small satellites. Proceedings of the IEEE, 2018, 106(3): 440-457.

[3] Cui Y K, Chen Y Q, Yang D, et al. Resilient formation tracking of spacecraft swarm against actuation attacks: A distributed Lyapunov-based model predictive approach. IEEE Transactions on Systems, Man, and Cybernetics: Systems, 2023, 53(11): 7053-7065.

[4] Gross E. On the Bellman's principle of optimality. Physica A: Statistical Mechanics and its Applications, 2016, 462: 217-221.

第5章　多无人机任务分配与轨迹规划

在智慧城市安防、应急救援等领域，多无人机技术取得了长足的发展，具备大规模产业应用的潜力，将会发挥带动显著的经济效益。在多无人机技术中，多无人机任务分配是指在综合考虑环境条件、无人机类型及其执行任务能力、任务需求、任务目标类型及重要程度等约束条件，以执行任务收益最大、成本最小或执行时间最短等为性能指标，为多无人机分配合适的任务，合理进行资源分配，高效完成指定任务。目前，根据无人机或任务状态是否发生变化，任务分配问题一般可分为静态任务分配和动态任务分配两类问题。其中，多无人机静态任务分配是指在静态环境下，针对确定的静态任务或目标，地面站或无人机根据获取到的全局信息进行任务分配；而多无人机的动态任务分配主要针对动态环境下的新增目标或者无人机网络拓扑发生变化的情形，通常由无人机根据获取到的实时数据进行分配，实现任务分配结果的动态调整。因此，本章将基于以上两种典型任务场景分别展开多无人机的任务分配工作，并基于分配结果，进一步开展多无人机轨迹规划问题研究，保证无人机能够快速最优地到达指定分配点完成对应的任务。

本章的主要内容安排如下：5.1 节主要研究基于联盟博弈的多无人机静态任务分配，实现最优的任务分配；5.2 节考虑动态环境下新增任务问题，研究基于请求-应答策略的动态任务分配；5.3 节设计基于深度强化学习的路径规划算法；5.4 节给出本章小结。

5.1　基于联盟博弈的多无人机静态任务分配

假定在某城市区域内存在多个不同位置不同类型的任务，所有任务信息是已知且不变的，而每架无人机都有各自特定的类型及执行任务的能力，那么任务分配的目标是为每个任务派遣一定数量的特定类型无人机去执行，每架无人机最多可执行其中的一个任务或者选择待命。针对上述多无人机的静态任务分配问题，考虑传统集中式决策方法实时性较差，而已有的博弈方法存在迭代次数较多、未考虑无人机数量分配限制等问题，本节设计一种基于联盟博弈的多无人机静态任务分配算法，通过综合考虑任务需求、任务类型、无人机数目关系与规模限制等约束，以全局任务收益最大为目标，保证各无人机分布式选择最佳的任务，完成任务分配。

5.1.1 任务场景

针对多无人机的静态任务分配问题，假设存在 n 架无人机，表示为集合 $N=\{1,2,\cdots,n\}$，包含多种类型无人机；存在 $m+1$ 个任务，表示为集合 $T=\{t_0,t_1,t_2,\cdots,t_m\}$，其中 t_0 是空任务，$m+1$ 个任务中包含多种不同的任务类型，且无人机数量远大于任务数量，即 $n \gg m+1$。每架无人机最多可以选择一个任务执行，或者选择空任务待命。每架无人机 $i\in N$ 可以用元组 $\langle i,\mathrm{Pu}_i,\mathrm{uav\_type}_i\rangle$ 来表示，其中，i 为无人机编号；Pu_i 为无人机位置；$\mathrm{uav\_type}_i$ 为无人机类型。任务集 T 中的每个任务可以用元组 $\langle t_j,\mathrm{Pt}_j,\mathrm{task\_type}_j,\mathrm{num}_j,v_j\rangle$ 来表示，其中，t_j 为任务编号；Pt_j 为任务位置；$\mathrm{task\_type}_j$ 为任务类型；num_j 表示任务对无人机的数量需求，即每个任务需要 num_j 架无人机共同完成；v_j 为执行第 t_j 号任务后无人机可获得的收益价值。在分配过程中，由于无人机的数量充足，在满足任务需求时，可能会产生不必要的分配，因此，需要对每个任务能够分配到的无人机数量设置上限。综上所述，考虑无人机与待执行任务的各种约束条件，如何给每个任务分配合适的无人机，并保证无人机资源的合理配置，是无人机静态任务分配需要解决的难点问题。

5.1.2 问题描述

本节对多无人机静态任务分配问题进行数学描述，包括约束条件、优化目标、优化模型三部分。

1. 约束条件

多无人机的静态任务分配问题中涉及的约束条件包括类型匹配约束、任务需求约束、数目关系约束和规模约束。其中，类型匹配约束是指任务对无人机类型的要求；任务需求约束和规模约束是指任务完成所需分配的无人机数量下限及上限；数目关系约束是指无人机最多只能选择一个任务。

1) 类型匹配约束

假设待执行任务类型包括通信中继、信息收集与搜索救援三类，每个任务对应其中的一种类型；无人机类型则包括固定翼无人机与四旋翼无人机，其根据自身的能力，可以执行一种或多种任务，例如，固定翼无人机可以执行通信中继和信息收集任务，四旋翼无人机可以执行信息收集和搜索救援任务。根据无人机与任务的类型匹配情况，用 T_i 表示无人机 i 可以选择的任务集合，则 $T\setminus T_i$ 表示无人机 i 不能选择的任务。令 a_{ij} 表示无人机 i 是否选择任务 t_j，其为一个二元决策变量，则无人机 i 和任务 t_j 的类型约束可表示为

$$\begin{cases} a_{ij}=0, & \forall i\in N,\forall t_j\in T\setminus T_i \\ a_{ij}\in\{0,1\}, & \forall i\in N,\forall t_j\in T \end{cases} \tag{5.1}$$

式中，$a_{ij}=0$ 表示无人机 i 不能选择集合 T_i 之外的任务 t_j，限制了无人机选择任务的范围。

2) 任务需求约束

考虑每个任务至少需要若干架无人机协同执行，所分配的无人机数目应不小于任务所需数目。例如，在搜索救援任务中，单架无人机无法在短时间内完成搜索，需要多架无人机协同搜索。因此，建立如下任务需求约束：

$$\sum_{i=1}^{n}a_{ij}\geqslant \mathrm{num}_j,\quad \forall t_j\in T\setminus\{t_0\} \tag{5.2}$$

式中，num_j 表示完成任务 t_j 所需的无人机数量，$\mathrm{num}_j\ll n$；$T\setminus\{t_0\}$ 表示除去空任务的任务集合。

3) 数目关系约束

由于无人机单独完成任务的能力有限，且不能同时执行多个任务，所以每架无人机最多可以选择一个任务执行(包括空任务待命)，即满足

$$\sum_{j=0}^{m}a_{ij}\leqslant 1,\quad \forall i\in N \tag{5.3}$$

4) 规模约束

为了防止有过多无人机选择同一个任务，造成无人机资源浪费的情况发生，因此给每个任务能够分配到的无人机数量设置上限值，即满足

$$\sum_{i=1}^{n}a_{ij}\leqslant L_j,\quad \forall t_j\in T\setminus\{t_0\} \tag{5.4}$$

式中，L_j 表示任务 t_j 分配的无人机规模上限值，$L_j\geqslant \mathrm{num}_j$。

2. 优化目标

在任务分配问题中，通常以全局任务收益最大为性能指标进行任务分配。综合考虑完成任务所获得的价值、选择任务的无人机数量和执行任务的成本，设计无人机执行任务的收益函数，建立性能指标。令 C_j 表示选择任务 t_j 的无人机集合，则无人机 i 执行任务 t_j 的收益如式(5.5)所示：

$$r_{ij}\left(t_j,\left|C_j\right|\right)=\begin{cases} \dfrac{u_j}{\left|C_j\right|}-c_{ij}, & \forall t_j\in T_i\setminus\{t_0\} \\ 0, & \text{其他} \end{cases} \tag{5.5}$$

式中，$\left|C_j\right|$表示选择任务t_j的无人机数量；c_{ij}表示无人机i执行任务的成本；u_j表示任务t_j的价值。

式(5.5)表明，执行任务的无人机共享任务价值，无人机个体收益为获得的平均任务价值减去执行该任务所需的成本(如移动距离或燃料消耗)。此外，无人机只能从集合T_i的任务中获得收益，且空任务的收益为零。下面给出任务价值u_j的具体形式。

任务价值u_j是任务分配过程中的实际任务价值，它与任务原始价值v_j、任务需求无人机数量num_j以及选择该任务的无人机数量$\left|C_j\right|$相关，定义如式(5.6)所示：

$$u_j=\begin{cases} v_j\log_{\mathrm{num}_j}\left(\left|C_j\right|+\varepsilon\right), & \left|C_j\right|<L_j \\ v_j\log_{\mathrm{num}_j}\left(L_j+\varepsilon\right), & \left|C_j\right|\geqslant L_j \end{cases} \tag{5.6}$$

式中，v_j是已知的任务原始价值，其数值不随任务分配过程发生变化；L_j是任务t_j的无人机规模上限值；ε是一个较小的常数，用于避免出现任务价值等于零的情况。

3. 优化模型

根据上述约束条件和性能指标，建立多无人机静态任务分配问题的优化模型，如下所示：

$$\begin{aligned} \max J = & \sum_{i=1}^{n}\sum_{j=0}^{m} r_{ij}\left(t_j,\left|C_j\right|\right)a_{ij} \\ \text{s.t.}\ & a_{ij}=0, \quad \forall i\in N, \forall t_j\in T\setminus T_i \\ & \sum_{i=1}^{n} a_{ij}\geqslant \mathrm{num}_j, \quad \forall t_j\in T\setminus\{t_0\} \\ & \sum_{j=0}^{m} a_{ij}\leqslant 1, \quad \forall i\in N \\ & \sum_{i=1}^{n} a_{ij}\leqslant L_j, \quad \forall t_j\in T\setminus\{t_0\} \\ & a_{ij}\in\{0,1\}, \quad \forall i\in N, \forall t_j\in T \end{aligned} \tag{5.7}$$

该优化问题的目标是在满足任务类型、需求、数目关系与规模约束等约束条件下，为每个任务分配合适的无人机，最大化全局收益，该全局收益是所有无人机个体收益之和。

基于式(5.7)建立的多无人机静态任务分配的优化模型，设计基于联盟博弈的多无人机任务分配算法，建立联盟博弈模型并给出对应的求解策略。

5.1.3 基于联盟博弈的多无人机静态任务分配算法

针对上述任务分配问题，本节提出一种基于联盟博弈的多无人机静态任务分配算法。在该方法中，首先，将多无人机任务分配问题转化为博弈过程，建立任务分配的联盟博弈模型，明确其博弈要素；然后，设计无人机在博弈过程中的联盟切换规则并给出稳定解的形式；最后，给出求解算法的详细描述，包括基于最大加权匹配的领机确定和基于联盟博弈的任务选择与冲突消解两部分，实现多无人机的静态任务分配。

1. 任务分配问题的联盟博弈模型

利用联盟博弈解决无人机任务分配问题时，首先需要基于要解决的分配问题建立联盟博弈模型。联盟博弈模型包括两个要素，即需要形成联盟的参与者集合和联盟收益，用来定量描述联盟的价值。联盟收益的定义至关重要，它决定了联盟博弈的性质，与要解决的问题紧密相关。根据上面对联盟博弈的介绍，联盟博弈模型可以用 (N,u) 表示。下面给出无人机静态任务分配问题中参与者集合 N 和联盟收益 u 的具体定义。

(1) 参与者集合 N。将参与任务分配的 n 架无人机作为博弈的参与者，因此，在该任务分配问题对应的联盟博弈中，参与者集合即为无人机集合：

$$N=\{1,2,\cdots,n\} \tag{5.8}$$

(2) 联盟收益 u。联盟收益用于定量描述联盟质量。考虑 5.1.2 节中给出的约束条件和任务收益，设计博弈过程中的联盟收益。各任务对应的联盟收益为选择该任务的所有无人机的个体收益之和，即

$$u(C_j)=\sum_{k\in C_j} r_{kj}\left(t_j,\left|C_j\right|\right),\quad \forall k\in N \tag{5.9}$$

与非合作博弈中关注参与者的个体收益不同，联盟博弈更关注集体行为以及如何形成稳定的联盟结构，来最大化所有联盟的总收益。因此，联盟博弈模型中不包括个体参与者的动作，只有参与者集合和联盟收益两个要素。下面给出联盟博弈最终目标的数学表达：

$$\max_{C_1,C_2,\cdots,C_m}\ \sum_{j=1}^{m} u(C_j) \tag{5.10}$$

式中，$C_1, C_2, \cdots, C_m$ 为最终形成的各个联盟。

由式(5.10)可知，联盟博弈的目标与任务分配问题的目标一致，本节提出的联盟博弈算法，通过集体行为决策，不断优化联盟收益，求解稳定的联盟分区，最终形成的联盟结果即为多无人机的最优分配结果。

2. 切换规则与稳定联盟分区

1) 切换规则

在任务分配问题中，联盟表示选择同一任务的无人机形成的一个集体，共同分配任务合作得到联盟收益。假设每个联盟对应一个任务，每架无人机只能选择一个联盟，则分配过程将无人机划分为多个不相交的联盟，称为联盟分区。定义5.1 给出了任务分配问题中联盟分区的定义。

定义 5.1(联盟分区)　在任务分配问题的联盟博弈中，联盟分区定义为集合 $\Pi = \{C_0, C_1, \cdots, C_m\}$，其中 $C_j \subseteq N$，$j \in [0, m]$，表示无人机集群形成的第 j 个不相交的联盟，C_0 表示空任务对应的无人机集合。联盟分区 Π 中的所有联盟满足 $\bigcup_{j=0}^{m} C_j = N$ 以及 $C_j \cap C_{j'} = \varnothing$，$j \neq j'$。

在博弈过程中，将每架无人机初始化为选择空任务，并将此时的联盟分区作为初始联盟分区。在获得初始联盟分区后，无人机通过离开当前联盟，加入一个新联盟，同时使无人机的个体收益和联盟收益发生变化，这种无人机更改联盟的行为称为切换操作。无人机在执行切换操作时遵循一定的切换规则，这种规则基于无人机对联盟的偏好来制定，也称为偏好关系。

定义 5.2(偏好关系)　对于任意参与者 $i \in N$，偏好关系 $\succeq_i$ 定义为参与者 i 在联盟分区 Π 的任意两个联盟中，选择加入某一个联盟的意愿。

在博弈过程中，每个参与者的策略是其联盟选择，会根据偏好关系加入或离开联盟。例如，对每架无人机 i，给定两个联盟 C_1 和 C_2，如果对这两个联盟的偏好关系为 $C_1 \succeq_i C_2$，表示相较于联盟 C_2，无人机 i 更倾向于加入联盟 C_1，或者至少对加入两个联盟具有相同的意愿。$C_1 \succ_i C_2$ 表示无人机 i 对 C_1 的严格偏好。

根据设计的无人机收益函数，与文献[1]中采用的基于无人机自身收益的偏好关系不同，我们将联盟的总收益作为偏好关系，即对于无人机 i，给定任意两个联盟 C_1 和 C_2，有

$$
\begin{aligned}
C_1 \succ_i C_2 \Leftrightarrow & \sum_{k \in C_1} r_k\left(t_1, |C_1|\right) + \sum_{k \in C_2 \setminus \{i\}} r_k\left(t_2, |C_2 \setminus \{i\}|\right) \\
& > \sum_{k \in C_1 \setminus \{i\}} r_k\left(t_1, |C_1 \setminus \{i\}|\right) + \sum_{k \in C_2} r_k\left(t_2, |C_2|\right)
\end{aligned} \tag{5.11}
$$

式中，$\Leftrightarrow$ 表示等价关系；$C_1 \setminus \{i\}$ 表示无人机 i 离开联盟 C_1。

上述偏好关系表明，无人机在选择联盟时，不仅要考虑自身，还要考虑其联盟成员的整体收益。基于上述偏好关系，我们给出无人机在联盟形成过程中所遵循的切换规则。

定义 5.3(切换规则)　给定当前分区结果 $\Pi = \{C_0, C_1, \cdots, C_m\}$，当且仅当满足 $C_{j'} \cup \{i\} \succeq_i C_j$ 时，无人机 i 从联盟 C_j 离开，加入新联盟 $C_{j'}$。这时，联盟分区结果更新为 $\Pi' = \left(\Pi \setminus \{C_j, C_{j'}\}\right) \cup \left\{C_j \setminus \{i\}, C_{j'} \cup \{i\}\right\}$。

上述切换规则表明，根据定义的偏好关系，如果存在切换的可能性，无人机会从旧联盟离开，加入新联盟，同时提高旧联盟与新联盟的总收益之和。

2) 稳定联盟分区的定义

联盟形成博弈的目的是形成稳定的联盟结构，为了达到最终的稳定状态，无人机会不断在联盟之间进行切换，提高系统的整体收益。基于定义 5.2 中对偏好关系的定义，下面给出联盟博弈中纳什稳定的联盟分区的定义，如定义 5.4 所示。令 Π 表示当前联盟分区结果，$\Pi(i)$ 表示第 i 架无人机选择的任务，$C_{\Pi(i)}$ 表示第 i 架无人机所属联盟。

定义 5.4(纳什稳定的联盟分区)　如果所有无人机 $i \in N$ 都偏好于当前联盟，无法通过单方面改变联盟选择来提高收益，即满足 $C_{\Pi(i)} \succeq_i C_j \cup \{i\}$，$\forall i \in N, j \in [0, m]$，则此时的联盟分区 Π 是纳什稳定的，该联盟分区为联盟形成博弈获得的稳定联盟结构，即为博弈的解。

由定义 5.4 可以看出，纳什稳定的联盟分区意味着没有无人机可以单方面偏离当前联盟，即从单架无人机的角度看，无法通过切换操作增加所有联盟的总收益。由于联盟博弈的目标与任务分配问题的目标一致，所以此时获得的稳定联盟分区即为任务分配问题的解。

3. 求解策略

为了获得稳定的联盟分区，求解策略分为两个阶段。第一，基于最大加权匹配确定各个任务对应的领机；第二，除领机外的无人机根据定义的偏好关系与切换规则，选择需要执行的任务(联盟)，之后各领机进行冲突消解，处理超出规模限制的任务选择结果，该阶段不断迭代，直至收敛，最终得到纳什稳定的联盟分区，作为任务分配问题的解。求解策略的整体流程图如图 5.1 所示。

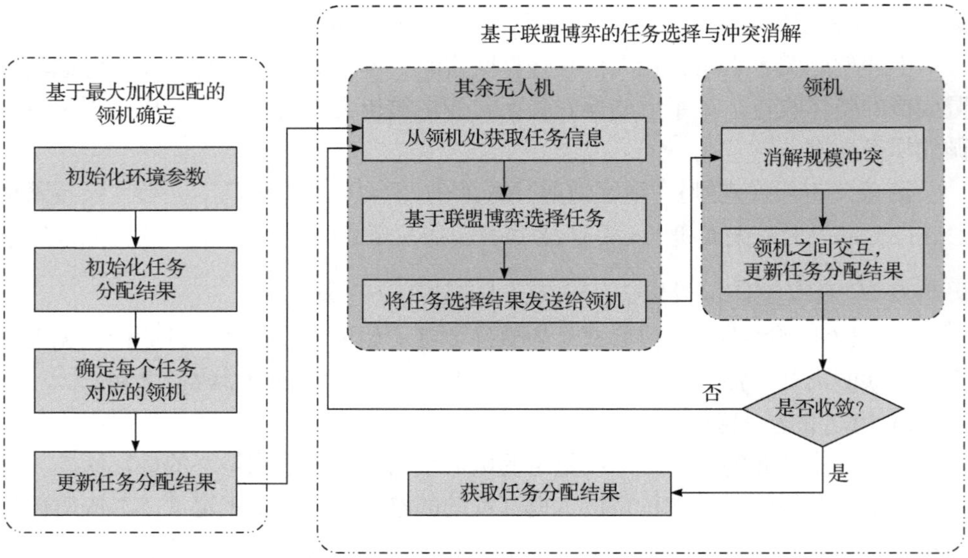

图 5.1　基于联盟博弈的分布式无人机集群任务分配整体求解流程图

1) 基于最大加权匹配的领机确定

首先，所有无人机选择空任务，完成任务分配结果的初始化，然后基于最大加权匹配算法为每个任务确定对应的领机，如算法 5.1 所示。领机的作用在于保存任务信息，包括任务位置、类型、需求等，以及保存在每轮迭代中选择该任务的无人机编号、收益与成本，并在下一个阶段中进行冲突消解操作。每架无人机可以与领机进行交互获得这些信息，并进行任务选择。领机之间可以通过交互获得其他领机保存的任务分配结果。

算法 5.1　基于最大加权匹配的领机确定

输入： 无人机集合 N 、任务集合 T 。

输出： 所有任务对应的领机集合 LE 。

根据无人机单独执行任务的收益，建立收益矩阵 M ；初始化领机集合 LE 、未匹配无人机集合 N_u 和未匹配任务集合 T_u ；

$\mathrm{LE} \leftarrow \varnothing$ ；

$N_u \leftarrow N$ ；

$T_u \leftarrow T \setminus \{t_0\}$ ；

for $T_u \neq \varnothing$ ：　　//仍有任务未确定领机

　　for　每个任务 $t_j \in T_u$ ：

　　　　$i^* \leftarrow \mathrm{fm}(t_j, M)$ ；　　//找收益最大的无人机

8: if $\text{fm}(i^*, M) = t_j$: //无人机与任务相互匹配
9: $\text{LE} = \text{LE} \cup \{i^*\}$; //更新 LE 、N_u 和 T_u
10: $N_u = N_u \setminus \{i^*\}$;
11: $T_u = T_u \setminus \{t_j\}$;
12: end if
13: end for
14: end for

下面给出算法 5.1 的具体描述。

(1) 初始化任务分配结果，所有无人机选择空任务，即联盟分区结果为

$$\Pi = \left\{C_0 = N, C_j = \varnothing, \forall t_j \in T \setminus \{t_0\}\right\}$$

(2) 根据设计的无人机收益函数，计算每架无人机单独执行任务的收益，并建立收益矩阵 M ，初始化领机集合 LE 。

(3) 判断 LE 中是否包含所有任务的领机，若每个任务都有对应的领机，则停止该阶段，进入无人机任务选择阶段，否则执行步骤(4)。

(4) 对每个任务 $t_j \in T_u$ (即 M 中的每列)，找到该列中收益值最大的行所对应的无人机，同时，确定该无人机的最优任务，如果无人机与任务彼此匹配，便将该无人机添加到 LE 中(算法 5.1 中第 6～9 行)。对每个任务依次执行上述操作后，将添加进 LE 中的无人机及其对应的任务从矩阵中删去，更新收益矩阵(算法 5.1 中第 10、11 行)。然后，返回步骤(3)。

在上述步骤中，会为每个任务精确地匹配一架无人机作为其领机，收益相当于匹配过程中的权值，此算法称为最大加权匹配算法。

2) 基于联盟博弈的任务选择与冲突消解

基于最大加权匹配找到每个任务的领机后，将包含领机的结果作为初始任务分配结果，除领机外的所有无人机初始化选择为空任务，然后基于偏好关系进行联盟的切换操作，不断优化联盟收益，直到获得稳定的任务分配结果。由于无人机同时做出决策，可能会造成集中选择某些任务的情况。为了解决此问题，引入冲突消解阶段，通过领机对无人机的任务选择结果进行处理，保证选择的无人机数量与需求数适配。基于联盟博弈的任务选择与冲突消解过程如算法 5.2 所示。

算法 5.2　基于联盟博弈的任务选择与冲突消解

输入： 任务信息 $\langle t_j, \text{Pt}_j, \text{task\_type}_j, \text{num}_j, v_j \rangle$ 、无人机信息 $\langle i, \text{Pu}_i, \text{uav\_type}_i \rangle$ 、领机集合 LE 、任务需求上限值 L_j 。

输出：稳定联盟分区 Π ，即任务分配结果。

1: 初始化联盟分区结果，每个联盟中包括指定的任务领机，其余所有无人机都加入空任务联盟 C_0 ， τ 表示迭代次数， $\Pi[\tau]$ 表示第 τ 轮迭代后的联盟分区结果。

2: for 第 τ 轮迭代，若算法未满足收敛条件：

3: $\Pi[\tau] \leftarrow \Pi[\tau-1]$ ；　　//获取上一轮迭代分配结果

4: $C'_j \leftarrow C_j, \forall t_j \in T$ ；

//任务选择阶段

5: for 除领机外的每架无人机 $i \in N \setminus \mathrm{LE}$ ：

6: 从领机中获取当前联盟信息 $\Pi[\tau]$ ；

7: for 每个任务 $t_j \in T$ ：

8: 计算执行任务获得的收益 $r_{ij}\left(t_j, |C_j|\right)$ 与联盟总收益，基于偏好关系确定最佳任务，根据切换规则执行切换操作；

9: end for

10: end for

11: 每架无人机将自己的任务选择发送给对应的领机，领机更新分区结果 C'_j ；

//冲突消解阶段

12: for 每架领机 $i \in \mathrm{LE}$ ：

13: if $|C'_j| > L_j$ ：　　//超过上限值

14: 将 C'_j 中的无人机根据成本从小到大进行排序， $C^*_j \leftarrow \varnothing$ ；

15: for 每架无人机 $k \in C'_j$ ：

16: if 无人机 k 的索引小于 L_j ：

17: $C^*_j = C^*_j \cup \{k\}$ ；　　//选择无人机

18: else

19: $C'_0 = C'_0 \cup \{k\}$ ；　　//将无人机划分到空任务

20: end if

21: end for

22: 将 C^*_j 和 C'_0 更新至任务分区结果 $\Pi[\tau]$ ；

23: else

将 C_j' 更新至任务分区结果 $\Pi[\tau]$；

end if

end for

判断是否达到收敛条件，若未收敛，继续进行下一轮迭代，若收敛，算法结束，获得联盟分区结果，即为任务分配结果。

end for

算法 5.2 的具体步骤如下。

(1) 初始化联盟分区结果，即包含各个任务领机的结果，其余无人机都加入空任务联盟 C_0。领机内保存任务信息，包括任务类型、任务需求、任务位置，以及在后续分配过程中的任务总收益与任务总成本。

(2) 任务选择阶段：在每次迭代中，首先，每架无人机从领机处获得上一轮迭代的分配结果 $\Pi[\tau-1]$，包括选择各任务的无人机数量、对应的任务总收益及成本；然后，计算如果该无人机从当前联盟切换至任意一个可选联盟时，切换前后联盟总收益的变化情况，从中选择使收益增加且数值最大的任务进行切换，或者保留在当前联盟；最后，将任务选择结果发送给对应任务的领机。

(3) 冲突消解阶段：领机在获得所有无人机的选择结果后，比较需求上限值与本轮选择该任务的无人机数量。如果选择该任务的无人机数大于上限值，即 $|C_j'| > L_j$，则根据执行任务的成本从小到大对这些无人机进行排序，并选择对应数量的无人机，将超出上限的无人机的任务选择改为空任务，完成冲突消解过程；如果 $|C_j'| \leqslant L_j$，则直接将 C_j' 更新至联盟分区结果。将处理后的分区结果与其他领机共享，获得本轮迭代的联盟分区结果。

(4) 判断算法是否达到收敛条件，如果联盟分区结果没有发生变化，认为算法收敛，算法运行结束；否则，返回步骤(2)。

任务分配过程在任务选择与冲突消解两个阶段中不断迭代，直到联盟分区收敛到一个纳什稳定分区，即没有无人机想要脱离当前联盟，通过单方面地改变任务选择来增加联盟的整体收益，此时算法收敛，停止迭代过程，获得的联盟分区即为该任务分配问题的解。

5.1.4　仿真验证

1. 仿真环境

在 Windows 10 操作系统中，采用 Python 编程语言实现了上述任务分配算法及仿真实验。测试过程在一台配备 Intel(R) Core i5-2450M 2.5GHz CPU 和 8GB 内存的计算机上进行。

2. 场景设置

m 个任务和 n 架无人机依次均匀随机地分布在 1000m×1000m 和 250m×250m 的区域内。任务价值 v_j 是在[80,100]上的随机数，无人机需求数的设置要保证每一类任务总的无人机需求数不大于该类无人机的数量，且总需求数不大于无人机总数。具体场景与分配结果如下。

3. 典型任务场景的仿真结果

1) 仿真参数

针对大规模无人机对多个任务的协同执行，假设存在 12 个已知任务，任务相关参数如表 5.1 所示，包括任务编号、任务类型、任务价值和任务需求的无人机数，其中假设任务的无人机规模上限值 L_j 等于需求的无人机数 num_j；存在 100 架无人机，分为两类，其中 1～50 号为固定翼无人机，能够执行通信中继和信息收集任务，51～100 号为四旋翼无人机，可以执行信息收集与搜索救援任务。无人机根据任务需求自主进行任务的分配，没有分配到任务的无人机则选择待命。

表 5.1 仿真任务相关参数设置

任务编号	任务类型	任务价值 v_j	需求无人机数 num_j
1	通信中继 1	94	7
2	通信中继 2	96	5
3	通信中继 3	88	5
4	通信中继 4	95	7
5	信息收集 1	92	8
6	信息收集 2	90	8
7	信息收集 3	83	10
8	信息收集 4	86	10
9	搜索救援 1	96	5
10	搜索救援 2	82	5
11	搜索救援 3	86	10
12	搜索救援 4	88	10

2) 仿真结果

为了验证任务分配算法的有效性，基于上述仿真参数设置，得到任务分配结果如表 5.2 所示。从分配结果可以看出，每个任务分配到的无人机类型与数量都满足任务需求，且没有无人机资源浪费的情况，即除 10 架无人机选择待命任务之外，其余无人机所分配到的任务都与其类型对应，并且满足规模约束的要求。

表 5.2　任务分配结果

任务编号	任务类型	无人机编号	分配架数	平均收益
1	通信中继 1	[5, 7, 9, 11, 13, 18, 19]	7/7	11.83
2	通信中继 2	[3, 12, 27, 32, 36]	5/5	18.20
3	通信中继 3	[24, 26, 35, 40, 41]	5/5	16.41
4	通信中继 4	[6, 8, 20, 28, 33, 43, 50]	7/7	12.41
5	信息收集 1	[14, 45, 58, 67, 72, 74, 75, 82]	8/8	9.69
6	信息收集 2	[16, 21, 56, 60, 66, 77, 90, 95]	8/8	9.73
7	信息收集 3	[1, 10, 22, 30, 34, 42, 46, 47, 84, 91]	10/10	7.33
8	信息收集 4	[2, 4, 15, 17, 23, 44, 48, 81, 88, 99]	10/10	6.54
9	搜索救援 1	[54, 71, 76, 80, 96]	5/5	16.10
10	搜索救援 2	[52, 53, 61, 70, 97]	5/5	18.07
11	搜索救援 3	[55, 57, 68, 69, 78, 83, 86, 87, 92, 94]	10/10	6.55
12	搜索救援 4	[51, 59, 62, 63, 64, 65, 73, 79, 85, 89]	10/10	7.21
待命		[25, 29, 31, 37, 38, 39, 49, 93, 98, 100]	10	

4. 算法性能评估

为了验证本节所提算法在不同规模的无人机与任务下的收敛性，进行 100 次蒙特卡罗仿真，仿真参数分别为固定任务数量 $m=15$，无人机数量 $n\in\{80,100,120,140,160,180,200\}$，以及固定无人机数量 $n=100$，任务数量 $m\in\{4,8,12,16,20\}$。图 5.2 与图 5.3 显示了使用箱线图的统计结果。仿真结果表明，随着无人机集群规模的扩大，需要更多迭代实现收敛，这是因为博弈的参与者增多，需要更多迭代才能收敛到纳什稳定的联盟分区。此外，随着任务数量的增加，迭代次数增加，这是因为任务数量的增加使得无人机可选任务增多，任务分配结果调整次数增加。同时，随着无人机数量与任务数量的增多，本节所提算法仍然能够在有限的迭代次数内实现收敛，完成任务分配，验证了算法的可扩展性。

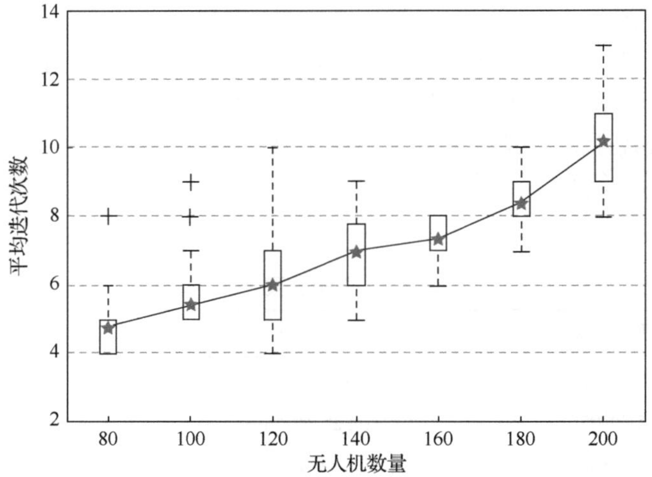

图 5.2　不同无人机规模下的收敛性

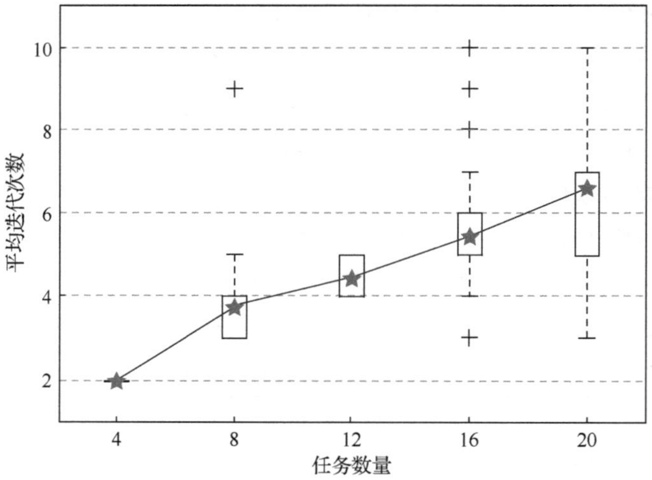

图 5.3　不同任务规模下的收敛性

文献[1]中提出一种群组代理分区与事件搁置(group agent partitioning and placing event, GRAPE)算法。为了验证本节所提算法的性能，针对无人机任务分配问题，比较两种算法的平均无人机收益，其中无人机数量 $n \in \{80,85,90,95,100\}$，总需求数固定为 80，100 次蒙特卡罗仿真结果如图 5.4 所示。当无人机总数与需求数相等时，两种算法的无人机收益基本相等，而当无人机数量有冗余时，由于 GRAPE 算法可扩展性受限，无人机平均收益要小于本节所提算法。而本节所提算法的无人机收益基本保持不变，且无人机数量越多，两者的差值越大。

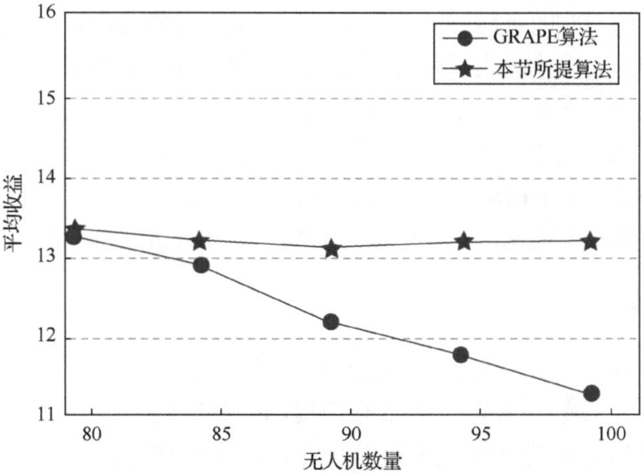

图 5.4　GRAPE 算法与本节所提算法的平均收益比较

此外，本节所提算法与文献[2]中的 MinKP 算法一样，都是在分配过程中考虑了联盟规模的限制，基于上述场景设置，仅比较两种算法的运行时间，其中任务数量$m=15$，无人机数量$n\in\{80,100,120,140,160,180,200\}$，有 10%的无人机选择空任务待命。图 5.5 给出两种算法运行时间的统计结果。仿真结果表明，随着无人机规模的扩大，两种算法的运行时间均呈线性增加，需要更长时间收敛。对于不同无人机数量的任务分配，本节所提算法的求解时间均要短于 MinKP 算法，且满足任务分配的实时性要求。

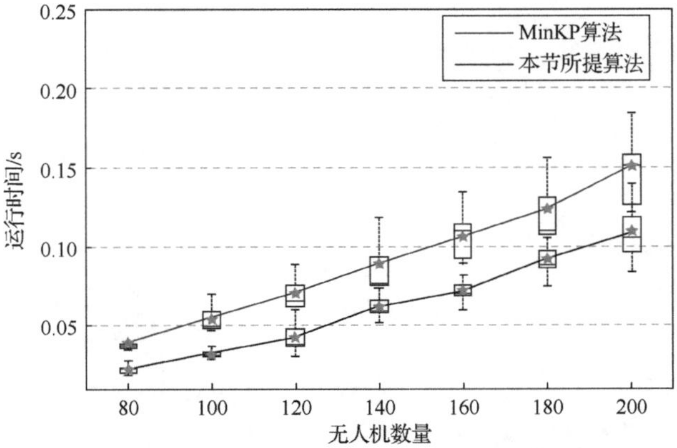

图 5.5　MinKP 算法与本节所提算法的运行时间比较

5.2　基于请求-应答策略的多无人机动态任务分配

5.1 节针对确定的静态任务或目标展开了多无人机的任务分配，而在无人机执行任务过程中，区域内会产生新的需求或新的随机任务，如新增观测目标或无人机网络拓扑发生变化等情形，此时则需要展开多无人机的动态任务分配，实现任务分配结果的动态调整。现有的集中式无人机集群任务分配算法，如仿生物群体算法、遗传算法、粒子群优化算法等，随着待分配无人机架数的增多，其优化求解过程耗费的时间也会大大增加，不能满足在线动态任务分配的实时性要求。因此，针对多无人机动态任务分配问题，本节提出基于请求-应答策略的多无人机动态任务分配算法，能够达到更好的无人机利用效率及分配速度，实现动态环境下的无人机集群资源的快速调整。

5.2.1　任务场景

假设在某个区域内，存在 K 个初始任务目标，包括对抗任务、围捕任务、探索任务和通信中继任务等，首先采用 5.1 节提出的联盟博弈算法对其进行初始任务分配，每个任务都被相适应的多无人机执行并且任务间相互独立。随着时间推移，部分任务被完成后对应的无人机会进行闲置。然而，在动态变化的环境中，区域内会产生新的任务需求，此时则需要对该区域内的无人机进行重新分配，使之同时满足原始及新增任务需求，如图 5.6 所示。图中红色无人机为请求无人机，它在发现新任务后根据任务需求确定请求对象并发送任务信息；紫色无人机为应答无人机，它在接收到请求无人机的任务请求后，综合考虑新任务和现有任务的重要程度、紧急程度及自身与新任务之间的距离等因素，答复请求无人机是否参与执行该新任务；请求无人机则根据应答信息，选择任务需求适应度高且距离较近的无人机执行新增任务。

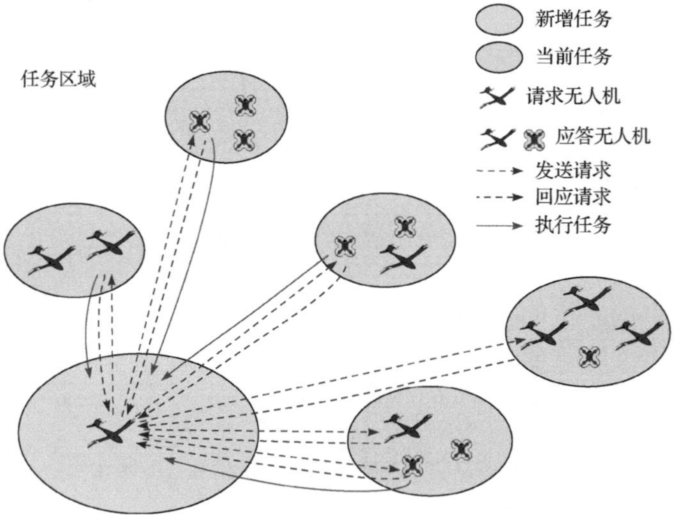

图 5.6　动态环境中任务分配问题示意图

5.2.2　问题描述

本节对多无人机动态任务分配问题进行数学描述，包括定义变量、约束条件、优化目标和优化模型四部分。

1. 定义变量

定义 $\text{Task}_{\text{initial}}=\{T_1,T_2,\cdots,T_j\}$ 为区域内初始任务目标，其中 T_j 表示该区域内第 j 个任务并被无人机群 $\text{UAV}_{\text{set}}^{j}$ 执行。不同的任务对应的任务属性不同，以任务目标 T_j 为例，$\{\text{att}(T_j),\text{rec}(T_j),\text{jam}(T_j),\text{com}(T_j)\}$ 分别表示完成任务目标 T_j 所需的总打击能力、总侦察能力、总抗干扰能力和总通信能力。定义 T_{new} 为在该区域内新增任务目标，需要注意的是，在复杂不确定动态博弈环境中，新增任务的重要程度、紧急程度、任务位置和任务需求都是随机的。

定义 $\{U^1,U^2,\cdots,U^P\}$ 为该区域内共有 P 种类型的无人机，每种类型无人机都是由 i 架同类型的无人机组成，即 $U^p=\{u_1^p,u_2^p,\cdots,u_i^p\}$, p=1,2,…,P 。每种类型的无人机都具备不同的能力属性，$\{\text{att}(U^p),\text{rec}(U^p),\text{jam}(U^p),\text{com}(U^p)\}$ 分别表示第 p 类无人机的打击能力、侦察能力、抗干扰能力及通信能力，多无人机能力的不同增加了任务分配的复杂性。在动态环境中需求发生变化或新生成任务 T_{new} 后，定义请求无人机为 u_{prop} ，收到请求后的应答无人机为 $\{u_{r\_1},u_{r\_2},\cdots,u_{r\_k}\}$ ，应答回复为 $\{a_{r\_1},a_{r\_2},\cdots,a_{r\_k}\}$ ，其中 $a_{r\_k}=0$ 或 1 ，0 表示第 k 架应答无人机不同意执行该新任务，1 表示第 k 架应答无人机同意执行该新任务。

2. 约束条件

多无人机的动态任务分配问题中涉及的约束条件包括动态任务需求约束和资源冗余约束。其中，动态任务需求约束是指动态无人机要在满足现有任务需求的基础上，满足动态任务约束；资源冗余约束是指参与动态任务的无人机冗余资源小于设定阈值。

1) 动态任务需求约束

在满足现有任务需求外，执行新增任务的多无人机总打击能力、总侦察能力、总抗干扰能力及总通信能力均需满足动态任务需求，即

$$\begin{cases}\sum\limits_{i=1}^{M}\text{att}(u_i^p)>\text{att}(T_{\text{new}})\\ \sum\limits_{i=1}^{M}\text{rec}(u_i^p)>\text{rec}(T_{\text{new}})\\ \sum\limits_{i=1}^{M}\text{jam}(u_i^p)>\text{jam}(T_{\text{new}})\\ \sum\limits_{i=1}^{M}\text{com}(u_i^p)>\text{com}(T_{\text{new}})\end{cases}\tag{5.12}$$

式中，M 表示参与动态任务的无人机数量。

2) 资源冗余约束

在此基础上，考虑到区域内的无人机总数是不变的，可以执行任务的无人机资源是有限的，为了防止执行新增任务无人机产生数量冗余的情况，针对区域内的新增任务，无人机的各项能力总和与任务总需求的差值要小于一个阈值，即

$$\begin{aligned}&\left(\left(\sum_{i=1}^{M}\mathrm{att}\left(u_i^p\right)-\mathrm{att}\left(T_{\mathrm{new}}\right)\right)^2+\left(\sum_{i=1}^{M}\mathrm{jam}\left(u_i^p\right)-\mathrm{jam}\left(T_{\mathrm{new}}\right)\right)^{1/2}\right.\\&\left.+\left(\sum_{i=1}^{M}\mathrm{rec}\left(u_i^p\right)-\mathrm{rec}\left(T_{\mathrm{new}}\right)\right)^2+\left(\sum_{i=1}^{M}\mathrm{com}\left(u_i^p\right)-\mathrm{com}\left(T_{\mathrm{new}}\right)\right)^2\right)^{1/2}\leqslant \mathrm{Th}\end{aligned} \tag{5.13}$$

式中，Th 为定义的阈值，具体值需要依照任务的具体需求设定。

3. 优化目标

为了避免无人机在飞往任务目标过程中耗费过多的燃料，希望参与执行新增任务的无人机与任务目标的距离尽量小，因此建立如式(5.14)所示性能指标函数：

$$\max\sum_{i=1}^{M}-\mathrm{dis}(u_i^p,T_{\mathrm{new}}) \tag{5.14}$$

式中，M 表示参与新增任务的无人机数量；$\mathrm{dis}(u_i^p,T_{\mathrm{new}})$ 表示第 i 架 p 类型的无人机与新增任务之间的距离。

4. 优化模型

根据上述约束条件和性能指标，建立多无人机动态任务分配问题的优化模型，如下所示：

$$\begin{aligned}&\max\sum_{i=1}^{M}-\mathrm{dis}(u_i^p,T_{\mathrm{new}})\\&\text{s.t.}\sum_{i=1}^{M}\mathrm{att}(u_i^p)>\mathrm{att}(T_{\mathrm{new}})\\&\quad\sum_{i=1}^{M}\mathrm{rec}(u_i^p)>\mathrm{rec}(T_{\mathrm{new}})\\&\quad\sum_{i=1}^{M}\mathrm{jam}(u_i^p)>\mathrm{jam}(T_{\mathrm{new}})\\&\quad\sum_{i=1}^{M}\mathrm{com}(u_i^p)>\mathrm{com}(T_{\mathrm{new}})\end{aligned} \tag{5.15}$$

$$\left(\left(\sum_{i=1}^{M}\mathrm{att}\left(u_i^p\right)-\mathrm{att}\left(T_{\mathrm{new}}\right)\right)^2+\left(\sum_{i=1}^{M}\mathrm{jam}\left(u_i^p\right)-\mathrm{jam}\left(T_{\mathrm{new}}\right)\right)^{1/2}\right.$$

$$\left.+\left(\sum_{i=1}^{M}\mathrm{rec}\left(u_i^p\right)-\mathrm{rec}\left(T_{\mathrm{new}}\right)\right)^2+\left(\sum_{i=1}^{M}\mathrm{com}\left(u_i^p\right)-\mathrm{com}\left(T_{\mathrm{new}}\right)\right)^2\right)^{1/2}\leqslant \mathrm{Th}$$

该优化问题的目标是在满足动态任务所需的多无人机的总打击能力、总侦察能力、总抗干扰能力及总通信能力等约束条件下，为新增任务分配最合适的无人机，以最小的成本满足动态任务需求。

5.2.3　基于请求-应答策略的多无人机动态任务分配算法

根据式(5.12)～式(5.14)描述的动态环境下面向区域内新增任务的多约束优化问题，提出一种基于请求-应答策略的多无人机动态任务分配算法，如图 5.7 所示，将区域内的无人机分为请求无人机和应答无人机，两者之间的交互过程如下：当区域内当前任务需求发生变化或者产生新任务后，请求无人机根据新任务需求向区域内应答无人机发送任务请求；应答无人机接收到请求后，考虑自身是否处于闲置状态、当前任务与被请求任务的重要程度及针对新任务的执行能力等因素给予请求无人机反馈；请求无人机接收到反馈后，从同意执行该新任务的应答无人机中选择距离较短、效率较高的无人机执行任务，避免产生资源浪费。

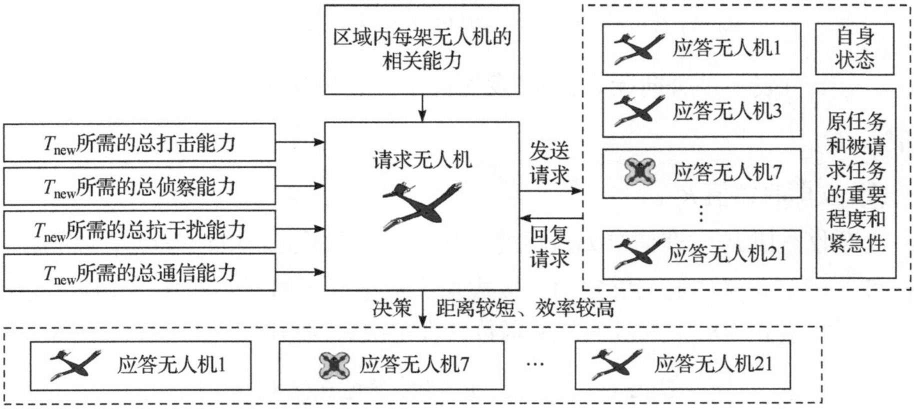

图 5.7　基于请求-应答策略的多无人机动态任务分配过程

1. 博弈建模

为了利用强化学习的更新迭代自学习的能力，将式(5.12)～式(5.14)中描述的问题归纳为随机博弈模型，也称为马尔可夫决策过程(Markov decision process，MDP)；其次根据任务目标建立奖惩函数，确定每架无人机单步决策收益值。

首先对组成随机博弈模型的要素进行阐述，然后根据式(5.12)～式(5.14)描述的动态环境分布式任务分配问题，分别建立请求无人机与新增任务目标交互的动态随机博弈模型及应答无人机与任务交互的随机博弈模型。

1) 请求无人机与新增任务目标交互的动态随机博弈模型建立

根据式(5.12)～式(5.14)描述的分配问题，建立请求无人机与新增任务目标交互的随机博弈模型 $M_q=\{S_q,A_q,R_q,\gamma_q,P_q\}$ ，为了便于表示，采用 q 作为请求无人机变量的下标，随机博弈模型组成要素含义如下。

(1) 状态集 S_q 。

根据新增任务的需求及区域内无人机能力，将任务需要的总打击、总侦察、总抗干扰和总通信需求，各无人机的打击能力、侦察能力、抗干扰能力及通信能力作为请求无人机的状态 s_q ，即

$$
\begin{aligned}
s_q=&\Big(\big(\operatorname{att}(T_{\text{new}}),\operatorname{rec}(T_{\text{new}}),\operatorname{jam}(T_{\text{new}}),\operatorname{com}(T_{\text{new}})\big),\\
&\big(\operatorname{att}(u_i^p),\operatorname{rec}(u_i^p),\operatorname{jam}(u_i^p),\operatorname{com}(u_i^p)\big)\Big)\in S_q
\end{aligned}
\tag{5.16}
$$

值得注意的是，新增任务的需求是随机产生的。

(2) 动作集 A_q 。

将是否向区域内无人机 u_i^p 发送请求作为动作 a_q ，即

$$
a_q=\left\{q\left(u_1^p\right),q\left(u_2^p\right),\cdots,q\left(u_i^p\right)\right\}\in A_q,\quad p=1,2,\cdots,P \tag{5.17}
$$

式中， $q\left(u_i^p\right)$ 表示是否向无人机 u_i^p 发送请求，若发送请求，则 $q\left(u_i^p\right)=1$ ，反之 $q\left(u_i^p\right)=0$ 。

(3) 立即收益值 R_q 。

立即收益值 R_q ，即请求无人机的奖惩机制。为了让新增任务更好地完成，考虑任务的约束条件(5.12)和(5.13)，以成功完成多无人机任务分配(5.14)为优化目标，基于此建立请求无人机的奖惩函数，设定决策回报收益值，如式(5.18)所示：

$$
R_q=\begin{cases} r_q-\vartheta_q\operatorname{dis}(u_i^p,T_{\text{new}}), & u_i^p\text{同时满足式(5.11)和式(5.12)}\\ -r_q, & \text{其他}\end{cases} \tag{5.18}
$$

式中， r_q 是根据专家经验设定的奖励数值，第一行的含义为请求无人机选择的应答无人机分配结果合理且更偏好让与新任务距离较近的应答无人机执行任务； ϑ_q 为正则因子，保证 $r>\vartheta\operatorname{dis}(u_i^p,T_{\text{new}})$ (即使无人机与新任务之间距离比较远，也需要保证任务的完成)，第二行表示发送请求的无人机不满足任务需求。

(4) 折扣因子γ_q。

折扣因子γ_q表示当前决策动作获得的收益对累计回报收益值的重要程度，$0<\gamma_q<1$。$\gamma_q=0$，意味着只考虑当前决策动作获得的回报收益而不考虑未来回报收益，$\gamma_q=1$，意味着未来回报收益和当前决策动作获得的回报收益重要程度相同。因为任务分配问题更需要体现单步决策的精准性，所以这里选取折扣因子$\gamma_q=0.1$。

(5) 状态转移概率P_q。

针对面向新增任务的多无人机任务分配问题，将应答无人机期望任务完成效率$\widehat{\mathrm{efi}}\left(u_i^p|T_{\mathrm{new}}\right)$之和作为请求无人机与新增任务之间交互环境的状态转移概率P_q：

$$P_q=\sum_i \widehat{\mathrm{efi}}\left(u_i^p|T_{\mathrm{new}}\right) \tag{5.19}$$

由于动态博弈环境存在不确定性，无人机实际任务完成效率与预期任务完成效率之间会有偏差，本节假设预期任务完成效率服从以经验为样本的实际任务完成效率的均值分布。

2) 应答无人机与任务交互的随机博弈模型建立

收到请求的无人机，需要根据两个任务之间的重要程度以及自身的各项能力，决策是否同意执行该新任务。为了更直观地描述，下面以第 1 架应答无人机u_1为例，建立应答无人机与任务交互的动态随机博弈模型$M_r=\{S_r,A_r,R_r,\gamma_r,P_r\}$，为了便于表示，采用$r$作为应答无人机的变量的下标。

(1) 状态集S_r。

假设其当前正在执行第 2 个任务T_2。将完成新增任务T_{new}所需要的总打击、总侦察、总抗干扰和总通信需求，完成当前任务T_2所需要的总打击、总侦察、总抗干扰和总通信需求，两个任务的重要程度，自身的打击能力、侦察能力、抗干扰能力及通信能力作为应答无人机的状态s_r，即

$$\begin{aligned}s_r=&\Big(\big(\mathrm{att}(T_{\mathrm{new}}),\mathrm{rec}(T_{\mathrm{new}}),\mathrm{jam}(T_{\mathrm{new}}),\mathrm{com}(T_{\mathrm{new}})\big),\\&\big(\mathrm{att}(T_2),\mathrm{rec}(T_2),\mathrm{jam}(T_2),\mathrm{com}(T_2)\big),\mathrm{Imp}_{\mathrm{new}},\mathrm{Imp}_2,\\&\big(\mathrm{att}(u_1),\mathrm{rec}(u_1),\mathrm{jam}(u_1),\mathrm{com}(u_1)\big)\Big)\in S_r\end{aligned} \tag{5.20}$$

式中，$\mathrm{Imp}_{\mathrm{new}}$、$\mathrm{Imp}_2$分别表示新增任务与当前任务的重要程度。

(2) 动作集A_r

将是否参与执行新增任务作为动作a_r，即

$$a_r=0\text{或}1,\quad a_r\in A_r \tag{5.21}$$

式中，0 表示不同意执行该新增任务 T_{new}，反之为1。

(3) 立即收益值 R_r。

立即收益值 R_r，即应答无人机的奖惩机制。为了让应答无人机更好地决策是否执行新增任务，考虑任务的约束条件(5.12)和(5.13)，以成功完成多无人机任务分配(即式(5.14))为优化目标，基于此建立应答无人机的奖惩机制，设定单步回报收益值：

$$R_r = \begin{cases} r_r - \vartheta_{r1}\text{dis}(u_i^p, T_{\text{new}}), & u_i^p\text{同时满足式}(5.12)\text{和式}(5.13) \\ -r_r, & \text{其他} \end{cases} \tag{5.22}$$

$$r_r = \vartheta_{r2}\left(\text{Imp}_{\text{new}} - \text{Imp}_2\right)$$

式中，ϑ_{r1} 和 ϑ_{r2} 为正则因子；r_r 表示新增任务与当前任务重要程度之间的差值。等式右边第一行表示如果同时满足式(5.12)和式(5.13)，那么新增任务比当前任务的重要程度更高且距离更近，则无人机获得的回报收益更大。

(4) 折扣因子 γ_r。

与请求无人机类似，这里设定折扣因子为 γ_r=0.1。

(5) 状态转移概率 P_r。

将应答无人机实际完成新增任务和当前任务的效率 $\left(\text{efi}\left(u_1|T_{\text{new}}\right), \text{efi}\left(u_1|T_2\right)\right)$ 作为状态转移概率 P_r，即

$$P_r = \left(\text{efi}\left(u_1|T_{\text{new}}\right), \text{efi}\left(u_1|T_2\right)\right) \tag{5.23}$$

如果应答无人机同意执行新增任务，那么将会离开当前任务，因此对于两个任务目标来说，状态转移概率 P_r 是一种相斥关系。

2. 迭代学习

根据上述建立的随机博弈模型和经验数据库，分别借鉴深度确定性策略梯度(deep deterministic policy gradient，DDPG)和 DQN 的学习机制建立请求无人机网络与应答无人机网络。通过与仿真环境之间的交互，获得立即收益，并将交互产生的数据统一格式后存储到经验数据库中，通过优先经验回放机制提取历史经验数据库中的数据用于更新迭代请求无人机网络与应答无人机网络，改进评价网络的准确度与决策网络结果的最优性。

1) 请求无人机网络建立

根据建立的请求无人机与新增任务目标交互的随机博弈模型，建立请求无人机网络。下面分别介绍请求无人机网络输入输出与网络结构。

(1) 请求无人机网络设计。

针对新增任务的需求，请求无人机向区域内无人机发送任务请求。式(5.16)

为请求无人机的状态集，π_q 为请求无人机的策略。

① 决策网络定义及其输入输出。

通过决策网络进行无人机任务分配，输入为新增任务状态 s_q，输出为区域内无人机的请求概率 π_q，请求无人机依概率 π_q 决策是否向区域内的无人机发送任务请求 a_q，即

$$a_q = \pi_q\left(s_q\right) \tag{5.24}$$

② 评价网络定义及其输入输出。

评价网络是根据任务需求及决策动作，评估请求无人机决策结果的好坏。定义评价函数 $Q_q(s_q,a_q,\omega_q)$，其中 ω_q 为网络参数，Q_q 指在新增任务环境状态为 s_q 时，选择种类为 a_q 的无人机可获得的近似累计回报收益值。评价网络的输入为新增任务需求 s_q 和请求无人机决策结果 a_q，输出为近似累计回报收益值 Q_q，评价网络通过最大化 Q_q 值指导决策网络的决策结果。

因此，设计如图 5.8 所示的请求无人机迭代学习改进网络架构，其中包括决策网络和评价网络两个部分，在训练过程中，将新增任务状态 s_q 输入到决策网络，输出决策结果 a_q；同时把新增任务状态 s_q 和决策结果 a_q 输入到评价网络当中，并输出 Q_q 值，以最大化 Q_q 值为目标，采用梯度下降方法更新评价网络与决策网络，重复该过程直到决策发送请求的无人机满足新增任务需求。

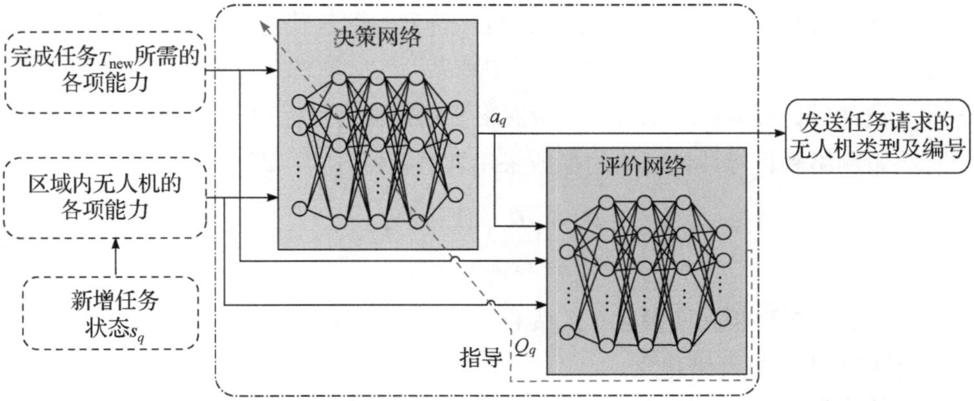

图 5.8　请求无人机迭代学习改进网络架构

(2) 请求无人机网络参数训练方式。

① 决策网络参数训练更新。

根据无人机动态任务分配目标，对于请求无人机而言，决策网络的训练目标是最大化向区域内其他无人机发送请求过程中的自身平均累计收益，即

$$\max J(\theta_q)=E\left[\sum_{t'=t}^{\infty}\gamma^{t'-t}r_{q,t'}(s_q,\pi_q(a_q|s_q))\right] \tag{5.25}$$

式中，θ_q 表示请求无人机网络参数，可以通过随时间反向传播的梯度下降方法最小化梯度$\nabla_{\theta_q}J(\theta_q)$用于更新决策网络参数，梯度$\nabla_{\theta_q}J(\theta_q)$可以写为如下形式：

$$\nabla_{\theta_q}J(\theta_q)=E\left[\nabla_{\theta_q}\pi_q(a_q|s_q)\cdot\nabla_{\pi_q}Q_q^{\pi}(s_q a_q)\right] \tag{5.26}$$

式中，$Q_q^{\pi}(s_q a_q)$为评价网络的Q_q值。

② 评价网络参数训练更新。

采用均方差函数使得评价网络的输出$Q_q^{\pi}(\varepsilon_q)$近似真实值$Q_q^{\pi}(s_q,a_q)$，其中$Q_q^{\pi}(s_q,a_q)$表示为

$$Q_q^{\pi}(s_q,a_q)=r_q+\gamma Q_q^{\pi'}(s'_q,a'_q) \tag{5.27}$$

式中，s'_q 表示下一时刻环境的状态；a'_q 表示下一时刻请求无人机根据s'_q决策动作；$Q_q^{\pi'}(s'_q,a'_q)$表示在下一时刻的评价Q'_q值。与决策网络参数更新方式一致，通过随时间反向传播的梯度下降方法最小化梯度$\nabla_{\varepsilon_q}L(\varepsilon_q)$用于评价网络参数的训练更新，即

$$\nabla_{\varepsilon_q}L(\varepsilon_q)=E\left[(Q_q^{\pi}(\varepsilon_q)-Q_q^{\pi}(s_q,a_q))\cdot\nabla_{\varepsilon_q}Q_q^{\pi}(\varepsilon_q)\right] \tag{5.28}$$

从式(5.28)中可以看出，请求无人机评价网络的迭代更新需要输出下一时刻Q'_q值与当前时刻Q_q值，使得训练过程中数据产生关联性，从而影响网络的收敛。因此，设计目标决策网络和目标评价网络，用来输出目标Q_q值。值得注意的是，目标决策网络和目标评价网络的参数采用软更新的方式，即

$$\begin{aligned}\theta'_q&\leftarrow\tau\theta_q+(1-\tau)\theta'_q\\ \varepsilon'_q&\leftarrow\tau\varepsilon_q+(1-\tau)\varepsilon'_q\end{aligned} \tag{5.29}$$

式中，θ'_q为目标决策网络参数；ε'_q为目标评价网络参数；$0<\tau<1$为软更新系数。

2) 应答无人机网络建立

在接收到请求无人机发送的任务请求后，应答无人机需根据自身状态回应请求无人机是否参与执行任务。根据建立的应答无人机与任务交互的随机博弈模型，建立应答无人机评价网络。下面分别介绍应答无人机网络输入输出与网络结构。

(1) 应答无人机网络设计。

在当前讨论的多无人机动态任务分配问题中，评价值$Q_r^*(s_r,a_r)$指在任务环境为s_r的状态下，应答无人机是否应答请求无人机执行新增任务可能获得的最大

平均回报收益值。这里参考 DQN 的网络机制，将神经网络引入评价值$Q_r^*(s_r,a_r)$的拟合过程中，即$Q_r(s_r,a_r,\omega_r)$，其中ω_r是评价网络参数。

基于此，建立如图 5.9 所示的迭代学习网络架构，应答无人机网络由评价网络(图 5.10)和贪婪策略两个部分组成，其中评价网络用于指导无人机是否决策执行新增任务，其输入为新增任务及当前任务分别所需的总打击、总侦察、总抗干扰和总通信需求，两个任务目标的重要程度，自身的打击、侦察、抗干扰及通信能力，即状态s_r；与请求无人机相似，输出为应答新任务后该无人机能获得的最大平均总回报收益$Q_r^*(s_r,a_r)$的近似值$Q_r(s_r,a_r,\omega_r)$。贪婪策略是选择对应最大的$Q_r(s_r,a_r,\omega_r)$对应的决策结果，向请求无人机进行答复，即$a_r=\arg\max\limits_a Q_r(s_r,a_r,\omega_r)$。

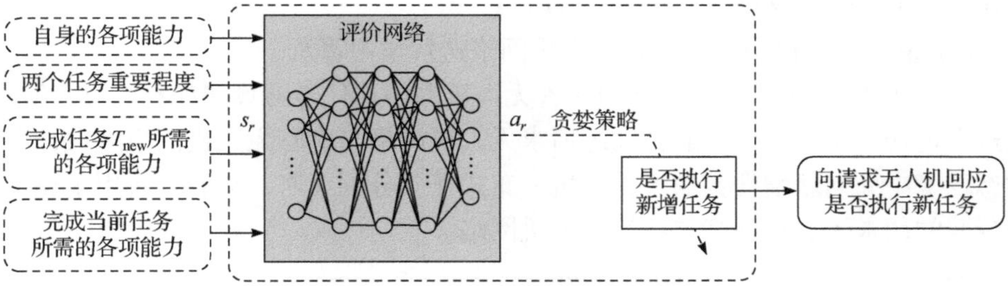

图 5.9　应答无人机迭代学习网络架构

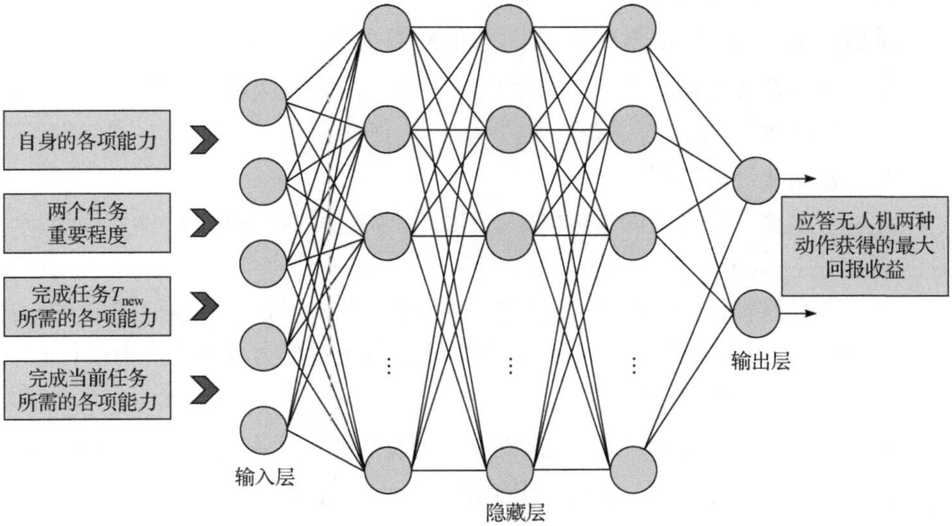

图 5.10　应答无人机评价网络结构

(2) 应答无人机网络参数训练方式。

基于建立的随机博弈模型和应答无人机网络结构，下面对应答无人机评价网络参数进行更新迭代。采用评价网络的输出值 $Q_r(s_r,a_r,\omega_r)$ 近似 $Q_r^*(s_r,a_r)$，即保证式(5.30)最小：

$$J_r(\omega)=E\left[\left(Q_r^*(s_r,a_r)-Q_r(s_r,a_r,\omega_r)\right)^2\right] \tag{5.30}$$

式中，$Q_r^*(s_r,a_r)$ 表示为

$$Q_r^*(s_r,a_r)=R_r+\gamma\sum_{s'\in S}\max_{a_r'}Q_r^*(s_r',a_r') \tag{5.31}$$

式中，s_r' 表示下一时刻环境的状态；a_r' 表示下一时刻应答无人机根据状态 s_r' 决策动作；$Q_r^*(s_r',a_r')$ 表示在下一时刻的评价 Q_r' 值。

(3) 请求无人机网络与应答无人机网络迭代学习算法。

综上所述，请求无人机网络与应答无人机网络迭代学习算法如算法 5.3 所示，通过上述迭代学习环节，通过训练请求无人机网络与应答无人机网络参数，学习动态环境中面向新增任务的多无人机分布式任务分配策略，从而获得用于在线任务分配的请求无人机网络与应答无人机网络。

算法 5.3 请求无人机网络与应答无人机网络迭代学习算法

输入： 训练回合的总数 Train _ M 、学习率 α 。

输出： 请求无人机决策网络 π_q 、评价网络 Q_q 和应答无人机评价网络 Q_r 。

1: 随机初始化请求无人机决策网络、评价网络和应答无人机评价网络的网络参数 θ_q 、 ε_q 、 ω_r 。

2: 初始化经验数据库 $\mathcal{T}$ 。

3: 初始化三个网络的目标网络，初始化网络参数 $\theta_q'=\theta_q$ 、 $\varepsilon_q'=\varepsilon_q$ 、 $\omega_r'=\omega_r$ 。

4: for episode = 1 to Train _ M 执行：

5: 　对新增任务所需的总打击、总侦察、总抗干扰和总通信需求和区域内的无人机打击能力、侦察能力、抗干扰能力及通信能力进行归一化处理，得到状态 s_q ；

6: 　根据式(5.24)，请求无人机决策需要向哪些无人机发送任务请求 a_q ；

7: 　根据式(5.18)，获得该决策动作的收益值 R_q ；

8: 　根据式(5.19)，计算下一时间步状态值 s_q' ；

9: 　请求无人机向应答无人机发送任务请求；

应答无人机 u_i 接收到请求后，将新增任务及当前任务分别所需的总打击、总侦察、总抗干扰和总通信需求，两个任务的重要程度，以及自身的打击能力、侦察能力、抗干扰能力和通信能力作为应答无人机的状态 s_r；
若不满足式(5.12)：
　　if 迭代训练步长小于开始学习步长：
　　　　采用随机决策方案 a_r；
　　else
　　　　采用 ε-贪婪策略决策方案 a_r；
　　end if
获得应答无人机决策是否参与执行新增任务动作 a_r；
根据式(5.22)，获得该决策动作立即收益值 R_r；
根据式(5.23)，计算下一时间步状态值 s'_r；
分别将 $\left(s_q,a_q,R_q,s'_q\right),\left(s_r,a_r,R_r,s'_r\right)$ 存入到经验数据库 $\mathcal{T}$ 中，并根据 δ 计算经验数据的优先级；
根据优先级从经验数据库 $\mathcal{T}$ 中提取批量训练样本 $\left(s_q,a_q,R_q,s'_q\right)$；
根据式(5.28)，更新请求无人机评价网络；
根据式(5.26)，更新请求无人机决策网络；
采用优先经验回放机制更新应答无人机评价网络；
每到一定时间步后更新目标网络参数 $\theta'_q \leftarrow \theta_q$、$\varepsilon'_q \leftarrow \varepsilon_q$、$\omega'_r \leftarrow \omega_r$；
end for
返回请求无人机决策网络 π_q、评价网络 Q_q 和应答无人机评价网络 Q_r。

3. 在线决策

在上述迭代学习环节完成网络训练之后，请求无人机决策网络、评价网络与应答无人机评价网络的网络参数也被确定下来，训练好的深度神经网络具有运算速度快的特点，将经过训练后的请求无人机决策网络和应答无人机评价网络应用于在线决策环节，在具有动态博弈特性的真实任务环境中，实现大规模多无人机任务分配。

考虑描述的动态博弈任务环境中，对于新增任务目标 T_{new}，将该任务所需的总打击、总侦察、总抗干扰和总通信需求和区域内的无人机打击能力、侦察能力、抗干扰能力及通信能力组成状态 s_q 作为输入，输入到请求无人机决策网络中，训练好的决策网络可以快速决策出向哪架无人机发送任务请求，即 $a_q=\pi_q(s_q)$，$a_q=\{(0\text{或}1)_{u_1^1},\cdots,(0\text{或}1)_{u_i^p}\}$。应答无人机 u_i^p 接收到任务请求后，将新增任务及当前任务所需的总打击、总侦察、总抗干扰和总通信需求，两个任务

目标的重要程度，以及自身的打击能力、侦察能力、抗干扰能力和通信能力作为状态s_r，输给应答无人机评价网络；训练后的应答无人机评价网络会快速决策出是否执行新任务获得的最大平均期望回报收益值，即$Q_r(s_r,a_r,\omega_r)$，$a_r=0$或1，而贪婪策略会实时选择使$Q_r(s_r,a_r,\omega_r)$最大的决策动作判定是否执行新增任务。请求无人机接收到应答无人机的决策结果后，根据完成任务的效率$\mathrm{efi}(u_i^p|T_{\text{new}})$高低排序的方式选择出满足新任务需求的应答无人机执行任务。重复这一过程，直到完成任务分配。

下面给出请求无人机与应答无人机在线决策过程，即算法 5.4，在仿真环境中随机生成需求不同的新增任务T_{new}，采用迭代学习后的请求无人机决策网络和应答无人机评价网络进行大量的仿真实验，依据设定的奖惩机制，评估分布式多无人机任务分配结果是否满足新增任务需求，如果不满足需求，按照算法 5.4 继续训练请求无人机网络和应答无人机网络参数，直至获得合理的任务分配。

算法 5.4 请求无人机与应答无人机在线决策算法

输入：请求无人机决策网络、应答无人机评价网络。

输出：被指派执行新增任务T_{new}的无人机。

1: 仿真环境随机生成新增任务T_{new}。

2: 将执行任务T_{new}所需的总打击、总侦察、总抗干扰和总通信需求和区域内的无人机打击能力、侦察能力、抗干扰能力和通信能力进行归一化处理，得到状态s_q。

3: 通过请求无人机决策网络，快速决策出向哪些无人机发送任务请求。

4: 应答无人机u_i^p接收到任务请求。

5: 将执行任务T_{new}所需的总打击、总侦察、总抗干扰和总通信需求，当前任务需要的总打击、总侦察、总抗干扰和总通信需求，两个任务目标的重要程度，以及自身的打击能力、侦察能力、抗干扰能力和通信能力进行归一化处理，得到状态s_r。

6: 通过贪婪策略$a_r \leftarrow \arg\max\limits_{a_r\in A} Q(s_r,a_r,\omega_r)$，决策是否参与执行任务$T_{\text{new}}$。

7: 请求无人机接收到应答无人机的决策结果后，根据完成任务的效率$\mathrm{efi}\left(u_i^p|T_{\text{new}}\right)$由高到低排序的方式选择出满足任务$T_{\text{new}}$需求的应答无人机执行任务。

8: if 不满足式(5.12)：

9:     增加新增任务T_{new}的重要程度，执行上述步骤 1～7；

10: end if

11: 返回执行新增任务T_{new}的无人机序列。

5.2.4 仿真验证

1. 仿真参数

仿真测试在 Windows 10 操作系统下进行，其中智能任务分配算法采用 Python 语言和 Facebook 开发的 PyTorch 工具包实现编写。无人机动态任务分配算法中请求无人机决策网络及评价网络由双向 LSTM 网络和一个全连接层网络组成，包含隐藏层 2 层，每个隐藏层节点数为 100；应答无人机评价网络由全连接层网络组成，包含隐藏层 3 层，每个隐藏层节点数为 100。在训练过程中，定义折扣因子$\gamma=0.1$，网络的学习率为1×10^{-3}，目标网络的软更新系数为$\tau=1\times10^{-2}$；经验数据库$\mathcal{T}$ 的大小为1×10^{6}，同时每 50 时间步从经验数据库$\mathcal{T}$ 提取批量大小为 64 的数据用于网络训练。

假设区域内存在 5 种不同种类的任务无人机，每种无人机的打击能力、侦察能力、抗干扰能力及通信能力如表 5.3 所示。考虑环境动态性对无人机任务执行效率的影响，假设每架无人机执行任务的效率$\mathrm{efi}\left(u_i^p|T\right)$满足正态分布$N(\eta,\sigma^2)$的随机变量，其中$\eta$为表 5.3 中的数值，$\sigma$为 0.1，为了留有一定的请求阈值，令$\widehat{\mathrm{efi}}\left(u_i^p|T_{\mathrm{new}}\right)=0.9\mathrm{efi}\left(u_i^p|T_{\mathrm{new}}\right)$。为了评估任务分配的效能，式(5.13)中的阈值 Th 设为 45，表明在新任务执行的过程中，允许分配的无人机存在冗余。

表 5.3　不同无人机的能力

无人机类型 p	$\mathrm{att}(U^p)$	$\mathrm{rec}(U^p)$	$\mathrm{jam}(U^p)$	$\mathrm{com}(U^p)$
$p=1$	40	3	5	5
$p=2$	3	35	10	15
$p=3$	2	5	40	20
$p=4$	2	2	20	40
$p=5$	20	5	25	10

在仿真初始化阶段，假设区域内存在 12 个任务目标，任务目标所需的总打击能力、总侦察能力、总抗干扰能力和总通信能力在[0,300]范围内随机生成，任务重要程度在[1,5]范围内随机生成，初始任务分配采用粒子群优化算法，并假设每项任务已经执行了一段时间(执行任务无人机数量存在冗余)。设定新增任务T_{new}所需的总打击能力、总侦察能力、总抗干扰能力和总通信能力在[0,300]范围内随机生成，任务重要程度在[1,5]范围内随机生成。

12 个任务目标的任务相关参数如表 5.4 所示，包括任务编号、任务类型、任务价值和任务需要的无人机数，其中假设任务的无人机规模上限值L_j等于需求的

无人机架数 num_j。存在 100 架无人机，分为两类，其中 1～50 号为固定翼无人机，能够执行通信中继和信息收集任务，51～100 号为四旋翼无人机，可以执行信息收集与搜索救援任务。无人机根据任务需求自主进行任务的分配，没有分配到任务的无人机则选择待命。

表 5.4　仿真任务相关参数设置

任务编号	任务类型	任务价值 v_j	需要的无人机数量 num_j
1	通信中继 1	94	7
2	通信中继 2	96	5
3	通信中继 3	88	5
4	通信中继 4	95	7
5	信息收集 1	92	8
6	信息收集 2	90	8
7	信息收集 3	83	10
8	信息收集 4	86	10
9	搜索救援 1	96	5
10	搜索救援 2	82	5
11	搜索救援 3	86	10
12	搜索救援 4	88	10

2. 仿真结果

1) 验证请求无人机迭代学习环节

根据上面所描述的动态环境中任务分配场景，为了显示迭代学习环节的有效性，图 5.11 给出了请求无人机每回合总收益变化过程，如图 5.11 所示，在

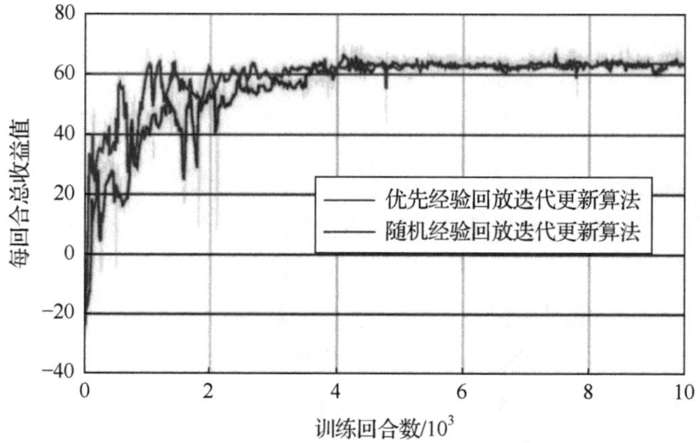

图 5.11　迭代学习环节请求无人机每回合总收益变化过程

4000 回合之前，每回合获得的总收益随着训练回合数的增加持续上升，表明多无人机任务分配效果持续变好；在 4000 回合之后，每回合无人机获得的总收益保持平稳，说明任务分配策略已经趋于稳定。

2) 验证多无人机在线决策环节

在上述仿真场景中，将训练好的请求无人机决策网络和应答无人机评价网络用于在线任务分配当中。在每组仿真过程中，区域内随机生成一个新增任务，该任务所需的各项能力在[0,300]范围内随机生成，任务重要程度在[1,5]范围内随机生成，区域内环境具有动态性，因此假设无人机执行该新增任务的效率 $\mathrm{efi}\left(u_i^p|T\right)$ 服从正态分布 $N(0,0.1^2)$。由式(5.18)可知，在请求无人机进行任务分配的过程中，请求无人机更希望请求距离更近且能力与任务需求相适应的无人机来执行任务，若出现向能力与任务需求不相适应的无人机发送任务请求，那么请求无人机将获得−10 的立即收益值，表明该决策是不正确的。由式(5.22)可知，接收到请求的应答无人机，若新增任务的重要程度大于当前任务，那么执行新增任务将会获得 $\vartheta_{r2}\left(I_{\text{new}}-I_2\right)-\vartheta_{r1}\text{dis}(u_i^p,T_{\text{new}})$ 的正回报收益值，反之回报收益值为负。若最终的大规模多无人机任务分配结果满足式(5.12)～式(5.14)，那么请求无人机与应答无人机都会获得 15 的立即收益值。由于本节所提的是一种分布式任务分配算法，因此在图 5.12 中，采用平均收益值来衡量任务分配算法的好坏。从图中可以看出，整个过程平均收益值为 50～80，表明 200 组任务分配结果均有效，说明对任意的新增任务目标，所提出的分布式任务分配算法均能给出合理有效的分配方案，证明了该算法的自适应能力，并且可以处理任务环境不确定对无人机执行效率带来的影响。

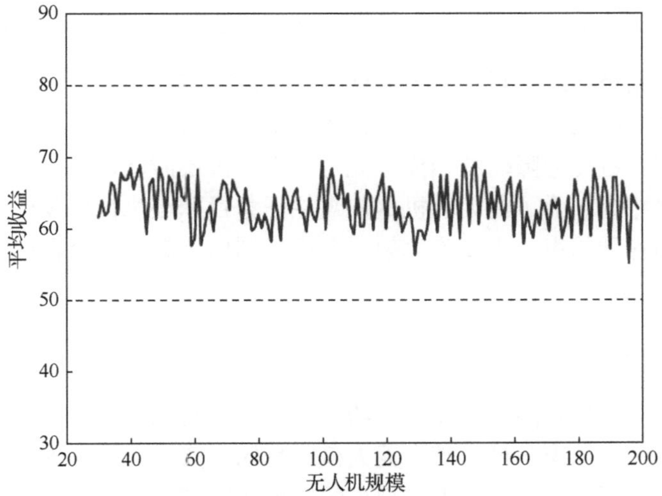

图 5.12　平均收益随无人机规模变化图

5.3　基于深度强化学习的多无人机路径规划

5.1 节及 5.2 节对无人机的静态、动态任务分配问题进行了研究，根据任务执行的流程，在完成初始的任务分配或者完成无人机分组之后，各架无人机小组以编队的形式飞往各自任务目标地点，完成后续各项任务。为了保证无人机的飞行安全，需要为各个组内的领机规划从起始位置到目标位置的安全飞行路径，再由无人机对该路径进行跟踪控制。因此，本节重点展开多无人机路径规划问题的研究。对于多无人机的路径规划研究，多智能体强化学习作为一类新兴方法，通过无人机之间的合作以及与环境的交互学习最优的规划策略，目前已成为路径规划的一个热点研究方向。相较于传统的路径规划算法，强化学习算法对环境的泛化能力更强，但仍然存在训练效率较低、在连续空间下算法不易收敛等缺点，因此，本节针对多无人机的路径规划问题，提出一种基于离散化动作空间的多无人机路径规划方法。

5.3.1　问题描述

本节给出多无人机路径规划的问题描述。首先，对任务场景进行详细描述，定义无人机的相关参数；其次，确定路径规划中的约束条件；最后，确定优化目标，建立路径规划优化模型，实现对路径规划问题的数学描述。

1. 任务场景

在环境中存在 n 架无人机，表示为 $N=\{1,2,\cdots,n\}$，每架无人机需要前往一个目标位置，表示为 $P=\{p_g^1,p_g^2,\cdots,p_g^n\}$，其中 $p_g^i(i\in N)$ 为无人机 i 对应的目标位置坐标。环境为栅格形式，目标点的坐标为所在栅格的位置坐标。假设无人机在一个二维平面内等高飞行，在此高度下，环境中存在若干个静态障碍物，无人机在飞行过程中需要避免与障碍物相撞。此外，无人机还需避开其他无人机的飞行路径，避免与之相撞。为了使无人机尽快飞往任务目标点执行后续任务，考虑无人机与环境中的各种约束，需要为每架无人机规划出从起始点至目标点的最优安全飞行路径。

2. 约束条件

多无人机路径规划问题中涉及的约束条件，包括无人机自身约束、目标点约束与避障约束三类约束条件。其中无人机自身约束指无人机在飞行过程中的位置与方向满足的范围；目标点约束指规划的结束状态需要满足的条件；避障约束指无人机与障碍之间以及无人机之间需保持一定的安全距离。

1) 无人机自身约束

无人机自身约束包括位置约束与方向约束。令 $p_u^i(t)=(x_u^i,y_u^i)$ 表示无人机 i 在 t 时刻的位置(由于假设无人机的高度不变，位置坐标选择二维空间)，则无人机的位置约束要求无人机在任意时刻的位置应不超出环境的范围：

$$\begin{cases}0\leqslant x_t^i\leqslant X_{\max}\\0\leqslant y_t^i\leqslant Y_{\max}\end{cases},\quad i\in N \tag{5.32}$$

式中，$X_{\max}$、$Y_{\max}$ 分别为环境的横坐标与纵坐标方向的长度。

受无人机的机动性能限制，其转弯半径存在最小值，因此在路径规划时，无人机连续两个时间步的路径方向夹角具有一定约束：

$$\varphi\leqslant\varphi_{\max} \tag{5.33}$$

式中，φ 为连续两个时间步的路径方向夹角；$\varphi_{\max}$ 为允许的最大夹角。

该约束表明无人机下一时刻的前进方向只能从有限的方向上选取。

2) 目标点约束

在路径规划的结束状态，无人机需要到达指定的目标位置，即在结束时刻，无人机与目标点之间的距离应该小于阈值 ε：

$$\left\|p_u^i(t_f)-p_g^i\right\|<\varepsilon,\quad i\in N \tag{5.34}$$

式中，$p_u^i(t_f)$ 为无人机 i 在结束时刻 t_f 的位置；p_g^i 为其对应目标点位置。

3) 避障约束

无人机的避障主要包括与障碍物之间的避障以及与无人机之间的避碰。本节将无人机看成质点进行规划，与障碍物之间的距离需设定安全阈值，假设无人机 i 与无人机 j 的位置分别为 p_u^i 和 p_u^j，障碍物边缘位置为 p_o(通过栅格获取)，为避免无人机之间及无人机与障碍物之间的碰撞，要求在任意时刻，两架无人机之间、无人机与障碍物之间的距离都不小于安全阈值，即

$$\left\|p_u^i-p_u^j\right\|\geqslant d_{\text{safe}},\quad i,j\in N \tag{5.35}$$

$$\left\|p_u^i-p_o\right\|\geqslant d_{\text{safe}},\quad i\in N \tag{5.36}$$

式中，d_{safe} 为安全阈值。

3. 优化目标

在多无人机路径规划过程中，期望无人机以最小的燃油消耗到达目标地点，

因此本书以所有无人机路径长度之和最短为性能指标，定义路径规划的优化目标如式(5.37)所示：

$$\min J=\sum_{i=1}^{n}\sum_{k=1}^{m_i}d_i^k \tag{5.37}$$

式中，目标函数 J 为所有无人机的路径长度之和；$d_i^k\left(i\in N,k\in[1,m_i]\right)$ 为无人机 i 的第 k 段路径的长度；m_i 为该无人机路径上的路径点数量。

4. 优化模型

考虑无人机自身约束、目标点约束和避障约束，以路径最短为性能指标，建立路径规划的优化模型：

$$\begin{aligned}
&\min J=\sum_{i=1}^{n}\sum_{k=1}^{m_i}d_i^k\\
&\text{s.t.}\ \begin{cases}0\leqslant x_t^i\leqslant X_{\max}, & i\in N\\ 0\leqslant y_t^i\leqslant Y_{\max}, & i\in N\end{cases}\\
&\varphi\leqslant\varphi_{\max}\\
&\left\|p_u^i(t_f)-p_g^i\right\|<\varepsilon,\quad i\in N\\
&\left\|p_u^i-p_o\right\|\geqslant d_{\text{safe}},\quad i\in N\\
&\left\|p_u^i-p_u^j\right\|\geqslant d_{\text{safe}},\quad i,j\in N
\end{aligned}\tag{5.38}$$

本节通过最小化所有无人机的路径长度之和，来达到无人机燃油消耗最小化的目标。

本节给出了多无人机路径规划的问题描述，为适应上述多无人机环境并提高算法的收敛速度，下面将设计基于离散多智能体软演员-评论家(discrete multi agent soft actor-critic, MASAC-D)算法进行路径规划问题的求解。

5.3.2 基于 MASAC-D 算法的多无人机路径规划算法

针对 5.3.1 节建立的多无人机路径规划问题，本节进一步提出基于 MASAC-D 算法的多无人机路径规划方法。首先，建立路径规划问题的随机博弈模型，确定模型的组成要素；其次，介绍 SAC(soft actor-critic)算法的基本原理，给出其离散形式；再次，设计基于 MASAC-D 的多智能体强化学习算法，采用集中式训练和分布式执行框架对 SAC 算法进行多智能体扩展，设计网络结构，引入动作选择机制对其进行改进，并给出网络参数的更新方式；最后，无人机通过学习获得最优的规划策略，完成多无人机的路径规划过程。

1. 面向多无人机路径规划的随机博弈模型建立

1) 状态空间 S

对于状态空间的选取，通常为全局环境信息，包括无人机位置 $p_u=\{p_u^1,\cdots,p_u^n\}$、目标点位置 $p_g=\{p_g^1,\cdots,p_g^n\}$、障碍物边缘位置 p_o(所在栅格中心位置)、无人机速度 $v=\{v^1,\cdots,v^n\}$ 以及所有无人机在上一个时刻的动作 $a_{t-1}=\{a_{t-1}^1,\cdots,a_{t-1}^n\}$。$t$ 时刻状态表示为

$$s_t=(p_u,p_g,p_o,v,a_{t-1})\in S \tag{5.39}$$

$$p_u^i=(x_u^i,y_u^i),\quad i\in N \tag{5.40}$$

$$p_g^i=\left(x_g^i,y_g^i\right),\quad i\in N \tag{5.41}$$

2) 观测状态空间 O

观测状态空间 O 为无人机与环境交互过程中能够感知到的信息，其选取不仅要考虑无人机自身的状态，还要考虑目标点信息、无人机周围的障碍物信息和其他无人机的状态，第 i 架无人机在 t 时刻的观测状态 o_t^i 表示为

$$o_t^i=\{o_s^i,o_g^i,o_o^i\}\in O \tag{5.42}$$

式中，o_s^i 为无人机在当前时刻的自身状态，包括无人机的当前位置 p_u^i、上一个时刻的动作 a_{t-1}^i 和碰撞标志 hit_flag^i，用于检验是否发生碰撞，即

$$o_s^i=\{p_u^i,a_{t-1}^i,\text{hit\_flag}^i\} \tag{5.43}$$

式(5.42)中的 o_g^i 为观测到的目标点状态，以目标点与无人机的相对位置 p_{ug}^i 来表示，给出相对位置，既能体现无人机与目标点之间的距离，又能体现它们之间的角度关系，有利于无人机更好地学习映射关系：

$$o_g^i=\{p_{ug}^i\} \tag{5.44}$$

$$p_{ug}^i=p_g^i-p_u^i=\left(x_g^i-x_u^i,y_g^i-y_u^i\right) \tag{5.45}$$

式(5.42)中的 o_o^i 为障碍物的状态，包括距离无人机 i 最近障碍物的相对位置 p_{uo}^i，以及无人机 j 与无人机 i 相对位置 p_{uj}^i，这里将其他无人机看成是位置随时间变化的移动障碍物，即

$$o_o^i = \{p_{uo}^i, p_{uj}^i\}, \quad i, j \in N, i \neq j \tag{5.46}$$

$$p_{uo}^i = \left(x_u^o - x_u^i, y_u^o - y_u^i\right), \quad p_{uj}^i = \left(x_u^j - x_u^i, y_u^j - y_u^i\right) \tag{5.47}$$

3) 动作空间 A

无人机动作空间的选取影响到无人机飞行路径的质量。无人机的动作空间在理论上可以是任意方向上的角度，但过多的动作会大大增加深度强化学习算法的训练时间，动作过少会使路径产生较多的曲折，不利于无人机的实际运动。为了简化问题，假设无人机的速度大小保持不变，则每个时间步的无人机动作 a_t^i 简化为无人机前进的方向，将 360°平均分为 k 份，那么无人机的可选动作集合为 $a = \{0,1,\cdots,k-1\}$ ，如图 5.13 所示， $k=12$ 表示无人机共有 12 个移动方向，且沿该方向的移动距离为 $d = v\Delta t$ ，Δt 为两个时间步之间的间隔。在 t 时刻的动作空间为

$$A = a_t^1 \times a_t^2 \times \cdots \times a_t^n \tag{5.48}$$

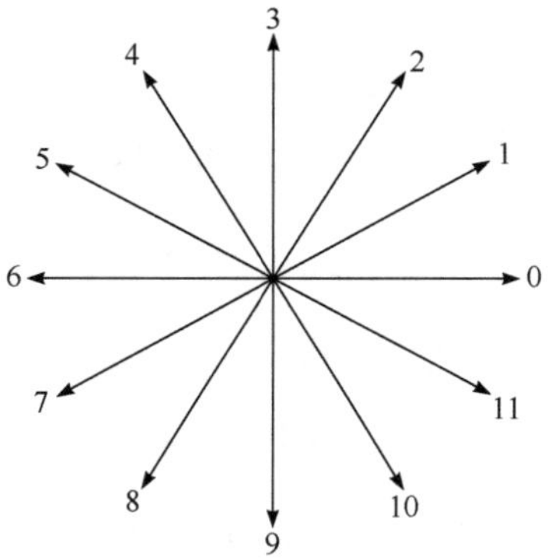

图 5.13　动作方向图

4) 奖惩函数 $r(s_t, a_t)$

在路径规划的优化问题中，无人机的目的为获得最短路径，但是该目标无法直接应用于强化学习的训练过程。无人机在每个时间步中做出动作，环境会给予相应的奖励或惩罚，该奖惩值反映了动作的优劣，无人机获得的奖励值越高，其执行的动作越有利于路径规划，反之，则会降低路径规划的质量。对于无人机 i ，在当前状态 s_t 下，执行动作 a_t^i 后，环境赋予的立即回报值 $r(s_t, a_t^i)$ 设计如下：

$$r\left(s_t,a_t^i\right)=\begin{cases}20, & d_{ig}<\varepsilon \\ -ad_{ig}-\dfrac{b}{\min(d_{io},d_{ij})}-c, & \min(d_{io},d_{ij})<d_{\text{safe}} \\ -ad_{ig}-c, & \text{其他}\end{cases} \tag{5.49}$$

式中，d_{ig} 表示在执行动作后无人机与目标点之间的距离；d_{io} 表示与最近障碍点之间的距离；d_{ij} 表示与其他无人机之间的距离；d_{safe} 表示避免碰撞设置的安全阈值；a、b、c 为三个常数，分别对应目标距离惩罚、障碍物惩罚和移动方向惩罚的系数，在这里取 $a=0.8$，$b=0.02$，而 c 的取值取决于 d_{ig} 与上一时刻无人机和目标点之间的距离 d'_{ig} 的大小，如式(5.50)所示。各个距离的计算如式(5.51)所示：

$$c=\begin{cases}0.5, & d_{ig}\geqslant d'_{ig} \\ 0, & d_{ig}<d'_{ig}\end{cases} \tag{5.50}$$

$$\begin{cases}d_{ig}=\sqrt{(x_g^i-x_{t+1}^i)^2+(y_g^i-y_{t+1}^i)^2} \\ d_{io}=\sqrt{(x_o-x_{t+1}^i)^2+(y_o-y_{t+1}^i)^2} \\ d_{ij}=\sqrt{(x_{t+1}^j-x_{t+1}^i)^2+(y_{t+1}^j-y_{t+1}^i)^2} \\ d'_{ig}=\sqrt{(x_g^i-x_t^i)^2+(y_g^i-y_t^i)^2}\end{cases} \tag{5.51}$$

环境对无人机动作的奖惩值可以描述为：若无人机到达终点，则给予无人机正奖励；若无人机没有到达终点，则给予目标距离惩罚 $(-ad_{ig})$；若无人机与最近障碍物或无人机的距离小于安全阈值，则给予障碍物惩罚 $\left(-b/\min(d_{io},d_{ij})\right)$；若符合安全阈值范围，则不给予对障碍物的惩罚。若执行动作后，无人机与目标点之间的距离增大，则给予移动方向惩罚 c，否则惩罚值为 0。在无人机的移动过程中，环境均给予负奖励，为了使累计奖励值更大，无人机会向着尽快到达终点的路径学习。

5) 折扣因子 γ

折扣因子 γ 用来衡量未来收益对于当前累计收益的重要程度，$0<\gamma<1$。$\gamma=0$ 意味着只考虑当前回报收益而不考虑未来回报收益；$\gamma=1$ 意味着未来回报收益和当前回报收益重要程度相同。

2. 面向多无人机路径规划的 MASAC-D 网络设计

1) 集中式训练和分布式执行框架

对于多智能体环境，所有智能体的动作共同作用于环境并对其产生影响，若只采用单智能体强化学习算法进行训练，不考虑其他智能体的动作，不利于环境的稳定，从而降低学习的效率。而在实际执行过程中，智能体通常只能获得部分信息，如自身的观测信息，而无法得到其他智能体观测与动作信息。为解决上述问题，本节采用集中式训练和分布式执行框架，即训练时考虑所有智能体的状态，执行时仅以自身的观测状态作为决策依据。

SAC 算法采用的决策-评价网络结构，可以通过分布式执行框架进行扩展，以更好地适应多智能体环境，如图 5.14 所示。每个智能体都具有一套独立的决策-评价网络，其中，评价网络在考虑智能体自身的状态和动作的同时，还考虑其余智能体的状态和动作及环境的状态，共同作用于对 Q 值的评估；而通过决策网络选择动作时，智能体只考虑自身观测到的状态分布式地做出决策。

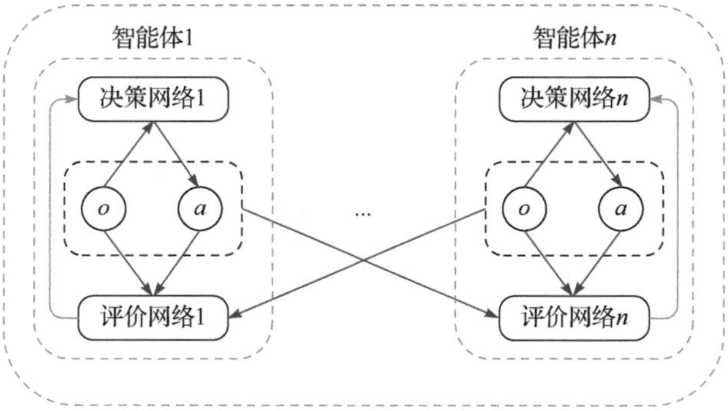

图 5.14　集中式训练和分布式执行框架示意图

2) MASAC-D 网络设计

针对多无人机路径规划问题，下面在决策-评价网络框架的基础上进行 MASAC-D 网络的设计。每个智能体内部的网络结构如图 5.15 所示，包括决策网络、评价网络、目标决策网络和目标评价网络四种，其中，评价网络和目标评价网络分别包括两个子网络，用于避免近似累计收益过程中的过估计问题，目标评价网络与目标决策网络用于在式(5.54)的贝尔曼方程中计算下一时间步的动作 a_{t+1} 与下一拍的 Q 值 $Q_{\bar{\theta}}(s_{t+1},a_{t+1})$，使训练过程更加稳定。例如，目标决策网络输入为下一时间步的观测状态 o_{t+1}，即无人机的位置、上一时间步的动作和碰撞标志等状态信息，决策出下一时间步的动作 a_{t+1}，即无人机的下一拍的运动方向；目标评价网络输入为下一时间步的状态 s_{t+1} 和动作 a_{t+1}，从而获得下一时间步的 $Q_{\bar{\theta}}(s_{t+1},a_{t+1})$。

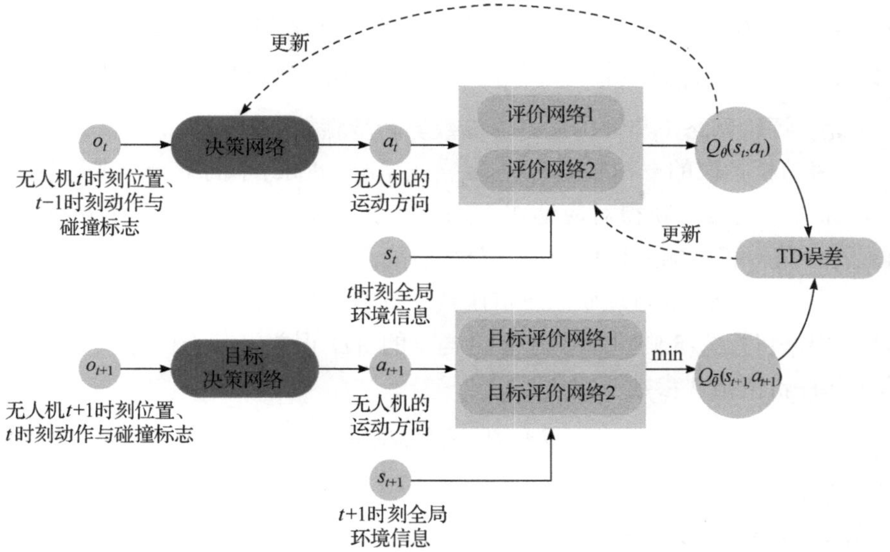

图 5.15　基于 MASAC-D 算法的无人机路径规划网络结构

3) 算法训练过程

根据图 5.15 所示的基于 MASAC-D 算法的无人机路径规划网络结构，设计基于 MASAC-D 算法的多智能体强化学习算法，并给出各网络在训练过程中的参数更新方式。在训练过程中，将无人机与环境交互得到的数据，以 $(s_t, o_t, a_t, r_t, s_{t+1}, o_{t+1}, \text{done})$ 的形式保存至经验库 D 中，包括当前时间步的状态 s_t、观测状态 o_t、动作 a_t、奖励值 r_t、下一时间步的状态 s_{t+1}、观测状态 o_{t+1} 及结束标志 done。在需要进行网络参数更新时，从 D 中随机抽取一批数据，进行网络参数的更新。

(1) 评价网络参数更新。

根据离散化后的软状态价值函数和软 Q 值函数，用样本来近似期望，得到

$$Q_\theta(s_t, a_t) \approx r_t + \gamma\left[Q_\theta(s_{t+1}) - \alpha \log\left(\pi(o_{t+1})\right)\right] \tag{5.52}$$

式中，$Q_\theta(s_t, a_t)$ 为评价网络的输出，即 Q 值；r_t 为立即收益；α 为温度系数，代表熵 $\log\left(\pi(o_{t+1})\right)$ 的重要程度。

在图 5.15 中，评价网络 1 与评价网络 2 均以最小化贝尔曼误差为目标进行网络参数的更新：

$$J_Q(\theta) = \min_\theta E_{(s_t, a_t, r_t, s_{t+1})\sim D}\left[\frac{1}{2}\left(Q_\theta(s_t) - y\right)^2\right] \tag{5.53}$$

$$y = r_t + \gamma(1 - \text{done})\left(\min_{j=1,2} Q_{\bar{\theta},j}(s_{t+1}) - \alpha \log\left(\pi_{\bar{\phi}}(o_{t+1})\right)\right) \tag{5.54}$$

式中，$\bar{\phi}$ 、θ 和 $\bar{\theta}$ 分别为目标决策网络、评价网络和目标评价网络的参数；$\min_{j=1,2} Q_{\bar{\theta},j}(s_{t+1})$ 为从评价网络 1 与评价网络 2 中选取最小的作为下一拍的 Q 值。

因此，评价网络 1 与评价网络 2 参数更新步骤如下。

① 将随机抽取的一批数据 $(s_t,o_t,a_t,r_t,s_{t+1},o_{t+1},\text{done})$ 中的下一个观测状态 o_{t+1} 输入目标决策网络，获得对应动作 a_{t+1}；将 s_{t+1} 和 a_{t+1} 输入目标评价网络，获得 $Q_{\bar{\theta}}\left(s_{t+1}\right)$；将 s_t 和 a_t 输入评价网络，获得 $Q_\theta(s_t)$ 。

② 根据式(5.54)通过软状态价值函数计算 Q 的估计值 y 。

③ 根据目标式(5.53)，计算 $Q_\theta(s_t)$ 与 y 的 TD 误差，基于梯度下降更新评价网络 1 和评价网络 2 参数：

$$\theta \leftarrow \theta - \lambda_\theta \nabla_\theta J_Q(\theta) \tag{5.55}$$

式中，λ_θ 为评价网络学习率。

(2) 决策网络参数更新。

最优策略 π^* 应该使累计回报与熵的和最大，即使状态价值函数尽可能大。根据式(5.56)，得到决策网络的优化目标：

$$J_\pi(\phi) = \min_\phi E_{s_t \sim D}\left[\alpha \log\left(\pi_\phi(o_t)\right) - \min_{j=1,2} Q_{\theta,j}(s_t)\right] \tag{5.56}$$

式中，$J_\pi(\phi)$ 为决策网络的优化目标；ϕ 为决策网络的参数；D 为经验库。

决策网络参数更新步骤如下。

① 将随机抽取的一批数据 $(s_t,o_t,a_t,r_t,s_{t+1},o_{t+1},\text{done})$ 中的观测状态 o_t 输入决策网络，获得状态 s_t 下基于策略 π 输出的动作概率 $\pi_\phi(s_t)$ 与采样的动作 a_t 。

② 将 s_t 和 a_t 输入评价网络，获得 $Q_\theta(s_t)$ 。

③ 根据目标式(5.56)基于梯度下降更新决策网络参数：

$$\phi \leftarrow \phi - \lambda_\phi \nabla_\phi J_\pi(\phi) \tag{5.57}$$

式中，λ_ϕ 为决策网络学习率。

(3) 目标网络参数更新。

为了保证算法的稳定性，在每次决策网络、评价网络更新后，也要对目标网络的参数进行更新，更新方式为软更新：

$$\begin{aligned} \bar{\theta} &\leftarrow \tau\theta + (1-\tau)\bar{\theta} \\ \bar{\phi} &\leftarrow \tau\phi + (1-\tau)\bar{\phi} \end{aligned} \tag{5.58}$$

式中，$0<\tau<1$ 为软更新系数，用于控制网络参数更新的幅度。

下面给出 MASAC-D 算法的详细流程，如图 5.16 与算法 5.5 所示。

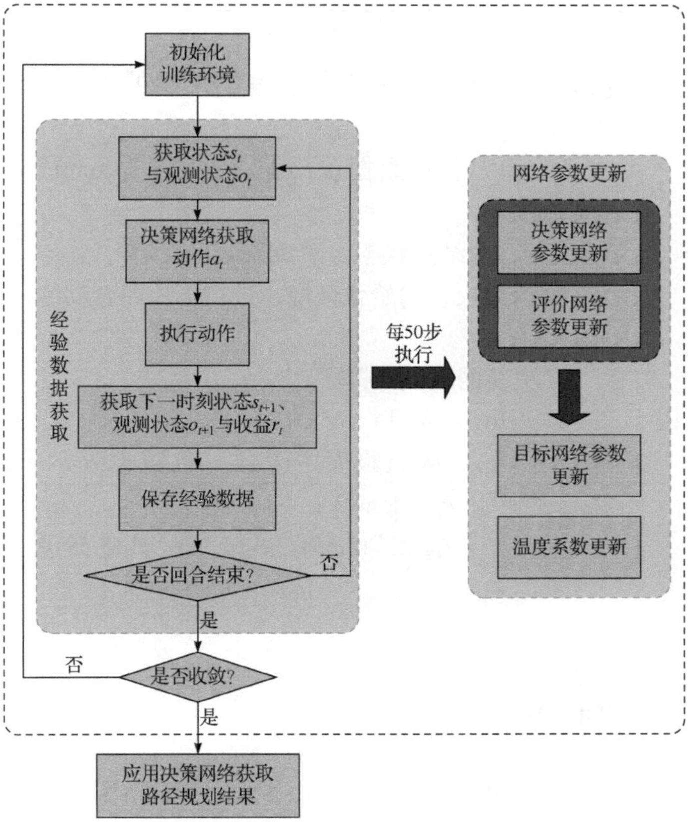

图 5.16　基于 MASAC-D 算法的无人机路径规划方法流程图

算法 5.5　基于 MASAC-D 算法的无人机路径规划方法

输入： 环境信息，包括无人机位置、目标点位置、障碍物位置。

输出： 最优决策网络参数 $\phi^*=\{\phi^{1*},\cdots,\phi^{n*}\}$。

初始化训练环境，初始化 n 架无人机的决策网络参数 $\phi=\{\phi^1,\cdots,\phi^n\}$，评价网络参数 $\theta_j=\{\theta_j^1,\cdots,\theta_j^n\}, j=1,2$，目标网络参数 $\bar{\phi}\leftarrow\phi,\bar{\theta}_j\leftarrow\theta_j, j=1,2$，温度系数 $\alpha^1=\cdots=\alpha^n=1$。

episode $=1$；

if episode $\leqslant$ max_episode_for_train：　　　//最大回合数

　　step $=1$；

　　if step $\leqslant$ max_step_for_episode：　　　//每回合最大步数

　　　　获取当前时刻观测状态 $o_t=\{o_t^1,\cdots,o_t^n\}$、环境状态 s_t，通过各自的决策网络选择动作 $a_t=\{a_t^1\sim\pi_{\phi^1}(o_t^1),\cdots,a_t^n\sim\pi_{\phi^n}(o_t^n)\}$；

各无人机在环境中执行动作 a_t；
获取下一时刻的观测状态 $o_{t+1}=\{o_{t+1}^1,\cdots,o_{t+1}^n\}$、环境状态 s_{t+1} 以及收益 $r_t=\{r_t^1,\cdots,r_t^n\}$；
在经验库 D 保存数据 $(s_t,o_t,a_t,r_t,s_{t+1},o_{t+1},\text{done})$， done 为结束标志；
if 状态 s_{t+1} 为结束状态，即 $\text{done}=1$：
回合结束，初始化环境，进行下一回合训练；
else
if 更新网络参数：
for 无人机 $i\in N$：
从经验库中采样一批数据 $B=\{(s_t,o_t,a_t,r_t,s_{t+1},o_{t+1},\text{done})\}$；
根据式(5.55)、式(5.57)、式(5.58)更新网络参数；
end for
end if
end if
$\text{step}=\text{step}+1$；
end if
$\text{episode}=\text{episode}+1$
如果达到最大训练回合或者网络收敛，算法结束。如果网络收敛，得到最优决策网络，应用该网络进行在线规划。
end if

通过上述算法完成离线学习过程之后，每架无人机的决策网络参数 ϕ 都确定下来。无人机利用学习后得到的决策网络，根据实际的规划环境进行路径规划，各自获得满足约束的路径。由于神经网络具有运算速度快的优点，利用训练好的网络进行路径规划，可以在较短的时间内获得路径规划结果，保证规划的实时性。

5.3.3　仿真验证

在 Windows 10操作系统中，采用Python编程语言和Facebook开发的PyTorch工具包，实现了上述基于 MASAC-D 算法的多无人机路径规划方法及仿真实验。测试过程在一台配备 Intel(R) Core i5-2450M 2.5GHz CPU 和 8GB 内存的计算机上进行。

1. 仿真参数

假设在静态障碍环境中，对三个任务区域完成无人机分组后，需要对每个小组的领机规划飞往目标点的安全路径。环境障碍物的栅格地图信息由实验室搭建的虚拟仿真平台生成，通过检测与障碍物的碰撞情况确定栅格的状态，判断该栅格是否为障碍物并转化为相应的环境栅格地图，如图 5.17 所示。地图大小为500m×500m，每个栅格大小为 10m×10m，其中黑色区域代表障碍物，虚线框表示无人机与障碍物之间的安全距离，栅格 U1～U3 为无人机起始点，栅格 T1～T3 为对应的任务目标位置，具体栅格位置如表 5.5 所示。在本节的仿真验证中，无人机与目标位置在非障碍物栅格中随机生成，在实际应用中可以根据任务分配结果确定位置。

无人机采用本节提出的 MASAC-D 算法，在该场景中进行规划策略的学习，当所有无人机到达目标点或者达到最大回合步数时，重置无人机状态至起始状态并开始下一回合的训练。当无人机在规定的最大回合步数之内成功从起始位置到达目标位置，则记一次规划成功。

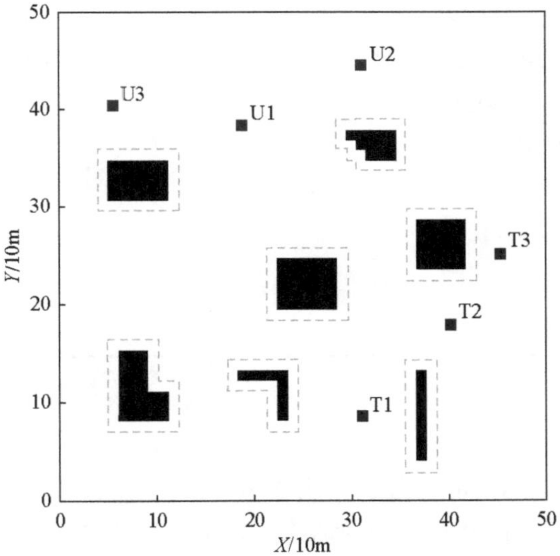

图 5.17　环境栅格地图

表 5.5　无人机与目标的位置(栅格)

无人机编号	无人机位置/10m	任务目标编号	目标位置/10m
1	[19, 38]	1	[31, 9]
2	[31, 44]	2	[40, 18]
3	[6, 40]	3	[45, 25]

MASAC-D 算法中的所有网络均为全连接层网络，包含 2 层隐藏层，每个隐藏层节点数为 512，输入和输出的节点数由不同网络的输入输出数据确定。在训练过程中，每 50 时间步从经验数据库提取批量大小为 128 的数据用于网络训练。最大回合数为 20000，每回合的最大步长为 500。在开始的 50 回合只进行随机动作采样，不进行网络学习，用于构建训练初期经验数据。训练过程中涉及的超参数如表 5.6 所示。

表 5.6　模型训练超参数设置

超参数	数值
安全距离 d_{safe}	10m
结束阈值 ε	5m
最大角度 $\varphi_{\max}$	60°
折扣因子 γ	0.99
批量大小 B	128
经验库大小 D	1×10^6
随机动作采样回合数	50
最大回合数 max _ episode _ for _ train	20000
每回合最大步长 max _ step _ for _ episode	500
网络更新步数	50
决策网络学习率 λ_ϕ	1×10^{-4}
评价网络学习率 λ_θ	5×10^{-4}
温度系数更新率 λ_α	1×10^{-4}
目标网络软更新系数 τ	5×10^{-3}

2. 仿真结果

为验证改进算法的性能，分别采用 MASAC-D 算法与传统 SAC 算法对上述环境进行训练，共进行 5000 回合的训练。其中，每 50 回合进行一次采样，记录这 50 回合中完成规划的成功率。图 5.18 给出了两种算法规划成功率的比较。从图中可以看出，在算法的训练初期，无人机处于探索阶段，会出现超过最大步数或者与障碍物发生碰撞的情况，导致规划失败。随着训练回合数的上升，经过充分的探索之后，无人机由探索状态转变为利用经验进行学习，成功率不断提升。在经过大约 200 回合后，采用 MASAC-D 算法的路径规划成功率基本达到 100%，之后保持在 96%以上，而传统 SAC 算法的规划成功率提升较慢，需要更多的训练回合才能稳定在 96%以上，说明增加动作筛选能够使所提算法在规划成功率上得到提升。

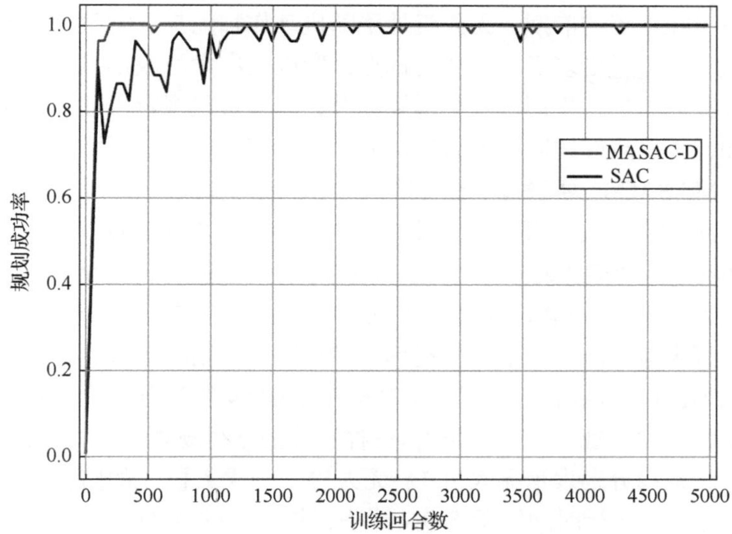

图 5.18　规划成功率

图 5.19 比较了两种算法的累计奖励值。由奖惩函数可知，由于只在无人机到达目标点时可以获得正奖励，即规划的路径越长，获得的奖励越小；反之，越快到达目标点，获得奖励越大。SAC 算法基于随机策略选择动作，使得训练过程中的数据存在小幅波动，因此对数据进行平滑滤波处理。由图 5.19 可以看出，在最开始的 50 回合，由于采用随机动作采样，没有经过网络决策和学习，获得的收益

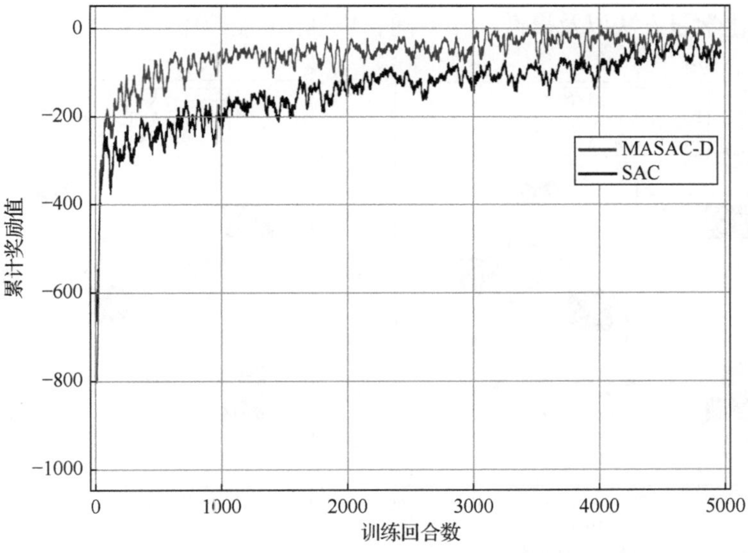

图 5.19　训练过程中的累计奖励值

较低；然后，在训练的前期，无人机处于随机动作移动与探索阶段，容易与障碍物发生碰撞，会经过更多步数到达目标点，所以每次学习获得累计奖励较低。随着训练回合数的增加，规划成功率得到提升，无人机在规定步数内到达目标点的次数也增加，可以较好地躲避障碍物，使得累计奖励值也逐渐增加，算法逐渐收敛。此外，MASAC-D 算法基本在 3000 回合时达到收敛状态，而 SAC 算法在训练 4500 回合后才逐渐趋于稳定，且累计奖励值小于 MASAC-D 算法收敛时的累计奖励值。相较于单智能体的 SAC 算法，增加了动作筛选机制的 MASAC-D 算法能够考虑其他无人机的观测状态，可以使无人机获得更多的奖励，并更快实现收敛。

为了更直观地看出采用本节所提算法进行路径规划的效果，对收敛后的网络进行路径规划测试，同时采用改进 A*算法[3]与 DQN 算法分别进行规划，比较不同算法的求解速度与规划的路径长度。三种算法的路径规划结果如图 5.20 与表 5.7 所示，图中三条线分别表示无人机 1、无人机 2 与无人机 3 的路径。可以看出，MASAC-D 算法的运行时间短于 DQN 算法，长于改进 A*算法，但仍然可以在较短的时间内(<1s)获得路径规划的结果。这是因为 MASAC-D 算法比 DQN 算法规划时所用步数更少，计算时间更短；但与改进 A*算法相比，MASAC-D 算法在规划时增加了动作筛选过程，额外增加了运算时间。虽然 MASAC-D 算法的求解速度不如改进的 A*算法，但基于改进 A*算法获得的路径具有较多的弯折，不利于无人机的实际飞行。相较于其余两种算法，无人机采用 MASAC-D 算法规划得到的路径长度更短，弯折更少，并且均满足避障约束的要求，尤其是对于起始点与目标点相距较远的场合，路径长度优化得更多，验证了算法的有效性与实时性。但受限于强化学习方法以及离散动作空间，规划出的路径仍然存在弯折。

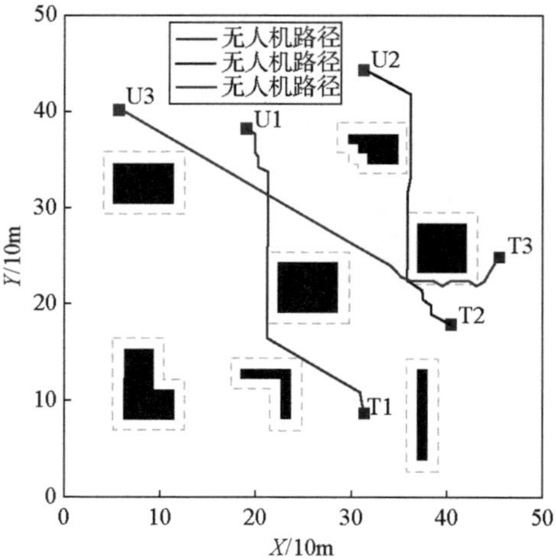

(a) MASAC-D算法

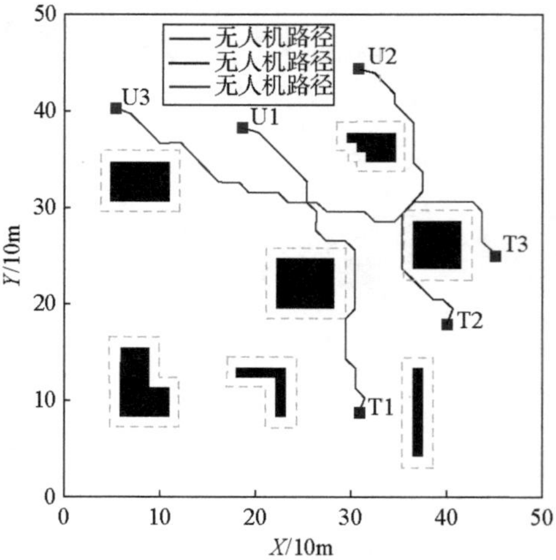

(b) 改进A*算法

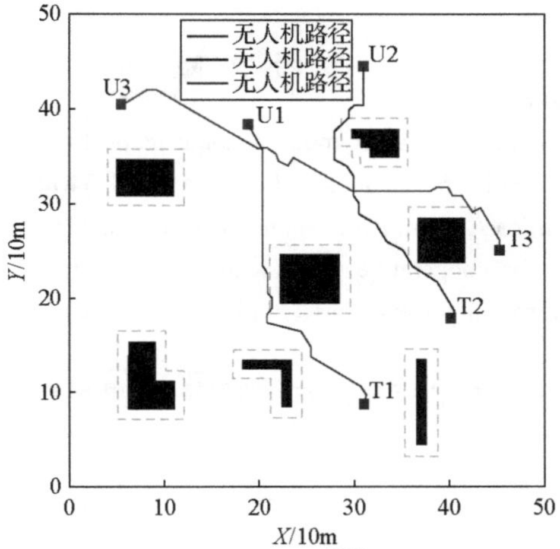

(c) DQN算法

图 5.20　三种算法路径规划结果

表 5.7　三种算法运行结果对比

算法	运行时间/s	路径长度/m		
		无人机 1	无人机 2	无人机 3
MASAC-D 算法	0.134	357.4	315.6	457.7
改进 A*算法	0.072	367.2	327.2	485.0
DQN 算法	0.148	360.3	339.2	479.4

5.4　小　　结

本章从多无人机任务分配角度出发,首先针对多无人机的静态任务分配问题,设计基于联盟博弈的多无人机静态任务分配算法，通过给每个任务确定领机，其余无人机根据设计的切换规则选择任务，再由领机消除规模冲突，完成任务分配。其次，针对多无人机的动态任务分配问题，设计基于面向动态环境的无人机集群分布式任务分配方案，即请求-应答策略，提出基于深度强化学习的双向请求-应答动态任务分配网络，实现复杂动态环境下多无人机智能任务分配。最后，针对多无人机的路径规划问题，考虑在多障碍环境中的无人机自身约束与避障约束，以获得最短路径为目标，设计基于 MASAC-D 算法的多无人机路径规划方法，获得各无人机的安全飞行路径，实现了多障碍环境下的多无人机路径规划。

参考文献

[1] Jang I, Shin H S, Tsourdos A. Anonymous hedonic game for task allocation in a large-scale multiple agent system. IEEE Transactions on Robotics, 2018, 34(6): 1534-1548.

[2] Jang I, Shin H S, Tsourdos A, et al. An integrated decision-making framework of a heterogeneous aerial robotic swarm for cooperative tasks with minimum requirements. Proceedings of the Institution of Mechanical Engineers, Part G: Journal of Aerospace Engineering, 2019, 233(6): 2101-2118.

[3] 吴飞龙, 郭世永. 基于改进 A*算法的 AGV 路径规划. 黑龙江工业学院学报(综合版), 2020, 20(9): 90-93.

第 6 章　典型任务场景下多无人机类脑智能自主决策

随着任务环境日益复杂和任务种类日益繁多，无人机在执行任务的过程中也被赋予了新的要求。如何让多无人机在复杂环境中智能自主地执行协同决策，例如对多个动态目标展开协同围捕与对抗打击，已经成为未来研究重点领域之一。以深度学习和强化学习为基础的类脑智能技术飞速发展，弥补了科学理论与实际应用间的技术鸿沟，并因其出色的表征能力、实时性等优点，在无人机集群技术应用中得到了越来越多的关注。此外，为了让多无人机在复杂动态环境中具备自主智能的决策能力，需要借鉴人在解决问题时的思维过程，研究适用于多无人系统的类脑智能方法，将优秀指挥官的决策方法编写成“程序”搭载在无人系统中，让无人系统像人一样具有学习、思考、决策的能力。因此，本章针对在动态复杂环境中执行任务时，多无人机可能遇到的任务决策、目标预测、运动规划等问题，建立基于博弈建模-目标预测-迭代学习-在线决策的类脑智能决策体系，开展复杂环境下基于类脑智能的多无人机任务决策与运动规划等相关技术的研究工作，对无人机集群领域的战略性、基础性、前沿性都具有极大推动作用。

本章的主要内容安排如下：6.1 节介绍基于星型拓扑网络的多无人机群体轨迹预测的方法；6.2 节提出面向围捕任务的多无人机类脑智能自主决策算法；6.3 节设计面向对抗任务的多无人机类脑智能自主决策算法；6.4 节给出本章小结。

6.1　基于星型拓扑网络的多无人机群体轨迹预测

考虑到在无人机集群复杂博弈环境中，若能够提前预测多架对方无人机的轨迹，则有助于己方无人机后续的机动决策，从而提高己方作战能力。近年来，基于神经网络的多无人机轨迹预测方法引起了国内外众多学者的关注，该方法可以将线上计算量转化为线下训练量，展现出预测精度高、预测时间短的优势。目前针对多无人机的轨迹预测问题，较少考虑动态环境中的双方行为交互因素，对多架对方无人机开展预测。因此，综合考虑博弈对抗环境中的不确定性因素，本节设计基于星型拓扑的网络架构，解决多无人机轨迹预测问题。首先，对无人机集群在对抗场景中的轨迹预测问题展开描述，进一步考虑多无人机间状态的相互耦合，即在预测中考虑博弈场景下其他节点的行为对对方无人机未来轨迹的影响，建立基于星型拓扑的多无人机群体轨迹预测网络，实现对对方无人机的轨迹预测，并展开仿真实验。

6.1.1 问题描述

针对无人机红蓝博弈对抗场景，其中红蓝双方均包含多架无人机。在多无人机执行任务的过程中，如果能提前判断出对方无人机的威胁行为，那么就可以此为依据，做出更好的应对策略，实现克敌制胜。因此，为了提前准确掌握对方态势信息，增强自身作战效能，己方每架无人机需要根据当前对抗态势预测对自身存在威胁的多架对方无人机的未来轨迹。假设该场景中存在 N 架己方无人机，M 架对方无人机，如何考虑环境中红蓝双方多无人机状态信息间的相互耦合、对方多无人机的行为策略以及复杂环境信息的影响，以预测对方多无人机的未来轨迹，是需要解决的难点问题。

在多无人机轨迹预测问题中，首先需要根据雷达、电磁无源探测器、红外探测器、激光探测器、卫星等探测设备获取对方多无人机的状态信息，红蓝双方无人机的状态信息设计如式(6.1)所示：

$$\begin{cases} I_{B_m} = [x_{B_m}, y_{B_m}, z_{B_m}, v_{B_m}^x, v_{B_m}^y, v_{B_m}^z, \phi_{B_m}, \theta_{B_m}, \psi_{B_m}], & m \in [1, M] \\ I_{R_n} = [x_{R_n}, y_{R_n}, z_{R_n}, v_{R_n}^x, v_{R_n}^y, v_{R_n}^z, \phi_{R_n}, \theta_{R_n}, \psi_{R_n}], & n \in [1, N] \end{cases} \tag{6.1}$$

式中，将 M 架对方无人机分别表示为 $B_1, B_2, \cdots, B_M$；I_{B_m} 则代表第 m 架对方无人机 B_m 的状态信息，其中 $m \in [1, M]$，包含惯性坐标系下无人机 B_m 的位置 $(x_{B_m}, y_{B_m}, z_{B_m})$、惯性坐标系下无人机 B_m 的速度 $(v_{B_m}^x, v_{B_m}^y, v_{B_m}^z)$、机体坐标系下无人机 B_m 的姿态信息 $(\phi_{B_m}, \theta_{B_m}, \psi_{B_m})$；$I_{R_n}$ 代表第 n 架己方无人机 R_n 的状态信息，其中 $n \in [1, N]$，包含惯性坐标系下无人机 R_n 的位置 $(x_{R_n}, y_{R_n}, z_{R_n})$、惯性坐标系下无人机 R_n 的速度 $(v_{R_n}^x, v_{R_n}^y, v_{R_n}^z)$、机体坐标系下无人机 R_n 的姿态信息 $(\phi_{R_n}, \theta_{R_n}, \psi_{R_n})$。

根据上述设计的红蓝双方无人机的状态信息，对方无人机 B_m 的历史状态信息表示为

$$X_{B_m} = \left\{ I_{B_m}(t) \middle| t = t_1, t_2, \cdots, t_{\text{obs}} \right\}$$

式中，t_{obs} 为当前时刻；$[t_1, t_{\text{obs}}]$ 为由 t_1 到当前时刻 t_{obs} 的历史时间序列；X_{B_m} 为该历史时间序列内对方无人机 B_m 的状态信息。

同理，己方无人机 R_n 的历史状态信息可以记为 $X_{R_n} = \left\{ I_{R_n}(t) \middle| t = t_1, t_2, \cdots, t_{\text{obs}} \right\}$。

因此，己方无人机对 M 架对方无人机轨迹预测的问题可以描述为

$$\begin{cases}\left(Y_{B_1},Y_{B_2},\cdots,Y_{B_M}\right)=f\left(X_{R_1},X_{R_2},\cdots,X_{R_N},X_{B_1},X_{B_2},\cdots,X_{B_M}\right)\\ Y_{B_m}=\left\{P_{B_m}(t)\middle|t=t_{\text{obs+1}},t_{\text{obs+2}},\cdots,t_{\text{obs}+p}\right\}\\ P_{B_m}=[x_{B_m},y_{B_m},z_{B_m}]\end{cases}\tag{6.2}$$

式中，P_{B_m} 为第 m 架对方无人机 B_m 的位置信息；p 为预测的未来时间段的长度，$[t_{\text{obs+1}},t_{\text{obs}+p}]$ 为由 $t_{\text{obs+1}}$ 到未来 $t_{\text{obs}+p}$ 时刻的未来时间序列；Y_{B_m} 为无人机 B_m 未来时刻的预测轨迹。

因此，多无人机轨迹预测的目标是找到从 $\left(X_{R_1},X_{R_2},\cdots,X_{R_N},X_{B_1},X_{B_2},\cdots,X_{B_M}\right)$ 到 $\left(Y_{B_1},Y_{B_2},\cdots,Y_{B_M}\right)$ 的映射函数 f，使得该函数可以基于红蓝双方无人机的历史信息预测对方无人机未来轨迹。

6.1.2　基于星型拓扑网络的预测模型建立

根据 6.1.1 节描述的动态环境下多无人机轨迹预测问题，本节的目标是基于 LSTM 网络建立一个兼顾快速性和准确性的预测模型，基于己方及对方多无人机历史状态 $\left\{\{I_{R_n}\}_{n=1}^{N},\{I_{B_m}\}_{m=1}^{M}\right\}$ 来预测对方多无人机未来轨迹，其中 I_{R_n} 表示己方无人机历史状态信息，I_{B_m} 表示对方多无人机历史状态信息。本书基于深度 LSTM 网络搭建基于星型拓扑的预测网络[1]，其网络架构如图 6.1 所示，整体预测网络是由一个中心化的核心网络和 M 个个体网络组成，其中核心网络用于收集全局状态信息并生成描述对方与己方多无人机状态信息之间的交互耦合特征，而每个个体网络对应一架对方无人机，用于根据对方无人机的历史状态信息及核心网络输出的交互耦合特征来预测对方无人机的未来轨迹信息。下面将分别介绍核心网络及个体网络的网络结构。

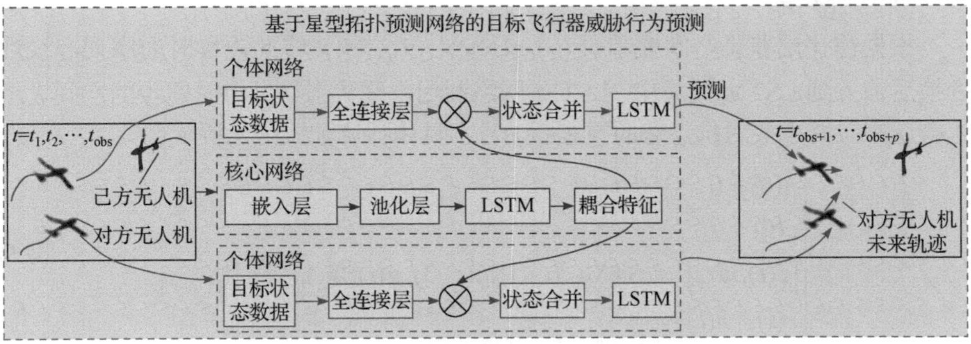

图 6.1　星型拓扑预测网络架构

1. 核心网络

为了综合描述复杂对抗态势，提高预测的准确性，星型拓扑预测网络中的核心网络依据对方及己方无人机历史信息、复杂对抗环境信息，得到复杂对抗态势耦合信息综合表示 r，该综合表示 r 包含了对抗态势的时空信息，是描述博弈交互行为的关键。核心网络的输入包含对方和己方无人机状态信息的全局状态数据 $\left\{\{I_{R_n}\}_{n=1}^{N},\{I_{B_m}\}_{m=1}^{M}\right\}$，经过嵌入层和池化层提取数据特征，产生每一时间步的对抗态势空间表示 $g(t)$，并将空间表示 $g(t)$ 输入 LSTM 层生成战场态势时空表示 $r(t)$。

1) 嵌入层

嵌入层以各无人机的状态信息 I_j 作为输入，通过式(6.3)将输入数据映射到一个新空间：

$$e_j(t)=W_1 I_j(t),\quad t\in\left[t_1,t_{\text{obs}}\right] \tag{6.3}$$

式中，$j\in\left\{R_1,R_2,\cdots,R_n,B_1,B_2,\cdots,B_m\right\}$ 表示第 j 架己方或对方各无人机；$I_j(t)$ 表示无人机 j 在 t 时刻的状态信息；W_1 表示嵌入层的网络参数；$e_j(t)$ 则是无人机 j 在 t 时刻状态的空间表示。

2) 池化层

将 $e_j(t)$ 作为输入，使用池化操作组合所有无人机状态信息的空间表示，以生成时间步 t 处对抗态势的空间表示 $g(t)$，如式(6.4)所示：

$$g(t)=\text{Maxpooling}(e_1(t),e_2(t),\cdots,e_j(t)),\quad t\in\left[t_1,t_{\text{obs}}\right] \tag{6.4}$$

式中，空间表示 $g(t)\in\left\{g(t_1),g(t_2),\cdots,g(t_{\text{obs}})\right\}$ 包含单个时间步长的对抗态势信息。然而，无人机之间的博弈交互是动态的。为了提高预测的准确性，需要进一步建立考虑时间变化的时空表示。

3) LSTM 层

根据池化层获得空间表示 $\left\{g(t_1),g(t_2),\cdots,g(t_{\text{obs}})\right\}$，将此连续时间序列经线性变换后输入到 LSTM 网络中。LSTM 网络利用隐藏状态将所有时间步的空间表示组合起来，并生成对抗态势时空表示 $r(t)$，具体计算如式(6.5)所示：

$$\begin{cases}h(0)=0\\ c(0)=0\\ \left[c(t),h(t)\right]=\text{LSTM}(c(t-1),h(t-1),g(t);W_2),\quad t\in\left[t_1,t_{\text{obs}}\right]\\ r(t)=h(t)\end{cases} \tag{6.5}$$

式中，W_2 是 LSTM 网络的网络参数；$c(t)$ 和 $h(t)$ 分别是 LSTM 网络的输出和隐藏状态，设定 LSTM 网络的细胞状态和隐藏状态的初始值均为零；$g(t)$ 为 LSTM 网络的输入；$r(t)$ 为 LSTM 网络的输出，即交互过程的全局时空特征，其值为 LSTM 网络在 t 时刻的隐藏状态。

LSTM 网络结构如图 6.2 所示。

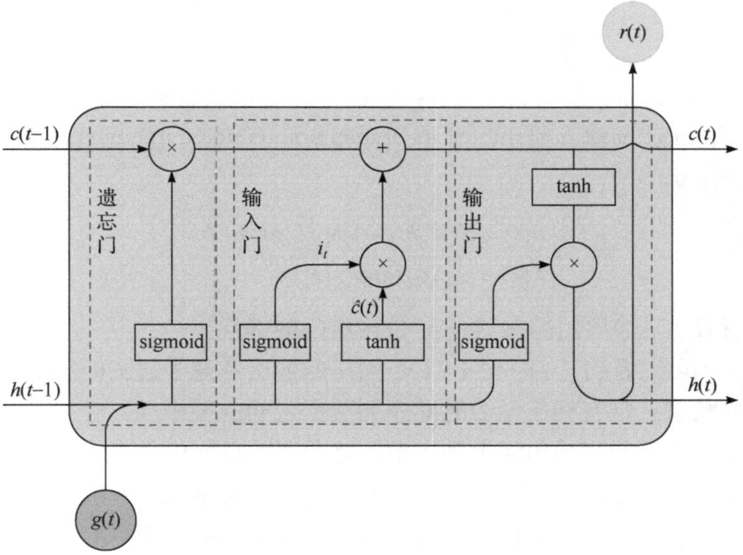

图 6.2　LSTM 网络结构

由图 6.2 可以看出，在 t 时刻的输入不仅有 $g(t)$，还有来自上一时刻的隐藏状态 $h(t-1)$ 和细胞状态 $c(t-1)$。$g(t)$ 和 $h(t-1)$ 在遗忘门通过激活函数获得丢弃前一层隐藏细胞状态 $c(t-1)$ 的概率，与 $c(t-1)$ 的乘积成为组成 t 时刻细胞状态 $c(t)$ 的一部分，其计算如式(6.6)所示：

$$f(t)=S(W_f h(t-1)+U_f g(t)+b_f) \tag{6.6}$$

式中，W_f 和 U_f 是遗忘门的参数；b_f 是遗忘门的偏置；$S(\cdot)$ 是 sigmoid 激活函数，该激活函数将输出限制在 $[0,1]$ 范围内。

因此，获取的输出 $f(t)$ 表示保留前一层隐藏细胞状态的概率，0 表示全部遗忘，1 表示全部保留。

进一步，$g(t)$ 和 $h(t-1)$ 在输入门通过激活函数确定 t 时刻细胞状态需要更新的信息，其计算如式(6.7)所示：

$$\begin{cases} i(t)=S(W_i h(t-1)+U_i g(t)+b_i) \\ \hat{c}(t)=\tanh(W_c h(t-1)+U_c g(t)+b_c) \end{cases} \tag{6.7}$$

式中，W_i、U_i、W_c、U_c 是输入门的参数；b_i 和 b_c 是输入门的偏置。网络通过 sigmoid 激活函数确定需要更新哪些状态 $i(t)$；$\tanh(\cdot)$ 是 tanh 激活函数，网络通过该激活函数将依据输入确定将更新的内容 $\hat{c}(t)$ 。

接着，网络将根据遗忘门和输入门的输出计算当前时刻的细胞状态 $c(t)$ ，其计算如式(6.8)所示：

$$c(t)=f(t)\odot c(t-1)+i(t)\odot \hat{c}(t) \tag{6.8}$$

式中，$\odot$ 表示 Hadamard 积。

因此，t 时刻细胞状态 $c(t)$ 包含过去时刻的有用信息和当前时刻的新信息。

最后，LSTM 网络在输出门基于 $g(t)$ 和 $h(t-1)$ 以及细胞状态确定输出结果，其计算如式(6.9)所示：

$$\begin{cases} o(t)=S(W_o h(t-1)+U_o g(t)+b_o) \\ h(t)=o(t)\odot \tanh(c(t)) \end{cases} \tag{6.9}$$

式中，W_o 和 U_o 是输出门的参数；b_o 是输出门的偏置。

由式(6.9)可以看出，t 时刻 LSTM 网络的输出考虑了过去时刻的有用信息和当前时刻的状态，将有利于学习时间序列数据之间的关系。

LSTM 网络可使当前单元得到本单元之前所有单元的信息，即可使核心网络的输出与无人机历史状态相关联。由于全局时空特征表示 $r(t)$ 取决于对方及己方无人机历史信息、复杂环境信息，因此本节所提算法能够考虑对方、己方无人机与复杂环境三者之间的耦合性，分析己方无人机及复杂环境对对方无人机轨迹的影响，提高预测准确性。

2. 个体网络

为了更好地分析对方每架目标无人机的自身历史状态对其轨迹的影响，进一步设计星型拓扑预测网络的个体网络，该网络根据核心网络获得的对抗态势综合表示和个体自身状态来预测对方无人机未来轨迹。对于 M 架对方无人机，即存在 M 个个体网络分别对其进行预测。以第 m 架对方无人机为例，其个体网络首先将该无人机历史状态信息数据经全连接层提取特征后与复杂对抗态势的耦合信息 $r(t)$ 合并，并将状态合并后的数据作为其个体网络中 LSTM 层的输入，从而输出第 m 架对方无人机的预测轨迹。

1) 全连接层

将对方无人机 B_m 的状态信息 $I_{B_m}(t)$ 作为输入，通过式(6.10)将输入数据映射到新的空间：

$$q_{B_m}(t)=W_3 I_{B_m}(t), \quad t\in[t_1,t_{\text{obs}}] \tag{6.10}$$

式中，$I_{B_m}(t)$ 是第 m 架对方无人机 B_m 在 t 时刻的状态信息；W_3 是全连接层的网络参数；$q_{B_m}(t)$ 是无人机 B_m 在 t 时刻状态的特征表示。

2) 状态合并

状态合并层将全局时空特征 $r(t)$ 与对方无人机 t 时刻状态的特征信息 $q_{B_m}(t)$ 融合，同时依据无人机状态信息 $I_{B_m}(t)$ 计算无人机状态的导数，其计算如式(6.11)所示：

$$\begin{cases} r_{B_m}(t) = r(t) \odot q_{B_m}(t) \\ \mathrm{d}I_{B_m}(t-1) = I_{B_m}(t) - I_{B_m}(t-1) \\ \mathrm{d}I_{B_m}(0) = 0 \end{cases} \tag{6.11}$$

式中，融合信息 $r_{B_m}(t)$ 既取决于对方无人机 B_m 的状态信息，也取决于其与飞行环境中其他无人机之间的相互作用；$\mathrm{d}I_{B_m}(t-1)$ 表示状态合并层生成的无人机状态的导数，设置 $\mathrm{d}I_{B_m}(0)$ 为零。

3) LSTM 层

LSTM 层根据观测的历史状态信息和融合信息 $r_{B_m}(t)$ 预测第 m 架对方无人机 B_m 的未来轨迹。其计算过程如式(6.12)所示：

$$\begin{cases} h_{B_m}(0) = 0 \\ c_{B_m}(0) = 0 \\ [c_{B_m}(t), h_{B_m}(t)] = \mathrm{LSTM}_{B_m}(c_{B_m}(t-1), h_{B_m}(t-1), [r_{B_m}(t), \mathrm{d}I_{B_m}(t-1)]; W_4) \\ Y_{B_m} = W_5 h_{B_m}(t) \end{cases} \tag{6.12}$$

式中，W_4 是 LSTM 网络的网络参数；W_5 是输出网络的网络参数；c_{B_m} 和 h_{B_m} 分别是预测网络中 LSTM 网络计算的细胞状态和隐藏状态。设定 LSTM 网络的细胞状态和隐藏状态的初始值均为零，将 LSTM 网络输出的隐藏状态经过线性计算即可获得无人机的预测未来轨迹。

由于每个个体网络都包含特定的 LSTM 状态，通过个体网络中的 LSTM 网络，个体网络的输出与对方无人机历史状态及对抗态势历史状态相关联，并获得对方无人机的预测轨迹。

6.1.3　多无人机轨迹预测过程

考虑基于星型拓扑网络的多无人机群体轨迹预测方法依赖于大量数据的训练，然而在动态对抗环境下，机载传感器探测到的目标状态数据存在数据缺失、噪声、数据量纲不统一等问题，因此，对获取到的目标状态数据需要先进行预处理。本节将从具体应用角度进一步详细介绍多无人机轨迹预测过程，主要包含数据归一化、样本切分处理、离线训练过程和在线预测过程。

1. 数据归一化

本节采用深度学习方法对目标威胁行为进行预测，对于神经网络而言，当不同的特征向量作为网络输入时，特征本身表达方式的不同会导致在绝对数值上的小数据被大数据“吃掉”的情况，因此输入数据的归一化处理是十分有必要的。数据归一化不仅可以提高模型训练速度，还可以提高训练精度。本书采用“$(0,1)$标准化”的数据归一化处理方法，对于第k维数值型数据$x_k=\{x_{k1},x_{k2},\cdots,x_{ki},\cdots,x_{kn}\}$，$n$为数据总数，则第$i$个原始属性值$x_{ki}$数据归一化结果为

$$x'_{ki}=\frac{x_{ki}-\max(x_k)}{\max(x_k)-\min(x_k)} \tag{6.13}$$

式中，x'_{ki}表示经过归一化处理后的数据值；$\max(x_k)$和$\min(x_k)$表示x_k中的最大值和最小值，在本书中采用无人机状态的范围值作为该状态的最大最小值。

2. 样本切分处理

机载传感器探测到的多无人机状态数据是一个无限长度的时序数据，无法直接用于多无人机轨迹预测，因此需要对多无人机状态数据进行切分。考虑多无人机轨迹预测是一个有监督的学习问题，还需将轨迹数据分解为训练样本和标签。下面以单步预测为例，给出制作神经网络训练集的样本构建方法，如图 6.3 所示。

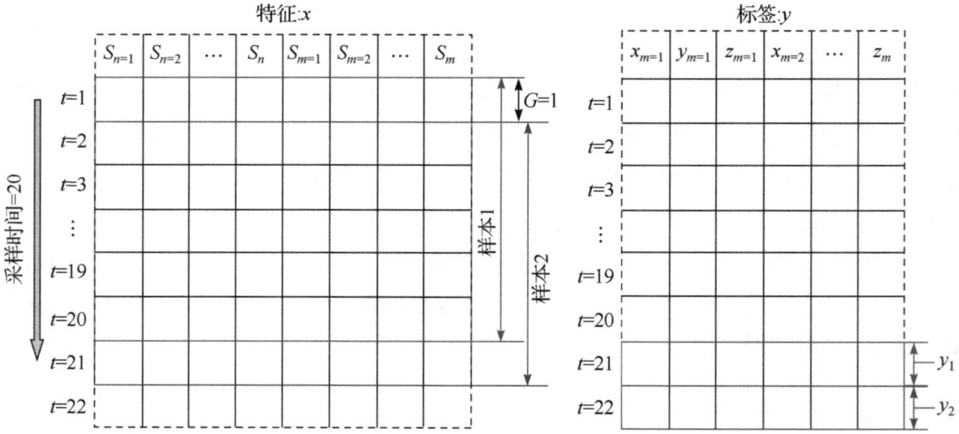

图 6.3 样本构建方法

首先，假设当前时刻为t时刻，样本采样时间为 20，即从历史时刻$t-19$开始，按时间顺序向下，选择 20 个时间步的所有无人机状态数据作为训练样本，即$[t-19,t]$时间段中的全局状态信息，形成$9\times M\times 20$维度的矩阵作为神经网络的输入；然后将第$t+1$时刻对方多无人机位置信息作为该训练样本的标签；最后，为

了保证样本在时间上的连续性，选择分离间隔 G 为 1，即从历史时刻 $t-18$ 开始，用同样的方法选择训练样本及其标签，最终形成神经网络训练集。

3. 离线训练过程

根据所获得的训练集，搭建 6.1.2 节设计的基于星型拓扑网络的预测模型，并采用离线训练在线应用的方式实现实时预测。在离线训练过程中，星型拓扑预测网络的优化目标为减少网络对对方多无人机轨迹的预测输出和标签之间的误差。因此，采用均方差函数作为损失函数，描述星型拓扑预测网络预测值与标签之间的差异：

$$L = \frac{1}{Q}\sum_{k=1}^{Q}\sum_{m=1}^{M}(\hat{Y}_{B_m}^{k} - Y_{B_m}^{k})^2 \tag{6.14}$$

式中，Q 表示每一回合中训练过程批量样本的个数；$\hat{Y}_{B_m}^{k}$ 是预测模型输出的无人机 B_m 预测未来轨迹；$Y_{B_m}^{k}$ 是无人机 B_m 真实未来轨迹。因此，星型拓扑预测网络训练的优化目标是最小化均方差损失函数，即使 L 趋近于 0。

深度神经网络训练的过程即为网络参数更新的过程，根据上述损失函数，采用梯度下降方法对网络参数进行更新，即计算均方差函数的梯度，并根据链式法则对每一层的神经网络参数进行迭代更新，如式(6.15)所示：

$$w \leftarrow w - \varepsilon \nabla_w L \tag{6.15}$$

式中，w 表示预测模型中所有的网络参数；$\nabla_w L$ 为损失函数 L 对网络参数 w 梯度；ε 为学习率。

考虑传统反向传播算法存在两个缺点：①算法的学习率难以确定。学习率太大易引发学习曲线出现严重振荡，严重影响网络的学习效果；学习率选择太小，会导致训练过程缓慢，网络训练会耗费大量的时间。②梯度更新只能采用当前小批量样本的梯度进行更新，无法记忆之前样本的梯度大小与方向。因此，本书采用自适应动量矩估计(adaptive moment estimation，Adam)算法更新网络参数。该算法通过引入动量的概念，综合考虑了梯度的一阶矩估计与二阶矩估计，实现了自适应调整学习率，具有求解速度快与参数调整简单的优点。自适应动量矩估计算法首先借鉴动量概念，在梯度更新时一部分保留之前更新的方向，另一部分利用当前样本的梯度微调最终的更新方向，其计算如式(6.16)所示：

$$s \leftarrow \rho_1 s + (1-\rho_1)\nabla_w L \tag{6.16}$$

式中，s 为对梯度 $\nabla_w L$ 的一阶矩估计，即对 $E[\nabla_w L]$ 的近似；$\rho_1 \in [0,1)$ 为指数衰减速率。

进一步，为实现学习率的自适应调整，即对于更新较慢的网络参数采用较大

的 ε 更新，对于更新较快的网络参数采用较小的 ε 更新，因此引入梯度的二阶矩估计对学习率 ε 进行调整，其计算如式(6.17)所示：

$$\varepsilon' = \frac{\varepsilon}{\sqrt{r}+\delta} \tag{6.17}$$

式中，ε' 为调整后的学习率；δ 为防止分母为零的常数；r 为对梯度 $\nabla_w L$ 二阶矩估计，即对 $E[(\nabla_w L)^2]$ 的近似：

$$r \leftarrow \rho_2 r + (1-\rho_2)\nabla_w L \odot \nabla_w L \tag{6.18}$$

式中，$\rho_2 \in [0,1)$ 为指数衰减速率。

在此基础上，对梯度 $\nabla_w L$ 的一阶矩与二阶矩估计进行无偏修正，其计算如式(6.19)所示：

$$\begin{aligned} \hat{s} &\leftarrow \frac{s}{1-\rho_1} \\ \hat{r} &\leftarrow \frac{r}{1-\rho_2} \end{aligned} \tag{6.19}$$

式中，$\hat{s}$ 为对梯度 $\nabla_w L$ 的一阶矩估计进行无偏修正后的值；$\hat{r}$ 为对梯度 $\nabla_w L$ 的二阶矩估计进行无偏修正后的值。

最后基于 Adam 算法的网络参数更新公式更新网络参数，如式(6.20)所示：

$$w \leftarrow w - \frac{\varepsilon}{\sqrt{\hat{r}}+\delta}\hat{s} \tag{6.20}$$

基于 Adam 算法的深度神经网络参数更新流程如算法 6.1 所示。

算法 6.1 基于 Adam 算法的深度神经网络参数更新算法

输入： 学习率 ε (建议默认为 0.001)；矩估计的指数衰减速率 ρ_1 和 ρ_2 在区间 $[0,1)$ 内(建议默认为 0.9 和 0.999)；用于数值稳定的小常数 δ (建议默认为 10^{-8})；初始参数 w，初始化一阶矩和二阶矩估计 $s=0$，$r=0$，初始化时间步 $t=0$。

输出： 深度神经网络参数。

1: for 没有达到停止准则：

从训练集中采样包含 Q 个样本 $\{x^{(1)},\cdots,x^{(Q)}\}$ 的小批量，对应的目标为 $\{y^{(1)},\cdots,y^{(Q)}\}$；

2: 　计算梯度：$g \leftarrow \frac{1}{Q}\nabla_w \sum_i L(y^*, y)$；
3: 　$t \leftarrow t+1$；
4: 　更新有偏一阶矩估计：$s \leftarrow \rho_1 s + (1-\rho_1)\nabla_w L$；
5: 　更新有偏二阶矩估计：$r \leftarrow \rho_2 r + (1-\rho_2)\nabla_w L \odot \nabla_w L$；
6: 　修正一阶矩的偏差：$\hat{s} \leftarrow \frac{s}{1-\rho_1}$；
7: 　修正二阶矩的偏差：$\hat{r} \leftarrow \frac{r}{1-\rho_2}$；
8: 　计算更新：$\Delta w = -\varepsilon \frac{\hat{s}}{\sqrt{\hat{r}}+\delta}$(逐元素应用操作)；
9: 　应用更新：$w \leftarrow w + \Delta w$；
10: end for

针对大样本的多无人机轨迹预测问题的网络训练，由于自适应学习率的引入，可以快速对深度神经网络参数进行更新，更高效地学习到多无人机运动特性改变时的状态特征，实现对对方多无人机的轨迹预测。

4. 在线预测过程

完成训练过程之后，预测网络的网络参数也被确定下来，考虑到训练好的神经网络具有运算速度快的特点，将离线训练后得到的星型拓扑预测网络用于在线多无人机轨迹预测过程。将双方多无人机历史状态信息$\left\{\{I_{R_n}\}_{n=1}^N, \{I_{B_m}\}_{m=1}^M\right\}$输入到星型拓扑预测网络中；训练好的核心网络会快速给出当前全局态势信息，而M个个体网络会根据当前全局态势信息针对M架对方无人机在线输出其预测轨迹。

下面给出多无人机轨迹在线预测过程，即算法 6.2。

算法 6.2　多无人机轨迹在线预测算法

输入：星型拓扑预测网络。
输出：第 1～M架对方多无人机的轨迹。
1: 　将双方多无人机历史状态信息$\left\{\{I_{R_n}\}_{n=1}^N, \{I_{B_m}\}_{m=1}^M\right\}$输入网络。
2: 　依据核心网络输出当前全局态势信息：
3: 　for $m=1$ to M：

4:　　依据个体网络获得对方无人机 m 的未来轨迹；

5:　end for

6.1.4 仿真验证

1. 仿真环境

在多无人机群体轨迹预测仿真过程中需要用到大量轨迹数据对预测网络进行训练，其中训练与验证数据均通过 5 vs 5 红蓝多无人机对抗仿真平台随机获得，仿真环境如图 6.4 所示。在该仿真环境中，算法端可以实时获得双方无人机的轨迹数据，用于预测算法的训练与测试。

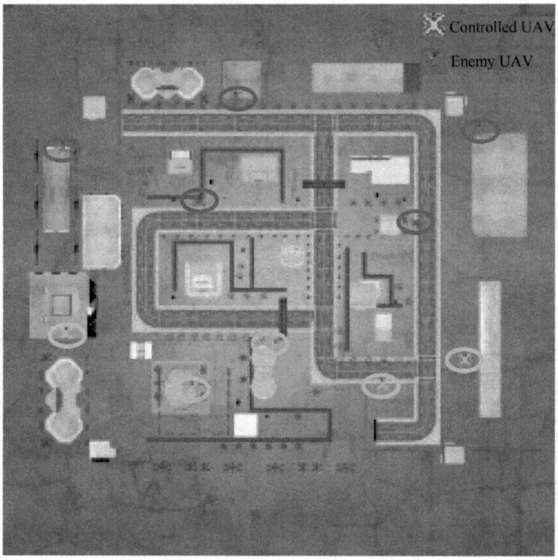

图 6.4　多无人机对抗仿真环境

2. 仿真参数

本书所设计的预测网络将在 Windows 10 操作系统下进行验证，基于 PyCharm 运行平台在 PyTorch 环境下使用 Python 语言实现仿真实验。计算机配置为 Intel(R) Core(TM) i7-8700 3.20GHz CPU、24GB 内存。

在训练星型拓扑预测网络之前，先对数据进行如 6.1.3 节所述的数据预处理操作以获得数据样本，每个样本包含 20 个历史时刻数据的 90 个状态信息 (42982×20×90)；再在实际在线预测过程中，用训练好的模型预测轨迹，保障预测的实时性。为了能够充分测试所提出模型的性能，本节分别对轨迹进行单步预测和多步预测。数据集中包含训练集和测试集，选择每个数据训练集的 15%为验证集来验证和微调网络。网络参数如表 6.1 所示。

表 6.1　网络参数设置

参数	数值
全连接神经网络 $\phi_e(\cdot)$ 隐藏层节点数	256
双向 LSTM 网络节点数	256
双向 LSTM 网络隐藏层层数	2
全连接神经网络 $\phi_r(\cdot)$ 隐藏层节点数	256
全连接神经网络 $\phi_r(\cdot)$ 输出层节点数	16
全连接神经网络 $\phi_j(\cdot)$ 隐藏层节点数	256
LSTM 网络节点数	256
LSTM 网络隐藏层层数	1
全连接神经网络 $\phi_a(\cdot)$ 隐藏层节点数	256
网络激活函数(全连接层)	ReLU

3. 评价指标

均方根误差(root mean square error，RMSE)、平均绝对误差(mean absolute error，MAE)、平均绝对百分比误差(mean absolute percentage error，MAPE)是经典的回归问题评价指标。RMSE 是预测结果与实际值之差的平方的平均值然后进行平方根运算。MAE 是预测值与实际值之间绝对误差的平均值。MAPE 是绝对误差与实际值的比值的平均值，是与原始数据进行比较的过程。利用上述三个指标来评价预测模型的有效性，三个指标的计算公式如式(6.21)～式(6.23)所示：

$$\mathrm{RMSE}=\left[\frac{1}{Q}\sum_{k=1}^{Q}\sum_{m=1}^{M}(\hat{Y}_{B_m}^k-Y_{B_m}^k)^2\right]^{1/2} \tag{6.21}$$

$$\mathrm{MAE}=\frac{1}{Q}\sum_{k=1}^{Q}\sum_{m=1}^{M}\left|\hat{Y}_{B_m}^k-Y_{B_m}^k\right| \tag{6.22}$$

$$\mathrm{MAPE}=\frac{1}{Q}\sum_{k=1}^{Q}\sum_{m=1}^{M}\left|\frac{\hat{Y}_{B_m}^k-Y_{B_m}^k}{Y_{B_m}^k}\right|\times 100\% \tag{6.23}$$

式中，Q 是每一回合中训练过程批量样本的个数；$\hat{Y}_{B_m}^k$ 是模型输出的无人机 B_m 的预测未来轨迹；$Y_{B_m}^k$ 是无人机 B_m 的真实未来轨迹。三个误差评估值越小，预测轨迹越接近实际轨迹，表明该模型的预测精度越高。

定义预测准确率 Accuracy 如式(6.24)所示，然后采用准确率作为多无人机群体轨迹预测中的评价指标：

$$\text{Accuracy} = 1 - \frac{1}{Q}\sum_{k=1}^{Q}\sum_{m=1}^{M}\left|\frac{\hat{Y}_{B_m}^{k} - Y_{B_m}^{k}}{Y_{B_m}^{k}}\right| \times 100\% \tag{6.24}$$

式中，准确率 Accuracy 与 MAPE 和为 1。

4. 仿真实验及分析

针对多无人机轨迹预测问题，基于上述设计的星型拓扑预测网络及从仿真平台获取到的历史状态数据，通过仿真实验验证预测模型的稳定性与准确性。在网络迭代训练过程中，每次从训练集中提取 32 组数据对网络进行反向更新，共训练 50000 回合。迭代训练过程准确率曲线如图 6.5 所示，其中浅橙色曲线为真实曲线，深橙色曲线为平滑处理后的准确率曲线，从图中可以看出在训练 5000 回合时准确率曲线逼近 1，但是存在振荡现象，在 30000 回合后，准确率曲线整体处于 0.9 之上。迭代训练过程中损失值曲线如图 6.6 所示。从图中可以看出在训练 5000 回合时损失值趋于稳定，表明星型拓扑预测网络的网络参数逐渐收敛，此时认为网络训练完成。

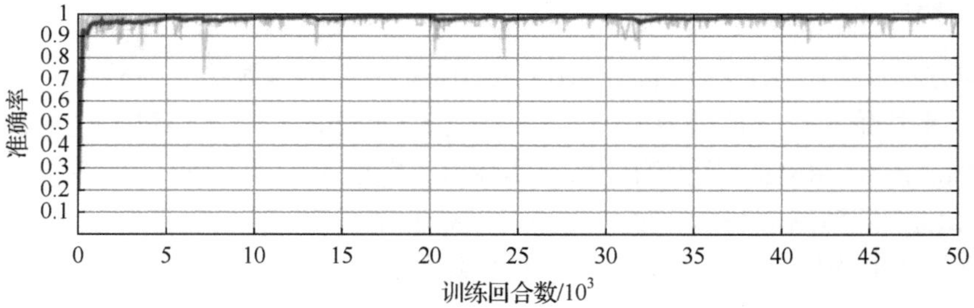

图 6.5　迭代训练过程准确率曲线

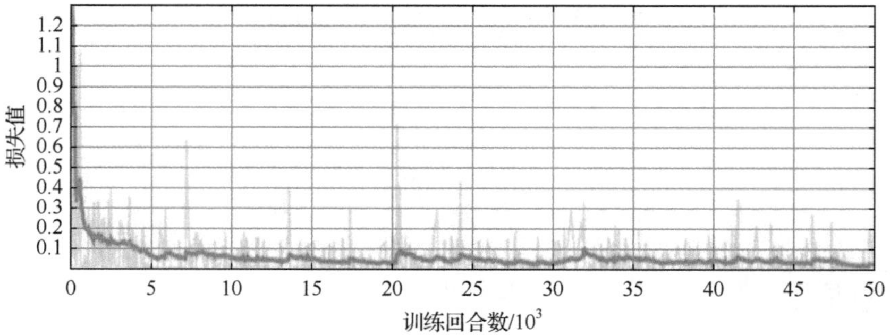

图 6.6　迭代训练过程损失值曲线

6.2　面向围捕任务的多无人机类脑智能自主决策

在无人机集群的复杂博弈环境中，多无人机围捕场景是一类典型的集群博弈对抗应用场景，己方多架无人机针对对方逃逸无人机，在多个时空约束下，通过分布式运动规划，实现对对方无人机的协同围捕。为实现面向围捕任务的多无人机运动规划，参考人类的经验—预测—学习—决策的思考过程，提出基于博弈建模—目标预测—迭代学习—在线决策的类脑智能求解策略，同时考虑围捕目标动态性、环境多障碍物等因素，实现复杂城市环境下面向围捕任务的多无人机协同运动规划。

本节首先对城市作战环境下的无人机集群运动规划问题展开描述，其次建立面向围捕任务的多无人机博弈模型，并给出博弈建模—目标预测—迭代学习—在线决策的类脑智能求解策略，最后对提出的规划算法进行仿真验证。

6.2.1　问题描述

假设某城市内存在多架无人机和可以自由移动的待围捕目标。每架无人机及目标都可以在无障碍区域内自由移动，在执行围捕任务目标的过程中，无人机通过其机载传感器与同伴之间的通信来获取运动规划信息。城市环境中存在若干障碍(如高层建筑)阻碍无人机飞行，如果无人机在飞行时与障碍物发生碰撞，将被视为坠毁，无法继续执行任务。若在规定的时间内，一定数目的己方无人机同时围捕到目标，并持续一段时间，那么判定多无人机围捕成功，否则任务失败。综上，面向围捕任务的无人机运动规划问题可以综合表述为：根据己方多无人机与目标的位置、速度等因素及避碰、避撞等约束条件，每架无人机根据自身传感器及机间通信获取到的观测信息，在最短时间内对对方无人机进行围捕。

下面首先对多无人机围捕任务场景的约束条件及优化目标展开数学描述。

1. 约束条件

1) 无人机速度约束

在围捕过程中，每架无人机及待围捕目标不能超过自身最大速度，即

$$\|v_i\| \leqslant v_{\max i},\quad \|v_j\| \leqslant v_{\max j} \tag{6.25}$$

式中，v_i 和 v_j 分别为每架己方无人机和待围捕目标的速度，$i \in [1, I_n]$，$j \in [1, J_n]$；I_n 和 J_n 分别为己方无人机总数和待围捕目标总数；$v_{\max i}$ 和 $v_{\max j}$ 分别为己方无人机和对方无人机的最大速度。

为了使围捕任务更具有挑战性，进一步假设己方无人机的最大速度小于待围

捕目标的最大速度，避免目标轻易被己方无人机围捕上，即

$$v_{\max i} < v_{\max j}, \quad i \in [1, I_n], j \in [1, J_n] \tag{6.26}$$

2) 无人机加速度约束

同速度约束一样，每架己方无人机及待围捕目标的加速度不能超过自身最大加速度，即

$$\|a_i\| \leqslant a_{\max i}, \quad \|a_j\| \leqslant a_{\max j} \tag{6.27}$$

式中，a_i 和 a_j 分别表示每架己方无人机和待围捕目标的加速度；$a_{\max i}$ 和 $a_{\max j}$ 分别表示己方无人机和对方无人机的最大加速度。

为了使己方无人机能围捕上目标，假设己方无人机的最大加速度大于待围捕目标的最大加速度(若己方无人机速度和加速度均小于等于待围捕目标，则己方无人机很难完成任务)，即

$$a_{\max i} > a_{\max j}, \quad i \in [1, I_n], j \in [1, J_n] \tag{6.28}$$

3) 无人机避障约束

由于城市区域内建筑物繁多，为了无人机的安全，在飞行过程中无人机应避免与建筑物发生碰撞，两者之间的距离需保持在安全距离之外，即

$$\Delta d_{i,o} > d_{\text{safe}} \tag{6.29}$$

式中，$\Delta d_{i,o}$ 为第 i 架无人机与最近的障碍物之间的距离；d_{safe} 为人为设定的无人机与障碍物之间的安全距离。

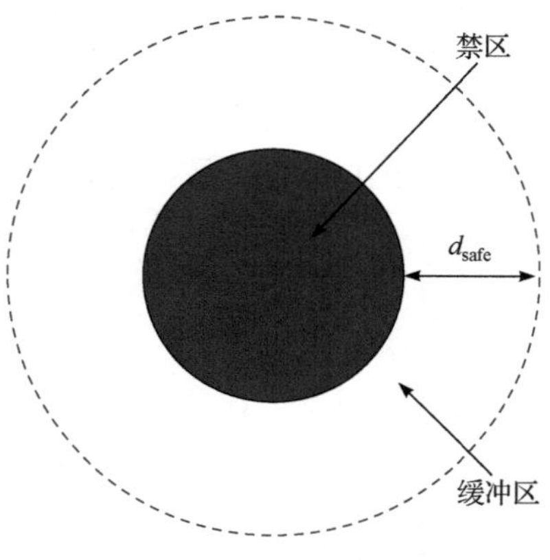

图 6.7　无人机的禁区与缓冲区域

如图 6.7 无人机的禁区与缓冲区域所示，深色区域为障碍物，无人机需避免与其发生碰撞，d_{safe} 范围内的区域为缓冲安全区，允许无人机在此区域内飞行，但在飞行过程中会受到障碍物的排斥力，离障碍物越近受到的排斥力越大，从而逐渐迫使无人机飞离此区域。

4) 无人机避碰约束

在执行围捕任务的过程中，己方无人机之间也需避免碰撞，因此无人机在飞行的过程中也需保持安全距离，即

$$\Delta d_{i\tilde{i}} > \tilde{d}_{\text{safe}} \tag{6.30}$$

式中，$\Delta d_{i\tilde{i}}$ 为第 i 架无人机与第 $\tilde{i}$ 架无人机之间的距离，$\tilde{i} \in [1, I_n]$，$\tilde{i} \neq i$；$\tilde{d}_{\text{safe}}$ 为两架无人机之间的安全距离。

5) 边界约束

为限制待围捕目标无限制地往一个方向逃离，限定己方多无人机和待围捕目标在运动过程中不能越过指定区域，即

$$0 \leqslant p_{i,\xi} \leqslant d_{\text{bound},\xi}, \quad 0 \leqslant p_{j,\xi} \leqslant d_{\text{bound},\xi} \tag{6.31}$$

式中，$p_{i,\xi}$ 和 $p_{j,\xi}$ 分别为己方多无人机与待围捕目标的位置信息；$\xi \in \{2,3\}$ 为无人机和目标的动作空间维度，若 $\xi=2$，则表示围捕任务场景为二维环境，若 $\xi=3$，则表示围捕任务场景为三维环境；$d_{\text{bound},\xi}$ 表示位置的边界值。

2. 优化目标

假设有 N^{task} 架己方无人机同时围捕到目标，并可以持续 t^{task} 个时间步，则认定围捕任务成功，故该优化目标 J^{task} 可表示为

$$J^{\text{task}} = \min T^{\text{task}} \tag{6.32}$$

式中，T^{task} 表示从多无人机围捕到目标并维持 t^{task} 时间步所需要的总时间步，优化目标是使 J^{task} 最小，即多无人机用最短的时间围捕上目标。

因此，面向围捕任务的多无人机运动规划问题可转化为：综合考虑己方无人机与待围捕目标的速度、加速度、避碰、避撞等约束条件，以最小化多无人机围捕到任务目标所需要的总时间步为目标，设计分布式多无人机抗毁运动规划方法，解决式(6.25)～式(6.32)中描述的围捕任务的运动规划问题，提高多无人机智能实时规划能力。

3. 优化模型

根据上述约束条件和性能指标，建立面向多无人机围捕决策的优化模型，如式(6.33)所示：

$$\begin{aligned}
&\min J^{\text{task}} = T^{\text{task}} \\
&\text{s.t.}\ \left\|v_i\right\| \leqslant v_{\max i}, \quad \left\|v_j\right\| \leqslant v_{\max j} \\
&\qquad \left\|a_i\right\| \leqslant a_{\max i}, \quad \left\|a_j\right\| \leqslant a_{\max j} \\
&\qquad \Delta d_{i,o} > d_{\text{safe}} \\
&\qquad \Delta d_{i\tilde{i}} > \tilde{d}_{\text{safe}} \\
&\qquad 0 \leqslant p_{i,\xi} \leqslant d_{\text{bound},\xi}, \quad 0 \leqslant p_{j,\xi} \leqslant d_{\text{bound},\xi}
\end{aligned} \tag{6.33}$$

该优化问题的目标是在满足速度约束、加速度约束、避碰、避撞和边界约束的条件下，最小化围捕步数，即以最短的时间完成对动态无人机目标的围捕。

6.2.2　面向围捕任务的博弈模型建立

首先基于问题描述中建立的面向围捕任务的多无人机运动规划问题，给出多无人机及待围捕目标与采用 Unity3D 技术搭建的智能仿真平台的交互过程，如图 6.8 所示。每架无人机考虑围捕任务目标和速度、避碰、避撞等约束条件，将自身位置、速度、己方合作无人机的位置和速度信息、目标位置及与障碍物之间的最近碰撞点信息作为观测信息，规划出当前时刻自身的加速度，并把加速度信息通过 ML-Agents Toolkit 接口传输到智能仿真交互平台中。仿真平台根据传入的加速度信息进行计算，获得无人机及目标的状态信息并反馈给类脑智能决策系统。通过不断迭代这一过程，直至任务时间结束或完成围捕任务。

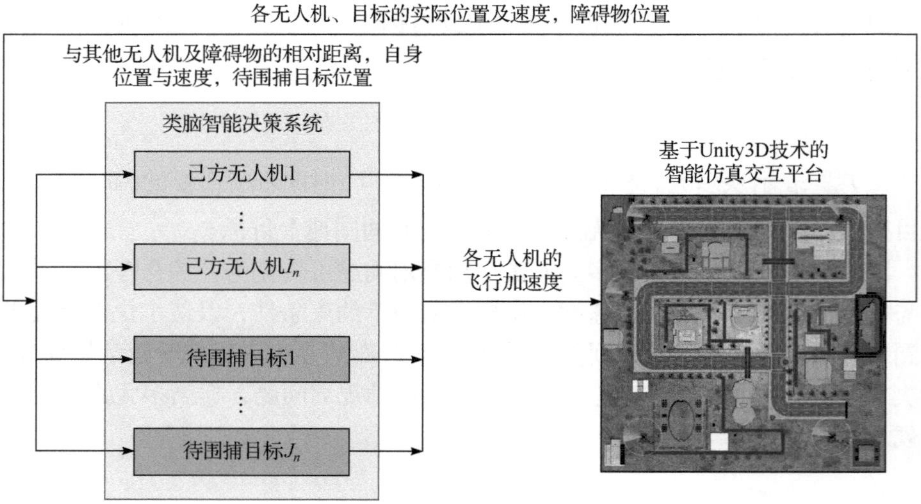

图 6.8　围捕任务类脑智能决策系统与智能仿真交互平台的交互过程

根据式(6.25)～式(6.32)所描述的围捕任务约束条件及优化目标，建立面向围捕任务的随机博弈模型 $M_i=\{S,O_i,A_i,r_i,\Gamma_p,\gamma\}$，模型组成如下。

1. 全局状态集 S

根据围捕任务的具体情况，t 时刻的状态量 s 为己方无人机的位置 p_i、速度 v_i（$i\in[1,I_n]$），待围捕目标的位置 p_j、速度 v_j（$j\in[1,J_n]$），己方无人机与最近障碍物间的距离 $\Delta d_{i,o}$，即

$$s=\left(p_i,v_i,p_j,v_j,\Delta d_{i,o}\right)\in S,\quad i\in[1,I_n],\ j\in[1,J_n] \tag{6.34}$$

2. 观测集 O_i

对于第 i 架己方无人机，$i\in[1,I_n]$，将 t 时刻自身的位置信息 p_i 和速度信息 v_i、己方合作无人机的相对位置信息 $\Delta p_{i\tilde{i}}$、相对速度信息 $\Delta v_{i\tilde{i}}$、与最近障碍物间的距离 $\Delta d_{i,o}$、与待围捕目标之间的距离 Δp_{ij} 作为观测状态信息，即

$$o_i=(p_i,v_i,\Delta p_{i\tilde{i}},\Delta v_{i\tilde{i}},\Delta p_{ij},\Delta d_{i,o})\in O_i,\quad i,\tilde{i}\in[1,I_n] \tag{6.35}$$

3. 动作集 A_i

第 i 架己方无人机根据状态 o_i 计算无人机的动作为加速度 $a_i\in A_i$，$i\in[1,I_n]$，并发送给仿真环境执行，获得新的状态。

4. 立即收益 r_i

根据上述建立的奖惩机制，己方无人机立即收益值为 r_i，为了推动团队合作，每架无人机奖励可以设计为全局-个体奖励之和，定义如下：

$$r_i=r_{\mathrm{co},i}+r_{\mathrm{self},i} \tag{6.36}$$

式中，$r_{\mathrm{co},i}$ 和 $r_{\mathrm{self},i}$ 分别表示第 i 架己方无人机全局奖励和个体奖励。

全局奖励 $r_{\mathrm{co},i}$ 定义为

$$r_{\mathrm{co},i}=-0.1\rho\sum_{i=1}^{I_n}(\min_{j\in[1,J_n]}\Delta d_{i,j}) \tag{6.37}$$

式中，$\Delta d_{i,j}$ 表示第 i 架己方无人机与第 j 个待围捕目标之间的距离。

可以看出，己方所有无人机与待围捕目标距离越近，全局奖励 $r_{\mathrm{co},i}$ 越大。

个体奖励 $r_{\mathrm{self},i}$ 定义为

$$r_{\mathrm{self},i}=-0.5\rho(\min_{j\in[1,J_n]}\Delta d_{i,j})-\log(\exp(0)+\exp((d_{\mathrm{safe}}-\Delta d_{i,o})/k))\times k \tag{6.38}$$

式中，个体奖励 $r_{\mathrm{self},i}$ 包含两个组成部分：式(6.38)前半部分表示第 i 架己方无人机与待围捕目标 j 越近，奖励值越大；后半部分表示第 i 架己方无人机和城市中建筑的距离 $\Delta d_{i,o}$ 需大于式(6.29)设定的安全距离 d_{safe}。ρ 是一个正则因子，平衡奖励值范围在区间 $[-1,1]$。一般来说，在面向围捕任务的博弈过程中，正则化是至关重要的，如果对奖励不加以正则约束，后续的决策网络在训练过程中难以收敛到最优解，甚至可能会陷入局部极小。k 是一个常参数，一般设定为 10^{-3}。

5. 状态转移概率函数 Γ_p

对于面向围捕任务的多无人机运动规划问题，将四旋翼无人机的运动学方程作为状态转移概率函数 Γ_p：

$$\begin{aligned} v_i^{t+1} &= v_i^t + a_i^t \Delta t + d_{1i}^t \\ p_i^{t+1} &= p_i^t + v_i^{t+1} \Delta t + d_{2i}^t \\ v_j^{t+1} &= v_j^t + a_j^t \Delta t + d_{1j}^t \\ p_j^{t+1} &= p_j^t + v_j^{t+1} \Delta t + d_{2j}^t \end{aligned} \tag{6.39}$$

式中，a_i^t、a_j^t 分别为己方无人机与对方无人机在 t 时刻的决策变量；d_{1i}^t、d_{2i}^t、d_{1j}^t、d_{2j}^t 为外界环境对无人机及待围捕目标在 t 时刻的干扰。

考虑无人机及目标的速度约束和加速度约束，己方无人机和待围捕目标在 $t+1$ 时刻的速度 v_i^{t+1}、v_j^{t+1} 和加速度 a_i^{t+1}、a_j^{t+1} 不能超过其最大限度值。

6. 折扣因子 γ

在本节研究的多无人机围捕任务中，通常选取折扣因子 $\gamma=0.95$。

基于上述六个组成部分，面向围捕任务的多无人机运动规划动态随机博弈模型可描述为：通过在执行围捕任务中的全局状态信息 s^t，将各无人机根据自身位置及速度、合作无人机相对速度及位置、与障碍物之间距离、待围捕目标的位置等信息作为观测量 o_i^t，并基于此决策无人机自身动作信息即加速度 a_i，根据奖励函数获得当前的立即收益值 r_i，进一步根据状态转移概率函数，计算下一时刻的全局状态信息 s^{t+1} 与观测量 o_i^{t+1}，重复上述过程直至任务成功或达到任务终止时刻。因此，根据上述建立的无人机动态随机博弈模型，实现多无人机面向围捕任务的运动规划问题可以描述为：己方多无人机学习到最优围捕策略 π_i^*，根据观测状态 o_i，实时计算多无人机加速度 a_i，最短时间内完成对目标的协同围捕。

6.2.3 面向围捕任务的多无人机类脑智能自主决策算法

下面给出类脑智能决策系统的总体技术路线，如图 6.9 所示。

步骤 1：博弈建模。根据式(6.25)～式(6.31)所描述的围捕任务约束条件及式(6.32)建立的围捕任务优化目标函数，建立动态随机博弈模型；在此基础上，收集多无人机与智能仿真交互平台交互时产生的经验数据，将数据归一化后储存到经验数据库中，为后续的目标预测、迭代学习环节做准备。

步骤 2：目标预测。建立基于深度学习方法的待围捕目标轨迹预测网络框架，利用经验数据库中敌我双方博弈数据，采用通过时间的反向传播(back-propagation through time，BPTT)算法离线训练目标轨迹预测网络参数，最终根据目标历史状态，利用训练好的目标预测网络实现待围捕无人机未来轨迹的预测。

步骤 3：迭代学习。采用集中式训练-分布式执行的强化学习框架，利用双向

LSTM 网络强拟合及网络可伸缩的优势，建立无人机决策网络和评价网络，并通过随机经验回放机制，随机抽取数据库中的经验逐步训练评价网络和决策网络，最终通过多次训练迭代的方式获取多无人机运动规划的最优策略。

步骤 4：在线决策。在智能仿真交互平台中随机给出己方多无人机和待围捕目标的初始位置，采用训练好的决策网络实时决策无人机动作，完成多无人机围捕任务，并在规划结果无法令人满意时，重复目标预测、迭代学习两个步骤，直至获得满意的结果。

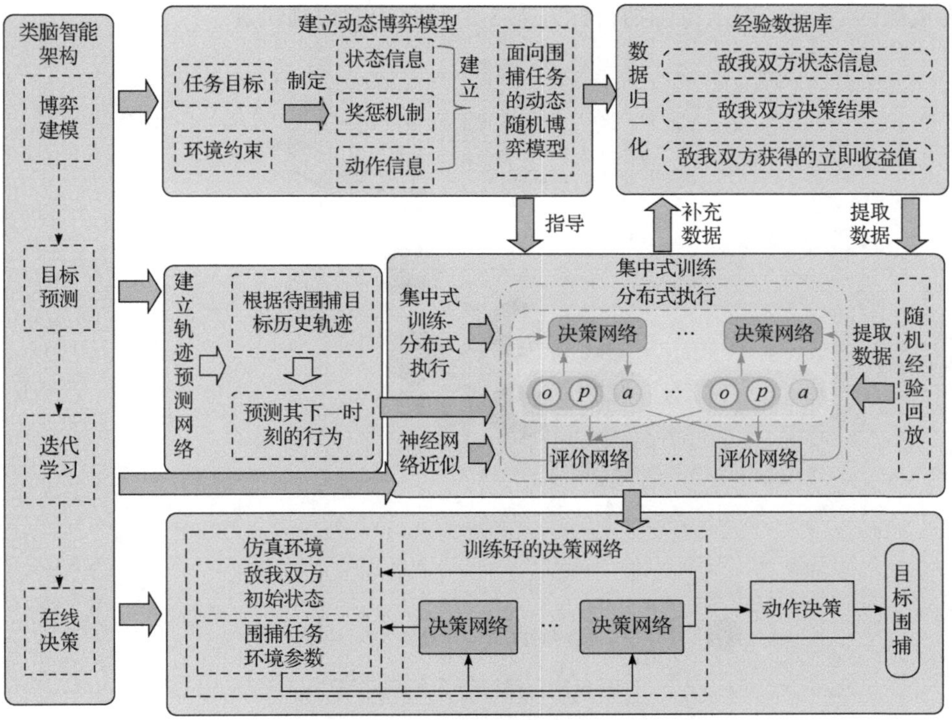

图 6.9　类脑智能决策系统总体技术路线

面向围捕任务的多无人机类脑智能自主决策中的博弈建模部分已经在 6.2.2 节进行了描述，本节不再赘述，下面重点对多无人机类脑智能自主决策过程中的目标预测、迭代学习与在线决策过程展开详细描述。

1. 目标预测

参考 6.1 节的基于深度学习的目标行为预测的机理，针对围捕任务的需求，本部分针对待围捕目标设计目标轨迹预测网络。6.1 节搭建的星型拓扑结构的目标威胁行为预测网络框架适用于群体无人机轨迹预测，同时考虑本节中一个待围捕目标，此处采用一种结构较为简单的目标行为预测网络，实现对目标未来的轨迹实时预测。

如图 6.10 所示，采用深度 LSTM 网络对目标的未来轨迹进行预测。值得注意的是，目标的未来轨迹不仅与它自身的历史状态相关，还与己方每一架无人机历史位置相关，因此将待围捕目标历史状态和己方无人机历史状态共同作为目标行为预测网络的输入。目标行为预测网络的输出是待围捕目标未来 $t+1$ 至 $t+m$ 时刻的位置信息，本节设定 $m=3$，即预测待围捕目标未来 3 个时间步的位置信息：

$$p_j = P_\varsigma(\text{his}_i, \text{his}_j) \tag{6.40}$$

式中，his_i 和 his_j 分别表示己方无人机和待围捕目标的历史状态；P_ς 表示目标行为预测网络；p_j 表示待围捕目标未来 3 个时间步的预测轨迹。

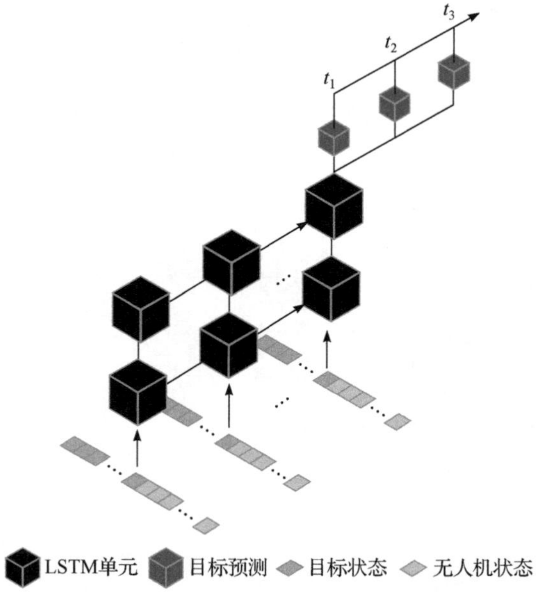

图 6.10　目标行为预测网络

在目标行为预测网络的训练过程中，采取监督学习的方式，从经验数据库 $\mathcal{T}$ 中提取 10 个时间步的待围捕目标与己方的历史状态数据作为样本，未来 3 个时间步目标位置信息作为标签。那么目标行为预测网络可以通过最小化式(6.41)中的损失函数进行训练：

$$L(\varsigma) = E\left[(p^y - P_\varsigma(p^x))^2\right] \tag{6.41}$$

式中，ς 表示目标预测网络参数；p^y 和 p^x 分别表示对方无人机未来位置信息和历史状态信息。

通过上述设计的目标行为预测网络，己方无人机可以根据历史状态信息预测出待围捕目标的未来轨迹，从而为无人机更好的运动规划决策提供保障。

2. 迭代学习

由于多无人机围捕任务中的待围捕目标具有动态性及反围捕能力，这就对类脑智能自主决策算法的求解速度提出了更高的要求。传统基于评价网络-贪婪策略的深度 Q 学习方法虽然可以快速求解优化问题，但其离散化决策输出并不适用于无人机连续控制决策，而且由于所有智能体的决策动作共同对环境产生影响，这就导致对于每一个智能体来说环境状态是非平稳的，从而导致智能体网络的收敛性较差。针对此问题，美国 OpenAI 公司提出一种集中式训练-分布式执行的多智能体深度确定性策略梯度(multi-agent deep deterministic policy gradient，MADDPG)学习框架，其中，集中式训练是指在离线训练过程中，评价网络可以根据所有智能体的观测值及决策结果评估可获得的累计收益值，从而更好地指导其动作的选择；分布式执行是指在多智能体执行任务过程中，每个智能体仅基于自身的观测状态，利用训练好的决策网络进行在线的运动规划。

因此，本书借鉴 MADDPG 算法中的网络框架，设计一种具有目标预测能力的冠状双向联通网络(coronal bidirectionally-coordinated network with target prediction，CBC-TP 网络)[2]，并将其作为决策网络及评价网络，实现面向围捕任务下多无人机的运动规划决策。下面分别对评价网络及决策网络的定义及其输入输出、网络结构、网络参数训练方式进行详细阐述。

1) 评价网络及决策网络的定义及其输入输出

针对本章讨论的多无人机围捕动态目标问题，假设利用 I_n 架己方无人机对 J_n 个待围捕目标执行围捕任务。定义 $O(t)=(o_1,o_2,\cdots,o_{I_n})$ 为 t 时刻所有己方无人机观测状态集合，$\Pi(t)=\left(\pi_1,\pi_2,\cdots,\pi_{I_n}\right)$ 为 t 时刻所有己方无人机的策略集。

(1) 决策网络定义及其输入输出。

采用确定性策略进行无人机运动规划决策，π_i 表示无人机 i 的决策网络，那么第 i 架无人机的动作策略可以写为 $a_i=\pi_i(o_i)$，即根据当前观测状态 o_i 依策略 π_i 选择当前时刻的动作，即加速度 a_i。在目标行为预测环节中，多无人机可以根据双方的历史状态预测目标的未来轨迹 p_j，因此第 i 架无人机的动作策略如式(6.42)形式：

$$a_i=\pi_i\left(o_i,p_j\right) \tag{6.42}$$

(2) 评价网络定义及其输入输出。

评价网络可根据每架无人机的观测信息、决策动作及预测信息，评估当前无人机动作的好坏。定义评价函数 $Q_i^{\pi}\left(o_1,o_2,\cdots,o_{I_n},p_j,a_1,a_2,\cdots,a_{I_n}\right)$ ($i\in\left[1,I_n\right]$)为第 i 架己方无人机的中心式评价值，即在 t 时刻获得所有无人机观测状态集 $O(t)$ 的条件下，当其他无人机分别根据各自的观测信息 $o_{\bar{i}}$，依据其行动策略 $\pi_{\bar{i}}$，决策当前动作 $a_{\bar{i}}$ 的前提下，第 i 架无人机决策自身动作 a_i 时可能获得的平均总收益值。

由于网络采用集中式训练的结构，评价网络 Q_i^π 的输入为当前所有己方无人机的观测状态集 $O(t)$、所有无人机的动作集 A_i，以及目标未来三个连续时间步的预测轨迹 p_j；评价网络的输出为当前在其他无人机选择动作为 $a_{\hat{i}}$ ($\hat{i} \in [1, I_n]$)，以及第 i 架无人机选择自身的动作 a_i 时可获得的平均总收益值 Q_i 。

2) 决策网络及评价网络的网络结构

传统全连接层前馈神经网络虽然在收敛能力和收敛速度方面都有不错的性能，但全连接层前馈神经网络存在一个结构性的缺点，即无人机数量发生变化时(假设在执行围捕任务过程中，有无人机损毁，导致无法继续执行任务)，全连接层前馈神经网络的输入维度无法根据无人机数量的变化而改变，因此无法实现多无人机抗毁运动规划问题。

基于上述问题，考虑到 LSTM 网络具有参数共享、网络时序长度可伸缩的特点，本节设计一种 CBC-TP 网络架构，该网络架构即基于双向 LSTM 网络设计。因此，根据 LSTM 网络的特点，每个 LSTM 单元可以对应一架己方无人机，即使某一架无人机损毁，也不影响网络的输出结果(LSTM 网络时序长度可伸缩特性)，从而实现多无人机抗毁运动规划的能力。图 6.11 即为采用 CBC-TP 网络架构的无

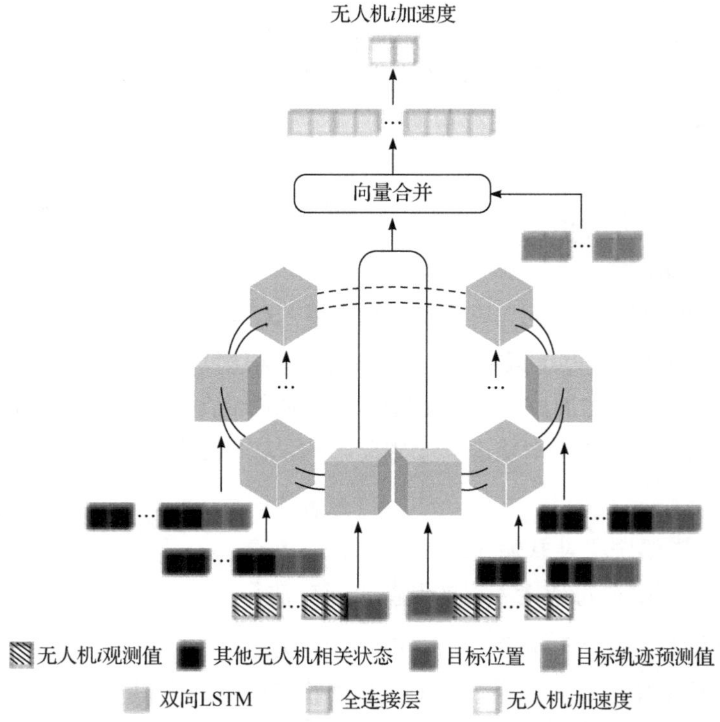

图 6.11　采用 CBC-TP 网络架构的无人机运动规划决策网络结构示意图

人机运动规划决策网络，整个决策网络包括 1 层双向 LSTM 层、两层全连接隐藏层及一层输出层；决策网络的输入为第 i 架无人机观测值、其他无人机与第 i 架无人机的相对状态、待围捕目标位置、目标轨迹预测结果；决策网络的输出为第 i 架无人机下一时刻的加速度，输出节点个数与无人机运动维度 ξ 一致。

无人机运动规划评价网络同样采用 CBC-TP 网络架构进行设计，网络架构如图 6.12 所示。对于第 i 架无人机，评价网络包括 1 层双向 LSTM 层、两层全连接隐藏层和一层输出层；评价网络的输入为所有无人机观测状态集 $O(t)$ 、所有无人机的动作集 A 和待围捕目标的轨迹预测结果；评价网络的输出为所有无人机观测状态集合下第 i 架无人机执行决策网络输出动作 a_i 时获得的平均累计总收益，即 Q_i 值，输出维度为 1。

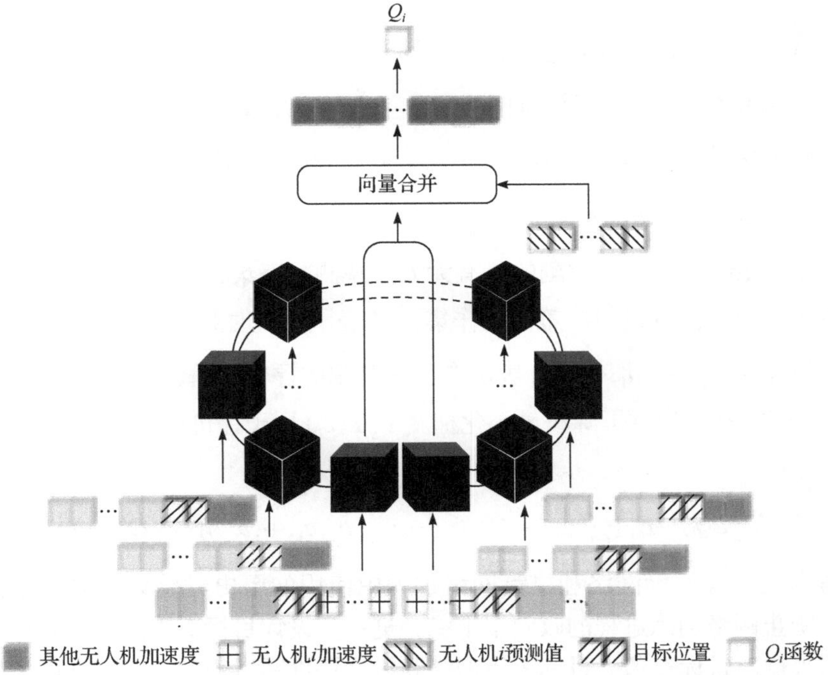

图 6.12　采用 CBC-TP 网络架构的无人机运动规划评价网络结构示意图

3) 决策网络及评价网络的参数训练方式

(1) 决策网络参数训练更新。

由围捕任务目标可知，对于第 i 架无人机来说，其决策网络训练目标为最大化围捕过程中自身的平均总收益，即

$$\max J(\theta_i) = E\left[\sum_{t'=0}^{\infty} \gamma^{t'-t} r_{i,t'}(s_i, \pi_i(a_i | s_i))\right] \tag{6.43}$$

式中，θ_i 表示第 i 架无人机决策网络参数；$r_{i,t'}$ 表示第 i 架无人机在 t' 时刻的立即收益值。

通过梯度下降方法最小化梯度 $\nabla_{\theta_i} J(\theta_i)$ 用于更新决策网络的网络参数，梯度 $\nabla_{\theta_i} J(\theta_i)$ 可表示为

$$\nabla_{\theta_i} J(\theta_i) = E\left[\nabla_{\theta_i}\pi_i(a_i \middle| (o_i, p_j)) \cdot \nabla_{\pi_i} Q_i^{\pi}(o_1,\cdots,o_{I_n},p_j,a_1,\cdots,a_{I_n})\right] \tag{6.44}$$

式中，$Q_i^{\pi}(o_1,\cdots,o_{I_n},p_j,a_1,\cdots,a_{I_n})$ 为评价网络的 Q_i 值。

(2) 评价网络参数训练更新。

对评价网络的训练目标即保证评价网络的输出值 $Q_i^{\pi}(\varepsilon_i)$ 近似真实值 $Q_i^{\pi}(o_1,\cdots,o_{I_n},p_j,a_1,\cdots,a_{I_n})$，采用均方差函数表示，即

$$L(\varepsilon_i) = E\left[(Q_i^{\pi}(\varepsilon_i) - Q_i^{\pi}(o_1,\cdots,o_{I_n},p_j,a_1,\cdots,a_{I_n}))^2\right] \tag{6.45}$$

式中，ε_i 表示第 i 架无人机评价网络参数。

根据时间差分算法，$Q_i^{\pi}(o_1,\cdots,o_{I_n},p_j,a_1,\cdots,a_{I_n})$ 可近似表示为

$$Q_i^{\pi}(o_1,\cdots,o_{I_n},p_j,a_1,\cdots,a_{I_n}) = r_i + \gamma Q_i^{\pi'}(o_1',\cdots,o_{I_n}',p_j',a_1',\cdots,a_{I_n}') \tag{6.46}$$

式中，$o_1',\cdots,o_{I_n}'$ 表示下一时刻的所有无人机观测状态集；$a_1',\cdots,a_{I_n}'$ 表示所有无人机根据下一时刻的观测值决策的动作集；p_j' 表示一下时刻目标的轨迹预测值。因此，$Q_i^{\pi'}(o_1',\cdots,o_{I_n}',p_j',a_1',\cdots,a_{I_n}')$ 表示在下一时刻的评价 Q_i' 值。与决策网络参数更新方式一致，利用梯度下降法最小化梯度 $\nabla_{\varepsilon_i} L(\varepsilon_i)$ 用于评价网络参数的训练更新，即

$$\nabla_{\varepsilon_i} L(\varepsilon_i) = E\left[(Q_i^{\pi}(\varepsilon_i) - Q_i^{\pi}(o_1,\cdots,o_{I_n},p_j,a_1,\cdots,a_{I_n})) \cdot \nabla_{\varepsilon_i} Q_i^{\pi}(\varepsilon_i)\right] \tag{6.47}$$

考虑在训练评价网络和决策网络过程中使用的历史经验数据之间存在相关性，为防止网络训练过程的收敛不平稳，进一步设计目标决策网络及目标评价网络，用来输出目标 Q 值。目标决策网络和目标评价网络的参数采用软更新的方式更新，即

$$\begin{aligned} \theta_i' &\leftarrow \tau\theta_i + (1-\tau)\theta_i' \\ \varepsilon_i' &\leftarrow \tau\varepsilon_i + (1-\tau)\varepsilon_i' \end{aligned} \tag{6.48}$$

式中，θ_i' 为目标决策网络参数；ε_i' 为目标评价网络参数；$0<\tau<1$ 为软更新系数。

基于上述描述，在面向围捕任务的多无人机迭代学习环节中，第 i 架无人机网络训练方法如算法 6.3 所示。

算法 6.3　围捕任务无人机决策网络和评价网络训练更新算法

输入： 训练总回合数 Train_M。

输出： 无人机决策网络 π_i 及评价网络 Q_i 。

1: 初始化决策网络参数 θ_i ，初始化评价网络参数 ε_i ，初始化预测网络参数 ς_j 。
2: 初始化经验数据库 $\mathcal{T}$ 。
3: 初始化目标决策网络参数 $\theta_i' = \theta_i$ ，初始化目标评价网络参数 $\varepsilon_i' = \varepsilon_i$ 。
4: for episode = 1 to Train_M 执行：
5: 　　初始化随机噪声 N^0 ；
6: 　　根据智能仿真交互平台，获得初始状态 s^0 ，对数据进行归一化；
7: 　　for $t = 1$ to 任务时间 T 执行：
8: 　　　　$\text{his}_j^t = (p_j^{t-n}, \cdots, p_j^t)$ ，$\text{his}_i^t = (p_i^{t-n}, \cdots, p_i^t)$ (如果数据为空，则补 0)；
9: 　　　　对于每一架己方无人机，根据观测信息决策自身加速度 $a_i^t = \pi_i(o_i^t, P_\varsigma(\text{his}_i^t, \text{his}_j^t)) + N^t$ 进行环境探索；
10: 　　　　从智能仿真交互平台接收立即收益值 r_i ，获得下一时刻状态 s^{t+1} 、第 i 架无人机观测状态 o_i^{t+1} 、待围捕目标位置信息 p_j^{t+1} ；
11: 　　　　将 $(s, a, r, s^{t+1}, \text{his}_j^t)$ 保存到经验数据库 $\mathcal{T}$ 中；
12: 　　　　将 $p^x = [(p_j^{t-(n+3)}, p_i^{t-(n+3)}), \cdots, (p_j^{t-3}, p_i^{t-3})]$ ， $p^y = (p_j^{t-2}, \cdots, p_j^t)$ 保存到经验数据库 $\mathcal{T}$ 中；
13: 　　　　$s \leftarrow s^{t+1}$ ；
14: 　　　　for 无人机 $i = 0$ to I_n 执行：
15: 　　　　　　从 $\mathcal{T}$ 中随机批量抽取样本数据 (p^x, p^y) ；
16: 　　　　　　通过最小化式(6.41)，更新目标行为预测网络参数 ς_j ；
17: 　　　　　　从 $\mathcal{T}$ 中随机批量抽取 M 组样本数据 $(s, a, r, s^{t+1}, \text{his}_j^t)$ ；
18: 　　　　　　根据式(6.46)，计算近似 $Q_i^\pi(o_1, \cdots, o_{I_n}, p_j, a_1, \cdots, a_{I_n})$ 值；
19: 　　　　　　根据式(6.47)，更新评价网络参数 ε_i ；
20: 　　　　　　根据式(6.44)，更新决策网络参数 θ_i ；
21: 　　　　end for
22: 　　　　根据式(6.48)对目标评价网络、目标决策网络参数进行软更新；
23: 　　end for
24: end for

至此，通过离线训练过程中的迭代学习环节，优化决策网络、评价网络参数，用于面向围捕任务的多无人机运动规划在线决策。

3. 在线决策

经过博弈建模、目标预测、迭代学习过程中的离线训练几个环节后，评价网络 Q_i 的网络参数 ε_i 及决策网络 π_i 的网络参数 θ_i 即被确定，此时决策网络建立了近似最优行动策略，即建立无人机观测状态空间与无人机动作空间之间的映射关系。考虑到无人机在执行任务过程中，部分成员出现损毁、故障等状况，评价网络无法获得全局环境信息，因此在多无人机围捕任务的在线决策过程中，仅根据离线训练获得的决策网络用于在线规划过程中，在多障碍、多约束的城市环境中，实现分布式多无人机实时运动规划。

如图 6.13 所示，在围捕任务的多无人机在线决策环节，针对多无人机围捕动态目标任务，第 i 架无人机将获得的自身速度、位置、待围捕目标位置、与合作无人机之间的相对位置和相对速度、与最近障碍物之间的距离作为观测信息，输入至训练好的决策网络当中，训练好的决策网络即可根据输入信息快速计算出第 i 架无人机的加速度，并回传给任务环境，进一步考虑复杂环境中存在不确定及干扰的影响，通过式(6.39)计算出第 i 架无人机实际的位置与速度。重复上述过程，直到多无人机成功围捕上目标或到达任务时间上限。

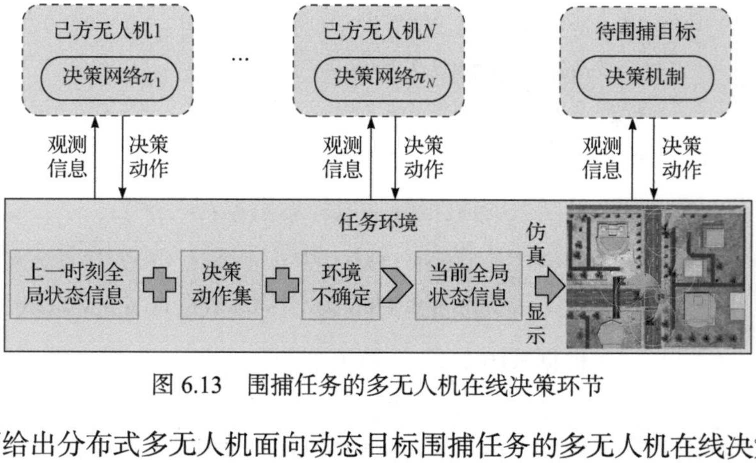

图 6.13　围捕任务的多无人机在线决策环节

下面给出分布式多无人机面向动态目标围捕任务的多无人机在线决策算法，即算法 6.4。

算法 6.4　围捕任务多无人机在线决策算法
输入：第 i 架无人机观测信息。

输出： 第 i 架无人机加速度 a_i。
1: for　$t=1$ to 任务时间 T 或围捕任务未成功，执行：
2:　　从任务环境接收观测信息 o_i；
3:　　通过训练好的决策网络计算第 i 架无人机加速度 $a_i \leftarrow \pi\left(o_i \middle| \pi_i\right)$；
4:　　把加速度 a_i 回传给任务环境；
5:　　根据式(6.39)计算下一时刻状态信息，并进行仿真显示；
6: end for

6.2.4　仿真验证

1. 仿真场景

在本书中，采用 Unity3D 游戏引擎搭建一个虚拟的仿真平台，该平台为面向围捕任务的多无人机类脑智能自主决策算法的训练与决策提供仿真交互环境支持。Unity3D 是一款具有强大物理引擎和 3D 渲染效果的热门游戏引擎，大量公共开源资源使得开发周期和难度大大降低。如图 6.14 所示，采用 Unity3D 引擎建立一个虚拟的城市场景，主要采用 EasyRoad 和 Fantastic City 两个 Unity3D 插件用于构建城市场景，并采用射线探测技术来获取每架无人机最近的碰撞点信息，实时发送给算法端。

图 6.14　虚拟城市仿真交互环境

2. 仿真参数

本节将给出仿真参数以验证面向动态目标围捕任务的多无人机在线决策算

法。仿真在 Windows 操作平台下进行，仿真环境如图 6.14 所示，其中类脑智能自主决策算法采用 Python 语言和 Facebook 开发的 PyTorch 工具包实现，网络结构参数如表 6.2 所示。在训练过程中，定义折扣因子 $\gamma = 0.95$，预测网络、决策网络、评价网络的学习率为 1×10^{-3}，目标网络的软更新系数为 $\tau = 1\times10^{-2}$，用于预测的历史状态时间步为 $n = 10$；经验数据库 $\mathcal{T}$ 的大小为 1×10^{6}，同时每 50 时间步从经验数据库 $\mathcal{T}$ 提取批量大小为 512 的数据用于网络训练，每回合最大步长时间 $T = 500$。敌我双方无人机参数设置如表 6.3 所示。己方无人机与围捕目标在环境中受到的干扰为 5% 扰动，需要注意的是，本节所采用的类脑智能自主决策算法为确定性策略，扰动与随机过程 N 的作用相似，在离线学习环节中起到探索的作用，随机过程 N 设置为均值为 0、方差为 1 的正态分布。

表 6.2 CBC-TP 网络结构参数设置

参数	数值
预测网络隐藏层节点数(LSTM)	256
预测网络隐藏层层数(LSTM)	2
决策网络隐藏层节点数(LSTM)	256
决策网络隐藏层层数(LSTM)	1
决策网络隐藏层节点数(全连接层)	64
评价网络隐藏层节点数(LSTM)	256
评价网络隐藏层层数(LSTM)	1
评价网络隐藏层节点数(全连接层)	64
CBC-TP 网络激活函数(全连接层)	ReLU

表 6.3 敌我双方无人机参数设置

变量	描述	己方无人机	对方无人机
n	架数	5	1
m / kg	质量	0.8	1
$v_{\max}$ / (m/s)	最大速度	20	24
$a_{\max}$ / (m/s^2)	最大加速度	10	8
d_{safe} /m	安全距离	10	10
$d_{\text{bound},\xi}$ /m	环境边界范围	300	300

3. 仿真结果对比

针对 5 架无人机围捕 1 架目标无人机的围捕任务，在图 6.14 所示的仿真环境中，搭建城市仿真环境，并根据表 6.2 和表 6.3 所示的仿真参数，开展仿真验证实验，仿真结果如图 6.15～图 6.18 所示。下面将从任务成功率、平均收益、每回合围捕时间步数与在线决策结果等方面进行对比。

1) 任务成功率

任务成功率是衡量深度强化学习算法学习性能好坏的重要指标。面向围捕任务，本节所提出的 CBC-TP 类脑智能自主决策算法和其他智能算法每百回合的任务成功率对比如图 6.15 所示。从图中可以看出，己方无人机在 500 回合前几乎不能完成任务；随着网络的迭代训练，己方无人机开始成功围捕上目标，并且成功率在 800 回合后有较大的提升；在 2000 回合的训练后，己方无人机几乎可以100%围捕上目标。由此可见，本节所提出的 CBC-TP 类脑智能自主决策算法有着突出和稳定的学习能力。

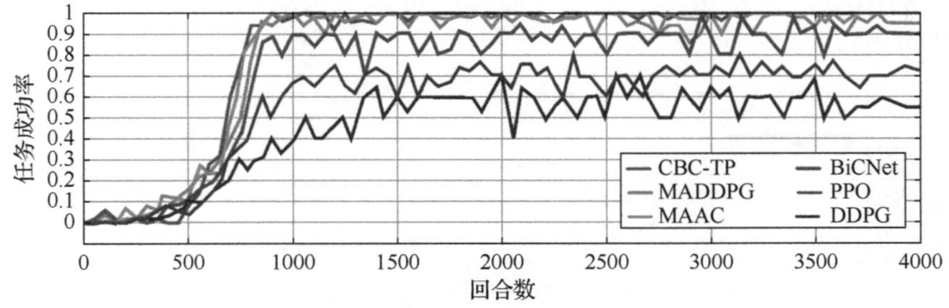

图 6.15　每百回合不同智能算法任务成功率

2) 平均收益

一般来说，在回合中的平均收益越高，代表无人机的在线决策效果越好，因此定义引入平均收益指标，即每回合的己方无人机获得的总收益除以围捕目标花费的时间步，如图 6.16 所示。从图中可以看出，几种智能算法收益曲线在开始训练的过程中有极大的提升；曲线在超过 1000 回合后保持平稳。本节所提出的 CBC-TP 类脑智能自主决策算法平均收益值曲线要高于其他智能算法的平均收益值曲

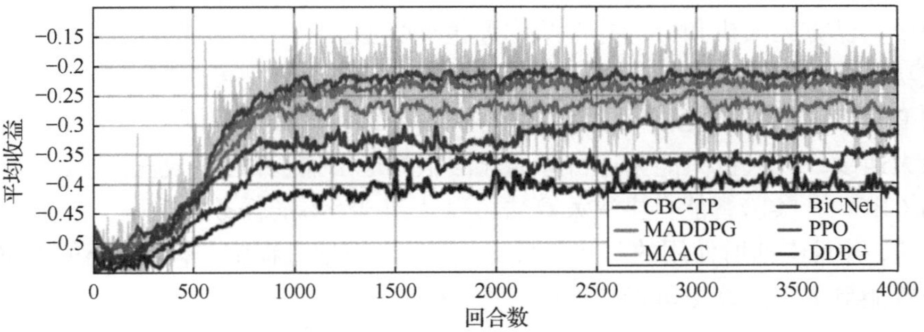

图 6.16　每回合不同智能算法围捕目标平均收益

线，即 CBC-TP 类脑智能自主决策算法不仅可以灵巧地躲避障碍物，也可以很快围捕上目标。

3) 每回合围捕时间步数

图 6.17 为每回合 CBC-TP 类脑智能自主决策算法等智能算法围捕目标所花费的时间步，从图中可以很明显地看出无人机学习过程分为四个阶段：在初始阶段，由于己方无人机没有掌握任何关于环境和任务的有关知识，因此围捕时间保持在 500 时间步，即无法围捕上目标；进一步，无人机开始学习怎么去躲避障碍，即图 6.16 的曲线在上升而图 6.17 曲线保持 500 时间步的原因；继而，无人机开始意识到远离目标会导致负收益，从而学习在躲避障碍物的同时尽可能靠近目标；最后，无人机学会了一个适当的动作策略，在避障的同时围捕目标。从图中可以看出，本节提出的 CBC-TP 类脑智能自主决策算法包含目标预测网络，因而相比于其他智能算法可以更快地围捕上目标(使用 100～150 时间步)。

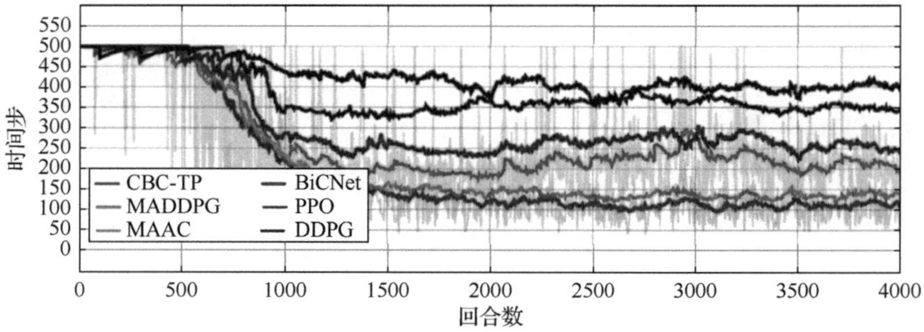

图 6.17　每回合不同智能算法围捕目标所花费的时间步

4) 在线决策结果

在对比过程中，采用基于势能函数的 PID 控制器作为基础参照，对比上述几种智能算法在线决策过程中的表现，如表 6.4 所示。在运动规划过程中，引入 5% 的水平扰动作为环境的不确定，并对上述智能算法分别进行 1000 组实验，在每组实验中，己方无人机和目标的初始位置随机产生。为了更直观地进行比较，将任务成功率、时间步、平均收益作为衡量指标。从表 6.4 中可以看出，基于势能函数的 PID 控制器并不能很好地完成任务，因为目标的最大速度要快于己方无人机的最大速度，无人机只能紧追目标而无法很好地围捕上目标。通过比较，本节提出的 CBC-TP 类脑智能自主决策算法可以达到 98.8%的任务成功率，高于其他智能算法，并且围捕所使用的时间步最少。在运动规划过程中，本节提出的 CBC-TP 类脑智能自主决策算法单步平均耗时为 12ms。

表 6.4　在线决策过程中不同智能算法的结果对比

指标	PID	PPO	DDPG	MADDPG	BiCNet	MAAC	CBC-TP
任务成功率/%	27.3	70.6	56.8	96.6	90.6	98	98.8
时间步	482	362	412	208	265	140	132
平均收益	—	−0.35	−0.42	−0.28	−0.33	−0.23	−0.21

5) 预测网络的效果

为了验证预测网络对无人机决策过程的影响，分别对包含预测网络的 CBC-TP 网络和不包含预测网络的 CBC 网络进行仿真。两个网络的任务成功率如图 6.18 所示。从图中可以看出，不包含目标轨迹预测的 CBC 网络在开始的 500～1000 回合中的围捕任务成功率比 CBC-TP 网络大约低 40%；在 1000 回合之后，CBC-TP 网络具有更高、更稳定的成功率，而 CBC 网络的成功率在 0.9～1 振荡。

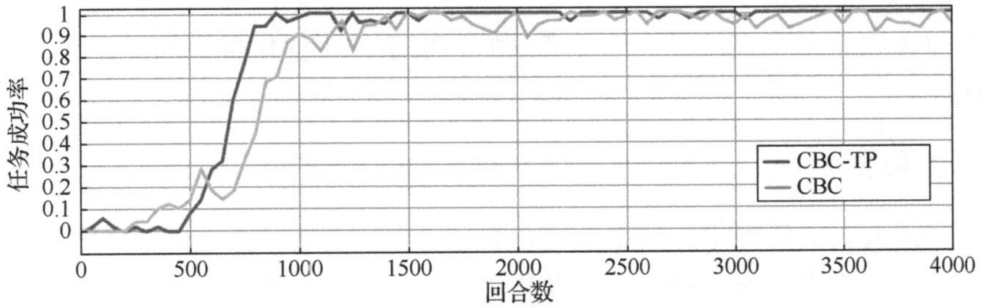

图 6.18　CBC-TP 网络和 CBC 网络任务成功率对比

6.3　面向对抗任务的多无人机类脑智能自主决策

经过地面站的初始任务分配与多无人机的航路规划，考虑无人机编队小组抵达任务目标上空后，与多架对方无人机进行群体对抗的场景。其与围捕任务的区别在于，在对抗场景中多架己方无人机需要及时进行运动规划以躲避对方无人机的攻击，并迅速做出攻击决策，形成有效的群体对抗策略最终击败所有目标。因此，对抗场景中需考虑多无人机的高动态交互变化，包括己方和对方无人机的飞行速度、攻击能力、避障、避碰、作战能力、边界等因素，己方无人机通过协同运动规划与对抗策略实现在最短时间内对多个对方无人机的打击。针对此问题，本节通过参照人类的思考决策过程，提出面向对抗任务的类脑智能求解策略，设计有效的多智能体强化学习算法学习对抗策略，以最小的代价摧毁对方无人机。

6.3.1 问题描述

假设某城市上空存在多架可以自由移动的无人机，双方无人机具有相同的数量并进行对抗。每架无人机及目标都可以在无障碍区域内自由移动，在执行双方无人机对抗任务的过程中，无人机通过其机载传感器与同伴之间的通信来获取运动规划信息，并通过搭载在无人机上的机枪进行攻击决策。在对抗过程中，无人机若在攻击范围内并被子弹击中则作战能力降低，直至无人机的作战能力为零。同时，城市环境中存在若干障碍(如高层建筑)阻碍无人机飞行，如果无人机在飞行时与障碍物发生碰撞，将被视为坠毁，无法继续执行任务。若在规定的时间内，己方无人机同时将所有对方无人机击落，那么判定多无人机对抗成功，否则任务失败。综上，面向对抗任务的无人机运动规划问题可以综合表述为：根据己方多无人机与多个对抗目标的位置、速度等因素及避碰、避撞、作战能力等约束条件，每架无人机根据自身传感器及机间通信获取到的观测信息，以最小的代价完成对目标的消灭。

下面首先对多无人机对抗任务场景的约束条件、优化目标和优化模型展开数学描述。

1. 约束条件

在多无人对抗任务中，约束条件包含己方和对方无人机的速度约束、攻击能力约束、避碰约束、作战能力约束及边界约束等约束条件。其中速度约束为双方无人最大速度约束；攻击能力约束为最大攻击距离约束；避碰约束即避免己方无人机之间、己方与对方无人机之间的碰撞，保证在安全范围内；作战能力约束指每架无人机受到攻击后，作战能力会降低，需要保证作战能力大于 0。边界约束即考虑双方对抗在有限的区域内进行。

1) 速度约束

在对抗任务中，受到无人机机动能力的限制，己方和对方无人机存在最大速度限制，即

$$\begin{aligned} \|v_i\| &\leqslant v_{\max I}, \quad i \in [1, N_I] \\ \|v_j\| &\leqslant v_{\max J}, \quad j \in [1, N_J] \end{aligned} \tag{6.49}$$

式中，v_i 和 v_j 分别表示己方无人机和对方无人机的速度；$v_{\max I}$ 和 $v_{\max J}$ 分别表示己方无人机和对方无人机的最大移动速度；N_I 和 N_J 分别表示己方与对方无人机的数目。

2) 攻击能力约束

在对抗任务中，受到无人机攻击能力的限制，己方和对方无人机存在最大攻

击距离限制，即

$$\begin{aligned}&\left\|\mathrm{da}_i\right\| \leqslant \mathrm{da}_{\max I}, \quad i \in [1, N_I]\\&\left\|\mathrm{da}_j\right\| \leqslant \mathrm{da}_{\max J}, \quad j \in [1, N_J]\end{aligned} \tag{6.50}$$

式中，da_i 和 da_j 分别表示己方无人机和对方无人机的攻击距离；$\mathrm{da}_{\max I}$ 和 $\mathrm{da}_{\max J}$ 分别表示己方无人机和对方无人机的最大攻击距离。

3) 避碰约束

出于安全考虑，己方无人机之间、对方无人机之间均不能互相碰撞，两者的相对距离也需要保持在安全范围内，即

$$\begin{aligned}&\Delta p_{ii'} > d_{\mathrm{out},I}, \quad i' \in \left[1, N_I\right], i' \neq i\\&\Delta p_{jj'} > d_{\mathrm{out},J}, \quad j' \in \left[1, N_J\right], j' \neq j\end{aligned} \tag{6.51}$$

式中，$\Delta p_{ii'} = \left\|p_i - p_{i'}\right\|$ 表示第 i 架己方无人机相对第 i' 架己方无人机的距离；$\Delta p_{jj'} = \left\|p_j - p_{j'}\right\|$ 表示第 j 架对方无人机相对第 j' 架对方无人机的距离；$p_{i'}$ 和 $p_{j'}$ 分别表示第 i' 架己方无人机和第 j' 架对方无人机的位置。

4) 作战能力约束

在多无人机对抗过程中，每架无人机的作战能力均是有限的，无人机如果受到攻击则作战能力降低，当作战能力为 0 时，则当前视为损毁，因此，需要保证每架参与对抗任务的无人机作战能力大于 0，即

$$\begin{aligned}&w_i > 0, \quad i \in \left[1, N_I\right]\\&w_j > 0, \quad j \in \left[1, N_J\right]\end{aligned} \tag{6.52}$$

式中，w_i、w_j 分别表示己方和对方无人机的作战能力。

5) 边界约束

考虑无人机在飞行过程中不能超过给定的任务区域，即

$$\begin{aligned}&0 \leqslant p_{i,\xi} \leqslant 0.95 d_{\mathrm{bound},\xi}, \quad i \in [1, N_I]\\&0 \leqslant p_{j,\xi} \leqslant 0.95 d_{\mathrm{bound},\xi}, \quad j \in [1, N_J]\end{aligned} \tag{6.53}$$

式中，$\xi \in \{2,3\}$ 表示无人机的运动维度，若考虑二维环境，则 $\xi = 2$，若考虑三维环境，则 $\xi = 3$；$d_{\mathrm{bound},\xi}$ 表示 ξ 维度上的区域边界；$p_{i,\xi}$ 和 $p_{j,\xi}$ 分别表示 ξ 维度上的位置。

2. 优化目标

在对抗任务中，己方多无人机应该以最小的代价牺牲最小的作战能力，消灭所有的对方无人机，性能指标可以设置为使优化目标函数 J^{task} 最小化：

$$J^{\text{task}}=\sum_{t=0}^{T}\rho\left(\sum_{i=1}^{N_I}\Delta w_i(t)-\sum_{j=1}^{N_J}\Delta w_j(t)\right) \tag{6.54}$$

式中，ρ 为标准因子，使单步奖励值在 $[-1,1]$；$\sum_{i=1}^{N_I}\Delta w_i(t)$ 表示己方无人机在 t 时刻损失的作战能力；$\sum_{j=1}^{N_J}\Delta w_j(t)$ 表示对方无人机在 t 时刻损失的作战能力；T 为对抗任务结束时需要所有的时间拍数。

3. 优化模型

根据上述约束条件和性能指标，建立面向多无人机对抗决策的优化模型，如式(6.55)所示：

$$\begin{aligned}
&\min J^{\text{task}}=\sum_{t=0}^{T}\rho\left(\sum_{i=1}^{N_I}\Delta w_i(t)-\sum_{j=1}^{N_J}\Delta w_j(t)\right)\\
&\text{s.t. } \|v_i\|\leqslant v_{\max I},\quad i\in[1,N_I]\\
&\qquad \|v_j\|\leqslant v_{\max J},\quad j\in[1,N_J]\\
&\qquad \|\text{da}_i\|\leqslant \text{da}_{\max I},\quad i\in[1,N_I]\\
&\qquad \|\text{da}_j\|\leqslant \text{da}_{\max J},\quad j\in[1,N_J]\\
&\qquad \Delta p_{ii'}>d_{\text{out},I},\quad i'\in[1,N_I],i'\neq i\\
&\qquad \Delta p_{jj'}>d_{\text{out},J},\quad j'\in[1,N_J],j'\neq j\\
&\qquad w_i>0,\quad i\in[1,N_I]\\
&\qquad w_j>0,\quad j\in[1,N_J]\\
&\qquad 0\leqslant p_{i,\xi}\leqslant 0.95d_{\text{bound},\xi},\quad i\in[1,N_I]\\
&\qquad 0\leqslant p_{j,\xi}\leqslant 0.95d_{\text{bound},\xi},\quad j\in[1,N_J]
\end{aligned} \tag{6.55}$$

该优化问题的目标是在满足速度约束、攻击约束、避碰约束、作战能力约束及边界约束的条件下，最小化对抗回合步数，即以最短的时间消灭所有的对抗无人机。

6.3.2 面向对抗任务的博弈模型建立

如图 6.19 所示，给出多无人机与所有对抗目标与采用 Unity3D 技术搭建的智能仿真平台的交互过程。每一架无人机考虑对抗任务目标和速度、作战能力、避撞等约束条件，根据自身位置、速度、合作者信息、目标相对距离等观测状态，规划出当前时刻自身的加速度与攻击决策，并把加速度与攻击决策通过 ML-Agents Toolkit 接口传输到智能仿真交互平台中。仿真平台根据传入的加速度信息进行计算，获得无人机及目标的状态信息并反馈给类脑智能决策系统。通过不断重复这一过程，直到到达指定任务时间内完全消灭所有无人机目标。

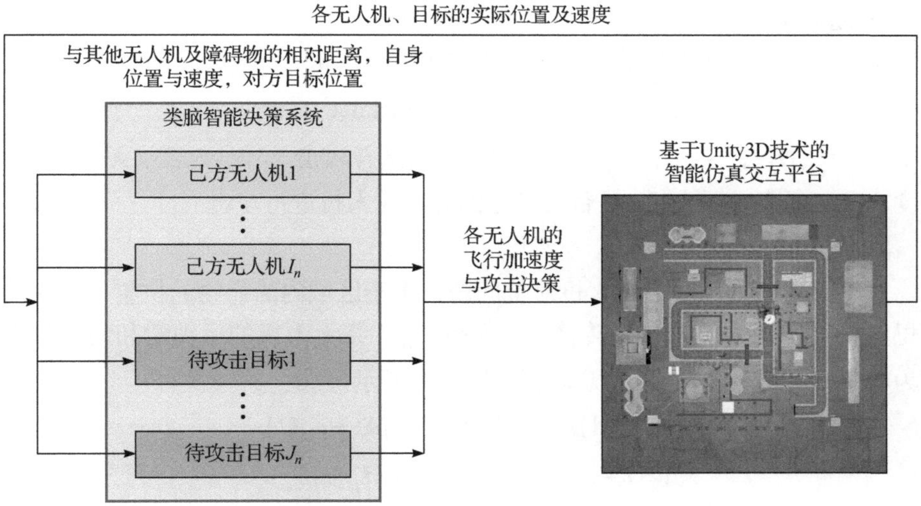

图 6.19　对抗任务类脑智能决策系统与智能仿真交互平台的交互过程

下面将式(6.49)～式(6.54)中描述的双方对抗问题总结为所需的随机博弈模型 $M=\left\{N,S,O,A,R,\Gamma_p,\gamma\right\}$。各个符号的含义如下。

1) 参与者集 N

将环境中的己方和对方无人机作为博弈的参与者，因此，对抗问题的随机博弈中参与者集合可以表示为

$$N=\{1,2,\cdots,N_I;\ 1,2,\cdots,N_J\} \tag{6.56}$$

式中，N_I 表示己方无人机数目；N_J 表示对方无人机数目。

2) 状态集 S

根据任务的具体情况，将 t 时刻每个障碍物中心点的位置 p_k ($k\in[1,N_K]$)、己方无人机的位置 p_i 和剩余作战能力 w_i ($i\in[1,N_I]$)、对方无人机的位置 p_j 和剩余作战能力 w_j ($j\in[1,N_J]$)作为状态量 s，即

$$s=\left(p_k,p_i,w_i,p_j,w_j\right)\in S,\quad i\in[1,N_I],j\in[1,N_J],k\in[1,N_K] \tag{6.57}$$

3) 观测状态集 O

对于第 i 个己方无人机，$i\in[1,N_I]$，将 t 时刻自身的位置 p_i、剩余作战能力 w_i、与区域内各个障碍物之间的相对位置 Δp_{ik}、与己方其他无人机之间的相对位置 $\Delta p_{ii'}$、与对方无人机之间的相对位置 Δp_{ij}、对方无人机的剩余作战能力 w_j 作为观测状态：

$$o_i=\left(p_i,w_i,\Delta p_{ik},\Delta p_{ii'},\Delta p_{ij},w_j\right)\in O \tag{6.58}$$

类似地，对于第 j 个对方无人机，$j \in [1, N_J]$，观测状态可以写为

$$o_j = \left(p_j, w_j, \Delta p_{jk}, \Delta p_{jj'}, \Delta p_{ij}, w_i\right) \in O \tag{6.59}$$

4) 动作集 A

将己方和对方无人机的加速度或攻击作为动作 a_i、a_j，即

$$a_i = (\text{move}_i, \text{attack}_i) \in A_i, \quad a_j = (\text{move}_j, \text{attack}_j) \in A_j \tag{6.60}$$

式中，$i \in [1, N_I]$，$j \in [1, N_J]$。若己方无人机选择攻击，move_i 表示无人机 i 的加速度，attack_i 表示无人机 i 是否对最近的对方无人机进行攻击。

5) 状态转移概率函数 Γ_p

对于上述己方和对方无人机对抗问题，由于区域内障碍物的位置不会变动，这里直接给出无人机的状态转移概率函数 Γ_p，将无人机的运动学和动力学方程作为状态转移概率函数，可以写为如式(6.61)所示形式：

$$\begin{aligned}
p_i(t+1) &= p_i(t) + v_i(t+1)\Delta t + d_{1i}(t) \\
w_i(t+1) &= w_i(t) - \hat{J}_i \Delta w_i + d_{2i}(t) \\
p_j(t+1) &= p_j(t) + v_j(t+1)\Delta t + d_{1j}(t) \\
w_j(t+1) &= w_j(t) - \hat{I}_j \Delta w_j + d_{2j}(t)
\end{aligned} \tag{6.61}$$

式中，$d_{1i}(t)$、$d_{2i}(t)$、$d_{1j}(t)$、$d_{2j}(t)$ 为己方无人机和对方无人机在环境中受到的外界干扰；Δw_i、Δw_j 分别表示己方无人机和对方无人机受到一次攻击后剩余作战能力的降低程度；$\hat{J}_i$、$\hat{I}_j$ 分别表示己方无人机和对方无人机受到的攻击次数，其定义如式(6.62)所示：

$$\begin{aligned}
\hat{J}_i &= \sum_{j=1}^{N_J} I\left(\left\| p_j(t+1) + \text{da}_j(t+1) - p_i(t+1) \right\| \leqslant \Delta d_j\right) \\
\hat{I}_j &= \sum_{i=1}^{N_I} I\left(\left\| p_i(t+1) + \text{da}_i(t+1) - p_j(t+1) \right\| \leqslant \Delta d_i\right)
\end{aligned} \tag{6.62}$$

式中，$I\left(\left\| p_j(t+1) + \text{da}_j(t+1) - p_i(t+1) \right\| \leqslant \Delta d_j\right)$ 用于判断己方无人机的位置是否在对方无人机的攻击范围内，若在，那么 $I\left(\left\| p_j(t+1) + \text{da}_j(t+1) - p_i(t+1) \right\| \leqslant \Delta d_j\right)=1$，否则为 0；$\Delta d_j$ 表示对方无人机的有效攻击范围；同理得到 $\hat{I}_j$。

6) 立即收益值 R

在规定时间内以快速消灭对方无人机为最终目标，建立奖惩机制，确定单步决策获得的收益值。为了表明己方各无人机之间的合作关系，假设己方无人机会收到相同的收益值，即 $r_i = r_1 = r_2 = \cdots = r_{N_I}$。对于己方无人机，收益值 $r_i \in R$ 主要包括以下四部分。

(1) 己方无人机与对方无人机的作战能力变化。

我们希望在无人机群体对抗中，己方以最小的作战能力损失代价，消灭所有对方无人机，因此将己方无人机与对方无人机的作战能力变化作为收益值的一部分：

$$r_{\text{co}}^{\text{cap}} = \frac{1}{N_J}\sum_{j=1}^{N_J}\left(w_j\left(t-1\right)-w_j\left(t\right)\right)-\frac{1}{N_I}\sum_{i=1}^{N_I}\left(w_i\left(t-1\right)-w_i\left(t\right)\right) \tag{6.63}$$

式中，$\frac{1}{N_J}\sum_{j=1}^{N_J}\left(w_j\left(t-1\right)-w_j\left(t\right)\right)$、$\frac{1}{N_I}\sum_{i=1}^{N_I}\left(w_i\left(t-1\right)-w_i\left(t\right)\right)$表示对方无人机与己方无人机连续两个时间步作战能力的下降值。

从式(6.63)可以看出，对于任意$i\in\left[1,N_I\right]$，考虑己方无人机和对方无人机作战能力的下降程度，对方无人机下降程度越高，$r_{\text{co}}^{\text{cap}}$越大。

(2) 任务收益。

当己方无人机成功消灭所有对方无人机时，给予无人机正向奖励。

$$\begin{aligned} r_{\text{co}\_ij}^{\text{task}} &= \begin{cases} r_{\text{task}}, & w_j = 0 \\ 0, & w_j \neq 0 \end{cases} \\ r_{\text{co}}^{\text{task}} &= \sum_{i=1}^{N_I}\sum_{j=1}^{N_J} r_{\text{co}\_ij}^{\text{task}} \end{aligned} \tag{6.64}$$

从式(6.64)可以看出，当对方无人机j的剩余作战能力为零时，表明对方无人机j被摧毁，此时无人机i获得任务收益r_{task}，己方无人机的总体任务收益$r_{\text{co}}^{\text{task}}$为对方无人机被摧毁的任务收益总和。

(3) 边界范围。

在无人机对抗的过程中，无人机应该尽量避开城市边界，避免自身飞行造成的作战能力损失：

$$\begin{aligned} r_{i,\xi}^{\text{bound}} &= \begin{cases} 0, & \left|p_{i,\xi}\right| < 0.95 d_{\text{bound},\xi} \\ r_{\text{bound}}\left(\left|p_{i,\xi}\right| - 0.95 d_{\text{bound},\xi}\right), & 0.95 d_{\text{bound},\xi} \leqslant \left|p_{i,\xi}\right| < d_{\text{bound},\xi} \\ \min\left(\exp\left(2\left|p_{i,\xi}\right| - 2 d_{\text{bound},\xi}\right), r_{\text{bound}}\right), & \left|p_{i,\xi}\right| \geqslant d_{\text{bound},\xi} \end{cases} \\ r_{\text{co}}^{\text{bound}} &= -\sum_{i=1}^{N_I} r_{i,\xi}^{\text{bound}} \end{aligned} \tag{6.65}$$

从式(6.65)可以看出，无人机的飞行范围不可以超过指定任务区域及对应边界约束。

(4) 避碰惩罚。

在多无人机对抗过程中，需要考虑己方无人机之间的碰撞以及己方无人机与障碍物的碰撞。

$$
\begin{aligned}
&r_{ik}^{\text{collision}} = \begin{cases} r_{\text{collision}}, & \Delta p_{ik} \leqslant d_{\text{safe}} \\ 0, & \Delta p_{ik} > d_{\text{safe}} \end{cases} \\
&r_{ii'}^{\text{collision}} = \begin{cases} r_{\text{collision}}, & \Delta p_{ii'} \leqslant d_{\text{safe}} \\ 0, & \Delta p_{ii'} > d_{\text{safe}} \end{cases} \\
&r_{\text{co}}^{\text{collision}} = -\sum_{i=1}^{N_I}\sum_{k=1}^{N_k} r_{ik}^{\text{collision}} - \sum_{i=1}^{N_I}\sum_{i'=1,i'\neq i}^{N_I} r_{ii'}^{\text{collision}}
\end{aligned}
\tag{6.66}
$$

式(6.66)表明，当无人机与静态障碍物之间的距离Δp_{ik}或无人机之间的距离$\Delta p_{ii'}$小于等于最小安全距离d_{safe}时，将会收到负的收益值，对应避碰约束。

因此，己方无人机收到的立即收益值R_i如下所示：

$$
r_i = r_{\text{co}}^{\text{cap}} + r_{\text{co}}^{\text{task}} + r_{\text{co}}^{\text{bound}} + r_{\text{co}}^{\text{collision}} \tag{6.67}
$$

类似地，给出对方无人机j的立即收益值R_j：

$$
\begin{aligned}
&r_j^{\text{cap}} = \frac{1}{N_I}\sum_{i=1}^{N_I}\left(w_i(t-1) - w_i(t)\right) - \frac{1}{N_J}\sum_{j=1}^{N_J}\left(w_j(t-1) - w_j(t)\right) \\
&r_j^{\text{task}} = \begin{cases} r_{\text{task}}, & w_i = 0 \\ 0, & w_i \neq 0 \end{cases} \\
&r_{j,\xi}^{\text{bound}} = \begin{cases} 0, & \left|p_{j,\xi}\right| < 0.95 d_{\text{bound},\xi} \\ r_{\text{bound}}\left(\left|p_{j,\xi}\right| - 0.95 d_{\text{bound},\xi}\right), & 0.95 d_{\text{bound},\xi} \leqslant \left|p_{j,\xi}\right| < d_{\text{bound},\xi} \\ \min\left(\exp\left(2\left|p_{j,\xi}\right| - 2 d_{\text{bound},\xi}\right), r_{\text{bound}}\right), & \left|p_{j,\xi}\right| \geqslant d_{\text{bound},\xi} \end{cases} \\
&r_j^{\text{bound}} = -\sum_{j=1}^{N_J} r_{j,\xi}^{\text{bound}} \\
&r_{jk}^{\text{collision}} = \begin{cases} r_{\text{collision}}, & \Delta p_{jk} \leqslant d_{inJ} \\ 0, & \Delta p_{jk} > d_{inJ} \end{cases} \\
&r_{jj'}^{\text{collision}} = \begin{cases} r_{\text{collision}}, & \Delta p_{jj'} \leqslant d_{inJ} \\ 0, & \Delta p_{jj'} > d_{inJ} \end{cases} \\
&r_j^{\text{collision}} = -\sum_{j=1}^{N_J}\sum_{k=1}^{N_k} r_{jk}^{\text{collision}} - \sum_{j=1}^{N_J}\sum_{j'=1,j'\neq j}^{N_J} r_{jj'}^{\text{collision}} \\
&r_j = r_j^{\text{cap}} + r_j^{\text{task}} + r_j^{\text{bound}} + r_j^{\text{collision}}
\end{aligned}
\tag{6.68}
$$

式中，d_{inJ}为对方无人机的最小安全距离。

7) 折扣因子 γ

折扣因子 γ 表示未来收益值相对于立即收益值的重要程度，$0<\gamma<1$。$\gamma=0$，相当于只考虑立即收益不考虑未来收益；$\gamma=1$，表示将未来收益和立即收益看得同等重要。

通过对随机博弈模型七个符号的定义，己方和对方对抗过程可描述为：当各无人机在任务环境中的实际位置、剩余作战能力、静态障碍物的位置组成状态 s^t 时，各无人机根据自身传感器获得与其他无人机及障碍物的相对距离，无人机的自身位置与剩余作战能力、对方无人机剩余作战能力等观测信息 o_i^t、o_j^t，选择动作 a_i^t、a_j^t 后获得相应的立即收益值 r_i^t、r_j^t。由状态转移概率函数转移到状态 s^{t+1}，重复该过程直到对抗终止。

本节建立了面向对抗任务的随机博弈模型，区域内的各架己方无人机均试图获得最优策略 π_i^* 以解决本节定义的优化问题。在此将各架无人机的策略定义为确定性策略，即 $a_i=\pi_i\left(o_i\right)$ 和 $a_j=\pi_j\left(o_j\right)$。

6.3.3　面向对抗任务的多无人机类脑智能自主决策算法

针对多无人机在对抗任务的类脑智能自主决策，与 6.2 节面向围捕任务的多无人机类脑智能决策架构类似，本节建立博弈建模—群体预测—迭代学习—在线决策多无人机类脑智能决策框架，博弈建模部分已经在 6.3.2 节中进行了详细介绍，此处不再赘述，下面重点对群体预测、迭代学习、在线决策部分进行介绍。

1. 群体预测

考虑高动态博弈战场环境的复杂性、强干扰性及红蓝状态耦合性，为了使己方飞行器灵活地躲避对方威胁，对对方进行精准打击。研究根据机载传感器获取到的对方状态信息、战场环境信息，建立基于深度学习的对方无人机群体轨迹预测网络，实现对方无人机群体的轨迹精准预测，群体预测研究总体框图如图 6.1 所示。

首先，基于深度学习的预测方法需要依据数据，学习其中规则。本节研究中通过模拟五架己方无人机与五架对方无人机对抗场景，通过仿真获取 5 vs 5 对抗场景中红蓝双方状态信息并构造数据集。然后，搭建以深度 LSTM 网络为基础单元的分层网络架构，包含核心网络及个体网络。其中，核心网络以全局状态信息及己方无人机未来轨迹信息为输入，进行信息融合、特征提取及时序分析等操作，获得环境、对方无人机及己方无人机三者间的耦合信息；个体网络以对方无人机当前、历史状态为输入，融合通过核心网络获得的耦合信息，预测对方无人机的未来轨迹。最后，研究深度 LSTM 网络结构，训练神经网络，确定网络参数，实现对方无人机群体轨迹预测网络对全局历史状态的分析及对未来对方轨迹的预测。

预测网络考虑了复杂战场环境下红蓝双方动态交互过程中己方行为、对方行为与复杂环境三者之间的耦合性，有利于提高预测的准确性；在 5 vs 5 场景中，针对对方五架无人机分别搭建五个对方群体预测的个体网络预测对方无人机的未来轨迹，使得网络计算复杂度与预测对象个数呈线性关系，有利于提高预测的实时性。

在时间 t 时刻，目标轨迹数据存储池存储历史无人机 i 的前 n 个时间步的轨迹数据包括的位置 $p_{i,t}$、速度 $v_{i,t}$。个体网络的输入除无人机 i 的局部信息之外，还包括核心网络的全局状态表示 r^t，核心网络对 r^t 计算过程如式(6.69)所示：

$$\begin{cases} h_c^0 = 0 \\ e^t = E_1(s_p^t, W_1) \\ (o_c^t, h_c^t) = \text{LSTM}(h_c^{t-1}, e^t, W_2) \\ r^t = E_2(o_c^t, W_3) \end{cases} \tag{6.69}$$

式中，E_1、E_2 与 W_1、W_3 分别是全连接神经网络及其对应的网络参数；W_2 对应 LSTM 网络的网络参数；o_c^t、h_c^t 分别是 LSTM 网络的输出状态与隐藏状态；s_p^t 表示所有无人机的位置和速度信息。

个体网络预测目标未来下个时间步的未来轨迹，计算过程如式(6.70)所示：

$$\begin{cases} h_{c,i}^0 = 0 \\ e^t = E_{1,i}(p_i, v_i, W_{1,i}) \\ (o_{c,i}^t, h_{c,i}^t) = \text{LSTM}(h_{c,i}^{t-1}, e^t, W_{2,i}, r^t) \\ p^t = E_{2,i}(o_{c,i}^t, W_{3,i}) \end{cases} \tag{6.70}$$

式中，$E_{1,i}$、$E_{2,i}$ 与 $W_{1,i}$、$W_{3,i}$ 分别代表个体网络的全连接网络及其网络参数；p_i、v_i 代表目标 i 前 n 拍的位置与速度；p^t 代表目标在 t 时刻预测的下一拍的轨迹。

采用监督学习范式更新群体轨迹预测网络参数，损失函数如式(6.71)所示：

$$L_i(\zeta) = E[(p^l - P_{\zeta,i}(p_{\zeta,i}, v_i, r^t))^2] \tag{6.71}$$

式中，ζ 代表个体网络 $P_{\zeta,i}$ 的参数；p^l 代表对方无人机 i 的真实轨迹。

通过以上的训练方式，基于核心-个体的群体轨迹预测网络，将下一拍的预测结果作为预测信息的输入，通过多轮迭代方式，来达到预测对方目标未来多拍轨迹的目的，为多无人机在对抗过程中的智能决策提供依据。

2. 迭代训练

根据 6.3.2 节建立的面向对抗任务的随机博弈模型，己方无人机通过建立经验数据库存储双方动态对抗数据，对经验数据进行随机回放，评估改进网络进行学习。在无人机的对抗过程中，每架无人机的策略是在不断发生变化的，并且环境的改变受到所有无人机的影响，造成了环境的不稳定性。由于环境的局部可观性，无人机并不知道具体哪架无人机正在对其进行攻击，因此，将单智能体强化学习迁移到多智能体领域的局部学习是远远不够的。SAC 作为一种单智能体强化学习算法，通过设计基于最大熵的行动评价网络框架，在训练的过程中同时优化累计收益与策略熵，具有样本利用率高和学习过程稳定的优点。因此，本节将 SAC 算法扩展到了集中式训练-分布式执行的多智能体训练框架中，如式(6.72)所示，通过最大化策略熵，无人机能够学习到多种鲁棒对抗策略。N 架无人机的优化目标如下所示：

$$J(\theta_i) = E\left[\sum_{t=0}^{\infty} \gamma^{t'-1} r_{i,t'}(s_i, \pi_{\theta_i}(a_i | o_i, p_1, \cdots, p_N)) + \alpha H(\pi_{\theta_i}(a_i | o_i, p_1, \cdots, p_N))\right] \tag{6.72}$$

式中，$H(\pi_{\theta_i}(a_i|o_i))$ 表示无人机 i 策略的熵；温度系数 α 决定了策略熵相对于累计奖励的重要程度。

本节将多无人机对抗训练过程设计为一个分层的强化学习算法，顶层部分为群体轨迹预测模块，通过监督学习方法计算预测值与真实轨迹误差进行反向传播；底层模块为 MASAC 算法[3]，如图 6.20 所示，通过对状态信息与轨迹预测信息的融合，以最大化累计奖励与策略熵为目标，更新决策网络参数。顶层群体轨迹预测模块与底层的多智能体强化学习模块分别进行网络参数学习。

此外，为了更加高效地对群体轨迹预测网络与多智能体强化学习算法的高效训练，建立两个经验数据库，分别对轨迹预测数据与无人机对抗数据进行存储。MASAC 算法模块是集中式训练-分布式执行的学习框架下单智能体 SAC 强化学习算法在多智能体环境下的扩展。通过采用最大熵强化学习算法，多智能体在学习的过程中不仅最大化累计收益并且最大化策略熵，使智能体学习到的策略更加鲁棒并且能够对环境进行充分探索。

MASAC 算法中的决策网络负责输出所有无人机的动作，包括加速度与攻击决策；评价网络负责评判无人机决策的好坏，即累计收益值。下面分别对评价网络及决策网络的输入输出、网络结构、迭代训练过程进行详细描述。

在本章讨论的无人机蜂群对抗问题中，红蓝双方均有 N 架无人机进行空中对抗任务。定义 $O(t) = (o_1, \cdots, o_N)$ 为 t 时刻所有己方无人机观测状态集合，$\Pi(t) = (\pi_1, \pi_2, \cdots, \pi_N)$ 为 t 时刻所有己方无人机策略集。

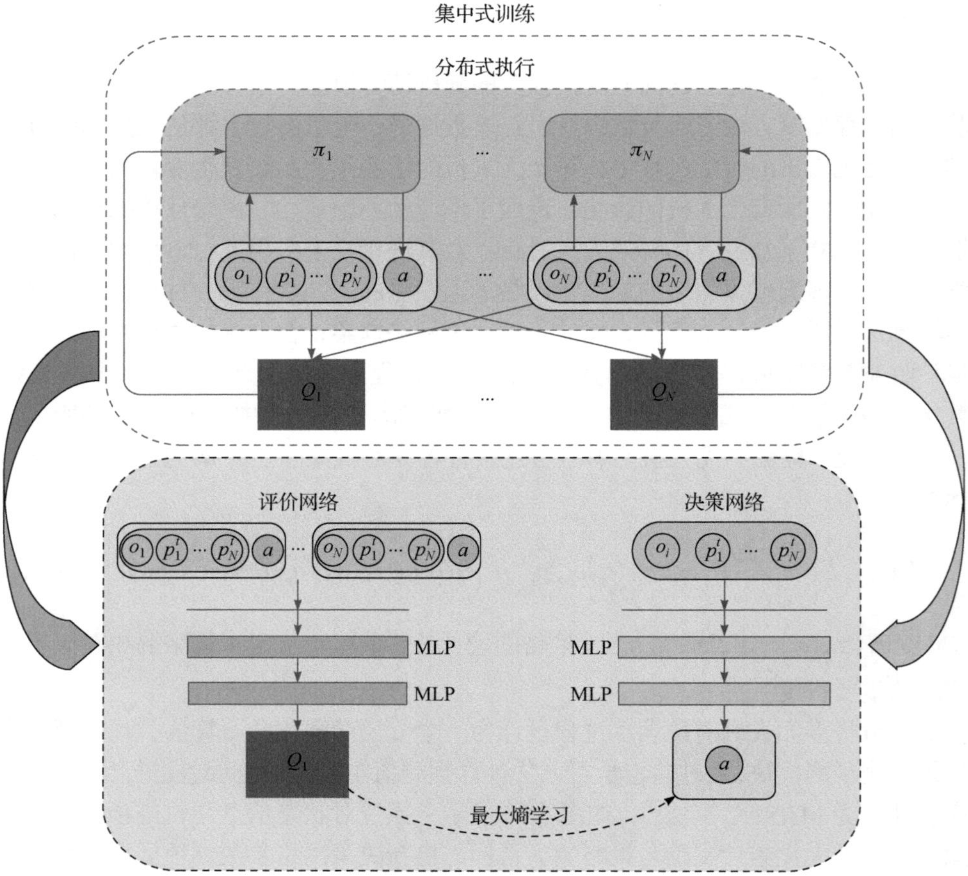

图 6.20　MASAC 算法框架

1) 决策网络定义及其输入输出

本节采用决策网络进行无人机运动规划决策，那么第 i 架无人机的动作策略可以写为 $a_i = \pi_i(o_i)$，即根据当前局部观测状态 o_i 依概率 π_i 选择当前时刻的动作 a_i。a_i 包含无人机的加速度和攻击决策。其中攻击决策为无人机的离散控制量，即是否进行攻击，策略函数通过输出攻击概率，采样计算无人机是否进行攻击。由于在目标群体预测环节中，无人机蜂群可以根据双方的历史状态预测所有对方目标的未来位置，因此第 i 架无人机的动作策略可以定义为式(6.73)形式：

$$a_i = \pi_i\left(o_i, p_1, \cdots, p_N\right) \tag{6.73}$$

2) 评价网络定义及其输入输出

评价网络是根据每一架无人机的观测信息及决策动作，评估当前无人机行为的好坏。定义评价函数 $Q_{\varphi_i}(s, a_1, \cdots, a_N, p_1, \cdots, p_N)$ 为第 i 架己方无人机的中心式评价值，φ_i 为第 i 架无人机评价网络的参数。第 i 架无人机的中心式评价值是指在 t 时刻全局状态 s 下，当其他无人机分别根据各自的观测信息 $o_{\hat{i}}$，依据其行动策略 $\pi_{\hat{i}}$，决策当前动作 $a_{\hat{i}}$ 时，第 i 架无人机决策自身动作 a_i 时可能获得的平均总收益值。

由于网络采用集中式训练结构，评价网络 Q_{φ_i} 的输入为全局状态 s 和所有无人机的动作 $(a_1,\cdots,a_N)$ 及预测信息 $(p_1,\cdots,p_N)$；网络的输出为在当前其他无人机选择动作为 $a_{\hat{i}}$ 时，$i\in[1,N]$，在第 i 架无人机选择自身的动作 $a_{\hat{i}}$ 时可以获得的平均总收益 Q_{φ_i} 值。

3) 决策网络参数更新

决策网络接收局部观测信息，包括所有当前无人机的速度、其他所有无人机的位置，以及对方无人机的预测轨迹，决策最优的运动加速度以及攻击的概率，决策网络的梯度更新公式如式(6.74)所示：

$$\nabla_{\theta_i} J(\theta_i) = E_{s,a,r,s'}[\nabla_{\pi_i} Q_{\varphi_i}(s,a_1,\cdots,a_N,p_1,\cdots,p_N)\nabla_{\theta_i}\pi_{\theta_i}(a_i|o_i) - \alpha\log(\pi_{\theta_i}(a_i|o_i))] \tag{6.74}$$

式中，熵部分 $\alpha\log(\pi_{\theta_i}(a_i|o_i))$ 作为学习目标的一部分，提高了无人机对环境的探索能力，决策网络通过最大化累计奖励与策略熵，提高了训练的稳定性，并使学习的多无人机对抗策略更加鲁棒。

4) 评价网络参数更新

在集中式训练-分布式执行的学习框架下，评价网络基于全局状态、动作及对方目标的未来轨迹近似无人机的累计收益和策略熵。然而，在近似过程中，总会产生过估计问题，因此，采用双网络结构估计 Q 值，选择较小的 Q 值作为估计值。评价网络的损失函数通过最小化 TD 误差进行反向传播更新网络参数，如式(6.75)所示：

$$L(\varphi_i) = E_{s,a,r,s'}[(Q_{\varphi_i}(s,a_1,\cdots,a_N,p_1,\cdots,p_N) - y(r,s',d))^2] \tag{6.75}$$

式中，φ_i 表示第 i 架无人机的评价网络的参数；$y(r,s',d)$ 表示近似的目标值，如式 (6.76)所示：

$$y(r,s',d) = r + \gamma(1-d)(\min_{i=1,2} Q_{\varphi_i'}(s',a_1',\cdots,a_N',p_1',\cdots,p_N') - \alpha\log(\pi'_{\theta_i'}(a_i'|o_i'))) \tag{6.76}$$

式中，$\pi'_{\theta_i'}$、$Q_{\varphi_i'}$ 表示第 i 架无人机的目标决策网络与目标评价网络，其参数分别为 θ_i'、φ_i'；d 代表该回合是否结束。

至此，在面向对抗任务的多无人机类脑智能自主决策算法的迭代训练环节中，第 i 架无人机网络训练方法如算法 6.5 所示。

算法 6.5　对抗任务无人机决策网络和评价网络训练更新算法

输入： 批量训练数据 E、训练总回合数 Train_M。
输出： 无人机评价网络 Q_i 及决策网络 π_i 。
1: 初始化经验数据库 $\mathcal{T}$ 。
2: 初始化决策网络参数 θ_i，初始化评价网络参数 φ_i，初始化预测网络参数 ς 。
3: 初始化目标决策网络参数 $\theta_i' = \theta_i$，初始化目标评价网络参数 $\varphi_i' = \varphi_i$ 。
4: for episode = 1 to Train_M 执行：
5: 　初始化随机过程 N^0 进行环境探索；
6: 　根据智能仿真交互平台，获得初始状态 s^0，对数据进行归一化；
7: 　for $t = 1$ to 任务时间 T 执行：
8: 　　对于每一架己方无人机，根据观测信息决策自身加速度 a_i 进行环境探索；
9: 　　从智能仿真交互平台接收立即收益值 r_i，获得下一时刻状态 s^{t+1}、第 i 架无人机观测状态 o_i^{t+1}、对抗目标位置信息 p^t；
10: 　　将 (s,a,r,s^{t+1}) 保存到经验数据库 $\mathcal{T}$ 中；
11: 　　将 (p_i,v_i,p^l) 保存到经验数据库 $\mathcal{T}$ 中；
12: 　　$s \leftarrow s'$
13: 　　for 无人机 $i = 0$ to N_I 执行：
14: 　　　从 $\mathcal{T}$ 中随机批量抽取样本数据 (p_i,v_i,p^l)；
15: 　　　通过最小化式(6.41)，更新目标行为预测网络参数 ζ_j；
16: 　　　从 $\mathcal{T}$ 中随机批量抽取 M 组样本数据 (s,a,r,s^{t+1})；
17: 　　　根据式(6.75)，采用 Adam 算法更新评价网络参数 φ_i；
18: 　　　根据式(6.74)，采用 Adam 算法更新决策网络参数 θ_i；
19: 　　end for
20: 　根据式(6.48)对目标评价网络、目标决策网络参数进行软更新；
21: 　end for
22: end for

至此，通过离线训练过程中的迭代训练环节，迭代训练决策网络、评价网络参数，用于面向对抗任务的多无人机智能运动规划与决策。

3. 在线决策

通过上述动态博弈、群体轨迹预测、迭代训练过程中的离线训练，确定每架无人机的决策网络、评价网络、群体轨迹预测网络参数，此时评价网络对于状态、动作的预测接近于真实的累计收益值，决策函数建立了近似最优的对抗策略的状态-动作映射关系。此外，在线决策过程中，每架无人机的评价网络不再进行工作，仅需要局部状态信息即可满足决策网络分布式执行的需求，因此在线决策过程中，通过离线训练获得的决策网络实现分布式多无人机对抗策略。

如图 6.21 所示，针对所描述的无人机蜂群对抗任务，无人机 i 将环境反馈获得的自身位置、速度、所有对方无人机位置、对方无人机的预测轨迹、与己方其他无人机之间的相对位置和相对速度作为观测信息，输入到训练好的决策网络当中。此时，决策网络可以快速计算出第 i 架无人机的加速度与攻击目标，回传给任务环境。考虑到复杂环境中存在不确定及干扰的影响，通过转移概率函数计算出无人机 i 实际的位置与速度。重复上述过程，直到无人机蜂群成功消灭所有目标或者到达任务时间上限。

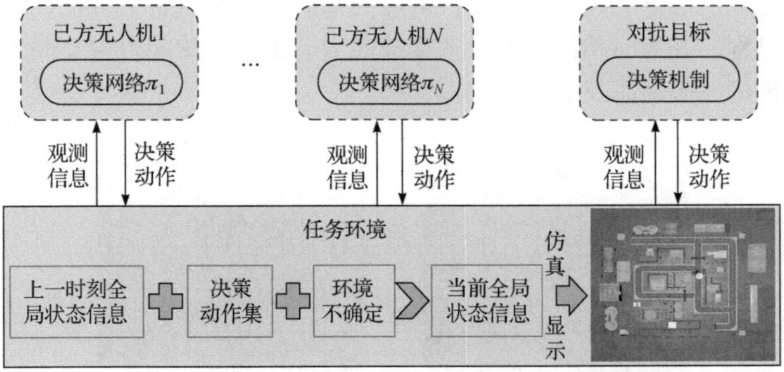

图 6.21　对抗任务多无人机在线决策环节

下面给出分布式面向对抗任务的多无人机在线决策算法，即算法 6.6。

算法 6.6　对抗任务多无人机在线决策算法

输入： 第 i 架无人机观测信息。

输出： 第 i 架无人机加速度 a_i 与攻击无人机的 ID。

1: for $t=1$ to 任务时间 T 或围捕任务未成功，执行：

2: 　　从任务环境接收观测信息 o_i；

3: 　　通过训练好的决策网络计算第 i 架无人机加速度 $a_i \leftarrow \pi\left(o_i \middle| \pi_i\right)$；

把加速度 a_i 回传给任务环境；
根据转移函数计算下一时刻状态信息，并进行仿真显示。
end for

6.3.4 仿真验证

为了验证本节设计的面向对抗任务的多无人类脑智能自主决策算法的有效性，对方以 TD3 强化学习算法作为独立学习策略，己方采用类脑智能自主决策算法，在多无人机对抗平台上进行学习训练。

1. 仿真场景

与围捕任务类似，采用 Unity3D 游戏引擎搭建一个虚拟的多无人机对抗仿真平台如图 6.22 所示，该平台为面向对抗任务的多无人机类脑智能自主决策算法的训练与决策提供仿真交互环境支持。在该环境中，Unity3D 采用射线探测技术来获取每架无人机最近的碰撞点信息，同时为每架无人机配备了机枪，模拟双方无人机交战过程，并实时检测无人机的作战能力，销毁作战能力为 0 的无人机，实时将无人机的状态信息发送给算法端。

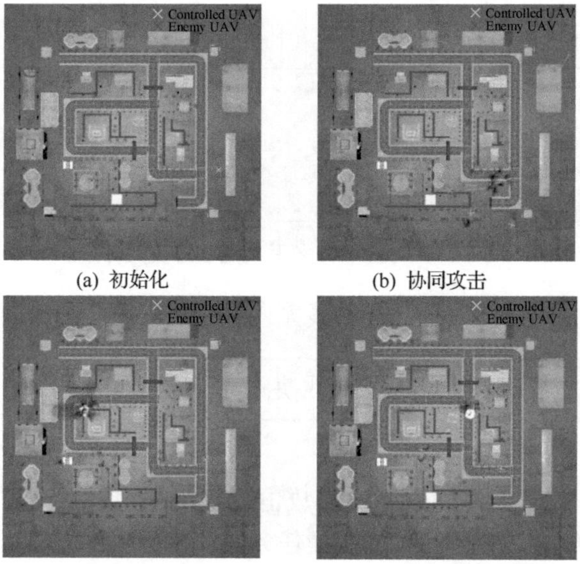

(a) 初始化　(b) 协同攻击

(c) 消灭敌方　(d) 对抗成功

图 6.22　多无人机对抗仿真环境

2. 参数设置

本节算法的超参数设置如表 6.5 所示。

表 6.5　超参数设置

超参数	数值
折扣因子 γ	0.99
学习率	1×10^{-4}
轨迹预测经验库大小	1×10^{6}
强化学习经验库大小	1×10^{6}
回合更新步数	20
最大训练次数	50000
采样样本数	256
软更新系数	2×10^{-8}

在训练过程中，如果触发结束条件即任何一方被完全消灭，环境会对所有无人机进行随机初始化。

表 6.6 为群体轨迹预测网络与决策网络的神经网络参数。

表 6.6　神经网络参数设置

参数	数值
核心网络层数(LSTM)	1
个体网络层数(LSTM)	1
核心网络隐藏层层数(MLP)	2
个体网络隐藏层层数(MLP)	2
核心网络隐藏层节点数	256
个体网络隐藏层节点数	256
决策网络隐藏层层数	3
评价网络隐藏层层数	3
决策网络隐藏层节点数	256
评价网络隐藏层节点数	256
激活函数	ReLU

此外，本节算法进行测试的计算机平台配置为：Intel Xeon Gold 6144 CPU、128GB 内存，内置显卡为 NVIDIA RTX 3090。

3. 算法效能对比

在多无人机对抗仿真平台上，将本节算法与传统的 MADDPG 算法和未进行群体轨迹预测的 MASAC 算法进行性能对比，从任务成功率、每回合完成步数及平均收益三个评判指标进行比较。

1) 任务成功率

任务成功率是评判在无人机对抗过程中策略有效性的重要依据，通过统计每隔 50 回合计算打败对方的任务回合数计算任务成功率。通过 3000 回合的训练，任务成功率如图 6.23 所示，图中的阴影部分为真实值，实线部分为曲线平滑后的值。可以看出，本节设计的 MASAC 算法相较于 MADDPG 算法在任务成功率方面性能更优，本节提出的基于群体轨迹预测的 MASAC 算法(图中表示为 MASAC(预测))由于考虑了未来对方无人机的轨迹，提高了算法的收敛速度。

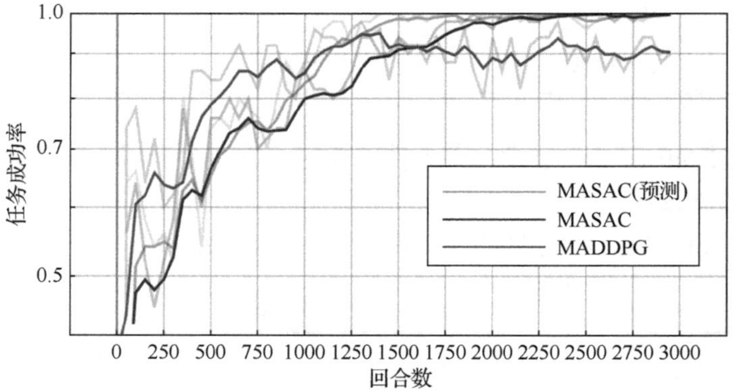

图 6.23　对抗任务成功率曲线图

2) 每回合完成步数

经过 3000 回合的训练，本节对每回合结束需要进行决策的步数进行了统计，如图 6.24 所示，步数越少，说明学习到的对抗策略更加有效。通过图 6.24 可以看出本节所提算法平均每回合完成步数约为 64，在轨迹预测时平均每回合完成步数约为 75，MADDPG 算法平均每回合完成步数约为 100，本节算法与 MADDPG、MASAC 算法相比在平均每回合完成步数上减少了 36%和 14.67%，本节所提出的算法能够在更短时间内消灭对方。

3) 平均收益

此外，本节对不同算法每回合平均收益进行了对比，如图 6.25 所示。可以看出，MASAC 算法相较于 MADDPG 算法，在每回合平均收益上有较大的提升，三种算法在 3000 回合时的平均收益为分别为 1.117、0.879、−1.43。本节所提出的算法的回合平均收益分别高于 MASAC 算法、MADDPG 算法 27.08 %、178.11%。

可以得出以下结论：本节所提出的基于群体轨迹预测的 MASAC 算法通过对目标的群体轨迹预测，能够在消灭所有目标的同时，有效减少己方无人机的损失，验证了本节所提出算法的有效性。

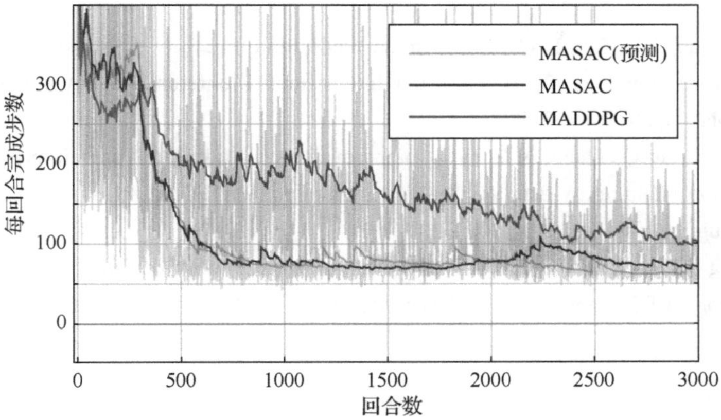

图 6.24　对抗任务每回合完成步数曲线图

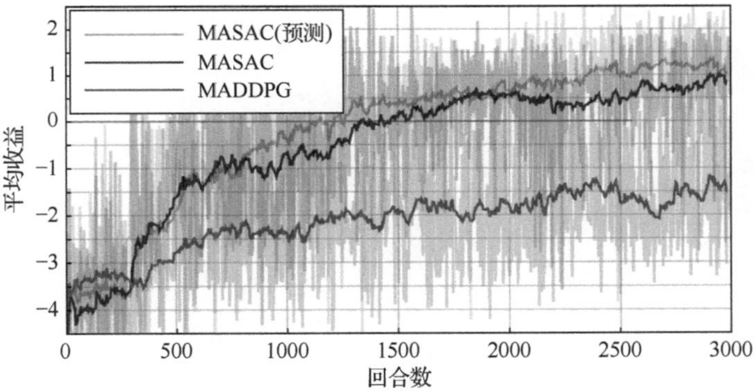

图 6.25　对抗任务每回合平均收益曲线图

6.4　小　　结

本章从多无人机类脑智能自主决策出发，提出一种基于博弈建模—目标预测—迭代学习—在线决策的类脑智能求解策略。首先针对多无人机轨迹预测问题，考虑双方行为交互影响，提出一种星型拓扑网络的多无人机群体轨迹预测算法，通过考虑多无人机群体交互因素，提高了多无人机智能决策效率；进一步面向城市围捕任务场景，考虑围捕目标动态性、环境多障碍物等复杂影响，实现复杂城市环境中多无人机类脑智能自主决策；最后针对多无人机群体对抗问题，考虑己方和对方无人机的飞行速度、攻击能力、避障、作战能力、边界等因素，设计了对抗任务的多无人机类脑智能自主决策算法，实现了复杂动态环境下多无人机群体对抗任务的智能自主决策。

参考文献

[1] Zhu Y L, Qian D H, Ren D C, et al. StarNet: Pedestrian trajectory prediction using deep neural network in star topology. 2019 IEEE/RSJ International Conference on Intelligent Robots and Systems, Macau, 2019: 8075-8080.

[2] Zhang R L, Zong Q, Zhang X Y, et al. Game of drones: Multi-UAV pursuit-evasion game with online motion planning by deep reinforcement learning. IEEE Transactions on Neural Networks and Learning Systems, 2023, 34(10): 7900-7909.

[3] Liu D, Zong Q, Zhang X Y, et al. Game of drones: Intelligent online decision making of Multi-UAV confrontation. IEEE Transactions on Emerging Topics in Computational Intelligence, 2024, 8(2): 2086-2100.

第 7 章　多无人机协同控制

在城市作战环境下，基于第 6 章对多无人机类脑智能自主决策的结果，需要进一步展开多无人机协同跟踪控制，以实现对目标无人机的围捕/对抗。目前，国内外学者针对干扰上界已知的多无人机编队控制问题已经展开了深入研究，但在实际工程中对于风、气流等外部干扰难以获取其上界，这也为无人机控制的稳定性带来了挑战[1-3]。除此之外，多无人机队形变换过程中也对其安全避碰性提出更高的要求。因此，如何设计鲁棒性强、稳定性好、灵活性高的控制器，保证无人机编队系统在复杂环境中具有更高的生存能力和打击能力至关重要。基于此问题，本章提出基于自适应动态规划的多无人机协同控制算法。首先，设计观测器实现对外界综合扰动的有效估计，并基于扰动估计值及协同控制需求设计性能指标函数，从而将综合扰动影响下的编队控制问题转换为标称编队误差系统的最优稳定控制问题；其次，构建神经网络以近似最优性能指标函数，并求解最优控制律，同时，为了满足编队过程的队形变换任务，采用势能函数进行避碰项的设计，从而实现多无人机编队在干扰环境下的编队保持与队形变换控制。

本章的主要内容安排如下：7.1 节建立多无人机协同控制模型；7.2 节考虑干扰抑制及避碰避撞需求，展开多无人机智能自主协同控制，包括位置外环及姿态内环控制器设计；7.3 节对所提算法展开仿真验证；7.4 节给出本章小结。

7.1　多无人机协同控制模型

本节首先建立多无人机协同控制模型，为后续自适应动态规划控制器设计奠定基础，并给出对应的控制目标。

7.1.1　坐标系建立及坐标转换关系

1. 坐标系

为描述无人机在不同时刻的位置、姿态等运动状态，需在空间坐标系中推导无人机的运动方程。由于描述无人机运动的状态变量在不同坐标系中表示的复杂程度不同，选择合适的坐标系来定义和描述无人机位置运动和姿态运动是进行无人机建模的基础。常见的几类参考坐标系主要有以下几类。

1) 地面坐标系($O_I x_I y_I z_I$)

在地面上任选一点作为地面坐标系原点O_I，$O_I z_I$轴铅垂向下，$O_I y_I$轴是水平面，$O_I x_I$轴指向地面的某一方向，$O_I y_I$轴与$O_I x_I$轴互相垂直，符合右手定则。由于无人机均在近地空间飞行，因此无须考虑地球曲率影响，地面坐标系可认为是惯性坐标系。

2) 机体坐标系($O_b x_b y_b z_b$)

机体坐标系为固定在无人机质心的坐标系，原点O_b位于无人机的质心处，$O_b x_b$轴为沿无人机的对称轴，指向机头方向，称为纵轴；$O_b z_b$轴在无人机的对称平面内，垂直于纵轴$O_b x_b$指向机体下方，称为竖轴；$O_b y_b$轴垂直于无人机对称面$O_b x_b z_b$，与另外两轴组成右手坐标系，称为横轴。机体坐标系通常与地面坐标系结合，共同描述无人机的飞行姿态(滚转角、俯仰角、偏航角)以及无人机姿态相关的角速度等。

3) 气流坐标系($O_A x_A y_A z_A$)

气流坐标系也是固定在无人机质心的坐标系，原点O_A位于无人机质心处，$O_A x_A$轴指向无人机飞行速度矢量的方向；$O_A z_A$轴在无人机对称平面内，与$O_A x_A$轴垂直指向机身下方；$O_A y_A$轴垂直于平面$O_A x_A z_A$，方向由右手定则确定。气流坐标系通常与机体坐标系结合，共同描述无人机机体和气流之间的关系，无人机所受到的空气动力(如阻力、侧力、升力)是在气流坐标系下定义的。

2. 坐标系之间的转换关系

由于用来描述无人机运动的状态矢量、无人机受到的力和力矩是在不同的坐标系下定义的，因此，在推导无人机运动方程时，需将这些变量在不同坐标系之间进行变换，这就需要获得坐标系之间的变换关系。因此，为了推导三个坐标系之间的旋转矩阵，首先由地面坐标系$O_I x_I y_I z_I$绕$O_I z_I$轴旋转ψ角，再绕$O_I y_I$轴旋转θ角，最后绕$O_I x_I$轴旋转ϕ角，则变换成机体坐标系$O_b x_b y_b z_b$。所以地面坐标系$O_I x_I y_I z_I$到机体坐标系$O_b x_b y_b z_b$的旋转矩阵如下所示：

$$
\begin{aligned}
{}_I^bR &= R_{x_I}(\phi)R_{y_I}(\theta)R_{z_I}(\psi) \\
&= \begin{bmatrix} \cos\theta\cos\psi & \cos\theta\sin\psi & -\sin\theta \\ \sin\phi\sin\theta\cos\psi-\cos\phi\sin\psi & \sin\phi\sin\theta\sin\psi+\cos\phi\cos\psi & \sin\phi\cos\theta \\ \cos\phi\sin\theta\cos\psi+\sin\phi\sin\psi & \cos\phi\sin\theta\sin\psi-\sin\phi\cos\psi & \cos\phi\cos\theta \end{bmatrix}
\end{aligned} \tag{7.1}
$$

根据旋转矩阵的正交性和互逆性，可以得到机体坐标系$O_b x_b y_b z_b$和铅垂地面坐标系$O_I x_I y_I z_I$之间的旋转矩阵${}_b^IR$，如下所示：

$$
\begin{aligned}
{}_b^I R &= \left({}_I^b R \right)^{\mathrm{T}} \\
&= \begin{bmatrix} \cos\theta\cos\psi & \sin\phi\sin\theta\cos\psi - \cos\phi\sin\psi & \cos\phi\sin\theta\cos\psi + \sin\phi\sin\psi \\ \cos\theta\sin\psi & \sin\phi\sin\theta\sin\psi + \cos\phi\cos\psi & \cos\phi\sin\theta\sin\psi - \sin\phi\cos\psi \\ -\sin\theta & \sin\phi\cos\theta & \cos\phi\cos\theta \end{bmatrix}
\end{aligned} \tag{7.2}
$$

由机体坐标系 $O_b x_b y_b z_b$ 绕 $O_b y_b$ 轴旋转 $-\alpha$ 角，再绕 $O_b z_b$ 轴旋转 β 角，则变换成气流坐标系 $O_A x_A y_A z_A$。所以机体坐标系 $O_b x_b y_b z_b$ 到气流坐标系 $O_A x_A y_A z_A$ 的旋转矩阵如下所示：

$$
{}_b^A R = R_{z_I}(\beta) R_{y_I}(-\alpha) = \begin{bmatrix} \cos\alpha\cos\beta & \sin\beta & \sin\alpha\cos\beta \\ -\cos\alpha\sin\beta & \cos\beta & -\sin\alpha\sin\beta \\ -\sin\alpha & 0 & \cos\alpha \end{bmatrix} \tag{7.3}
$$

根据旋转矩阵的正交性和互逆性，可得气流坐标系 $O_A x_A y_A z_A$ 和机体坐标系 $O_b x_b y_b z_b$ 之间的旋转矩阵 ${}_A^b R$，如下所示：

$$
\begin{aligned}
{}_b^A R &= \left({}_A^b R \right)^{\mathrm{T}} \\
&= \begin{bmatrix} \cos\alpha\cos\beta & -\cos\alpha\sin\beta & -\sin\alpha \\ \sin\beta & \cos\beta & 0 \\ \sin\alpha\cos\beta & -\sin\alpha\sin\beta & \cos\alpha \end{bmatrix}
\end{aligned} \tag{7.4}
$$

7.1.2　无人机六自由度模型建立

本书考虑的无人机多为四旋翼无人机，其整体构造如图 7.1 所示。四旋翼无人机具有简单的刚性结构，其主体为交叉对称的刚性十字架，并在十字架的四个末端对称搭载四个驱动装置和四个旋翼，四个旋翼处在同一平面上且结构及参数相同，机架中间放置外部设备，如飞行控制器、传感器、电池等必要元器件。无

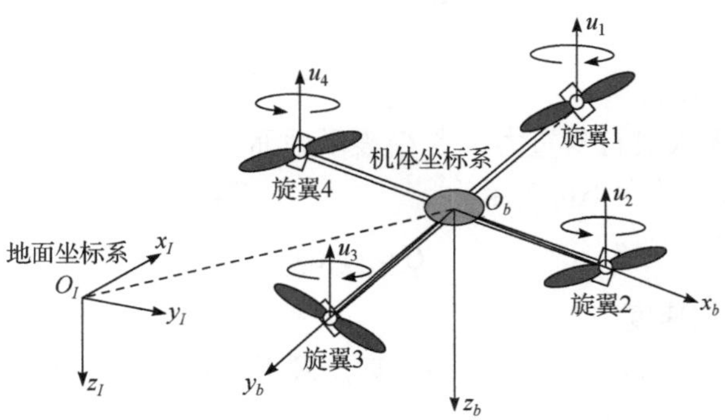

图 7.1　四旋翼无人机结构示意图

人机主要靠四个电机驱动四个旋翼旋转从而产生升力，为了消除陀螺效应和空气阻力扭矩效应，机身对角位置的两个旋翼转动方向是一致的，相邻旋翼的转动方向相反，从而产生相反的旋转力矩。四旋翼无人机具有四个控制输入和六个状态输出，是典型的欠驱动系统。无人机通过调节四个旋翼的转速从而改变各个旋翼的升力大小，就可以控制飞行姿态进而控制飞行轨迹，实现六自由度飞行，这样节省了传统直升机上的尾桨，简化了机体构造，既节约了成本，又减轻了机体的重量。

1. *四旋翼无人机平动模型*

定义 P 和 V 分别为四旋翼无人机在地面坐标系下的位置和速度矢量，因此其平动运动学模型可以直接写为

$$\dot{P} = V \tag{7.5}$$

进一步，根据牛顿第二定律推导四旋翼无人机的平动动力学模型：

$$m\dot{V} = F \tag{7.6}$$

式中，m 表示四旋翼无人机的质量；F 表示作用于四旋翼无人机的合外力向量，主要包括旋翼产生的升力 u_b 和四旋翼无人机自身重力 G，具体如下。

(1) 旋翼产生的升力。旋翼产生的升力是四旋翼无人机的动力来源，定义各个旋翼产生的垂直于旋翼平面的升力为 $u_i(i=1,2,3,4)$，其与旋翼转速 w_i 的平方成正比，方向为沿 z_b 轴负方向，其大小可表示为

$$u_i = -c_T w_i^2 \tag{7.7}$$

式中，c_T 是升力系数。

因此，无人机在机体坐标系下受到的总升力为

$$u_b = -e_3 \sum_{i=1}^{4} u_i \tag{7.8}$$

式中，$e_3 = [0, 0, 1]^{\mathrm{T}}$。

(2) 四旋翼无人机自身重力。令 G 表示地面坐标系下无人机受到的重力，方向沿 z_I 轴正方向，其大小可表示为

$$G = mge_3 \tag{7.9}$$

式中，g 为重力加速度。

因此，基于式(7.7)～式(7.9)，可得四旋翼无人机的平动动力学模型为

$$\dot{V} = ge_3 - \frac{u}{m} {}_I^b R e_3 \tag{7.10}$$

式中，$u=\sum_{i=1}^{4}u_i$；${}_I^bR$表示从机体坐标系到地面坐标系的旋转矩阵。

2. 四旋翼无人机绕质心转动模型

定义$\Theta=[\phi,\theta,\varphi]^{\mathrm{T}}$表示地面坐标系下的姿态角矢量，$\phi$、$\theta$、$\varphi$分别为地面坐标系下无人机的滚转角、俯仰角及偏航角；令$\Omega=[p_b,q_b,r_b]^{\mathrm{T}}$表示机体坐标系下的角速度矢量，$p_b$、$q_b$、$r_b$分别表示机体坐标系下滚转角速度、俯仰角速度及偏航角速度。

由于定义姿态角矢量与角速度矢量时使用的坐标系不同，因此在描述两者关系时需引入旋转矩阵Π，因此，四旋翼无人机的转动运动学模型可写为

$$\dot{\Theta}=\Pi\Omega \tag{7.11}$$

式中，$\Pi=\begin{bmatrix}1 & \sin\phi\tan\theta & \cos\phi\tan\theta\\ 0 & \cos\phi & -\sin\phi\\ 0 & \sin\phi/\cos\theta & \cos\phi/\cos\theta\end{bmatrix}$。

四旋翼无人机的转动动力学模型表示为

$$J\dot{\Omega}=-\Omega\times J\Omega+\tau \tag{7.12}$$

式中，J为转动惯量，定义为$J=\mathrm{diag}(J_x,J_y,J_z)$；$\tau$为四旋翼无人机受到的合外力矩，主要包括：旋翼旋转产生的气动力矩、阻力力矩及陀螺效应力矩，由于无人机的结构对称性，阻力力矩及陀螺效应力矩几乎为零；而对于无人机受到的气动力矩，针对滚转和俯仰运动，无人机对旋翼产生的升力差可分别产生沿x_b轴和y_b轴的力矩，记为τ_1和τ_2，而对于偏航运动，是由两对旋翼产生的反扭矩差造成的，因此各旋翼产生的总反扭矩为τ_3，气动力矩$\tau=[\tau_1,\tau_2,\tau_3]^{\mathrm{T}}\in\mathbf{R}^3$表示为

$$\tau=\begin{bmatrix}\tau_1\\ \tau_2\\ \tau_3\end{bmatrix}=\begin{bmatrix}lc_T(\omega_4^2-\omega_2^2)\\ lc_T(\omega_3^2-\omega_1^2)\\ c_Q(\omega_2^2-\omega_1^2+\omega_4^2-\omega_3^2)\end{bmatrix} \tag{7.13}$$

式中，l为无人机质心到转轴的距离；c_Q为反扭矩系数；c_T为升力系数；$\omega_i\,(i=1,2,3,4)$为各个旋翼的转速。

基于以上建立的四旋翼无人机平动模型及转动模型，并考虑无人机自身的建模误差及运行过程中受到的外界干扰，可得四旋翼无人机六自由度模型为

$$
\begin{aligned}
&\dot{P}=V\\
&\dot{V}=ge_3-\frac{u}{m}{}_I^bRe_3+\varDelta_V\\
&\dot{\Theta}=\Pi\varOmega\\
&\dot{\varOmega}=-J^{-1}\varOmega\times J\varOmega+J^{-1}\tau+\varDelta_\varOmega
\end{aligned}
\tag{7.14}
$$

式中，$\varDelta_V$、$\varDelta_\varOmega$为包括建模误差及外界干扰在内的综合扰动。

7.1.3　无人机编队跟踪误差系统建立

考虑四旋翼无人机编队控制问题，多无人机在飞往任务目标地点的过程中，需按照给定轨迹编队飞行。针对这一场景，本节采用领导-跟随分布式的编队架构，且假设领机可获得由类脑智能路径规划获得的给定轨迹。要实现多无人机编队生成和保持，需要达到以下目标：

$$
\begin{aligned}
&\lim_{t\to T}\left(P_j-P_i\right)=c_j-c_i,\lim_{t\to T}\left(P_0-P_i\right)=c_0-c_i\\
&\lim_{t\to t_\Delta}\left(\psi_i-\psi_j\right)=0,\lim_{t\to t_\Delta}\psi_i=\psi_0,\quad i,j=1,2,\cdots,n
\end{aligned}
\tag{7.15}
$$

式中，P_i表示无人机i的位置；P_j表示无人机i的邻机j的位置；P_0为领机的位置；$c_i=[c_{xi},c_{yi},c_{zi}]^{\mathrm{T}}$为无人机$i$相对于领机的期望编队位置，无人机$j$相对于领机的期望编队位置为$c_j=[c_{xj},c_{yj},c_{zj}]^{\mathrm{T}}$；$c_0$为领机的期望编队位置；$\psi_i$为无人机$i$的偏航角；$\psi_j$为无人机$j$的偏航角；$\psi_0$为领机的偏航角。

定义无人机 i 的编队位置跟踪误差$e_{Pi}=\sum_{j=1}^{n}a_{ij}(P_i-P_j+c_i-c_j)+a_{i0}(P_i+c_i-P_0)$，则可获得其误差动态为

$$
\begin{aligned}
&\dot{e}_{Pi}=\sum_{j=1}^{n}a_{ij}(V_i-V_j)+a_{i0}(V_i-V_0)\\
&\ddot{e}_{Pi}=\sum_{j=1}^{n}a_{ij}(\dot{V}_i-\dot{V}_j)+a_{i0}(\dot{V}_i-\ddot{P}_0)
\end{aligned}
\tag{7.16}
$$

式中，V_i、V_j、V_0分别表示无人机i及其邻机j的速度以及领机的速度；$\dot{V}_i$、$\dot{V}_j$分别表示无人机i及其邻机j的加速度。

进一步结合建立的四旋翼无人机位置子系统模型以及无人机编队控制模型(7.16)，可定义队中无人机i编队位置跟踪误差系统为

$$\begin{aligned}&\dot{e}_{Pi}=e_{Vi}\\&\dot{e}_{Vi}=\sum_{j=0}^{n}a_{ij}(\underbrace{u_i\,{}_I^bRe_3/m_i}_{\overline{u}_i}-\underbrace{u_j\,{}_I^bRe_3/m_j}_{\overline{u}_j}+\underbrace{\varDelta_{Vi}-\varDelta_{Vj}}_{\varDelta_{ij}})\end{aligned}\tag{7.17}$$

式中，$\overline{u}_i$ 和 $\overline{u}_j$ 分别表示无人机 i 和无人机 j 的等效控制力；$\varDelta_{Vi}$、$\varDelta_{Vj}$ 分别表示无人机 i 和无人机 j 的综合扰动；m_i 和 m_j 为无人机 i 和无人机 j 的质量。需要注意的是，$u_0=\ddot{P}_0$，其中 $\ddot{P}_0$ 表示领机未知的二阶位置导数，$\varDelta_{V0}$=0。

进一步建立无人机编队姿态跟踪误差系统：根据建立的无人机姿态子系统模型(7.14)，定义无人机 i 的姿态跟踪误差为

$$\begin{aligned}&e_{\Theta i}=\Theta_i-\Theta_{ri}\\&e_{\Omega i}=\Pi_i\Omega_i-\dot{\Theta}_{ri}\end{aligned}\tag{7.18}$$

式中，$\Theta_{ri}=[\phi_{ri},\theta_{ri},\varphi_{ri}]^{\mathrm{T}}\in\mathbf{R}^3$ 表示无人机 i 由姿态解算获得的期望姿态角；$\dot{\Theta}_{ri}$ 表示无人机 i 期望姿态角的导数。

结合式(7.14)可得无人机 i 姿态跟踪误差系统为

$$\begin{aligned}&\dot{e}_{\Theta i}=e_{\Omega i}\\&\dot{e}_{\Omega i}=\underbrace{\Pi_iJ_i^{-1}\tau}_{\tau_i'}+\underbrace{(\Pi_i\Omega_i-\Pi_iJ_i^{-1}\times J_i\Omega_i-\ddot{\Theta}_{ri})}_{f_i}+\underbrace{\Pi_iJ_i^{-1}\varDelta_{\Omega i}}_{\varDelta_{\Omega i}'}\end{aligned}\tag{7.19}$$

式中，τ_i' 为无人机 i 的等效控制力矩；f_i 为系统已知项；$\varDelta_{\Omega i}'$ 为无人机 i 姿态系统的综合扰动。

至此，建立了包括位置跟踪误差及姿态跟踪误差在内的无人机编队跟踪误差系统，后续则考虑建立多无人机误差系统，设计基于神经网络的编队控制器和有限时间姿态跟踪控制器，实现多无人机系统在综合干扰影响下的编队自主安全生成和保持。

7.2　多无人机智能自主协同控制

基于建立的无人机编队控制模型，本节进一步设计无人机编队智能自主协同控制器实现多无人机系统快速、稳定、安全的编队生成及保持。在无人机编队控制过程中，会受到外界风、气流等上界未知的外部干扰影响，且在队形变换过程中也对无人机编队整体的安全避碰性提出更高的要求。因此，设计鲁棒性强、稳定性好、灵活性高的控制器，保证无人机编队系统在复杂环境中具有更高的生存能力和打击能力至关重要。基于此问题，本节提出一种基于自适应动态规划的多

无人机协同控制算法，整体控制框图如图 7.2 所示。基于多时间尺度理论将无人机编队模型划分为位置外环模型及姿态内环模型，首先针对位置外环模型，设计势能函数保证无人机编队过程中的避碰需求，并考虑外界干扰影响，设计干扰观测器实现对综合扰动的有效估计，进一步基于扰动估计值及编队跟踪误差设计性能指标函数，通过构建评价网络来近似最优性能指标函数，最终获得无人机编队最优控制器；其次，基于无人机位置外环控制输入及期望偏航进行姿态解算，获得无人机姿态内环的期望姿态角，进一步针对无人机姿态内环，设计有限时间姿态控制器，保证无人机编队可以快速跟踪期望姿态角，完成构型变换。

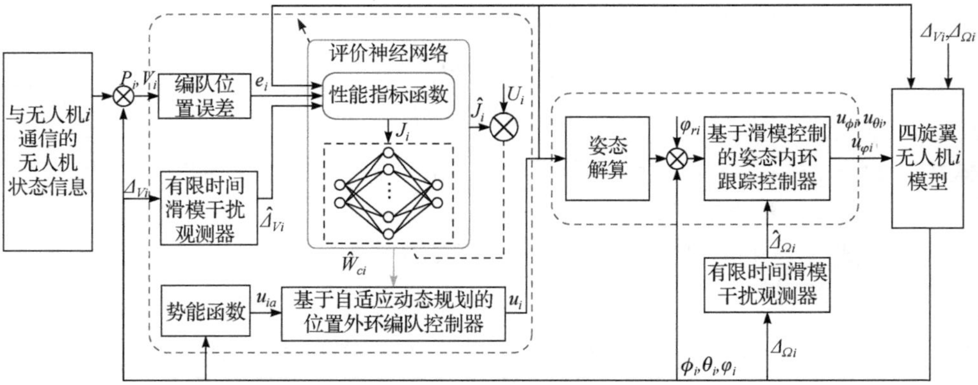

图 7.2 基于自适应动态规划的多无人机协同控制设计框图

7.2.1 有限时间滑模干扰观测器设计

基于建立的无人机六自由度模型(7.14)可以看出，无人机飞行过程中受到的外界综合干扰 $\varDelta_V$ 、$\varDelta_\Omega$ 会影响无人机的稳定控制。因此，本节以无人机位置外环为例，通过设计有限时间滑模干扰观测器，实现对综合扰动的有限时间估计，为后续干扰的处理奠定基础。

针对编队中无人机 i，基于无人机位置模型(7.14)，设计干扰观测器：

$$\hat{\dot{V}}_i = \dot{V}_i - k_1 z_i - k_2 \mathrm{sig}^{\gamma_1}(z_i) - k_3 \frac{z_i}{\| z_i \|} \tag{7.20}$$

式中，$\hat{\dot{V}}_i$ 为 $\dot{V}_i$ 的估计值；观测器系数 $k_1, k_2, k_3 > 0$, $0 < \gamma_1 < 1$；辅助变量 $z_i = \int_0^t (\hat{\dot{V}}_i - \dot{V}_i)\mathrm{d}t$ ，$\mathrm{sig}^{\gamma_1}(z_i) = \|z_i\|^{\gamma_1} \dfrac{z_i}{\| z_i \|}$ 。

干扰估计值 $\hat{\varDelta}_{Vi}$ 设计为

$$\hat{\varDelta}_{Vi} = -k_1 z_i - k_2 \mathrm{sig}^{\gamma_1}(z_i) - k_3 \frac{z_i}{\| z_i \|} \tag{7.21}$$

则观测器的观测误差定义为 $e_{\Delta i}=\dot{z}_i=\hat{\Delta}_{Vi}-\Delta_{Vi}$。

定理 7.1 针对无人机位置模型(7.14)，设计如式(7.20)所示的有限时间滑模干扰观测器，且观测器参数选取满足 $k_1,k_2,k_3>0$，$0<\gamma_1<1$，那么干扰观测器的输出 $\hat{\Delta}_{Vi}$ 可以实现对无人机位置外环中外界综合干扰 Δ_{Vi} 的有限时间估计。

在证明定理 7.1 之前，首先给出关于有限时间稳定的理论依据，即引理 7.1。

引理 7.1 假设存在正定且连续可微的函数 $V(x)$ 满足下列不等式：

$$\dot{V}(x)+\alpha V(x)+\lambda V^{\gamma}(x)\leqslant 0,\quad \forall t>t_0 \tag{7.22}$$

则非线性系统 $\dot{x}=f(x),f(0)=0$ 是有限时间稳定的，并且收敛时间 t_s 满足

$$t_s\leqslant\frac{1}{\alpha(1-\gamma)}\ln\frac{\alpha V^{1-\gamma}(x_0)+\lambda}{\lambda} \tag{7.23}$$

式中，$x_0=x(0),\ \alpha>0,\ \lambda>0,\ \ 0<\gamma<1$。

证明 选取李雅普诺夫函数 $L_{z_i}=\frac{1}{2}z_i^{\mathrm{T}}z_i$，并对其求导可得

$$\begin{aligned}\dot{L}_{z_i}&=z_i^{\mathrm{T}}\dot{z}_i\\&=z_i^{\mathrm{T}}\left(-k_1 z_i-k_2\mathrm{sig}^{\gamma_1}(z_i)-k_3\frac{z_i}{\|z_i\|}-\Delta_{Vi}\right)\\&=-k_1 z_i^{\mathrm{T}}z_i-k_2\mathrm{sig}^{\gamma_1}(z_i)-k_3\|z_i\|-z_i^{\mathrm{T}}\Delta_{Vi}\\&\leqslant-k_1 z_i^{\mathrm{T}}z_i-k_2\sum_{j=1}^{3}|z_{ij}|^{\gamma_1+1}-k_3\|z_i\|+\|z_i\|\,\|\Delta_{Vi}\|\\&\leqslant-2k_1 L_{z_i}-2^{\frac{\gamma_2+1}{2}}k_3 L_{z_i}^{\frac{\gamma_2+1}{2}}\end{aligned} \tag{7.24}$$

基于引理 7.1，z_i 可以在有限时间内趋近于零，即干扰估计值 $\hat{\Delta}_{Vi}$ 可以在有限时间内实现对实际干扰 Δ_{Vi} 的有效估计，从而验证了设计的干扰观测器是合理有效的，内环也同此理。定理 7.1 得证。

7.2.2 基于人工势能法的避碰项设计

无人机编队在队形变换过程中，对无人机间及障碍物的避碰也提出了更高的要求[4-6]。因此，为了保证无人机编队飞行的安全性，在控制过程中通过人工势能法设计无人机避碰项，以在编队控制器中进行补充，保证无人机的安全性。

针对无人机 i，设计无人机 i 和 j 之间的势能函数为

$$V_{ij}^{a}=\begin{cases}\eta_j\varepsilon_a^{\frac{\rho_a-d_{ij}}{\rho_a-R_a}}, & d_{ij}<R_a\\0, & d_{ij}\geqslant R_a\end{cases} \tag{7.25}$$

式中，$d_{ij}=\left\|P_i-P_j\right\|$表示两架无人机之间的相对距离；$R_a$表示无人机的安全避碰半径；$\varepsilon_a$是一个非常小的正常数，且$0<\varepsilon_a<1$，因此$\ln(1/\varepsilon_a)\geqslant 1$，$\eta_j>0,0<\rho_a<R_a$。

进一步对势能函数(7.25)求负梯度，当$d_{ij}<R_a$时可得

$$-\nabla V_{ij}^a=-\frac{1}{\rho_a-R_a}\ln(\eta_j\varepsilon_a)V_{ij}^a \tag{7.26}$$

则无人机j对无人机i的力F_{ij}为

$$F_{ij}=\frac{1}{\rho_a-R_a}\ln(\eta_j\varepsilon_a)V_{ij}^a,\quad i,j=1,2,\cdots,n,\quad i\neq j \tag{7.27}$$

基于人工势能法的避碰项u_{ia}可以表示为

$$u_{ia}=\sum_{i=1(i\neq j)}^{n}F_{ij} \tag{7.28}$$

基于式(7.28)设计的避碰项u_{ia}将在后续无人机编队控制器中进行补偿，以满足避碰的需求。需要进一步说明的是，引入${V_{ij}}^a$的目的是避碰，因此两架无人机间的期望相对距离c_i-c_j必须大于安全避碰半径R_a，否则就不会生成期望的队形，且一直发生机间碰撞，即无法完成编队队形的重构。由所设计的势能函数(7.25)可知，当机间相对距离小于安全避碰半径时，两架无人机间的实时相对距离越小则势能函数增长就越快，势能避碰的作用就越强，同时也可以使用势能函数进行障碍物避障。

7.2.3 无人机编队位置外环智能最优控制器设计

针对无人机i的位置外环控制问题，首先定义无人机编队位置跟踪误差$e_i=\left[e_{Pi}^{\mathrm{T}},e_{Vi}^{\mathrm{T}}\right]^{\mathrm{T}}$，编队位置跟踪误差系统(7.17)进一步表示为

$$\dot{e}_i=Ae_i+B_i\overline{u}_i-B_i\overline{u}_j+B_i\varDelta_{ij} \tag{7.29}$$

式中，$A=\begin{bmatrix}0_3 & 1_3\\ 0_3 & 0_3\end{bmatrix}$；$B_i=\begin{bmatrix}0_3\\ \sum\limits_{j=0}^{n}a_{ij}\end{bmatrix}$；$\varDelta_{ij}=\varDelta_{Vi}-\varDelta_{Vj}$。位置外环等效控制率$\overline{u}_i$由两部分构成，即

$$\overline{u}_i=u_i+u_{ia} \tag{7.30}$$

式中，u_i表示基于自适应动态规划获得的最优控制器；u_{ia}表示基于势能函数设计的避碰项，如式(7.28)所示。因此，后续的控制重点则为设计最优控制器u_i。

综合考虑观测器对综合干扰的估计值、无人机位置外环的编队位置跟踪误差及控制量，定义无人机编队控制性能指标函数为

$$J_i = \int_t^{\infty} U_i \mathrm{d}\tau \tag{7.31}$$

式中，$U_i = \alpha_i \hat{\Delta}_{ij}^{\mathrm{T}} \hat{\Delta}_{ij} + e_i^{\mathrm{T}} Q e_i + u_i^{\mathrm{T}} R u_i$，$\alpha_i$ 为待设计正常数，Q、R 为正定的斜对称矩阵。因此，当前控制目标为找到一组最优的容许控制策略 u_i，使式(7.31)给出的性能指标函数最小。当 $\Delta_{ij} = \Delta_{Vi} = \Delta_{Vj} = 0$ 时，无人机 i 编队位置跟踪误差系统式(7.29)变为标称系统。

当性能指标函数(7.31)连续可微时，基于式(7.29)和式(7.31)可得其一阶非线性偏微分方程为

$$\nabla J_i^{\mathrm{T}} \dot{e}_i + \alpha_i \hat{\Delta}_{ij}^{\mathrm{T}} \hat{\Delta}_{ij} + e_{1i}^{\mathrm{T}} Q e_{1i} + u_i^{\mathrm{T}} R u_i = 0 \tag{7.32}$$

式中，$\nabla J_i = \partial J_i / \partial e_i$ 表示性能指标函数 J_i 关于编队位置跟踪误差 e_i 的偏导，且有 $J_i(0) = 0$。

定义哈密顿方程为

$$H(e_i, \nabla J_i, u_i, u_J) = \nabla J_i^{\mathrm{T}} \dot{e}_i + \alpha_i \hat{\Delta}_{ij}^{\mathrm{T}} \hat{\Delta}_{ij} + e_i^{\mathrm{T}} Q e_i + u_i^{\mathrm{T}} R u_i \tag{7.33}$$

式中，u_J 代表无人机 i 所有邻机的控制策略。

基于式(7.31)，定义最优性能指标函数为

$$J_i^* = \min_{u_i \in \Psi} \int_t^{\infty} U_i \mathrm{d}\tau \tag{7.34}$$

式中，Ψ 表示可容许控制策略的集合。

当性能指标函数为最优时，哈密顿方程将变成 HJB 方程，即

$$\min_{u_i \in \Psi} H(e_i, \nabla J_i^*, u_i, u_J) = 0 \tag{7.35}$$

最优的性能指标函数 J_i^* 通过求解 HJB 方程获得。无人机相对其邻机的最优控制器形式可以通过最小化关于 u_i 的哈密顿函数得到，即使得无人机 i 性能指标函数最小的编队控制策略为

$$u_i^* = \arg\min H(e_i, \nabla J_i^*, u_i, u_J) \tag{7.36}$$

当解 J_i^* 存在且连续可微时，最优控制策略可通过求解 $\partial J_i / \partial u_i = 0$ 得到，即令无人机 i 性能指标函数最小的编队控制策略为

$$u_i^* = -\frac{1}{2} R^{-1} B_i^{\mathrm{T}} \nabla J_i^* \tag{7.37}$$

定理 7.2　针对无人机编队位置跟踪误差系统(7.29)，若设计如式(7.37)所示的

控制器形式，且性能指标函数的参数满足 $\alpha_i \geqslant \lambda_{\min}(R_i)$ 且 $\|e_i\| \geqslant \sqrt{\beta_i/\lambda_{\min}(Q_i)}$ 时，设计的编队控制器(7.29)能够保证在外界干扰影响下的无人机位置外环误差系统一致最终有界。

证明 选取李雅普诺夫函数 J_i^*，可知其是正定的，对 J_i^* 求导可得

$$\dot{J}_i^* = \left(\nabla J_i^*\right)^{\mathrm{T}} \left(Ae_i + B_i u_i^* - B_i u_j^* + B_i \varDelta_{ij}\right) \tag{7.38}$$

由式(7.32)可知，$\left(\nabla J_i^*\right)^{\mathrm{T}} \dot{e}_i = -\left(\alpha_i \hat{\varDelta}_{ij}^{\mathrm{T}} \hat{\varDelta}_{ij} + e_i^{\mathrm{T}} Q e_i + \left(u_i^*\right)^{\mathrm{T}} R u_i^*\right)$，代入式(7.38)，基于干扰观测器的稳定性证明，可知干扰估计误差 $e_{\varDelta_{Vi}} = \hat{\varDelta}_{Vi} - \varDelta_{Vi}$ 是有界的，即 $\left\|e_{\varDelta_{Vi}}\right\| \leqslant \bar{e}_{\varDelta_{Vi}}$，且 $\bar{e}_{\varDelta_{Vi}}$ 是大于零的常数，式(7.38)进一步可求解为

$$\begin{aligned}
\dot{J}_i^* &= -2\left(u_i^*\right)^{\mathrm{T}} R_i \varDelta_{ij} - \alpha_i \hat{\varDelta}_{ij}^{\mathrm{T}} \hat{\varDelta}_{ij} - e_i^{\mathrm{T}} Q e_i - \left(u_i^*\right)^{\mathrm{T}} R_i u_i^* \\
&\leqslant -\alpha_i \hat{\varDelta}_{ij}^{\mathrm{T}} \hat{\varDelta}_{ij} - e_i^{\mathrm{T}} Q e_i + \lambda_{\min}(R_i) \left\|\varDelta_{ij}\right\|^2 \\
&\leqslant -\left(\alpha_i - \lambda_{\min}(R_i)\right) \left\|\hat{\varDelta}_{ij}\right\|^2 - e_i^{\mathrm{T}} Q e_i + \left(2\left|\bar{\varDelta}_i - \bar{\varDelta}_j\right| + \left|\bar{e}_{\varDelta_i} - \bar{e}_{\varDelta_j}\right|\right)\left(\left|-\bar{e}_{\varDelta_i} + \bar{e}_{\varDelta_j}\right|\right) \\
&\leqslant -\left(\alpha_i - \lambda_{\min}(R_i)\right) \left\|\hat{\varDelta}_{ij}\right\|^2 - \lambda_{\min}(Q_i) \left\|e_i\right\|^2 + \beta_i
\end{aligned} \tag{7.39}$$

式中，当参数满足 $\alpha_i \geqslant \lambda_{\min}(R_i)$ 且 $\|e_{1i}\| \geqslant \sqrt{\beta_i/\lambda_{\min}(Q_i)}$ 时，$\dot{J}_i^* \leqslant 0$ 成立。因此，根据李雅普诺夫稳定性定理，编队位置误差将会收敛。定理 7.2 得证。

值得注意的是，由于无人机编队系统中多无人机之间的耦合问题，性能指标函数(7.31)不能用传统的二次形式，从而导致求解 HJB 方程(7.35)更具难度。因此，为了处理 HJB 方程在实际应用过程中难以求解的问题，进一步设计单层神经网络来近似最优性能指标函数 J_i^* 的值：

$$J_i^* = W_{ci}^{\mathrm{T}} \sigma(e_i) + \varepsilon_{ci} \tag{7.40}$$

式中，$W_{ci} \in \mathbf{R}^n$ 为理想的神经网络权值向量；$\sigma(e_i) \in \mathbf{R}^n$ 为神经网络的激活函数；$\varepsilon_{ci} \in \mathbf{R}$ 为神经网络的近似误差。

对式(7.40)求偏导可得

$$\nabla J_i^*(e_i) = W_{ci}^{\mathrm{T}} \nabla \sigma(e_i) + \nabla \varepsilon_{ci} \tag{7.41}$$

式中，$\nabla \sigma(e_i) = \partial \sigma / \partial e_i$ 及 $\nabla \varepsilon_{ci}$ 分别表示激活函数和近似误差的偏导。

将式(7.41)代入式(7.33)中，可得 HJB 方程为

$$H(e_i, W_{ci}, u_i, u_J) = W_{ci}^{\mathrm{T}} \nabla \sigma(e_i) \dot{e}_i + \alpha_i \hat{\varDelta}_{ij}^{\mathrm{T}} \hat{\varDelta}_{ij} + e_i^{\mathrm{T}} Q e_i + u_i^{\mathrm{T}} R u_i = -\nabla \varepsilon_{ci} \dot{e}_i \overset{\text{def}}{=} e_{cH} \tag{7.42}$$

式中，e_{cH} 为神经网络近似产生的残余误差。

考虑到理想网络权值未知的事实，根据估计的权值向量 $\hat{W}_{ci}$ 建立评价神经网络来逼近最优性能指标函数，即

$$\begin{aligned}\hat{J}_i^* &= \hat{W}_{ci}^{\mathrm{T}}\sigma(e_i) \\ \nabla\hat{J}_i^* &= (\nabla\sigma(e_i))^{\mathrm{T}}\hat{W}_{ci}\end{aligned} \tag{7.43}$$

因此，近似哈密顿量可以表示为

$$H(e_i,\hat{W}_{ci},u_i,u_J) = \hat{W}_{ci}^{\mathrm{T}}\nabla\sigma(e_i)\dot{e}_i + \alpha_i\hat{\varDelta}_{ij}^{\mathrm{T}}\hat{\varDelta}_{ij} + e_i^{\mathrm{T}}Qe_i + u_i^{\mathrm{T}}Ru_i \stackrel{\text{def}}{=} e_c \tag{7.44}$$

定义 $C_i = \nabla\sigma(e_i)\dot{e}_i$，权值估计误差 $\tilde{W}_{ci} = W_{ci} - \hat{W}_{ci}$，此时有

$$e_c = e_{cH} - \tilde{W}_{ci}^{\mathrm{T}}C_i \tag{7.45}$$

为了调整评价神经网络权值向量 $\hat{W}_{ci}$，利用策略梯度法使误差函数 $E_{ci} = \frac{1}{2}e_c^{\mathrm{T}}e_c$ 取最小值，故评价神经网络权值调整规则为

$$\dot{\hat{W}}_{ci} = -\alpha_c\frac{C_i}{\left(1+C_i^{\mathrm{T}}C_i\right)^2}e_c \tag{7.46}$$

式中，$\alpha_c > 0$ 为评价神经网络的学习率。

因此，理想的控制策略可以描述为

$$u_i^* = -\frac{1}{2}R^{-1}B_i^{\mathrm{T}}\left(\nabla\sigma(e_i)^{\mathrm{T}}W_{ci} + \nabla\varepsilon_{ci}\right) \tag{7.47}$$

其近似值可表示为

$$\hat{u}_i^{\ *} = -\frac{1}{2}R^{-1}B_i^{\mathrm{T}}(\nabla\sigma(e_i))^{\mathrm{T}}\hat{W}_{ci} \tag{7.48}$$

基于近似控制策略(7.48)，此时仅需评价神经网络便可求解最优控制律，并且由式(7.46)可实现对评价神经网络的权值向量更新。

接下来，为方便对提出的编队位置重构控制算法的稳定性进行证明，先给出如下一组假设。

假设 7.1　各从机都至少存在一条到达领机的有向路径。

假设 7.2　领机位置的二阶导数 $\ddot{P}_0$ 可以获得，且 u_0=P_0 和 $\dot{u}_0$ 有已知的常数界。

假设 7.3　系统矩阵是有界的，即 $\|A\| \leqslant \bar{A}$,$\|B_i\| \leqslant \bar{B}_i$，$\bar{A},\bar{B}_i > 0$。

假设 7.4　神经网络的参数——激活函数、逼近误差和其偏导都存在上界，即满足 $\|\sigma(e_i)\| \leqslant \bar{\sigma}_i, \|\varepsilon_{ci}\| \leqslant \bar{\varepsilon}_{ci}, \|\nabla\sigma(e_i)\| \leqslant \bar{\sigma}_{di}, \|\nabla\varepsilon_{ci}\| \leqslant \bar{\varepsilon}_{dci}$，并且有 $\bar{\sigma}_i$、$\bar{\varepsilon}_{ci}$、$\bar{\sigma}_{di}$、$\bar{\varepsilon}_{dci} > 0$。

定理 7.3　在假设 7.1～7.4 成立的情况下，针对编队位置误差系统(7.29)，设计基于自适应动态规划的无人机协同控制算法(7.48)，且评价神经网络的权值

更新规则为式(7.46)，此时评价神经网络权值估计误差及编队位置外环跟踪误差都是一致最终有界的。

证明 首先证明权值估计误差为一致最终有界的，构建李雅普诺夫函数：

$$L_1(t)=\frac{1}{2\alpha_c}\tilde{W}_{ci}^{\mathrm{T}}W_{ci} \tag{7.49}$$

对 $L_1(t)$ 求导得

$$\begin{aligned}\dot{L}_1&=\frac{1}{\alpha_c}\tilde{W}_{ci}^{\mathrm{T}}\dot{\tilde{W}}_{ci}\\&=\tilde{W}_{ci}^{\mathrm{T}}(e_{cH}-\tilde{W}_{ci}^{\mathrm{T}}C_i)\frac{C_i}{(1+C_i^{\mathrm{T}}C_i)^2}\\&=\tilde{W}_{ci}^{\mathrm{T}}e_{cH}\frac{C_i}{(1+C_i^{\mathrm{T}}C_i)^2}-\frac{1}{(1+C_i^{\mathrm{T}}C_i)^2}\left\|\tilde{W}_{ci}^{\mathrm{T}}C_i\right\|^2\\&\leqslant\frac{1}{2(1+C_i^{\mathrm{T}}C_i)^2}(e_{cH}^2-\left\|\tilde{W}_{ci}^{\mathrm{T}}C_i\right\|^2)\end{aligned} \tag{7.50}$$

相关参数满足 $\left\|\tilde{W}_{ci}\right\|\geqslant\left\|\frac{e_{cH}}{C_{iM}}\right\|$，其中 $\left\|C_i\right\|\leqslant C_{iM}$，当 C_{iM} 是一个正常实数时，有 $\dot{L}_1<0$，根据李雅普诺夫稳定性定理，加权逼近误差为一致最终有界。

接下来证明编队位置外环跟踪误差也是一致最终有界的，此时选取李雅普诺夫函数为

$$L_2=\frac{1}{2}e_i^{\mathrm{T}}e_i+J_i^* \tag{7.51}$$

对其求导可得

$$\begin{aligned}\dot{L}_2&=e_i^{\mathrm{T}}\dot{e}_i+(\nabla J_i^*)^{\mathrm{T}}\dot{e}_i\\&=e_i^{\mathrm{T}}\left(Ae_i+B_iu_i-B_iu_j+B_i\varDelta_{ij}\right)+(\nabla J_i^*)^{\mathrm{T}}\left(Ae_i+B_iu_i-B_iu_j+B_i\varDelta_{ij}\right)\\&=e_i^{\mathrm{T}}Ae_i+e_i^{\mathrm{T}}B_iu_i-e_i^{\mathrm{T}}B_iu_j+e_i^{\mathrm{T}}H_{ij}-e_i^{\mathrm{T}}Qe_i-u_i^{\mathrm{T}}Ru_i-\alpha_i\hat{\varDelta}_{ij}^{\mathrm{T}}\hat{\varDelta}_{ij}^{\mathrm{T}}\\&\leqslant\overline{A}\left\|e_i\right\|^2+\frac{1}{2}\left\|e_i\right\|^2+\frac{1}{2}B_i^2\left\|u_i\right\|^2+\frac{1}{2}B_i^2\left\|e_i\right\|^2+\frac{1}{2}\left\|u_j\right\|^2+\left\|\varDelta_{ij}\right\|^2\\&\quad-\alpha_i\hat{\varDelta}_{ij}^{\mathrm{T}}\hat{\varDelta}_{ij}^{\mathrm{T}}+\frac{1}{2}B_i^2\left\|e_i\right\|^2+\frac{1}{2}\left\|H_{ij}\right\|^2-\lambda_{\min}(Q)\left\|e_i\right\|^2-\lambda_{\min}(R)\left\|u_i\right\|^2\\&=-\left(\lambda_{\min}(Q)-\overline{A}-B_i^2-\frac{1}{2}\right)\left\|e_i\right\|^2-\left(\lambda_{\min}(R)-\frac{1}{2}B_i^2\right)\left\|u_i\right\|^2\\&\quad+\frac{1}{2}\left\|u_j\right\|^2+\frac{1}{2}\left\|H_{ij}\right\|^2+\left\|\varDelta_{ij}\right\|^2-\alpha_i\hat{\varDelta}_{ij}^{\mathrm{T}}\hat{\varDelta}_{ij}^{\mathrm{T}}\end{aligned} \tag{7.52}$$

令 $\delta_b = \frac{1}{2}\|u_j\|^2 + \frac{1}{2}\|H_{ij}\|^2 - \alpha_i \hat{\Delta}_{ij}^{\mathrm{T}} \hat{\Delta}_{ij}^{\mathrm{T}}$，因此当 $\|e_i\| \geqslant \dfrac{\delta_b}{\lambda_{\min}(Q) - \bar{A} - B_i^2 - \frac{1}{2}}$，且下列条件满足

$$
\begin{cases}
\lambda_{\min}(Q) \geqslant \bar{A} + B_i^2 + \dfrac{1}{2} \\
\lambda_{\min}(R) \geqslant \dfrac{1}{2} B_i^2
\end{cases}
\tag{7.53}
$$

时，$\dot{L}_2 < 0$ 成立，根据李雅普诺夫稳定性定理，编队位置外环跟踪误差是一致最终有界的。定理 7.3 得证。

7.2.4　多无人机姿态内环控制器设计

基于 7.2.3 节无人机编队位置外环的输出，通过姿态解算，进一步展开无人机编队姿态内环的控制，保证无人机在有限时间内实现对期望姿态角的有效跟踪。

首先基于姿态解算过程求解姿态内环期望的参考姿态角 $\Theta_r = [\phi_r, \theta_r, \varphi_r]^{\mathrm{T}}$，其中参考偏航角 φ_{ri} 已知，期望滚转角 ϕ_{ri} 和俯仰角 θ_{ri} 分别通过位置外环输出进行求解。定义中间变量 $U_i = -ge_3 + u_i$，$U_i = [U_{xi}, U_{yi}, U_{zi}]^{\mathrm{T}}$，则无人机 i 的期望滚转角 ϕ_{ri} 和俯仰角 θ_{ri} 为

$$
\phi_{ri} = \arcsin \frac{U_{xi} \sin\varphi_{ri} - U_{yi} \cos\varphi_{ri}}{\sqrt{U_{xi}^2 + U_{yi}^2 + (U_{zi} + g)^2}}
\tag{7.54}
$$

$$
\theta_{ri} = \arctan \frac{U_{xi} \cos\varphi_{ri} + U_{yi} \sin\varphi_{ri}}{U_{zi} + g}
\tag{7.55}
$$

定理 7.4　针对无人机 i 姿态跟踪误差系统(7.19)，如果姿态控制器设计为

$$
\tau_i' = -\mu_{1i} \|e_{\Theta i}\|^{\rho_{1i}} \frac{e_{\Theta i}}{\|e_{\Theta i}\|} - \mu_{2i} \|e_{\Omega i}\|^{\rho_{2i}} \frac{e_{\Omega i}}{\|e_{\Omega i}\|} - f_i - \lambda_{\Omega \imath}
\tag{7.56}
$$

式中，$\lambda_{\Omega\imath}$ 为内环干扰上界，即有 $\|\Delta_{\Omega i}'\| \leqslant \lambda_{\Omega i}$，且控制律当中的控制参数选择满足 $\mu_{1i} > 0,\ \mu_{2i} > 0,\ \rho_{1i} = \dfrac{\rho_i}{2 - \rho_i},\ \rho_{2i} = \rho_i,\ \rho_i \in (0,1)$，那么姿态跟踪误差 $e_{\Theta i}$ 能够保证收敛。

证明　将无人机姿态控制器(7.56)代入姿态跟踪误差系统(7.19)可得

$$
\begin{aligned}
\dot{e}_{\Theta i} &= e_{\Omega i} \\
\dot{e}_{\Omega i} &= -\mu_{1i} \|e_{\Theta i}\|^{\rho_1} \frac{e_{\Theta i}}{\|e_{\Theta i}\|} - \mu_{2i} \|e_{\Omega i}\|^{\rho_2} \frac{e_{\Omega i}}{\|e_{\Omega i}\|} + e_{\Delta_{\Omega i}}
\end{aligned}
\tag{7.57}
$$

式中，$\left|e_{\Delta_{\Omega i}}\right|=\left|\hat{\Delta}'_{\Omega i}-\lambda_{\Omega i}\right| \leqslant \lambda_4$ 表示干扰差值；λ_4 为小的正常数。

下面将证明当 $e_{\Delta_{\Omega i}}$ 不为零时，姿态跟踪误差在有限时间内有界。

定义李雅普诺夫函数为

$$V_z=\left\|e_{\Theta i}\right\|^{\rho_{1i}+1}+\frac{\rho_{1i}+1}{2\mu_{2i}}\left\|e_{\Omega i}\right\|^2 \tag{7.58}$$

对式(7.58)求导可得

$$\dot{V}_z=-\frac{\mu_{2i}(\rho_{1i}+1)}{\mu_{1i}}\left\|e_{\Omega i}\right\|^{\rho_{2i}+1} \tag{7.59}$$

对于任意实数 a、b，满足不等式：

$$ab \leqslant (a^2+b^2)/2$$

根据 Cauchy-Schwarz 不等式，由式(7.59)可得

$$\dot{V}_z \leqslant (\rho_{1i}+1)\left(\frac{\left\|e_{\Theta i}\right\|^{2\rho_{1i}}}{2}+\frac{\left\|e_{\Omega i}\right\|^2+\left\|e_{\Delta_{\Omega i}}\right\|^2}{2\mu_{1i}}\right) \tag{7.60}$$

情况 1：当 $\left\|e_{\Theta i}\right\| \geqslant 1$ 时，基于参数 $\rho_{1i} \in (0,1)$，则不等式 $2\rho_{1i} \leqslant \rho_{1i}+1$，$\rho_{1i}+1 \leqslant 2$ 成立，则式(7.60)可以写成

$$\dot{V}_z \leqslant V_z+\frac{(\rho_{1i}+1)\left\|e_{\Delta_{\Omega i}}\right\|^2}{2\mu_{1i}} \tag{7.61}$$

根据式(7.61)，由于 $e_{\Delta_{\Omega i}}$ 干扰项的误差有界，收敛于小正数 λ_4，则此时李雅普诺夫函数 V_z 有界，即无人机 i 的姿态跟踪误差是有界的。

情况 2：当 $\left\|e_{\Theta i}\right\|<1$ 时，$e_{\Theta i}$ 有界，且 $\left\|e_{\Theta i}\right\|^{2\rho_1}<1$，则式(7.61)可以写成

$$\dot{V}_z \leqslant \frac{\rho_{1i}+1}{2\mu_{1i}}\left\|e_{\Omega i}\right\|^2+\frac{(\rho_{1i}+1)\left(\mu_{1i}+\left\|e_{\Delta_{\Omega i}}\right\|^2\right)}{2\mu_{1i}} \tag{7.62}$$

根据 $\frac{\rho_{1i}+1}{2\mu_{1i}}\left\|e_{\Omega i}\right\|^2 \leqslant V_z$，式(7.62)可以写为

$$\dot{V}_z \leqslant V_z+\frac{(\rho_{1i}+1)\left(\mu_{1i}+\left\|e_{\Delta_{\Omega i}}\right\|^2\right)}{2\mu_{1i1}} \tag{7.63}$$

则当 $\left\|e_{\Theta i}\right\|<1$ 时，干扰误差 $e_{\Delta_{\Omega i}}$ 有界，则李雅普诺夫函数 V_z 依然有界，无人机姿态跟踪误差有界。定理 7.4 得证。

7.3　仿真设置与验证

7.3.1　仿真参数设置

在 Windows 10 操作系统中，验证考虑避碰因素的基于自适应动态规划的多无人机协同控制算法的有效性。计算机配置为 Intel(R) Core(TM) i7-8700 3.20GHz 处理器、16GB 内存。

仿真考虑由 1 架虚拟领机和 10 架从机组成的编队。四旋翼无人机编队的通信初始拓扑图选取如图 7.3 所示，在队形发生重构时，通信拓扑图变为图 7.4，其中编号 0 表示虚拟领机，编号 1～10 表示十架从机。

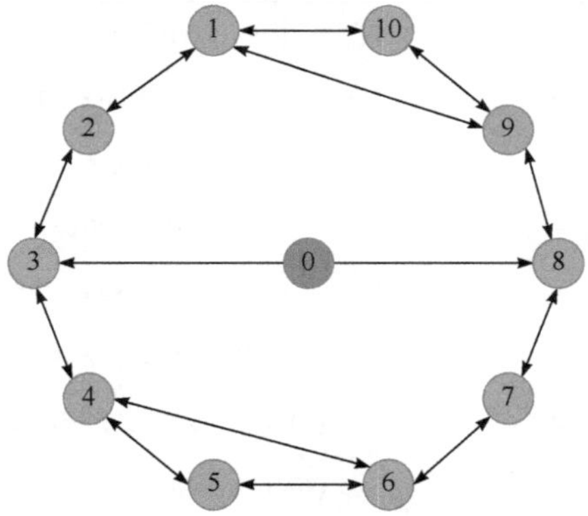

图 7.3　四旋翼无人机编队通信初始拓扑图

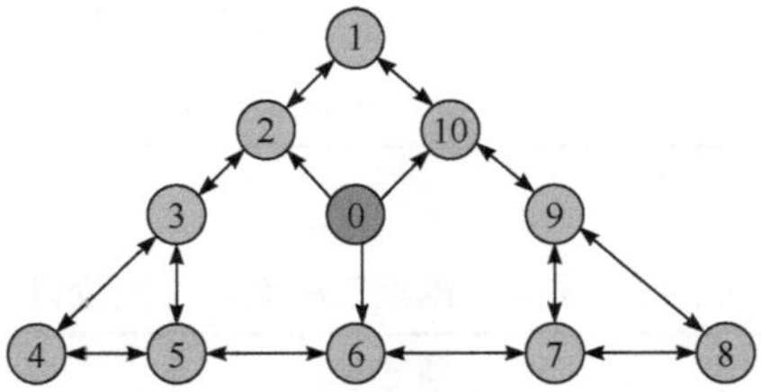

图 7.4　重构后四旋翼无人机编队通信拓扑图

虚拟领机的运动轨迹设置为

$$P_0 = [6t \quad 0.1t \quad 8]^{\mathrm{T}}, \quad \psi_0 = 0.1\sin(0.1t)$$

无人机质量为 $m = 1.1\text{kg}$，重力加速度 $g = 9.81\text{m/s}^2$，无人机的惯性常值为 $J_x = 2.3\times10^{-3}\text{kg}\cdot\text{m}^2$，$J_y = 2.4\times10^{-4}\text{kg}\cdot\text{m}^2$，$J_z = 2.6\times10^{-3}\text{kg}\cdot\text{m}^2$。

外界干扰设置为

$$\varDelta_V = \left[0.8\sin(1.2t) \quad 0.5\sin(2t) \quad 0.6\sin(0.4t)\right]^{\mathrm{T}}$$

$$\varDelta_\Omega = \left[0.5\sin(2t) \quad 0.5\cos(0.5t) \quad 0.8\sin(t)\right]^{\mathrm{T}}$$

干扰观测器参数设置为

$$k_1=35,\quad k_2=5,\quad k_3=3,\quad \gamma_1=2,\quad \gamma_2=0.5$$

假设虚拟领机的坐标为编队中心，由 c_0 表示，无人机编队的初始编队及重构队形期望构型与位置设置如表 7.1 和表 7.2 所示，各架无人机的初始位置参数如表 7.3 所示。

表 7.1　初始编队队形期望构型与位置设置

无人机	期望构型	期望位置/m
1	c_1	(10sin18°+10|cos36°|,0,0)
2	c_2	(10sin18°,–10sin36°,0)
3	c_3	(0,–10|cos18°|– 10sin36°,0)
4	c_4	(10sin18°, –20|cos18°| –10sin36°,0)
5	c_5	(10sin18°+10|cos36°|,–20|cos18°|–20sin36°,0)
6	c_6	(10sin18°+10|cos36°|+10,–20|cos18°|–20sin36°,0)
7	c_7	(20sin18°+ 20|cos36°|+10,–20|cos18°|–10sin36°,0)
8	c_8	(20sin18°+ 20|cos36°|+10,–10|cos18°|–10sin36°,0)
9	c_9	(10sin18°+20|cos36°|+10,–10sin36°,0)
10	c_{10}	(10sin18°+10|cos36°|+10,0,0)
0	c_0	(10sin18°+10|cos36°|+5,–10|cos18°|–10sin36°)

表 7.2　重构队形期望构型与位置设置

无人机	期望构型	期望位置/m
1	c_1	(30,0,0)
2	c_2	(20, –10,0)
3	c_3	(10, –20,0)
4	c_4	(0, –30,0)
5	c_5	(10, –30,0)

续表

无人机	期望构型	期望位置/m
6	c_6	(30, −30,0)
7	c_7	(50, −30,0)
8	c_8	(60, −30,0)
9	c_9	(50, −20,0)
10	c_{10}	(40, −10,0)
0	c_0	(30,0,0)

表 7.3　无人机的初始条件设置

无人机	初始位置/m	无人机	初始位置/m
1	(−50,0,0)	6	(10,0,0)
2	(−40,0,0)	7	(20,0,0)
3	(−30,0,0)	8	(30,0,0)
4	(−20,0,0)	9	(40,0,0)
5	(−10,0,0)	10	(50,0,0)
0	(0,0,0)		

7.3.2　仿真验证

首先，对设计的干扰观测器的观测效果进行验证。图 7.5 为外环干扰观测器响应曲线图。从图 7.5 中可以看出，外环干扰观测器的观测值能够快速跟踪干扰的实际值。

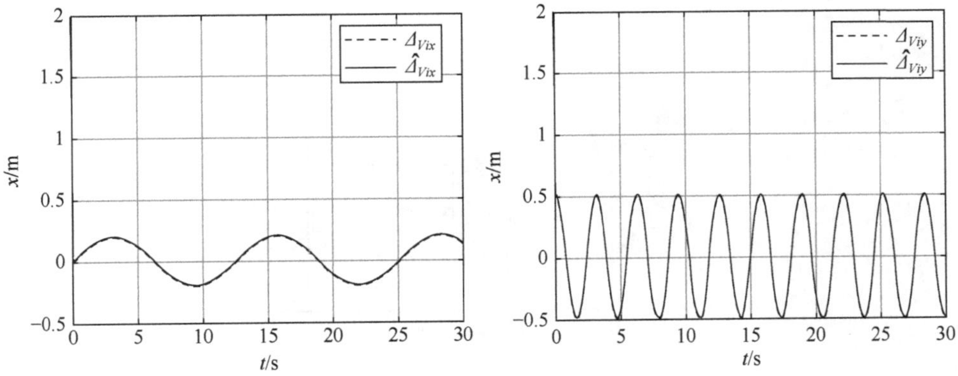

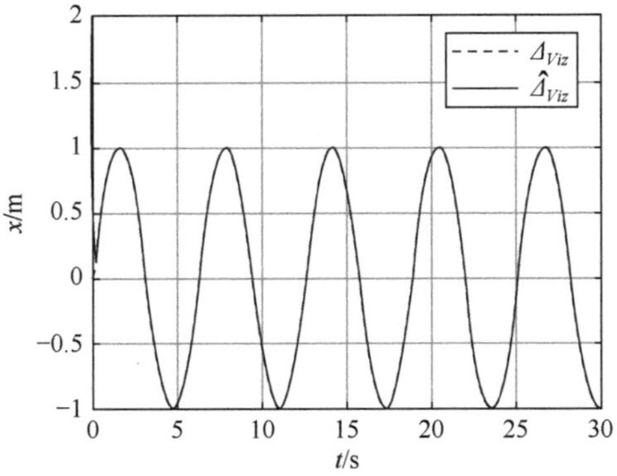

图 7.5　外环干扰观测器响应曲线

图 7.6 表示编队中各架无人机位置跟踪响应曲线图。图中虚线表示领机参考位置，实线表示从机实际位置。由图可知，各架四旋翼无人机能快速跟踪上领机的位置，并与其保持已设定的位置偏差，即形成特定的编队队形。且当进行编队队形调整后，各架无人机的位置误差依然很快收敛到很小的误差值，验证了基于自适应动态规划的重构控制器的有效性。图 7.7 为四旋翼无人机的二维编队重构图。初始编队基本在 10s 左右形成，然后保持编队稳定运行，当收到编队变换指

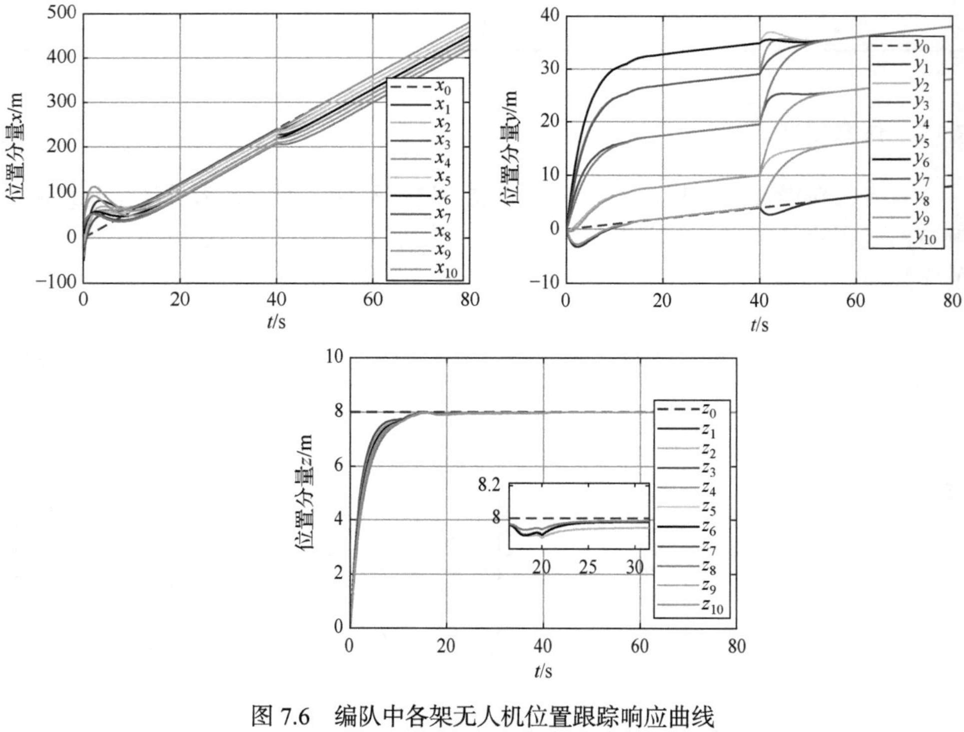

图 7.6　编队中各架无人机位置跟踪响应曲线

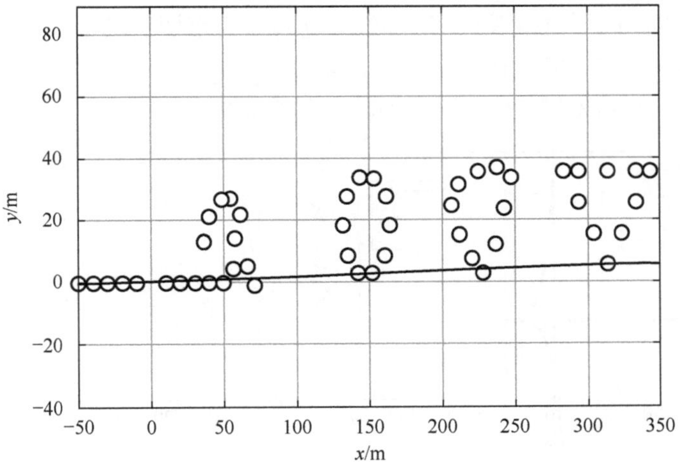

图 7.7　四旋翼无人机二维编队重构图

令后，在编队算法的控制下，可以快速形成新的编队。图 7.8 表示 10 架从机的编队位置误差响应曲线。10 架无人机的编队位置误差在有限时间内收敛到 0，并且在 40s 进行编队变换以后，编队位置误差依然很快收敛到 0，表明编队重构算法可以保证四旋翼无人机编队顺利完成重构。为了更清楚地展示各架无人机的误差变化曲线，图 7.9 选取 4 架($i=2,4,6,8$)无人机详细表明其编队位置误差变化过程，进一步验证了算法的有效性。

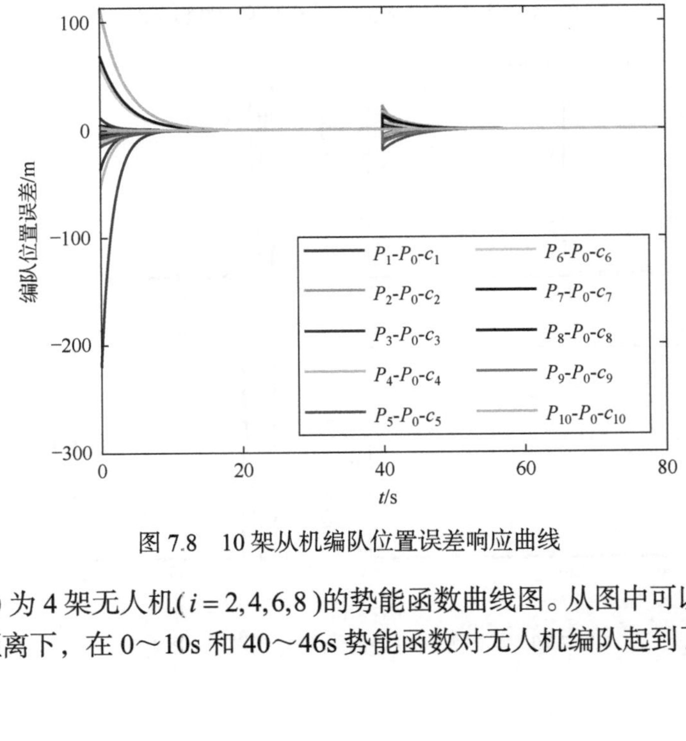

图 7.8　10 架从机编队位置误差响应曲线

图 7.10 为 4 架无人机($i=2,4,6,8$)的势能函数曲线图。从图中可以看出，在设定的安全距离下，在 0～10s 和 40～46s 势能函数对无人机编队起到了避碰作用。

图 7.11 为对编队队形避碰成功率的验证，通过蒙特卡罗仿真了 5000 次避障实验，每 20 次计算一个成功率。由图中可知，编队队形避碰成功率总体在 60%以上，大部分概率分布在 80%左右，验证了编队避碰的成功。

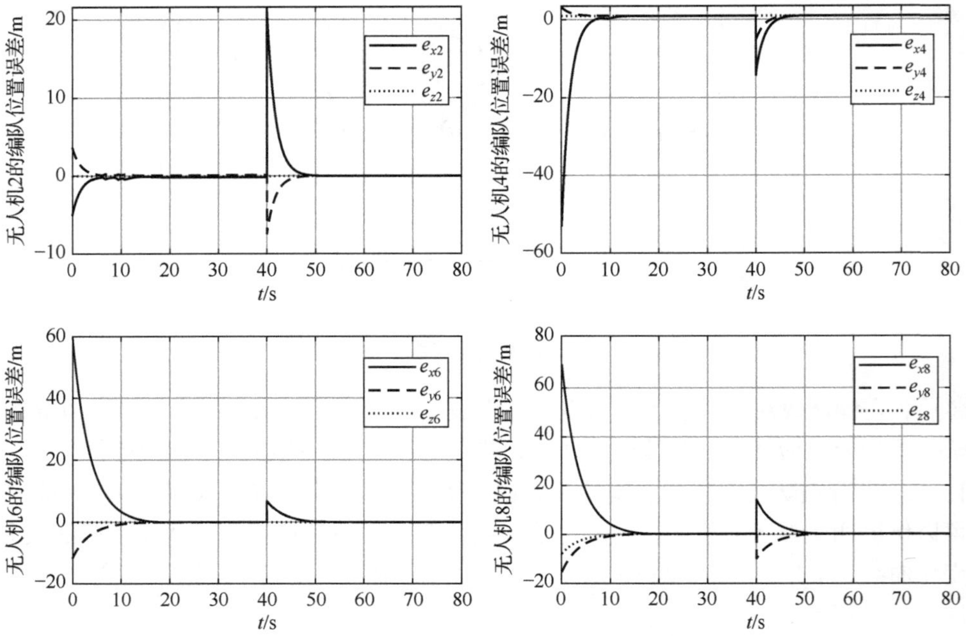

图 7.9　4 架无人机编队位置误差变换曲线($i=2,4,6,8$)

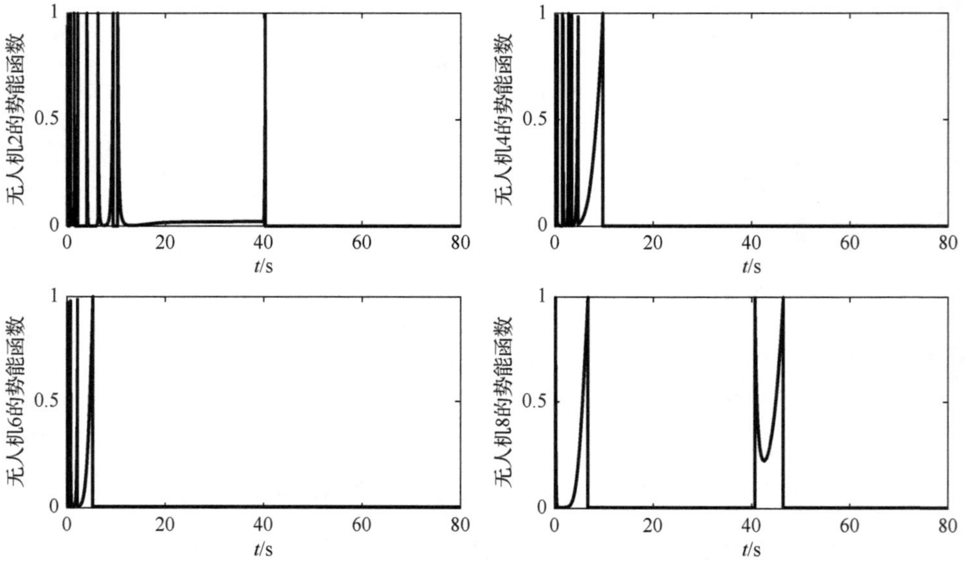

图 7.10　4 架无人机势能函数曲线图($i=2,4,6,8$)

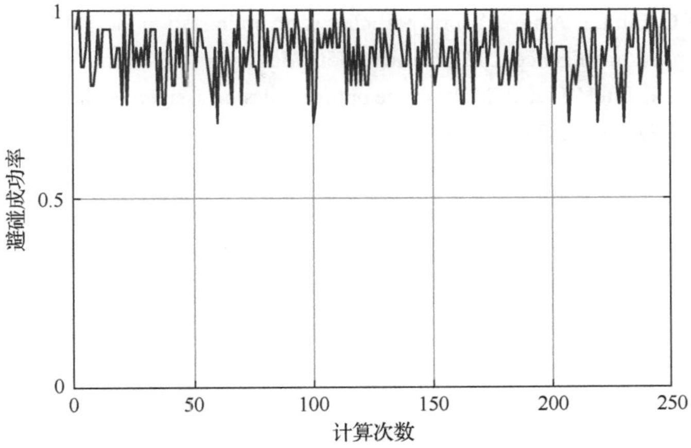

图 7.11　编队队形避碰成功率

综上所述，本章所提出的基于自适应动态规划的无人机协同控制算法能够实现仿真环境下无人蜂群编队的形成、保持、重构和稳定控制过程，从而验证了算法的有效性。

7.4 小　结

本章从多无人机编队避碰控制问题出发，设计了一种基于人工势能法和自适应动态规划的多无人机协同控制算法。首先，将编队位置控制问题转化为最优控制问题，并设计干扰观测器估计综合扰动，基于扰动估计值设计性能指标函数，并构建评价神经网络完成编队位置外环控制器设计；进一步利用位置控制输入和期望偏航进行姿态解算，从而获得姿态角的期望值，完成姿态内环控制器的设计；最终通过仿真验证了基于自适应动态规划无人机协同控制算法的有效性。

参 考 文 献

[1] Yu Z Q, Zhang Y M, Liu Z X, et al. Distributed adaptive fractional-order fault-tolerant cooperative control of networked unmanned aerial vehicles via fuzzy neural networks. IET Control Theory & Applications, 2019, 13(17): 2917-2929.

[2] Nguyen T M, Qiu Z R, Nguyen T H, et al. Distance-based cooperative relative localization for leader-following control of MAVs. IEEE Robotics and Automation Letters, 2019, 4(4): 3641-3648.

[3] Chen C, Xie K, Lewis F L, et al. Fully distributed resilience for adaptive exponential synchronization of heterogeneous multiagent systems against actuator faults. IEEE Transactions on Automatic Control, 2019, 64(8): 3347-3354.

[4] Foead D, Ghifari A, Kusuma M B, et al. A systematic literature review of A* pathfinding. Procedia Computer Science, 2021, 179: 507-514.

[5] He W J, Qi X G, Liu L F. A novel hybrid particle swarm optimization for multi-UAV cooperate path planning. Applied Intelligence, 2021, 51(10): 7350-7364.

[6] Xiong T X, Liu F, Liu H T, et al. Multi-drone optimal mission assignment and 3D path planning for disaster rescue. Drones, 2023, 7(6): 394.

第 8 章　多无人飞行器虚拟仿真交互平台设计

传统的仿真验证技术多为基于仿真软件的纯数字仿真，目前主流的方案是基于 MATLAB/Simulink 模型库搭建飞行器模型及控制器，并进行纯数字解算，获得仿真数据，从而对仿真数据进行分析。纯数字仿真具有开发周期短、可重复性高和无安全风险等优点。但是，纯数字仿真所使用的对象模型是基于数学方案得出的高度抽象的数学模型且仿真环境较为理想化，无法考虑一些现实因素以及实际干扰因素的影响，因此得出的仿真结论具有很大的局限性。这种高度抽象的数值关系缺乏直观的表达效果，增加了仿真结果的理解难度。由于多无人飞行器虚拟仿真任务具有规模大、任务类型多样且复杂的特点，对仿真平台的稳定性与可靠性有较高要求，因此传统的纯数字仿真技术难以满足需求，本章重点展开一种集实时仿真、仿真数据显示、虚拟三维可视化场景、数据库管理于一体的虚拟仿真交互平台的设计，最终实现了多无人飞行器虚拟仿真交互平台的搭建，能够验证多无人飞行器相关理论算法的有效性。

本章的主要内容安排如下：8.1 节进行虚拟仿真交互平台总体方案设计；8.2 节对主控软件进行功能需求分析，并在此基础上进行主控软件的设计与实现；8.3 节进行实时仿真单元的设计与实现；8.4 节进行视景软件的设计与实现；8.5 节进行数据库管理模块的设计；8.6 节给出本章小结。

8.1　虚拟仿真交互平台总体方案

考虑多无人飞行器虚拟仿真交互平台场景复杂，要展开平台总体方案设计，首先需要展开交互平台需求分析，即明确建立的虚拟仿真交互平台需要满足哪些功能，进一步结合功能需求分析交互平台应具备何种性能，最后根据需求进行多无人飞行器虚拟仿真交互平台总体方案的设计。

8.1.1　虚拟仿真交互平台需求分析

本节主要介绍无人飞行器虚拟仿真交互平台的功能特性及需求。虚拟仿真交互平台的设计目的是将人机交互技术与虚拟仿真技术相结合，为多无人飞行器研究提供一个能够验证类脑智能自主决策算法有效性的可视化虚拟仿真环境。因此，该平台应具备以下功能并满足相关性能需求。

1. 功能需求

1) 实时仿真功能

基于 Python 环境开发的智能算法包含多无人飞行器的任务分配算法和针对不同动态任务的类脑智能自主决策算法。这两类算法均需要环境数据的支持，仿真平台需要在约定时间内将环境数据提供给算法模型，并将算法计算获得的控制量传输给环境执行，从而实现闭环的在线仿真。因此，虚拟仿真交互平台应具备实时仿真功能，通过实时数据交互一方面帮助算法完成模型在线训练，另一方面通过数据驱动场景运行，实现对算法有效性的验证。

2) 监控管理功能

为了对整体仿真平台进行统一监控和管理，需开发满足需求的主控软件，负责实时仿真过程管理、数据监控、数据存储及数据传输等功能，并提供简易快捷的用户操作界面，以简化操作流程，从而为后续对多无人飞行器模型与类脑智能自主决策算法的验证提供统一的管理软件。

3) 可视化虚拟演示功能

针对多无人飞行器不同的任务类型，需要开发满足对应任务需求的可视化虚拟仿真场景，搭建复杂仿真环境下的各类目标场景，用于典型任务的视景展示和算法训练。虚拟环境一方面需要提供满足仿真需求的多无人飞行器模型，另一方面需要为算法端提供环境交互数据，满足算法训练的需要。

4) 数据管理功能

针对多无人飞行器系统仿真任务类型多样、数据结构复杂的特点，需要采用专门的数据库软件，用来存储、查询和删改仿真过程中的数据，具备数据管理功能，并向实验人员提供友好的图形化交互界面，提高开发效率。

2. 性能需求

在开发多无人飞行器虚拟仿真交互平台时，性能需求是必须要考虑到的因素，它决定了平台整体的可行性。结合虚拟仿真平台的功能需求，虚拟仿真平台应具备的性能需求如下。

1) 实时性

由于虚拟仿真平台涉及算法和虚拟环境的实时数据交互，因此实时性为首要的评价指标。系统的实时性主要体现在能否在双方约定的时间内完成数据的准确交付，当出现不可控外力因素影响时，如何维护现场，待问题解决后从断点处重新开始仿真。本章通过开发实时数据交互接口保证数据的实时传输，在数据传输中设计异常处理机制，处理可能出现的突发场景。

2) 可靠性

由于虚拟仿真平台的功能较复杂，为了有效提高仿真过程流畅度，降低故障发生率，则需要平台具有可靠性。为最大限度地保证平台可靠性，主要从两个方面入手：①在进行平台开发前，对平台整体软硬件架构进行设计并完成合理性分析；②在平台软件开发过程中，尽量保证代码简洁度，合理使用设计模式，减少代码耦合度并对异常情况进行监控。

3) 可复用性

平台的仿真任务具有多样性的特点，对一些基础功能的抽象和封装可以保证后续开发过程中功能模块的复用。因此，采用合理的设计模式和功能分类不仅可以降低开发工作的重复性，也能够有效提高平台的可维护性。

4) 可扩展性

在功能复用的基础上，出于后期会增加不同仿真任务的现实考虑，平台还应具备良好的扩展性。在开发过程中，采用通用化的组件开发，通过接口的预留和模板化的设计，为未来的功能接入提供可能。

8.1.2　虚拟仿真交互平台总体方案设计

基于 8.1.1 节提出的需求分析，设计虚拟仿真交互平台总体结构如图 8.1 所示，主要包括三大部分：①实时仿真单元，即虚拟仿真交互平台的“大脑”部分，主要运行多无人飞行器任务决策算法和虚拟环境实时交互的训练环境，并满足功能需求中的实时仿真功能和性能需求中的实时性；②主控管理单元，即虚拟仿真交互平台的管理控制中枢，负责配置仿真的初始信息、管理仿真进程、存储仿真数据，并向实验人员提供友好的图形化界面，满足功能需求中的监控管理功能、

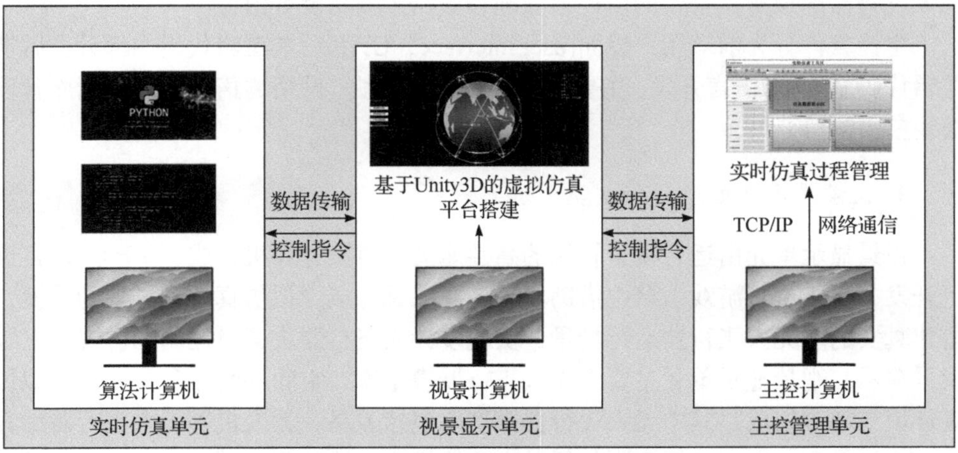

图 8.1　虚拟仿真交互平台总体结构图

数据管理功能和性能需求中的可靠性、可复用性、可扩展性；③视景显示单元，即虚拟仿真平台的场景演示中枢，负责虚拟仿真场景搭建，根据数据驱动场景运行及向数据管理单元反馈场景中多无人飞行器的状态信息等功能，满足功能需求中的可视化虚拟演示功能和性能需求中的可靠性、可复用性、可扩展性等性能需求。

1. 实时仿真单元

实时仿真单元基于 Python 环境进行搭建，主要研究多无人飞行器的智能任务决策算法和轨迹规划协同控制等算法。算法以视景演示单元提供的环境数据为输入，通过相关神经网络计算得到的控制量数据作为输出数据传输给视景演示单元，进而基于数据驱动虚拟仿真场景的运行，通过不停迭代实现对理论算法的有效性验证。

针对 Python 算法与虚拟仿真环境之间的实时交互问题，本书基于 ML-Agents 客户端-服务端架构搭建实时仿真单元，通过 Python API 和 Unity3D 中的 External Communicator 进行实时通信完成数据交互。其中 Python 算法计算机作为服务端，在模型训练阶段使用 Socket 套接字进行 Unity 进程和 Python 进程的通信，为保证传输数据的可靠性和有效性，在 ML-Agents 传输层采用传输控制协议(transmission control protocol，TCP)进行数据传输。

2. 主控管理单元

针对多无人飞行器虚拟仿真平台统一管理的需求，设计主控管理单元，基于微软公司的 WPF(Windows presentation foundation)技术开发主控软件，主要负责多无人飞行器虚拟仿真平台的监控、管理和数据传输功能等内容。

主控软件分为前端用户界面(user interface，UI)和后端逻辑代码两部分。后端逻辑代码基于 C#语言开发，主要包括实时仿真模块、网络通信模块和数据库管理模块三大部分。

3. 视景显示单元

视景显示单元由运行视景软件的高性能图形渲染计算机组成，基于 C#语言进行开发，在 Unity 游戏引擎中借助场景搭建工具完成虚拟仿真任务场景的建模，搭建真实的多无人飞行器运行场景，实现多无人飞行器决策及控制的可视化三维视景演示。视景显示单元主要由无人飞行器模型库、空间环境库和无人机虚拟仿真环境三部分组成，其中无人飞行器模型库包括卫星、无人机等无人飞行器的真实动力学模型，空间环境库则包括城市环境模型、地球环境模型和太空环境模型等，无人机虚拟仿真环境模型主要根据不同的无人机任务类型搭建不同的可视化虚拟仿真环境。

8.2　主控软件设计

主控软件作为仿真平台数据管理的中转站，负责仿真平台的数据显示及与 Unity 之间的数据传输，需要设计特定的数据传输接口。基于微软 WPF 技术进行主控软件的设计，包括用户界面设计、实时仿真模块、网络通信模块和数据库管理模块四个部分。本节首先对主控软件的总体架构进行设计，介绍 MVVM(model-view-viewmodel)设计思想及 MVVM Light 框架；其次基于 HandyControl 和 Ribbon 界面控件库进行用户界面设计；然后基于 ML-Agents 架构进行实时仿真模块的设计；最后基于 TCP/IP 进行服务端通信模块设计。

8.2.1　主控软件总体架构设计

为了满足虚拟仿真交互平台功能需求中的监控管理功能，设计如图 8.2 所示的主控软件总体架构。主控软件基于 WPF 技术进行开发，采用 MVVM Light 框架将前端用户界面逻辑与后端底层业务逻辑进行分离，减少各模块之间的耦合性。本章设计的主控软件中用户界面基于 XAML 语言进行设计，采用 HandyControl 和 Ribbon 控件库进行开发；实时仿真模块负责实现与算法计算机的连接，管理仿真过程、监控仿真数据等功能；网络通信模块基于 TCP/IP 协议进行开发，使用 Protobuf-net 进行数据序列化与反序列化，统一服务端与客户端应用层协议，负责

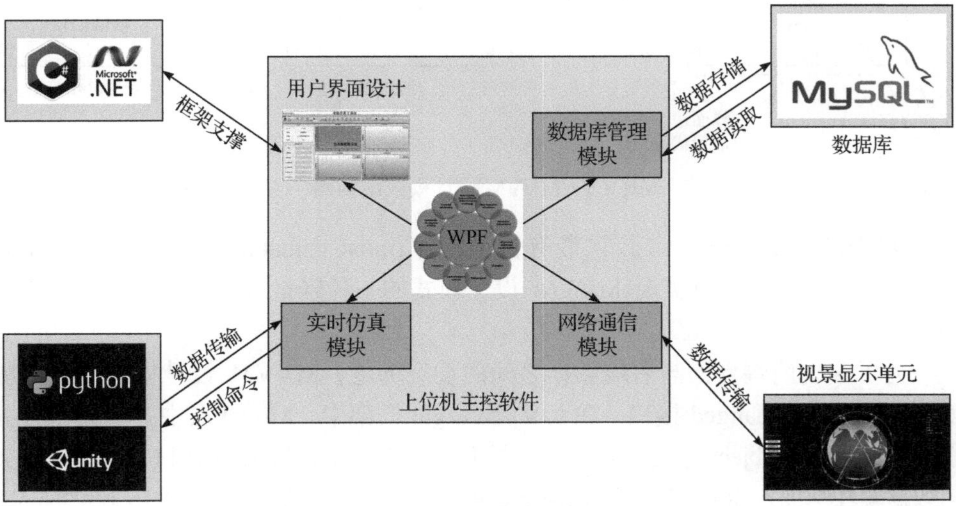

图 8.2　主控软件总体架构图

将仿真数据发送给视景显示单元；数据库管理模块则基于 MySQL 数据库进行设计与开发，负责仿真数据和实验信息的存储与读取，方便对仿真数据进行分析评估操作。

8.2.2　主控软件设计模式与开发框架

主控软件作为本书虚拟仿真交互平台中重要的数据交互中枢，功能众多、逻辑复杂、代码量大，若不将前后端代码进行解耦操作，后端业务逻辑与前端显示逻辑将会相互混合，导致主控软件代码可读性差、维护成本高、可复用性低。因此，为了解决主控软件前后端高度耦合性，提高软件开发效率，本书采用 MVVM 软件设计模式及 MVVM Light 框架进行主控软件的开发。MVVM 设计模式由 WPF 和 Silverlight 的架构设计师 John Gossman 提出，MVVM 立足于 MVP(model-view-presenter)模式，并与 WPF 新特性相糅合，改变了之前在 WPF 软件开发中将各种逻辑结构写在界面后置代码中的方式，基于模块化的设计思路，将 WPF 软件架构分为模型(Model)、视图(View)、视图模型(ViewModel)三部分，其结构如图 8.3 所示。MVVM 模式统一将前端用户界面放在 View 层进行展示；ViewModel 层负责实现前端用户界面显示逻辑，一方面通过数据绑定(data binding)机制将 Model 层数据与 View 层用户界面显示进行绑定，另一方面通过命令绑定(commands binding)机制与 View 层绑定实现界面显示逻辑；Model 层则负责存放数据实体和业务逻辑，与 ViewModel 层进行交互。

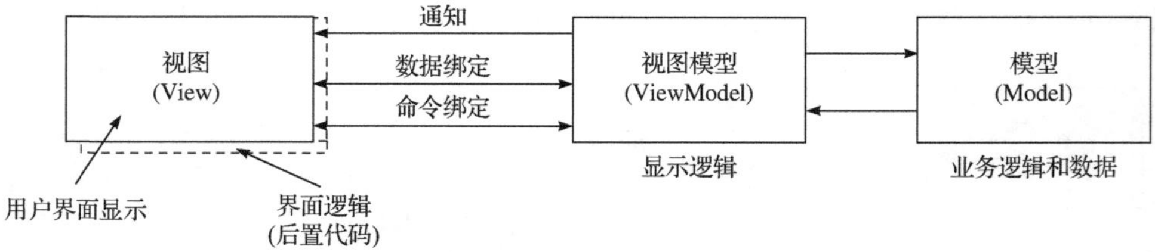

图 8.3　MVVM 设计模式结构图

MVVM Light 框架由微软最有价值专家(most valuable professional)Laurent Bugnion 开发，是快速实现 MVVM 设计模式的一种轻量级框架，其模块组成如图 8.4 所示。

为了实现前端界面与后端数据之间的动态绑定，MVVM 设计模式需要实现 INotifyPropertyChanged 接口。在 MVVM Light 框架中，Model 层中各个数据类继承自 ObservableObject 基类，此类实现了 INotifyPropertyChanged 接口，通过在定义的数据属性中加入 RaisePropertyChanged(PropertyName)方法，触发 PropertyChanged 事件通知前端用户界面进行属性更改，达到后台数据与用户界面显示同步更新的功能。

图 8.4　MVVM Light 框架模块组成

ViewModel 层中各类继承自 ViewModelBase 基类，该基类同时继承自 ObservableObject 类和 ICleanup 接口，所以它同样拥有 INotifyPropertyChanged 接口的能力，可以在构造函数中对 Model 类进行实例化，触发 PropertyChanged 事件与前端界面进行交互，同时 ICleanup 接口实现了清除当前 ViewModel 类实例，具有释放资源的作用。

在项目中导入 MVVM Light 框架后，会自带一个 ViewModelLocator 类，且生成资源字典将此类加入到全局资源中去，故每次运行项目时，都会对其进行初始化操作。ViewModelLocator 类承担着 ViewModel 注入器的角色，采用控制反转(inverse of control, IOC)设计思想将对象的创建和管理权交给托管容器。在 ViewModelLocator 类中通过调用 SimpleIoc 类实现一个简单的 IOC 容器，将 ViewModel 类进行统一注册，并创建其属性，在属性中使用 ServiceLocator 类对 SimpleIoc 进行封装，生成单一实例，之后每次访问属性时，就会返回相应的 ViewModel 实例。

MVVM 设计模式的命令绑定机制可以将 View 层用户界面显示和 ViewModel 层显示逻辑之间的交互进行解耦，通过在 View 层某个控件上进行命令的绑定，触发用户单击操作后，就会执行相应的 ViewModel 中所绑定的方法。MVVM Light

框架使用 RelayCommand 类实现 ICommand 接口，以委托的方式实现命令绑定，其中 Execute( )方法负责执行命令关联的操作，CanExecute( )方法用来判断是否可以执行当前命令。

8.2.3　主控软件用户界面设计

主控软件作为多无人飞行器虚拟仿真平台中重要的人机交互中枢，大部分交互功能都需要在用户界面完成，考虑用户及交互功能需要，设计以下主控软件前端用户界面开发方案。

基于 HandyControl 和 Ribbon 控件库设计主控软件所需的所有用户界面。HandyControl 是一套开源的 WPF 控件库，重写了大部分原生控件样式，Ribbon 是微软开发的类似 Office 主题的开源控件库，二者结合使用可以使界面变得更加简洁、美观。根据主控软件功能，设计用户界面结构如图 8.5 所示，主要包括登录界面、注册界面、仿真主界面、数据库连接界面、数据存储界面、数据读取界面。

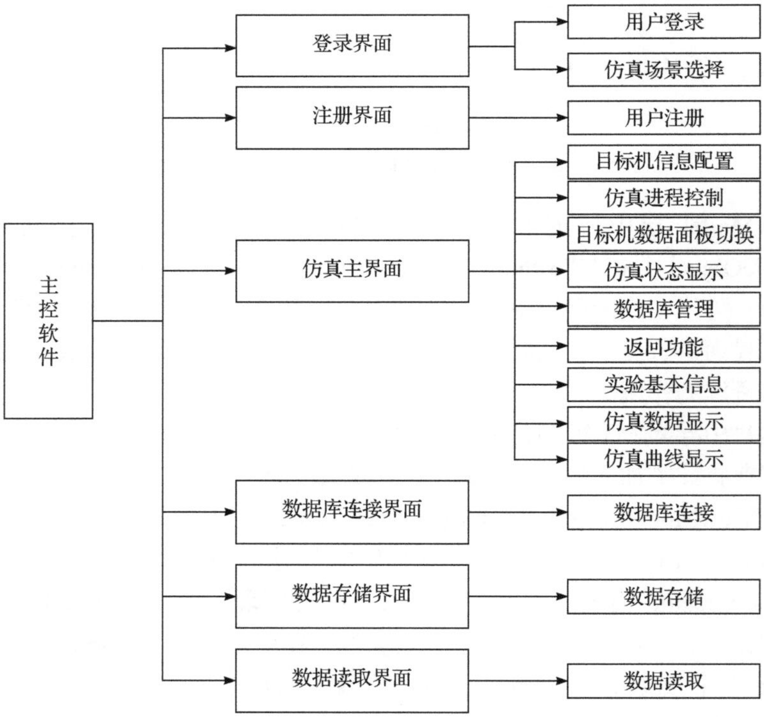

图 8.5　主控软件前端用户界面结构图

1. 登录与注册界面

主控软件作为平台监控管理软件，涉及多种仿真场景和复杂的数据展示，需要不同的界面对应不同的仿真场景需求，以及统一的实验人员管理功能，因此设计登录与注册界面进行实验人员注册与仿真场景选择，其界面设计如图 8.6 所示。登录与注册界面使用 HandyControl 控件库中的 GlowWindow 控件进行整体设计，使用 Carousel 控件轮流展示仿真平台效果图片。

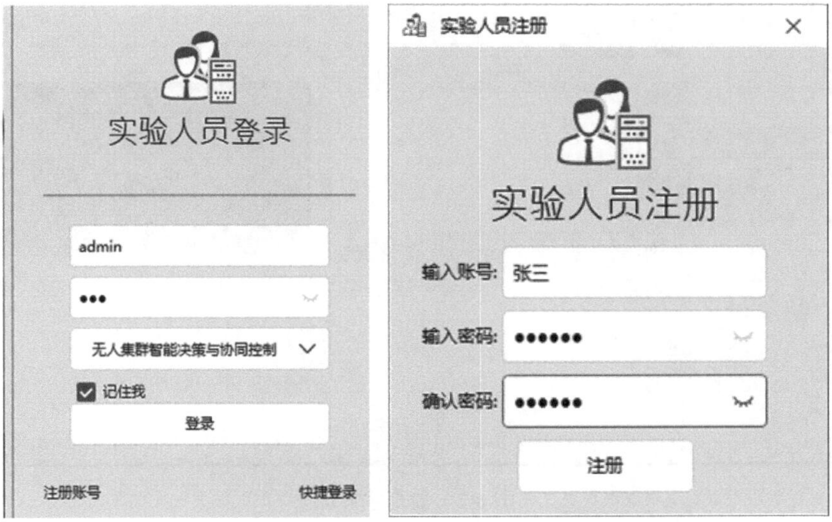

图 8.6　登录与注册界面

2. *仿真主界面*

仿真主界面分为实验仿真工具区和仿真数据展示区两部分，如图 8.7 所示。其中，仿真数据展示区采用 UserControl 用户控件进行设计，实验仿真工具区利用 RibbonGroup 控件进行功能区域划分，采用 RibbonButton 控件实现按钮功能，RibbonMenuButton 和 RibbonMenuItem 控件实现下拉菜单功能，RibbonToggle-Button 实现目标机状态显示功能。实验仿真工具区中各个不同功能区域对应不同的功能实现，其中目标机信息配置功能区对应目标机配置子界面，负责目标机连接与实时仿真程序下载；仿真进程控制功能区负责仿真进程的开发与停止；目标机数据面板切换功能区对应不同目标机上展示的数据面板；仿真状态显示功能区显示对应目标机的连接与运行状态；数据库管理功能区对应数据库连接、存储和读取子界面，进行仿真数据的存取；返回功能区负责返回登录界面，从而再次选择不同的仿真场景。

仿真数据展示区又分为三个子区域，包含实验基本信息区、仿真数据显示区和仿真曲线显示区。在 MVVM Light 框架下，实验基本信息区使用 TextBlock 控件，通过消息机制与登录界面以及后台实验信息进行双向绑定；仿真数据显示区使用 HandyControl 控件库中的 ScrollViewer 控件组合嵌套 WPF 自带的 TextBox

控件进行设计，以滚动视图的方式显示大量仿真数据，并与后台仿真数据进行双向绑定；仿真曲线显示区使用第三方开源曲线绘制控件库 DynamicalDataDisplay 和 TeeChart 进行二维和三维仿真曲线绘制。

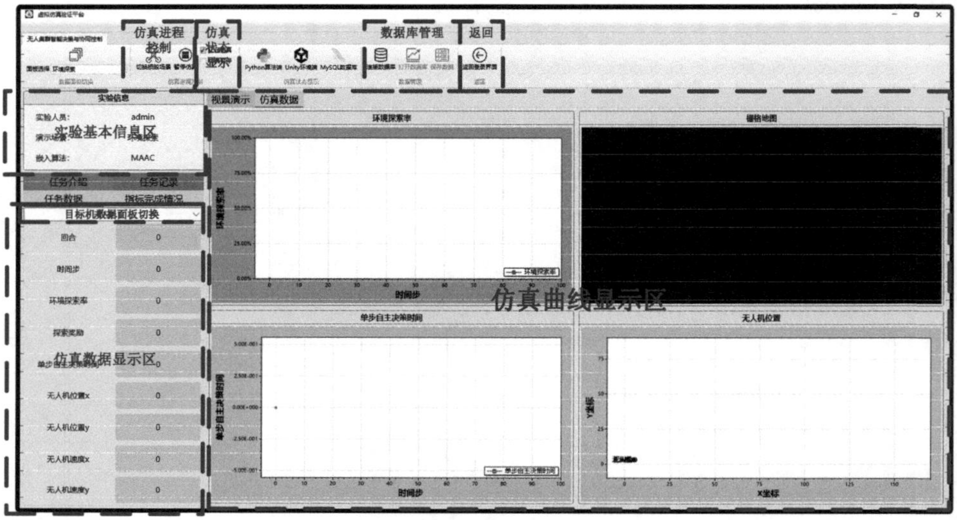

图 8.7　仿真主界面

8.2.4　主控软件实时仿真模块设计

1. 仿真流程控制

首先，在 SimulationSet 类库中引用“MathWorks.Target.Framework”名称空间对原始应用程序接口(application program interface，API)进行二次封装。类库中封装了下载和卸载实时仿真程序、运行和停止实时仿真程序、获取仿真数据、获取和设置仿真参数等一系列方法，并设置了同步和异步两种模式，当仿真数据量过大、时间过长时，就可采取异步模式，防止前端用户界面阻塞。其中异步模式采用 async 和 await 两个关键词进行修饰，通过实例化 Task 异步操作新增一个线程进行异步编程，与同步编程模式近似，代码结构清晰。

然后，在 ViewModel_Main 类库中对 API 进行封装，类库中封装了运行和停止实时仿真程序、获取仿真数据等一系列方法，每当主控软件运行时，每个 ViewModel 类都会创建单一实例，因此保证每个对象实例的全局唯一性，采用静态的方法设置 ViewModel 类属性，保证每个 ViewModel 类实例是共享的。

2. 仿真数据和曲线显示

仿真数据和曲线的显示在仿真数据展示界面中进行，用来实时监控仿真过程中的数据，以便进一步对数据进行分析和评判。作为多仿真场景的主控平台，每个仿真场景都对应不同的数据展示界面，而数据展示界面又与 ViewModel 类一一对应，相应的数据展示和曲线绘制流程如图 8.8 所示。

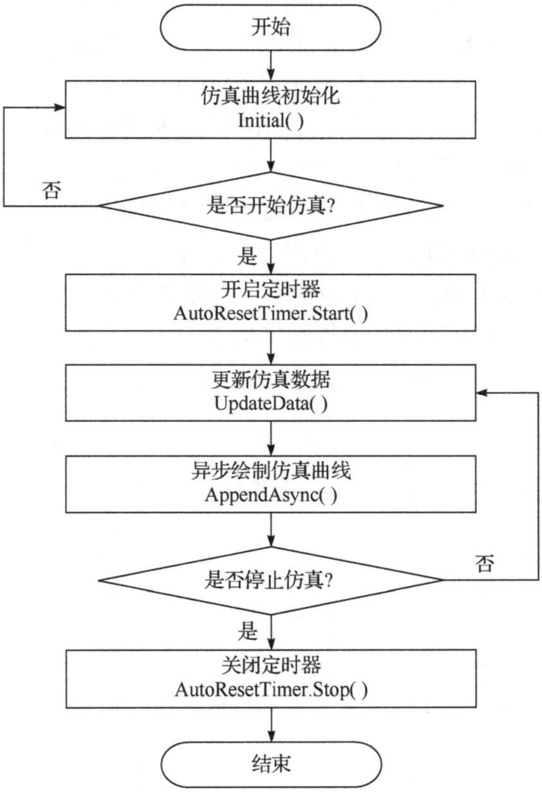

图 8.8　数据展示和曲线绘制流程图

具体开发细节如下。

步骤 1：主控软件运行时，会调用 ViewModel_HYData 类中的 Initial( )方法对曲线绘制信息进行初始化，包括曲线条数、曲线颜色、曲线描述等。

步骤 2：判断是否开始仿真，启动定时器 AutoResetTimer，每隔固定时间获取一次仿真数据，一方面用来更新 Model_HYData 中定义的数据属性，触发 PropertyChanged 事件通知前端用户界面进行属性更改，从而进行数据实时更新显示，另一方面用来绘制曲线图表中的数据坐标点，其中仿真曲线使用第三方开源控件库 DynamicalDataDisplay 进行绘制，由于不支持 MVVM Light 框架，故采用原始数据绑定方法，即在前端用户界面的后台逻辑代码中将用户界面曲线图表与 ViewModel 中曲线图表实例进行绑定，这样就可做到仿真曲线的实时绘制。

步骤 3：若目标机停止运行，则会关闭定时器 AutoResetTimer，同时停止获取仿真数据，这时则可进行仿真数据的离线存储等操作。

8.2.5 主控软件通信模块设计

OSI(Open System Interconnection)七层网络模型是国际标准化组织(International Organization for Standardization，ISO)制定的一个用于计算机系统之间互联的标准体系，TCP/IP 四层模型则是在 OSI 的理论基础上建立的，二者各自的模型以及相应关系如图 8.9 所示，TCP/IP 四层模型与 OSI 七层模型之间的主要区别在于 TCP/IP 中的应用层对应 OSI 中的顶上三层，网络接口层对应 OSI 中的底下两层，每一层都是高内聚的状态，层与层之间处于低耦合的状态。TCP/IP 中传输层、网络层和网络接口层属于内核空间，非用户可以操作，负责处理网络通信细节；应用层则属于用户操作的内容，负责处理应用程序之间的逻辑关系。Socket 套接字是用来连接应用层和传输层的接口。

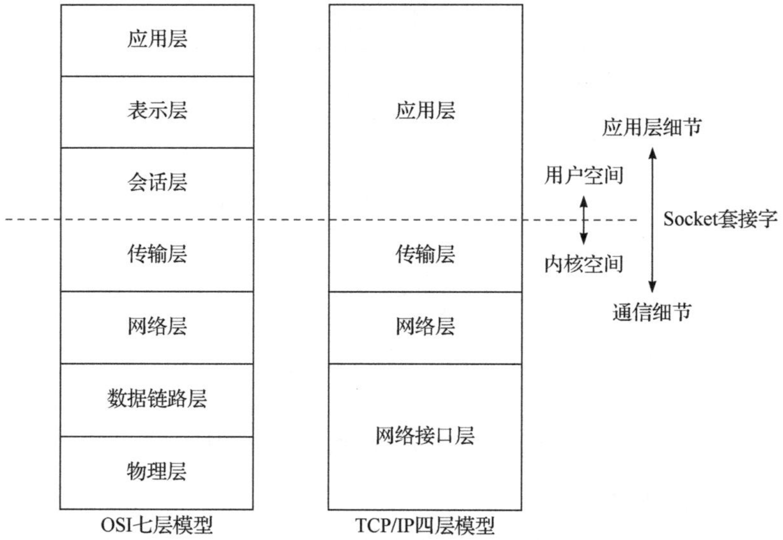

图 8.9 OSI 与 TCP/IP 网络模型以及相应关系

平台网络通信模块设计需要考虑到的层级为传输层和应用层，主要方案选择如下。

1. 传输层协议

传输层作为网络模型中最关键的层次之一，为两台主机上的应用程序提供端到端的通信方式，负责数据的收发工作。传输层包含 TCP 和用户数据报协议(user datagram protocol，UDP)。其中，TCP 为应用层提供一种面向连接的、可靠的、基于字节流的服务，而 UDP 与 TCP 相反，它为应用层提供一种无连接的、不可靠的但传输速率高的基于数据报的服务。

多无人飞行器虚拟仿真平台需保证数据传输的可靠性和时序性，以达到数据驱动下的实时全息内容演示效果。UDP 虽然可以高效率地传输数据，但无法保证正确地将数据从发送端传送给接收端，丢包现象严重，若做到可靠传输，需自己手动去实现数据确认、超时重传等逻辑，实现起来十分复杂且烦琐。考虑到仿真平台的可复用性和可扩展性，本平台网络模块使用 TCP 来完成主控软件与视景软件之间的数据交互功能。

2. 应用层协议

应用层协议定义了运行在不同端系统上的应用程序之间的报文传递机制。在 TCP 基础上，端与端之间的数据是采用字节流的形式进行传输的，其本质是传输二进制形式的数据，这就要求发送端先将需要传输的普通数据进行序列化操作，其次接收端再将接收到的二进制数据进行反序列化操作，这样才能做到对数据进行正确的读取。同时，考虑到本仿真平台传输的数据涉及多种形式，负责不同的功能实现，数据接收端需要对仿真数据进行解析才能正常使用，因此需要一套统一的数据报文段传输格式。

目前 C#语言常用的序列化方法有二进制、XML、JSON 和 Google Protobuf，前三种序列化方法使用的是.NET Framework 自带的类库，而 Google Protobuf 是谷歌公司推出的一种用于存储结构化数据的开源工具，具有高效灵活的序列化特点。从图 8.10 中可以看出，比起其他序列化方法，Google Protobuf 序列化的速度更快，序列化后的数据体积更小。考虑到仿真平台未来扩展主要基于 C#语言开发，因此使用专门针对.NET 环境开发的 Protobuf-net 进行序列化操作，它以 Google Protobuf 序列化格式编写数据，具有更加轻量的特点。

```
Binary Time : 00:00:01.4825587 , Size : 5914K
XML Time : 00:00:01.0866089 , Size : 24767K
Json Time : 00:00:02.1836356 , Size : 19658K
Protobuf Time : 00:00:00.9384084 , Size : 4110K
```

图 8.10　C#序列化方法比较

确定上述方案后，需要通过 Socket 套接字实现通信，而 Socket 主要有同步和异步两种通信模式，其中同步模式下的 Socket 通信在调用 Accept 方法时会进行线程阻塞，即在没有客户端连接的情况下，服务端会卡住，不再执行后续步骤，直到再次接收到客户端的连接请求才结束阻塞，会造成程序卡顿，不适用于虚拟仿真平台进行实时数据传输；而异步模式完美地解决了通信阻塞问题，它建立了一个新线程与主线程并行执行，通过异步调用回调函数，等待结果返回后才进行相应的处理，不会阻塞当前线程，有效提高了程序运行效率，因此本书采用异步模式进行 Socket 编程。

8.3 实时仿真单元设计

实时仿真单元作为虚拟仿真交互平台的大脑控制中枢，负责运行多无人飞行器任务决策算法和虚拟环境实时交互的训练环境，并将算法产生的控制数据通过特定的数据接口传输到视景显示单元，驱动虚拟仿真场景中的多无人飞行器执行各项任务并获得奖励值。因此，实时仿真单元主要分为任务决策算法实现和数据传输接口实现两部分。

8.3.1 任务决策算法实现

多无人飞行器虚拟仿真平台的任务决策算法主要根据仿真环境中不同任务目标的位置及多无人飞行器的位置等信息，展开任务决策，保证飞行器执行相应任务。因此，任务决策算法以仿真环境下各任务的描述信息作为输入，并根据输入信息计算出每个任务点对应的分配结果，进一步将任务决策结果反馈至虚拟环境。算法 8.1 以本书第 2 章星群动态目标观测任务决策算法为例，介绍智能任务决策算法的实现过程。

算法 8.1 星群动态目标观测任务决策算法

输入： 探测任务的到达时刻、观测任务的优先级、卫星与目标的距离、卫星与目标相对运动、卫星可观测时间窗口，以及星群中各颗卫星的空闲存储空间。

输出： 所有卫星的可用时间窗口的概率值，并计算最大的概率值对应的时间窗口作为针对该任务的观测资源。

1：在每个任务规划周期内：

2：从动态目标 1 到动态目标 N：

3：计算任务 i 的状态信息：观测任务的到达时刻、观测任务的优先级、卫星与目标的距离、卫星与目标相对运动、卫星可观测时间窗口，以及星群中各颗卫星的空闲存储空间。

4：将状态信息作为指针网络的输入，计算最大值对应的两颗卫星的时间窗口，地面指挥中心将该两颗卫星作为动态目标 i 的下一个接力观测组合。

5：当前决策网络是否满足任务规划需求：

6：否：进行决策网络的在线优化，挑选对网络更新更具有学习意义的样本，计算误差函数，更新网络参数。

是：动态任务分配结束。

针对具体的代码实现过程，采用 Python 类对卫星星群的运动学模型和通用算法进行设计和封装，支持接口调用和继承，可方便地进行扩展。数据分析则可以采用 Python 的矩阵运算库 NumPy 和数据运算库 SciPy 进行计算，利用数据处理库 Pandas 和可视化绘图库 Matplotlib 对数据进行处理，包括仿真数据显示等功能。

8.3.2　实时仿真状态信息的获取

训练环境的首要功能是获取环境状态量。在 Unity 引擎中，将状态量分为刚体状态量和传感器状态量。由于 Unity 为基于组件化的开发工具，因此刚体状态量可直接通过对象挂载的组件获取；传感器状态量需要在游戏引擎中模拟传感器，从而获取需要的状态量。

1. 刚体状态量

刚体状态量可通过 Unity 物体挂载的组件直接获取，包括无人飞行器的位置、速度和姿态等。与该类状态量相关的组件如图 8.11 所示。

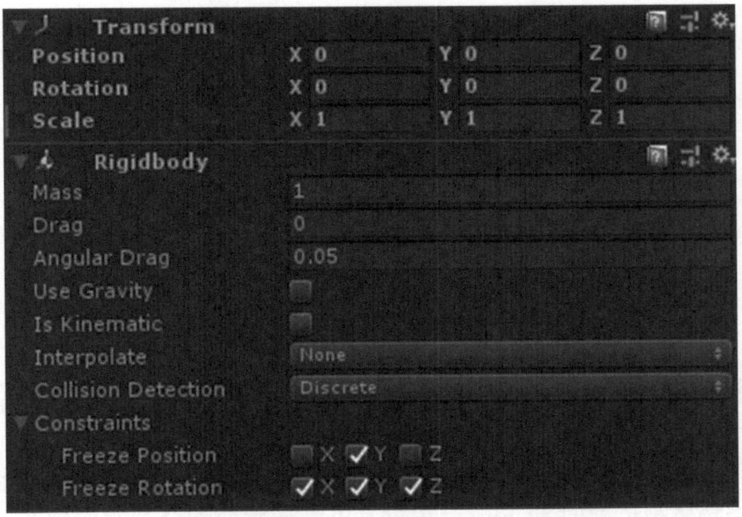

图 8.11　Unity 基础组件

2. 传感器状态量

在多无人机围捕和对抗场景中，对于最近碰撞点信息、发生撞击时的碰撞信息等状态量，无法直接获取，需要在虚拟环境中模拟传感器进行相关检测。下面通过 Unity 的射线检测技术和碰撞检测技术，实现对激光雷达和碰撞器的模拟。

射线检测技术是通过在 3D 世界中，以当前物体为起点，沿指定方向发射一条射线而达到检测效果的技术。当射线遇到障碍物时，可通过程序获取检测信息。射线检测过程如图 8.12 所示。

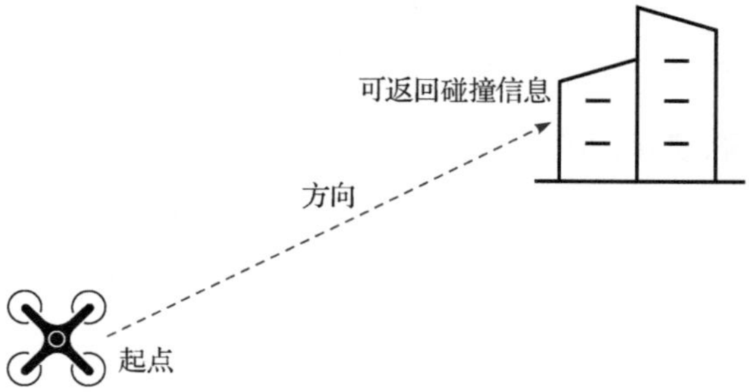

图 8.12　射线检测示意图

基于射线检测原理，可以为射线设置最大长度，并围绕起点做周期旋转，从而达到模拟激光雷达效果的目的，激光雷达模拟图和计算流程分别如图 8.13 和图 8.14 所示。

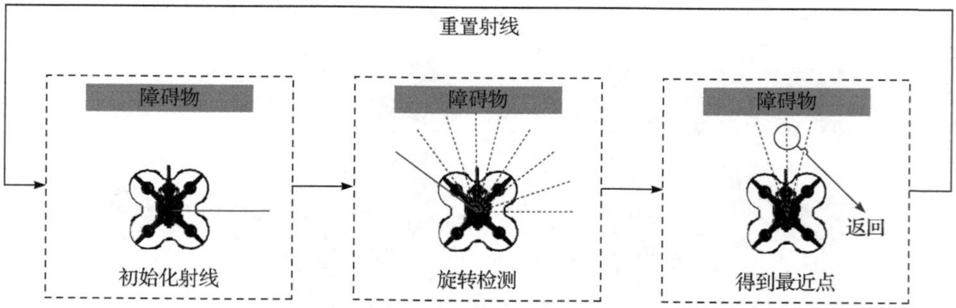

图 8.13　激光雷达模拟示意图

碰撞检测技术广泛应用于 Unity 游戏的打击类场景中。以四旋翼无人机组的博弈场景为例，无人机被打击后的状态更新依赖于碰撞检测技术实现，实现碰撞检测的两个基本要素包括碰撞器和触发函数。碰撞器，即刚体力学中能发生碰撞的边界：当物体被创建时，Unity 会根据其外观形状分配合适的碰撞器，常见的碰撞器包括盒体碰撞器、球体碰撞器、胶囊碰撞器、网格碰撞器等，开发者也可以根据需求在建模软件中自定义碰撞器。触发函数中包含碰撞器之间发生碰撞后场景的运行逻辑。Unity 在其父类 MonoBehaviour 中提供了三种碰撞信息的检测方法：OnCollisionEnter、OnCollisionStay 和 OnCollisionExit，分别在碰撞发生时、碰撞过程中和碰撞退出时触发。通过覆写上述三种方法，可以实现碰撞检测时需要处理的逻辑。

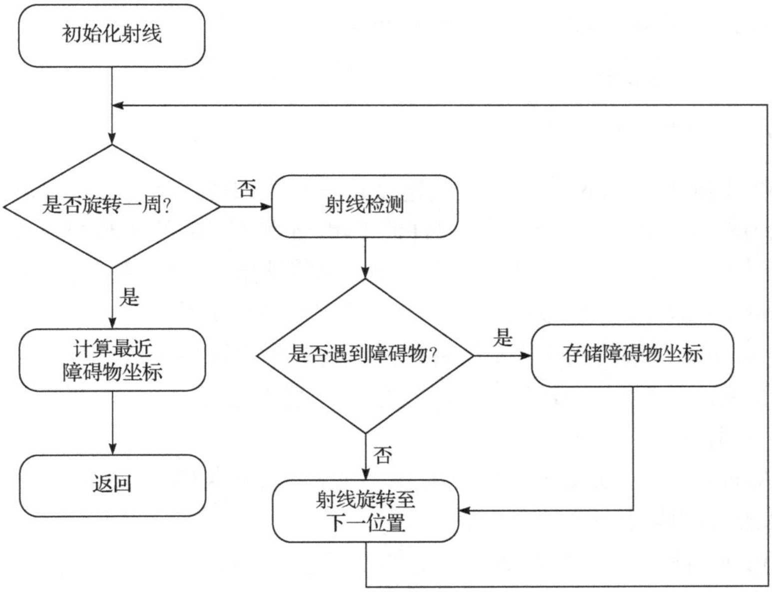

图 8.14　激光雷达计算流程图

8.3.3　实时仿真架构设计

1. 数据传输接口实现

针对任务决策算法的实时交互训练需求，需要开发一种数据传输接口负责实时仿真单元与视景显示单元之间的数据交互功能。可实时交互的数据传输接口主要基于 Unity3D 提供的 ML-Agents 开源插件进行开发，首先需要在 Python 中配置好与 ML-Agents 相关的软件版本及虚拟环境，其次通过 ML-Agents 使用算法训练出智能的 Agents，并将算法结果输出到 Unity 端进行显示。数据传输接口具体的开发流程如下。

首先，下载并安装对应操作系统的 Anaconda3，将其自带的 Python 设置为系统默认 Python，并设置与 conda 相关的环境变量。

其次，从远程仓库下载并导入 ML-Agents 包，同时需要将 ML-Agents 包中的 Python 文件夹导入到相应的 Python 项目中，UnitySDK 文件夹包含了在创建新的 ML-Agents 项目时需要添加到新的项目文件夹中的资源，其中也包含了一些示例项目；ML-Agents 文件夹中包含了一些 Python 的脚本，主要用于神经网络的训练等工作；ML-Agents-envs 文件夹中提供了一些 Python API 给 Unity 调用。

再次，由于不同的项目需要的依赖包不同，为了防止两个项目之间产生冲突，需要配置特定的仿真环境将项目之间进行隔离。在 Anaconda Prompt 中创建并安装 ML-Agents 中 Python 相关的依赖包，再使用 pip 命令在环境中安装 TensorFlow。

最后，修改 Python 项目 UnityEnvironment 类库中的 base_port 和 worker_id 属性使算法端与视景端通过 TCP/IP 通信协议连接，建立通信通道。

2. ML-Agents 实时仿真架构

数据传输时序可控的交互接口是连接算法软件和视景软件的重要环节。Unity 官方在 2018 年推出的 ML-Agents 插件使 Python 和 Unity 的实时交互成为可能，由于新版本的 ML-Agents 封装性较强，尤其是算法端的开放性较差，故本书选取 ML-Agents 2018 版本，可以最大限度地满足多智能体训练的需求。

ML-Agents 框架的三个高级组件的关系为：学习环境(Unity3D)通过 External Communicator 与 Python API 进行通信。学习环境中包含三个可帮助组织 Unity3D 场景的附加组件。

(1) Agent 组件：负责采集环境信息，并执行控制策略。Agent 组件和场景中需要训练的智能体是一一对应关系。

(2) Brain 组件：负责接收 Agent 采集的信息，并向 Agent 分配策略和奖励值。具有相似行为动作的 Agent 可以共用一个 Brain 组件。

(3) Academy 组件：整个交互环境的控制中心，负责协调不同 Brain 之间的数据，设置每一步的交互时间等仿真参数，与 Python 的通信接口也位于该组件中。

ML-Agents 的通信功能基于客户端/服务端(client/server，C/S)架构。在模型训练阶段使用 Socket 套接字进行 Unity 进程和 Python 进程的通信，其中 Python 端作为 Socket Server，Unity Environment 端作为 Socket Client。由于实时仿真接口对传输可靠性和时序可控性的需求，故 ML-Agents 传输层采用 TCP。

在 TCP 的上层，通过 Socket 套接字帮助开发者编程。Socket 是位于应用层和 TCP/IP 协议族之间的软件抽象层，采用门面模式的设计思想，将复杂的协议族对用户隐藏，编程人员可以致力于业务逻辑的开发，而让 Socket 负责组织数据，来满足指定的通信协议。基于 Socket 套接字的 C/S 传输结构如图 8.15 所示。

一个 IP 和端口(port)的组合可以唯一确定一个 Socket 套接字。首先，服务端初始化 Socket 参数，其次与指定端口绑定(bind)，然后调用 listen( )进入监听状态，准备接收客户端连接请求。之后调用 accept( )函数阻塞进程，等待客户端的连接。当客户端有服务请求时，首先客户端初始化一个 Socket，指定目标 IP 和端口号，然后调用 connect 连接服务端。如果成功建立连接，服务端就可以处理客户端的请求，双方开始进行数据交互。Socket 套接字处理逻辑如图 8.16 所示。

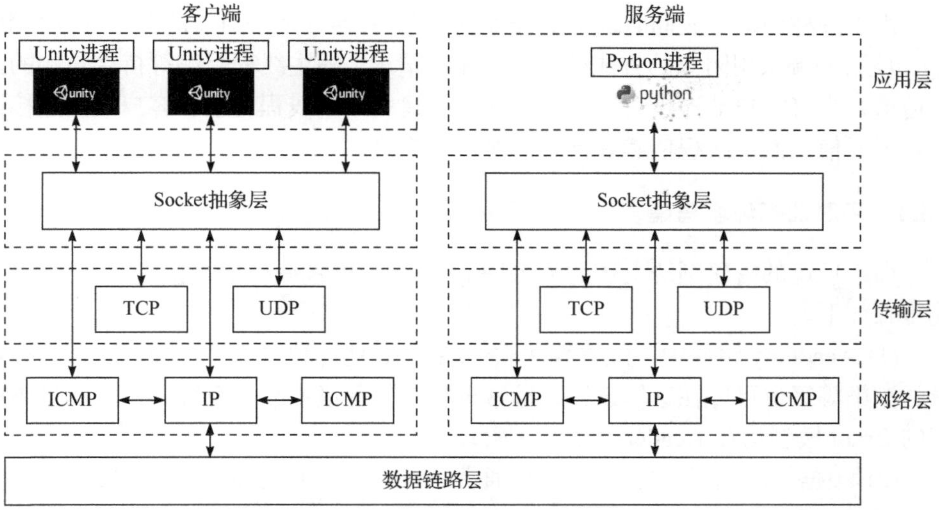

图 8.15　基于 Socket 套接字的 C/S 传输结构示意图

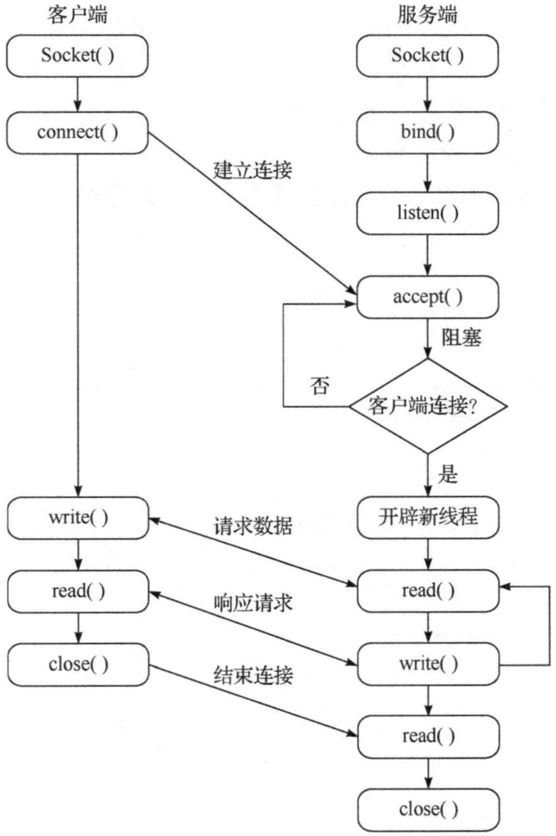

图 8.16　Socket 套接字处理逻辑流程图

由于一种训练算法同时训练的任务场景有限,通常是一对一的关系,因此ML-Agents 服务端采用阻塞的方式处理客户端的请求，即主线程阻塞等待客户端的连接请求，当有客户端连接时，主线程立即新建一个子线程用来和客户端的连接进行数据通信，而主线程依然等待新的客户端连接。

8.3.4　实时训练环境搭建

训练环境的搭建围绕上述的 Academy、Brain 和 Agent 三个组件展开，场景搭建步骤如下。

(1) Academy 组件中，配置算法软件端的 IP 地址和端口号。训练时，虚拟场景的渲染等级也可以在这里设置，通常选择较低等级以减少系统开销。场景中所有的 Brain 模型均在 Academy 下统一管理。

(2) 根据算法端运行的模型个数(通常只有一个模型在训练)，在 Academy 下创建 Brain 组件。

(3) Brain 向下负责 Agent 控制量的分发，向上负责向算法端汇总环境状态。因此，根据具体任务，需要在 Brain 指定环境状态的维度和控制量的维度。计算公式为：维度×状态数。例如返回五架无人机的二维速度，则总维数为 10。

(4) 为场景中的每个智能体绑定 Agent 组件。Agent 组件负责具体环境数据的获取，并执行 Brain 分发的控制量。

下面重点介绍 Agent 组件中功能的实现，方法调用逻辑图如图 8.17 所示。当场景接收到算法端传来的 reset 指令时，调用 AgentReset( )函数，根据预设规则重

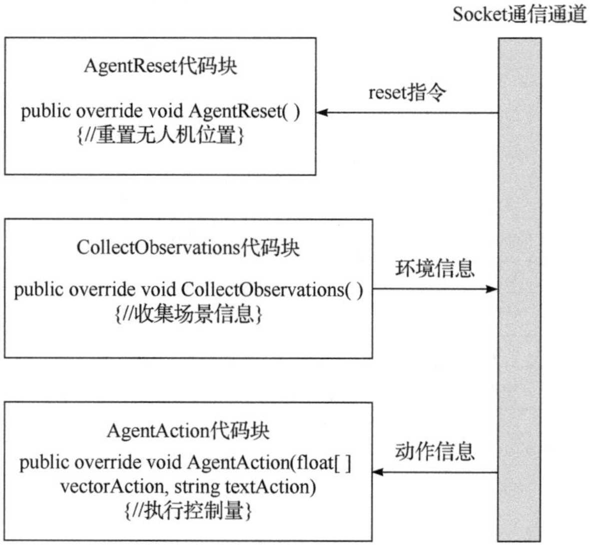

图 8.17　围捕场景代码块调用逻辑图

置无人机的位置。场景在每个时间步内调用一次 CollectObservations( )函数，通过内置的 AddVectorObs( )逐个添加信息，组合后发送。场景调用 AgentAction( )函数执行保存在动作数组 vectorAction 中的控制量。

综上，在搭建的虚拟仿真环境中，完成 ML-Agents 三个组件的配置和场景逻辑的实现，可以高效地搭建强化学习需要的实时仿真环境，程序中设置定时器保证通信的稳定，即设置最大等待时间 T_{wait} ，若超过该时间仍未接收到数据，则断开 TCP 连接，避免资源浪费。

8.4　视景软件设计

视景软件是多无人飞行器虚拟仿真交互平台的演示中心，基于飞行器可视化仿真技术，生动形象地展示多无人飞行器的任务执行过程。本节首先给出视景软件的总体架构设计，其次介绍视景软件中的无人飞行器模型库和空间环境库，最后给出基于 Unity3D 的虚拟仿真环境搭建过程。

8.4.1　视景软件总体架构设计

视景软件整体基于 Unity3D 虚拟引擎进行开发，主要负责搭建多无人飞行器虚拟仿真场景，为多无人飞行器任务决策算法提供可实时交互的仿真环境，并对任务决策算法进行仿真验证。视景软件总体架构如图 8.18 所示，基于模块化的设计思想，将视景软件整体内容分为模型导入、用户界面、场景搭建和数据驱动四个部分，具体承担内容如下。

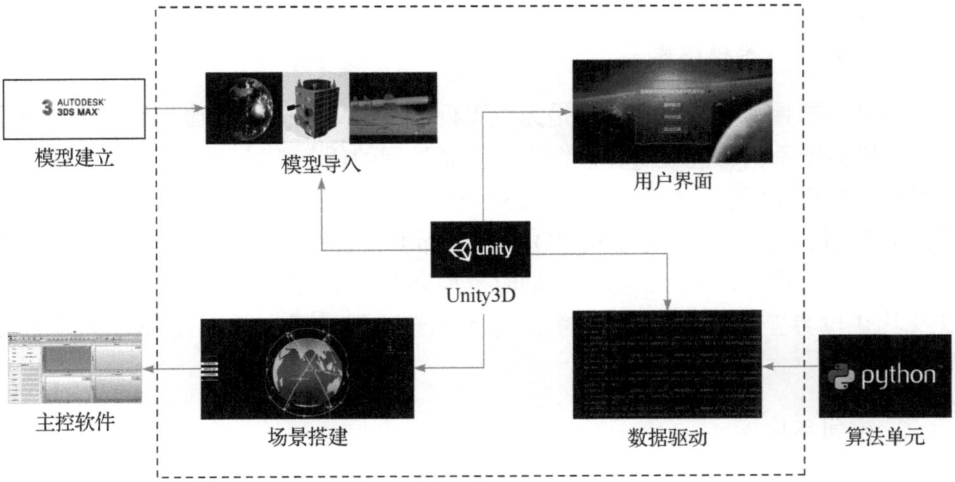

图 8.18　视景软件总体架构图

1. 模型导入

模型导入主要分为两部分：一是无人飞行器模型库的导入，包括卫星、导弹和无人机等多种无人飞行器的三维模型，模拟无人飞行器的真实运动状态；二是空间环境库的导入，包括地球环境、太空环境和太阳光照等环境，模拟无人飞行器的真实运动环境，方便后续开发相关的无人飞行器虚拟仿真场景。

2. 用户界面

用户界面基于 Unity3D 内置的 UGUI 和 TextMeshPro 组件进行开发，其中包含查看场景配置信息、选择仿真场景、进入仿真界面、退出仿真界面等功能，提供人性化的用户体验，方便用户了解场景基本信息，控制仿真进程。

3. 场景搭建

根据无人飞行器的类型以及任务需求的不同，需要搭建与之相对应的虚拟仿真场景，同时基于 Unity3D 虚拟引擎实现无人飞行器的运动控制逻辑及场景运行逻辑，以实现对相关算法的有效性验证。

4. 数据驱动

虚拟仿真场景与算法单元进行实时的数据交互，一方面虚拟仿真场景需要将无人飞行器获取到的环境数据反馈到算法端，另一方面虚拟仿真场景需要根据算法端传输过来的仿真数据对无人飞行器进行数据驱动，满足实时仿真的需要。

8.4.2　无人飞行器模型库和空间环境库

1. 无人飞行器模型库

卫星、导弹和无人机等模型是无人飞行器虚拟场景中的基础元素，其中卫星和无人机模型承担着接收仿真数据模拟控制过程的任务，精确、美观的 3D 飞行器模型是实现良好演示的前提。利用 3ds Max、Blender、Maya 等建模软件进行建模，再将飞行器模型转换为 Unity3D 支持的标准模型格式.fbx。将飞行器模型加载到 Unity3D 场景后，为保证数据驱动时模型姿态的正确性，需要根据模型中心点以及其在世界空间坐标系下参考点进行位置匹配。建立的卫星和导弹模型如图 8.19 所示。

2. 空间环境库

天空盒(Skybox)常用于绘制距离观察者较远，且不会随着观察者的移动而改变的物体，如天空、远处的山等效果，无人飞行器的真实运动场景便可以使用天空盒进行搭建。

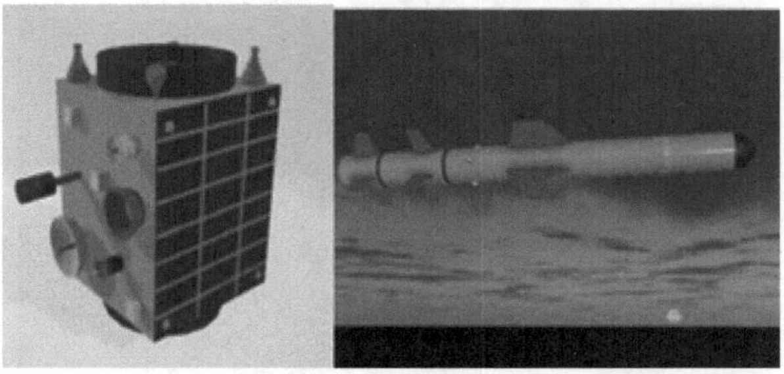

图 8.19　卫星和导弹模型

天空盒的原理即是将一个立方体展开，将由一个完整的背景图片分割而来的 6 张图片作为贴图贴在立方体的 6 个面上，在实际的渲染中，摄像机始终置于此立方体的中心位置，根据视线与立方体的交点确定要在哪一个面上进行纹理采样，并进行最终的渲染，太空环境渲染效果如图 8.20 所示。

图 8.20　太空环境渲染效果图

对于太空环境中的光照模拟，首先，天空盒作为太空背景，可以通过 Tint Color、Exposure、Rotation 等属性调节光照的基色、强度、偏移等，为场景提供初步的环境渲染。此外，Unity3D 还集成了平行光(directional light)、点光源(point light)、聚光灯(spot light)、区域光(area light)四种光源类型，考虑到太阳光的特性，采用平行光源进行太阳光照的模拟。首先，在场景中新建平行光源，调节光源强度与采样色，使得场景明暗合理、层次分明；其次，为平行光添加镜头光晕组件(lens flare)，将在 Unity3D 资源商店下载好的太阳耀斑资源赋予组件的 Flare 属性；调节平行光的偏移直至其与环境形成良好的交互效果。太阳光照效果如图 8.21 所示。

图 8.21 太阳光照效果图

8.4.3 无人机模型库和城市场景搭建

1. 无人机模型库搭建

在多无人机视景软件搭建过程中，无人机三维模型的搭建是基础性工作，本书所使用的无人机模型基于 3ds Max 搭建，主要过程如下。

1) 飞行器三视图设计

首先，使用三视图设计方法对飞行器模型进行规划和布局。三视图包括前视图、侧视图和顶视图，用于提供飞行器在不同方向上的详细参考图像。这些视图通过在 3ds Max 中导入和对齐参考图像来确保模型的尺寸和比例准确无误。

2) 三维造型建模

利用 3ds Max 的三维造型工具和技术，创建飞行器模型的几何形状。通过参考三视图，采用多边形建模、NURBS 曲线建模或基于图像的建模等方法，逐步构建和细化飞行器模型的外观和细节。通过精确地绘制、调整和连接多边形或曲线，确保飞行器模型的几何形状符合预期设计。

3) 材质贴图与渲染

在飞行器模型的几何形状完成后，应用材质贴图以赋予其逼真的外观和纹理特征。在 3ds Max 的材质编辑器中，选择合适的材质类型，并对颜色、反射、光泽等属性进行调整，同时使用贴图图像来增添纹理和细节。最后，通过设置渲染器的参数，如光照、阴影和全局光照等，以及定义渲染输出的分辨率和格式，进行最终的渲染操作。

以上步骤经过多次迭代和优化，以确保飞行器模型的几何形状和外观与预期设计一致。通过逐步改善和调整，实现仿真平台视景软件所需的设计要求和视觉效果。本章构建了包括固定翼无人机、四旋翼无人机和运输机在内的无人机模型库，如图 8.22 所示。

图 8.22　无人机模型库

2. 城市场景搭建

城市场景搭建是多无人机视景软件开发的另一重要基础。首先，高质量的城市模型作为虚拟视景演示的背景环境，保证了视景仿真与现实城市的还原度以及逼真的视觉效果；除此之外，城市模型中建筑的刚体属性与障碍物属性模拟了现实世界中的物理模型，为多无人机算法训练提供了保障。本书采用 RenderDoc 工具来提取城市模型。

Google Earth 作为一款强大的地图软件，为全球很多地区构建了实景三维城市模型，通过逼真的三维呈现，提供了沉浸式的视觉体验。RenderDoc 是一种基于图形 API 读取和分析的工具，可以调用 Google Earth 的 API 从而获取渲染帧数据并兼具数据分析和调试功能。因此，本章使用 RenderDoc 提取谷歌地图中局部的三维城市模型。

首先，通过 RenderDoc 调用 Google Earth 的 API 并与之进行函数调用和数据传递。在图形渲染过程中，使用 RenderDoc 读取 Google Earth 三维模型加载过程中所有与渲染相关的图形数据，这些数据包括模型渲染、状态设置、着色器数据，以及与图形渲染相关的资源操作。除此之外，还记录了与渲染过程相关的数据，如顶点缓冲、纹理和缓冲对象等。通过读取的图形 API 调用和相关数据，构建得到一个完整的渲染帧数据结构。这个数据结构包括渲染帧的完整三维城市地图信息、渲染命令序列、地图资源状态和着色器信息等。这个数据结构为后续的分析和调试提供了基础。

之后，通过如图 8.23 所示的用户界面，对读取的渲染帧数据进行分析和调试。检查渲染命令的顺序和参数，查看资源状态的变化，调试着色器代码，以及查看和分析纹理和缓冲对象的内容。通过调整渲染过程中的细节和问题，提高图形应用程序的性能和质量。调试完成后，选中所需的图层和模型渲染帧，导出 RDC 格式的三维城市模型。

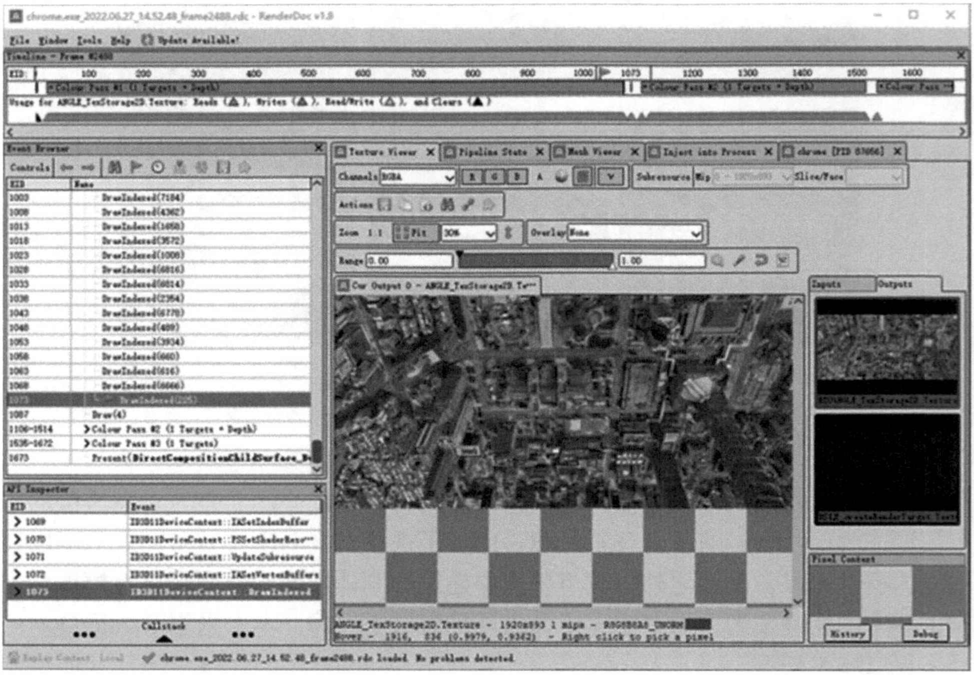

图 8.23　RenderDoc 操作界面

由于 Unity3D 不支持 RDC 格式的三维模型，故先将其导入 Blender 进行优化渲染和格式转换，如图 8.24 所示。Blender 是一款开源的三维计算机图形软件，用于创建、渲染和动画化三维图像、动画、视觉效果和交互应用程序。RDC 格式的不兼容性会导致材质贴图的丢失，重新匹配之后经过色彩、材质属性的优化调整导出常用的 FBX 格式的三维模型，导入 Unity3D 工程项目后便实现了基于现实城市模型的多无人机城市任务场景，如图 8.25 所示。

3. 大规模地形环境搭建

在远距离飞行场景中，为了模拟还原真实的飞行效果，就要构建多样的大规模地形作为飞行背景。本书使用 Cesium for Unity 构建了大规模地形环境。Cesium for Unity 是一种集成了 Cesium 地球引擎和 Unity 游戏引擎的工具，其结合了 Cesium 的地理空间数据可视化能力和 Unity 的场景开发功能，从而实现在 Unity 中创建基于地理空间的交互式应用程序，在虚拟环境中呈现地球表面和相关地理数据。

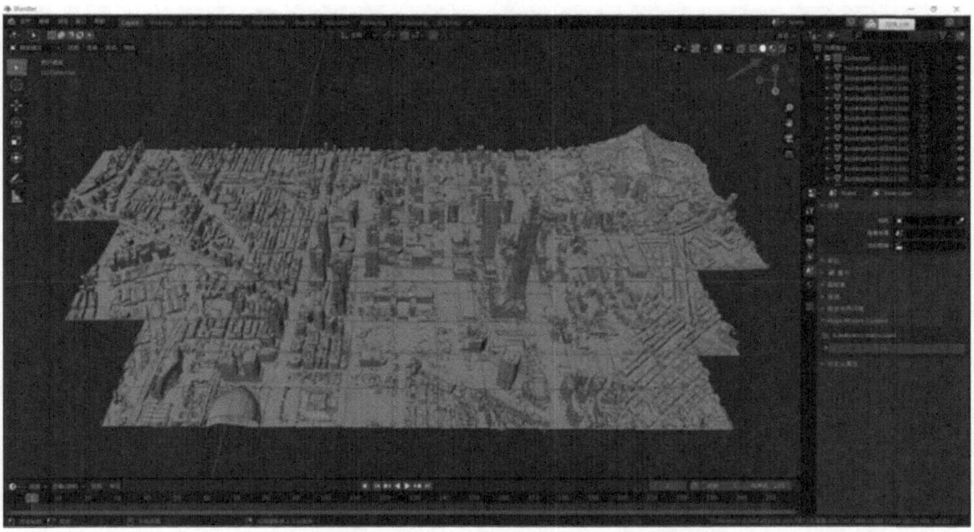

图 8.24　RDC 模型导入 Blender 效果图

图 8.25　基于现实城市模型的多无人机城市任务场景

1) 大规模地形构建

通过 Unity 连接 Cesium for Unity 的官方 API，获取高程数据、地形瓦片、卫星影像等地形数据导入到 Unity，使用 CesiumTerrainLoader 工具加载地形数据，并根据需要配置地形参数，调整地形的水平放大比例、垂直放大比例、光照和阴影效果以达到最优的视觉效果。图 8.26 展示了大规模山地和海洋场景的搭建效果。

图 8.26　大规模山地和海洋场景

2) 大气层模拟

大气层基于 Unity 的高清渲染管线(high definition render pipeline，HDRP)创建。首先创建一个球体，并赋予该球体一个定义了颜色、透明度、散射等外观和属性的材质。通过 HDRP 内置的强大的光学物理引擎，基于物理的光照模型来模拟光的传播和反射行为，以产生逼真的光照效果。光照模型与大气层的材质属性相互作用，影响大气层的光照和阴影效果。大气层中的光散射是产生真实感的重要因素之一，选定散射模型并设定相关参数之后，只需改变光线入射角度，就可以模拟清晨、黄昏等不同时间的光照效果，如图 8.27 所示。

图 8.27　同一地点清晨、黄昏的光照对比

大气层中的光线传播是复杂的物理过程，包括多次散射和吸收。通过模拟光线在大气层中的传播路径和衰减效果，可以实现大气层的透明度、颜色和光照变化。图 8.28 展示了海拔相差两万米天空的渲染效果，逼真地模拟了在大气层不同高度的天空色彩。

3) 云层搭建

除大气层之外，云层也是模拟自然环境中天空效果的重要因素，云层基于 Unity 的 HDRP 高清渲染管线的体积(volume)组件构建。体积云通过一种特殊的数据结构表示，被划分为一系列的体积像素并存储在体积纹理(volume texture)中，每个体素包含了体积云的密度、颜色和其他属性信息。通过物理模型计算光线在

图 8.28　不同高度的天空效果

云层中的路径、颜色散射、吸收等。根据体积云的数据和光照信息来计算每个像素的颜色和透明度，以实现逼真的体积云外观。通过体积组件的 Inspector 面板，可以调整体积云的各种属性来实现所需的外观和效果。这些属性包括云层的形状、密度、颜色、高度等。云层效果如图 8.29 所示。

图 8.29　云层效果图

8.5　数据库管理模块设计

数据管理功能是虚拟仿真交互平台必不可少的功能之一，通常用来存储或读取实验数据，本软件基于 MySQL 数据库开发数据管理模块。MySQL 是当前最受欢迎的关系型数据库管理系统之一，具有高性能、可扩展和数据安全等多种优点，其默认采用 InnoDB 引擎作为事务性存储引擎，底层采用 B+树的数据结构作为索引存储结构，提高了数据检索速度和数据查询效率。同时 MySQL 使用最常用的结构化查询语言(structured query language，SQL)进行常规的增删改查操作，具有开发难度低、通用性强等特点。目前 MySQL 的主流版本有 MySQL5.7 和 MySQL8.0 两个版本，其中 MySQL8.0 版本引入了对 JSON 数据类型的原生支持，在性能和稳定性方面比 MySQL5.7 版本更安全高效，因此选用 MySQL8.0 版本进行数据管理模块的开发工作。

基于实际的多无人飞行器仿真实验需求，虚拟仿真交互平台数据库管理模型应具有用户登录信息、实验信息存储和实验数据读取三部分功能，如图 8.30 所示。用户登录信息功能中应包含实验用户登录、实验用户注册、修改登录密码等功能，实验信息存储功能中应包含实验人员信息、实验参数配置、仿真实验时间等具体信息，实验数据读取功能中应包含实验数据编号和具体实验数据。为了满足实验用户登录部分的功能，需要进行数据表结构的设计；为了满足实验信息存储部分的功能，需要进行数据库存取逻辑的设计；为了满足实验数据读取部分的功能，需要进行数据查询优化方案和数据库回放功能的设计。

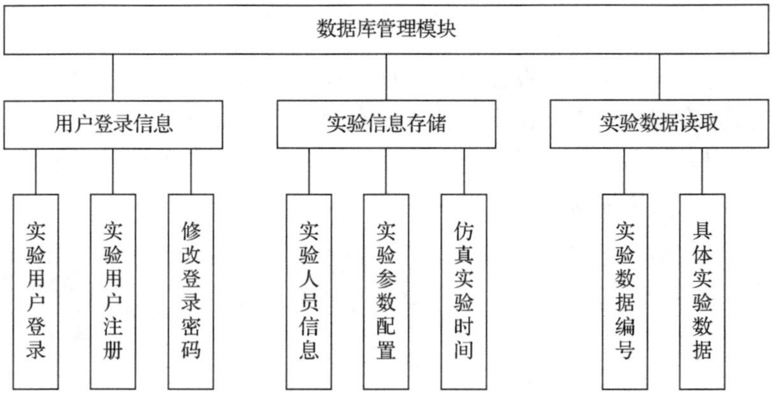

图 8.30　数据库管理模块功能需求

8.5.1　数据表结构设计

根据实际的多无人飞行器仿真实验需求，设计数据表结构如图 8.31 所示，其中主要包括实验用户表(users)、实验信息表(experiments)和仿真数据表(simulation_data)三张数据表，均是通过 MySQL 可视化管理软件 Navicat 进行创建。

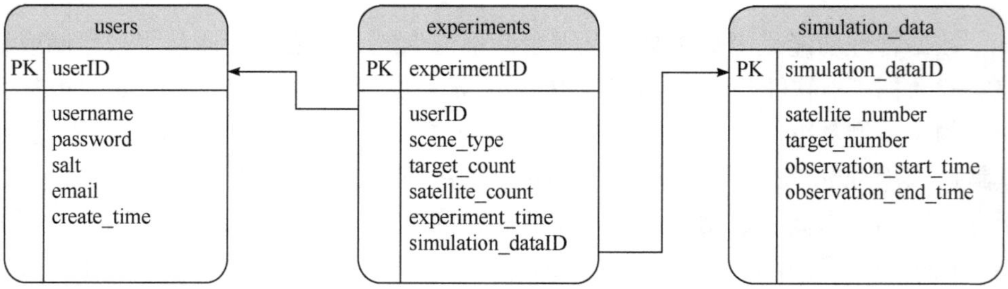

图 8.31　数据表结构设计图

实验用户表(users)用来存储所有用户的登录信息，包含六个字段：用户编号(userID)、用户名(username)、登录密码(password)、加密字符串(salt)、注册邮箱

(email)和注册时间(create_time)，具体数据格式如表 8.1 所示。其中用户编号(userID)是实验用户表的自增长主键，加密字符串(salt)会在 MD5 加密算法中用到，主要负责对关键仿真数据进行加密，采用字符串的格式进行存储，注册时间(create_time)采用时间戳的数据格式进行存储。

表 8.1　实验用户表属性说明

属性名称	属性说明	数据格式
userID	用户编号	int
username	用户名	varchar(255)
password	登录密码	varchar(255)
salt	加密字符串	varchar(255)
email	注册邮箱	varchar(255)
create_time	注册时间	timestamp

实验信息表(experiments)用来存储所有的仿真实验基本信息，包含七个字段：实验编号(experimentID)、用户编号(userID)、场景类型(scene_type)、观测目标数量(target_count)、观测卫星数量(satellite_count)、实验时间(experiment_time)和仿真数据编号(simulation_dataID)，具体数据格式如表 8.2 所示。其中实验编号(experimentID)是实验信息表的自增长主键，用户编号(userID)通过外键与实验用户表(users)连接，场景类型(scene_type)为 0 代表静态目标协同观测场景，为 1 代表动态目标协同观测场景，仿真数据编号(simulation_dataID)通过外键与仿真数据表(simulation_data)连接，实验时间(experiment_time)采用时间戳的数据格式进行存储。

表 8.2　实验信息表属性说明

属性名称	属性说明	数据格式
experimentID	实验编号	int
userID	用户编号	int
scene_type	场景类型	int
target_count	观测目标数量	int
satellite_count	观测卫星数量	int
experiment_time	实验时间	timestamp
simulation_dataID	仿真数据编号	int

仿真数据表(simulation_data)用来存储每一次的仿真实验数据，包含五个字

段：仿真数据编号(simulation_dataID)、观测卫星编号(satellite_number)、观测目标编号(target_number)、开始观测时间(observation_start_time)和结束观测时间(observation_end_time)，具体数据格式如表 8.3 所示。其中仿真数据编号(simulation_dataID)是仿真数据表的自增长主键，开始观测时间(observation_start_time)和结束观测时间(observation_end_time)均采用时间戳的数据格式进行存储。

表 8.3　仿真数据表属性说明

属性名称	属性说明	数据格式
simulation_dataID	仿真数据编号	int
satellite_number	观测卫星编号	int
target_number	观测目标编号	int
observation_start_time	开始观测时间	timestamp
observation_end_time	结束观测时间	timestamp

8.5.2　数据库存取逻辑设计

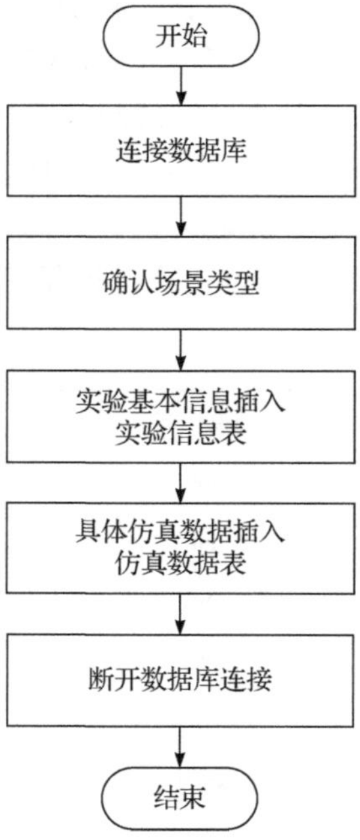

图 8.32　存储仿真数据流程图

数据库存取逻辑设计是数据管理模块中非常重要的一部分，它定义了多无人飞行器虚拟仿真交互平台如何与数据库进行交互的过程。数据管理模块最主要的功能为存储仿真数据和查询读取仿真数据，其中存储仿真数据的流程图如图 8.32 所示。首先，在连接数据库后根据前端用户界面确认当前的场景类型；其次，将当前登录用户编号、场景类型、观测目标数量、观测卫星数量、实验时间等实验基本信息插入到实验信息表(experiments)中，同时为本次实验数据创建一个新的仿真数据编号；然后，根据仿真数据编号将每一次任务决策的结果插入到仿真数据表(simulation_data)中；最后，在所有仿真数据存储完成后，断开与数据库的连接。

虚拟仿真平台在与数据库交互存储仿真数据的过程中，可能是网络原因或系统原因造成某条数据插入失败，导致最终仿真实验存储的数据不完整，甚至造成程序崩溃等问题，因此需要通过数据库的事务功能来解决此类问题。数据库事务是指逻辑上的一组对数据库的操作，要么全部执行成功，要么全部不执行，如

图 8.33 所示。事务具有原子性(atomicity)、一致性(consistency)、隔离性(isolation)和持久性(durability)四种特性。

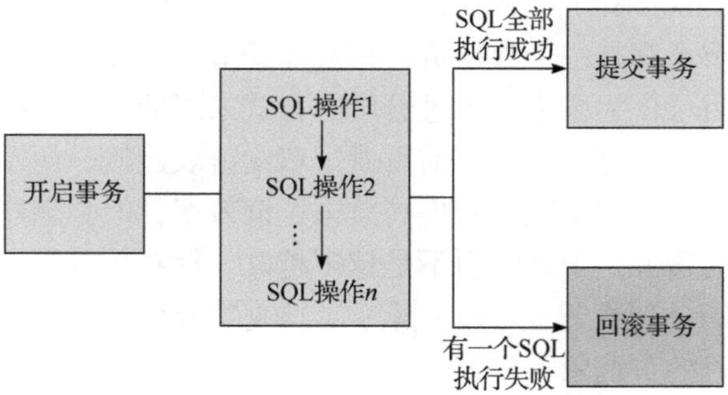

图 8.33　数据库事务示意图

当向数据库中添加仿真数据时，对一次仿真实验中的所有插入语句进行事务管理，事务的原子性确保所有的仿真数据要么全部插入成功，要么全部不插入，保证仿真数据的完整性。在执行 SQL 插入语句之前，调用 SqlConnection. BeginTransaction( )方法开启事务，其次在事务中通过 SqlCommand 类执行 SQL 语句插入仿真数据，最后调用 SqlTransaction.Commit( )方法对事务进行提交。

考虑到仿真数据的安全性及完整性，实验用户仅能查询到当前用户编号所对应的仿真数据。为了方便查找仿真数据，为实验用户提供依据场景类型分类或者依照仿真时间分类两种查询读取仿真数据的方式，具体流程图如图 8.34 所示：首先，在连接数据库后根据前端用户界面获取实验用户输入的查询条件；其次，根据查询条件在实验信息表(experiments)中筛选符合查询条件中实验时间约束的实验信息或者符合场景类型约束的实验信息；再次，根据筛选出来的实验信息在仿真数据表(simulation_data)中查找对应的仿真数据；最后，将所有符合条件的仿真数据返回，断开与数据库的连接。

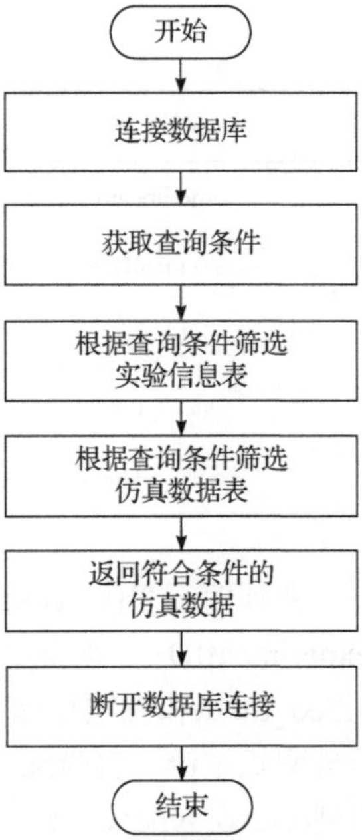

图 8.34　查询读取仿真数据流程图

8.5.3　数据查询优化方案

随着仿真实验次数的增加，数据库中的仿真数据表(simulation_data)中的数据也会逐渐增多，如果每次根据查询条件筛选数据时都采用遍历的方式，将会耗费大量的计算时间和计算资源，因此可以采用 InnoDB 引擎的索引功能来优化数据库查询的过程。索引是一种用于快速查询和检索数据的数据结构，可以加快数据的检索速度。在 InnoDB 存储引擎中采用 B+ 树作为索引存储结构。InnoDB 引擎里的 B+ 树每个节点都是一个数据页，只有叶子节点中才存放数据，其他非叶子节点仅用来存放目录作为索引，通过分层的方式来降低每一层的搜索量。所有叶子节点按照索引键大小进行排序，前后通过双向链表连接，便于范围查询。

虽然索引可以在数据量较大时提高数据查询效率，但是创建索引和维护索引也需要耗费一定的资源，因此索引不是越多越好。针对仿真数据表的仿真数据编号(simulation_dataID)属性建立非唯一索引，提高实验用户查询某一次仿真实验所对应的仿真数据时的查询效率。

8.5.4 数据库回放功能

在将仿真数据存储到数据库中后，数据管理模块还应该具有能够随时读取仿真数据，并进行场景在线回放的功能，为此设计视频信息表(videos)如表 8.4 所示。

表 8.4 视频信息表属性说明

属性名称	属性说明	数据格式
experimentID	实验编号	int
videoID	视频编号	int
video_type	视频场景类型	int
video_time	视频时间	timestamp
video_address	视频存储地址	varchar(255)

视频信息表(videos)用来存储所有实验的视频信息，包含五个字段：实验编号(experimentID)、视频编号(videoID)、视频场景类型(video_type)、视频时间(video_time)和视频存储地址(video_address)。其中视频编号(videoID)是视频信息表的自增长主键，实验编号(experimentID)是本次视频所对应的实验编号，视频场景类型(video_type)表明所对应的场景，视频时间(video_time)采用时间戳的数据格式进行存储，视频存储地址(video_address)记录视频在本机上的存储位置，方便寻址进行视频回放。

在每次仿真结束后，从仿真数据库中提取需要的数据，通过以太网的方式发送给视景仿真计算机实时回放上一次的仿真结果，并可以调节仿真倍率，完成不同倍率回放。回放界面如图 8.35 所示。

图 8.35　回放界面

当读取仿真数据时，首先利用 mysql_real_query( )函数获取查询的结果集，然后调用 mysql_use_result( )函数获取数据集，同时定义 mysql_row 数据类型，并且利用 mysql_fetch_row 函数从数据集中读取下一行数据，针对每一行进行循环读取。具体的视频回放流程图如图 8.36 所示。

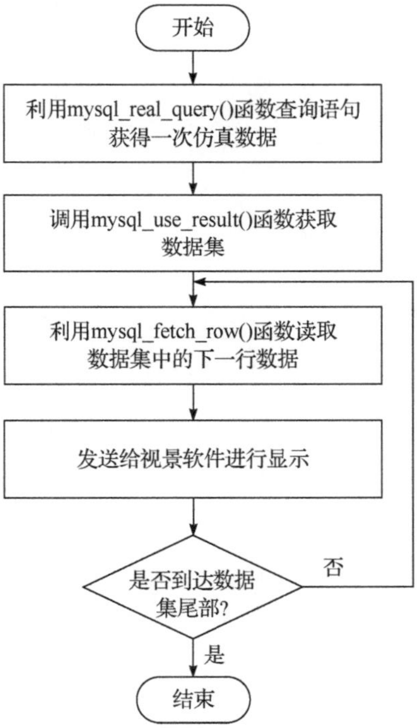

图 8.36　视频回放流程图

8.6 小　　结

本章基于 WPF 技术框架和 Unity3D 虚拟引擎，结合第三方用户界面控件库、序列化协议、数据库和 MVVM 等关键技术完成了多无人飞行器虚拟仿真交互平台的设计与开发工作。首先，根据实际的多无人飞行器虚拟仿真实验对交互平台进行需求分析，并给出虚拟仿真交互平台的总体设计方案；其次，基于 WPF 技术框架给出主控软件的总体结构设计，并详细介绍主控软件中用户界面、实时仿真模块和网络通信模块的设计开发过程；此外，基于 Unity3D 虚拟引擎设计视景软件的总体架构，并给出相应的模型库和虚拟仿真环境的搭建过程；最后，基于 MySQL 数据库设计数据库管理模块，包括数据表结构设计、数据存取逻辑设计、数据查询优化方案、数据库回放等功能，最终实现多无人飞行器虚拟仿真交互平台的设计。

第 9 章　多无人飞行器虚拟仿真演示验证

多无人飞行器运行过程复杂且成本高昂，在新的理论算法实际应用之前必须尽可能降低风险。因此，研究能够模拟多无人飞行器真实运行情况的虚拟仿真平台至关重要，仿真演示验证实验是检验平台功能、评估智能算法实时性能的有效手段，对飞行器运行场景及实时状态进行模拟和演示，以验证理论算法的有效性，这对相关算法未来的实际应用也是至关重要。本章分别以卫星星群和多无人机为研究对象，搭建可视化实时仿真训练环境，通过分析实时仿真结果，并根据仿真过程中主控软件及视景软件的运行情况，完成平台总体的演示验证工作，突破多无人飞行器智能自主科技发展的技术瓶颈。

本章的主要内容安排如下：9.1 节对星群智能自主运行场景进行演示验证；9.2 节对多任务场景下多无人机智能决策进行演示验证；9.3 节给出本章小结。

9.1　星群智能自主运行演示验证

本节主要介绍以卫星星群为研究对象的多无人飞行器仿真演示验证环节。首先给出星群在特定任务场景下的场景描述，其次给出具体的演示验证步骤，最后根据仿真结果得到的数据进行理论分析，得出最终的演示验证结论。

9.1.1　静态目标观测场景演示验证

近年来，随着高新技术的发展以及对航天任务需求的不断扩大，多颗卫星组成编队协同工作共同完成复杂的任务目标，成为空间技术发展的主流方向。利用星群组网对地面多目标任务进行任务规划，并对重点区域通过小卫星编队多角度协同观测，有效提高星群探测能力，为作战决策提供重要的战场信息。本节主要介绍以静态目标为观测对象的星群协同观测虚拟仿真场景，验证相关智能任务决策算法(见 2.2 节)的有效性。

1. 场景描述

静态目标观测场景实验基于卫星模型及星群类脑智能任务决策算法，星群按照 Walker 星群构型进行分布，一共包含 4 个轨道面，每个轨道面上分布 8 颗卫星，总计 32 颗卫星为实验对象，对 68 个地球表面的静态目标进行协同观测，仿真平台根据星群类脑智能任务决策算法进行星群任务分配，其次卫星根据任务决策结果在对应的时间窗口对任务目标执行协同观测任务，最后将任务决策时间及任务决策结果反馈到主控数据显示面板，以验证静态星群类脑智能任务决策算法的有效性。

2. 演示验证

步骤 1：打开主控软件，在主控软件上方工具栏单击“连接视景机”按钮，连接视景软件，如图 9.1 所示。

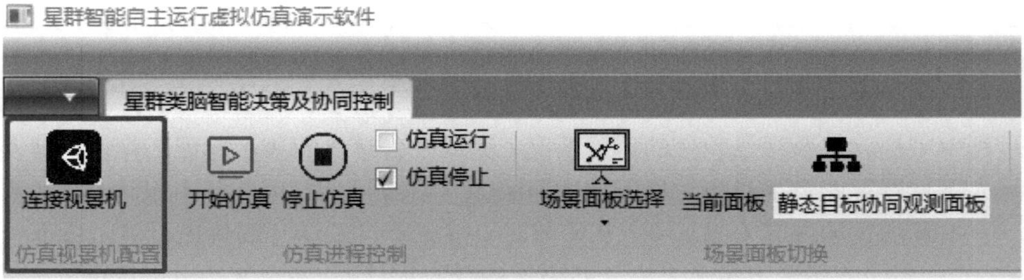

图 9.1　静态目标观测场景下连接视景机

步骤 2：连接视景机后，在初始化主界面单击“进入仿真系统”按钮，进入星群智能自主运行虚拟仿真演示系统，如图 9.2 所示。

图 9.2　静态目标观测场景下进入仿真系统

步骤 3：进入虚拟仿真演示系统主界面后，在左侧人机交互栏单击“添加静态目标”按钮选择添加观测目标，按照场景设计需求在地球表面添加 68 个静态目标，如图 9.3 所示。

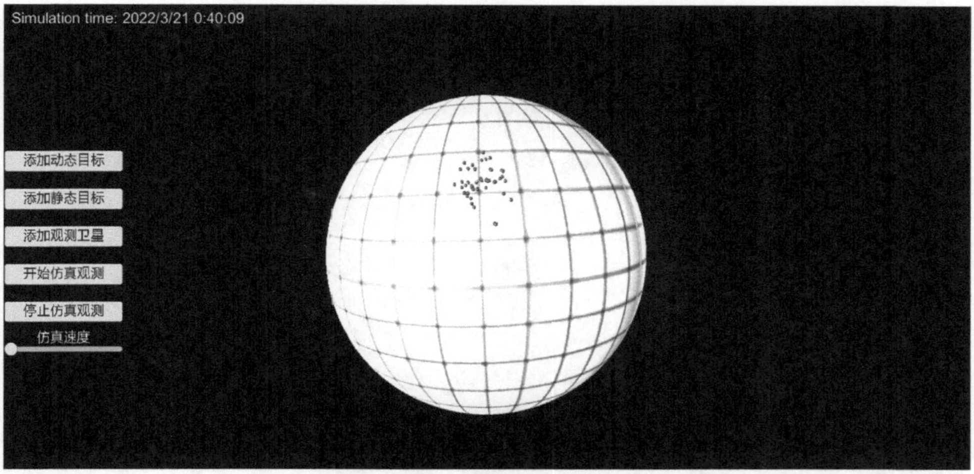

图 9.3　添加静态目标

步骤 4：添加静态目标后，在左侧人机交互栏点击“添加观测卫星”按钮，添加观测卫星，按照场景设计需求添加 Walker 星群构型，一共 4 个轨道面，每个轨道面上分布 8 颗卫星，总计 32 颗观测卫星执行观测任务，如图 9.4 所示。

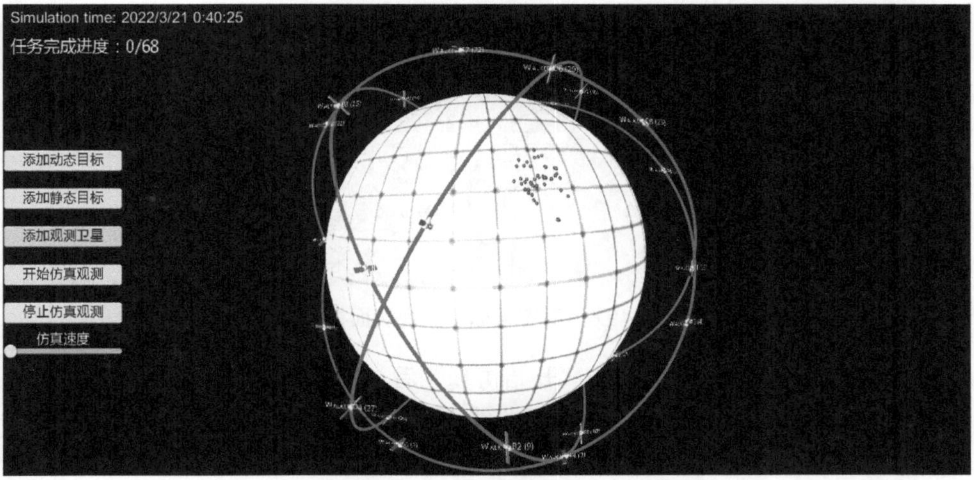

图 9.4　静态目标观测场景下添加观测卫星

步骤 5：添加观测卫星后，在左侧人机交互栏单击“开始仿真观测”按钮，星群根据静态目标类脑智能任务决策算法对每颗卫星进行任务分配，单颗卫星根据任务分配结果在固定时间窗口对所分配的观测目标执行协同观测任务，在界面左上角可以看到当前所有任务完成进度，其中未观测到的静态目标标记为绿色，已观测过的静态目标标记为蓝色，如图 9.5 所示。

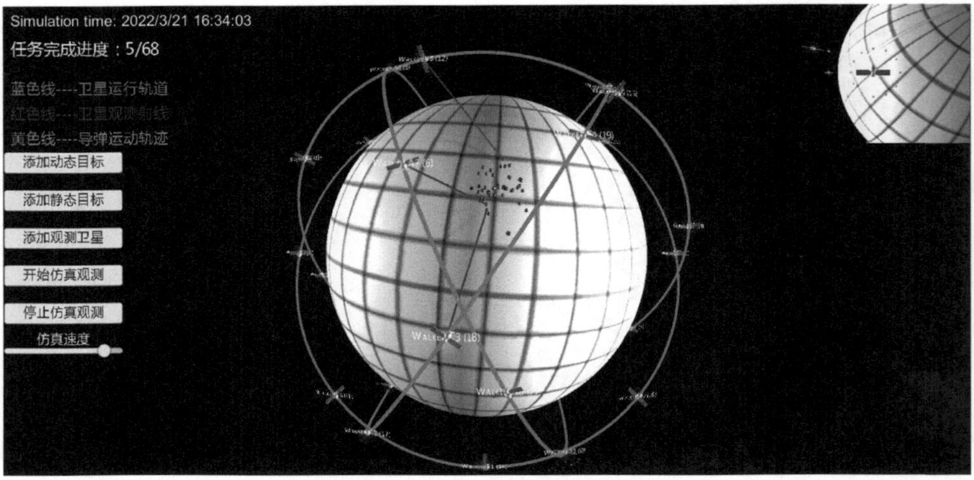

图 9.5　静态目标协同观测

步骤 6：当所有静态目标全部被观测完成后，在主控软件工具栏“场景面板选择”中选择“静态目标协同观测面板”，然后单击“开始仿真”按钮，获取静态目标观测场景的仿真数据，如图 9.6 所示。

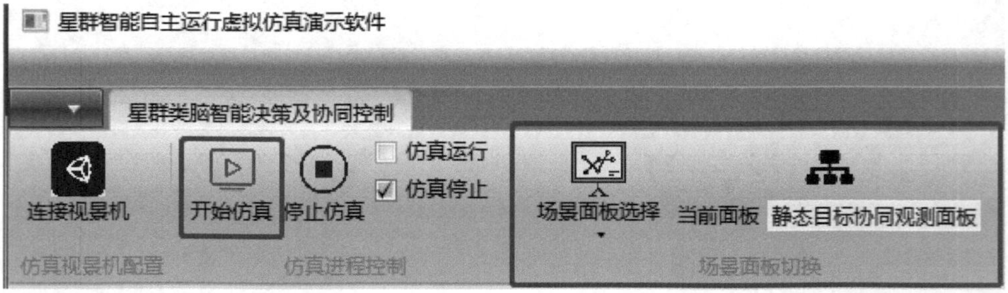

图 9.6　静态目标协同观测面板

步骤 7：在主控软件中点击“开始仿真”后，仿真平台会自动绘制出静态目标观测任务决策时间曲线图，并根据曲线图中数据在左侧仿真参数栏中计算出任务规则生成时间，具体任务分配结果可以通过手动输入静态目标编号来查看，如图 9.7 所示。

从仿真结果中可以看出，本虚拟仿真平台在 Walker 星群 32 颗卫星针对地球表面的 68 个静态目标执行协同观测任务时，任务规则生成时间为 0.02938s，有效验证了星群类脑智能任务决策算法的实时性、可靠性和有效性。

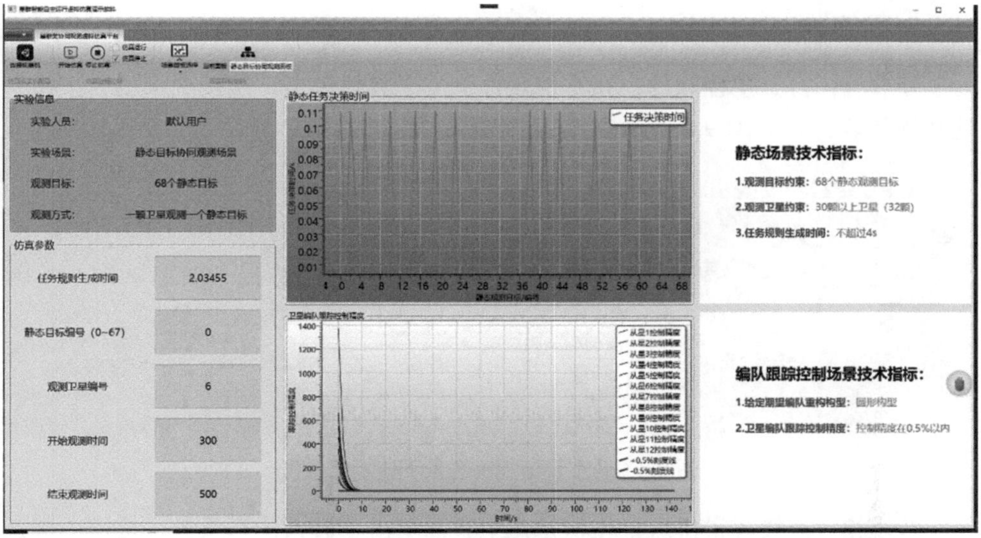

图 9.7　静态目标观测任务决策时间

9.1.2　动态目标观测场景演示验证

利用星群组网对太空中以部分深空为背景的动态目标进行观测是一项艰巨的任务，由于动态目标的运动轨道与观测卫星的运动轨道不一定同步，因此大多时间需要采用多颗卫星从不同角度对同一目标进行协同观测，并且卫星之间需要不断地交接观测任务，以尽可能实现对动态目标全生命周期进行覆盖。本节主要介绍以动态目标为观测对象的星群协同观测虚拟仿真场景，验证相关类脑智能任务决策算法(具体算法见 2.3 节)的有效性。

1. 场景描述

动态目标观测场景实验基于卫星模型及星群类脑智能任务决策算法，星群按照 Walker 星群构型进行分布，一共包含 4 个轨道面，每个轨道面上分布 8 颗卫星，总计 32 颗卫星为实验对象，对 16 个分布在地球表面上空 200～2000km 的动态目标进行协同观测，仿真平台根据星群类脑智能任务决策算法对每颗卫星进行任务分配，以 50s 为一个周期对动态目标执行观测任务。由于受到对动态目标的二重观测约束，同一动态目标飞行过程中需要两颗卫星同时对其进行观测。每颗卫星根据任务分配结果在对应的时间窗口对动态目标执行协同观测任务，最后将任务决策时间及任务决策结果反馈到主控数据显示面板，以验证静态星群类脑智能任务决策算法的有效性。

2. 演示验证

步骤 1：打开主控软件，在主控软件上方工具栏单击“连接视景机”按钮，连接视景软件，如图 9.8 所示。

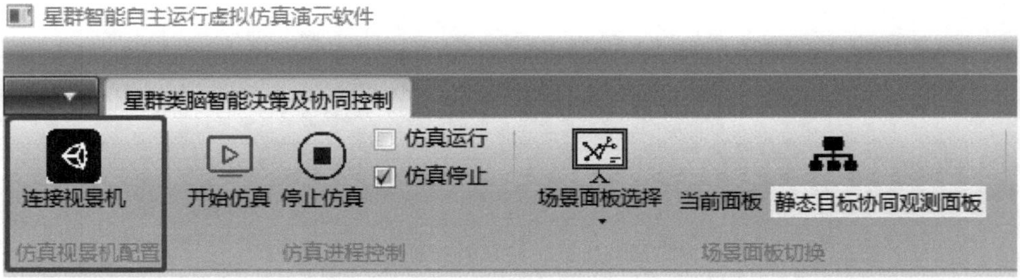

图 9.8　动态目标观测场景下连接视景机

步骤 2：连接视景机后，在初始化主界面单击“进入仿真系统”按钮，进入星群智能自主运行虚拟仿真演示系统，如图 9.9 所示。

图 9.9　动态目标观测场景下进入仿真系统

步骤 3：进入虚拟仿真演示系统主界面后，在左侧人机交互栏单击“添加动态目标”按钮选择添加观测目标，按照场景设计需求在地球表面添加 16 个动态观测目标，如图 9.10 所示。

步骤 4：添加动态观测目标后，在左侧人机交互栏单击“添加观测卫星”按钮添加观测卫星，按照场景设计需求添加 Walker 星群构型，一共 4 个轨道面，每个轨道面上分布 8 颗卫星，总计 32 颗观测卫星执行观测任务，如图 9.11 所示。

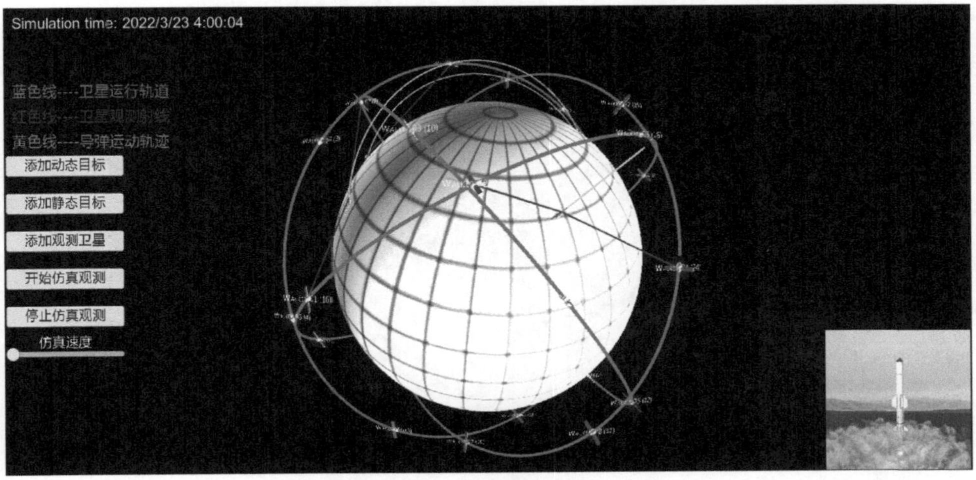

图 9.10　添加动态目标

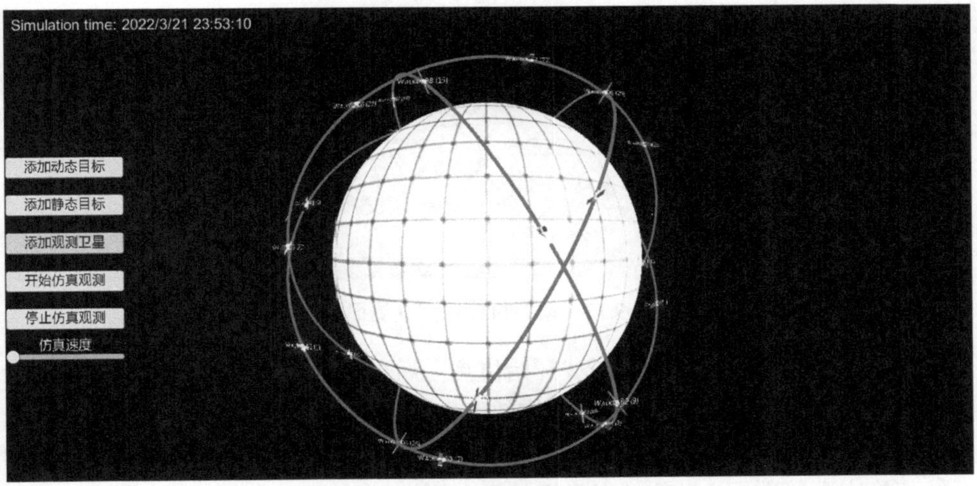

图 9.11　动态目标观测场景下添加观测卫星

步骤 5：添加观测卫星后，在左侧人机交互栏单击“开始仿真观测”按钮，星群根据动态目标类脑智能任务决策算法对每颗卫星进行任务分配，每两颗卫星为一组根据任务分配结果在固定时间窗口对所分配的动态目标执行协同观测任务，以 50s 为一个周期每组卫星交替对动态目标实行接力观测。蓝色线表示卫星运行轨迹，红色线表示卫星观测射线，黄色线表示导弹运动轨迹，如图 9.12 所示。

步骤 6：当所有动态目标全部被观测完成后，在主控软件工具栏“场景面板选择”中选择“动态目标协同观测面板”，然后单击“开始仿真”按钮，获取动态目标观测场景的仿真数据，如图 9.13 所示。

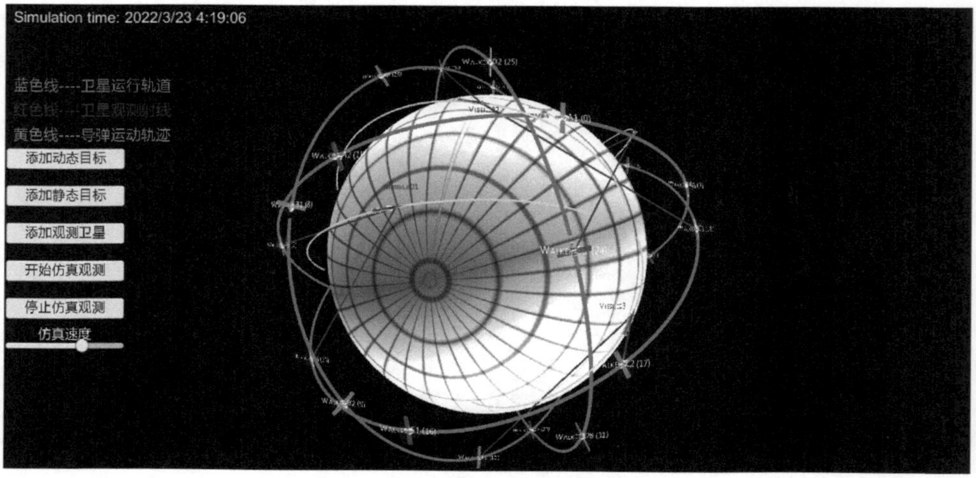

图 9.12　动态目标协同观测

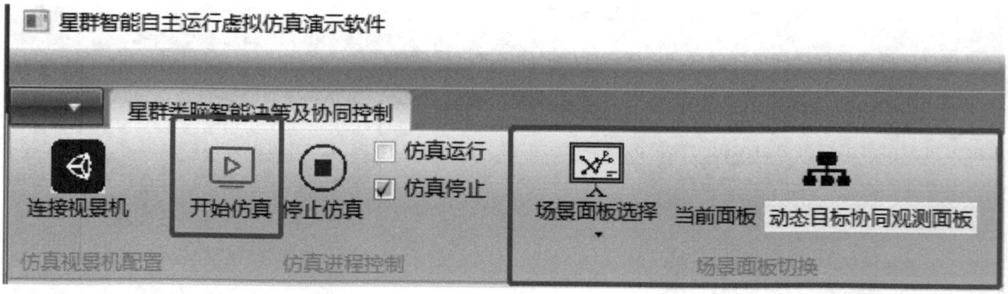

图 9.13　动态目标协同观测面板

步骤 7：在主控软件中单击“开始仿真”后，仿真平台自动绘制出动态目标观测任务决策时间曲线图、系统工作效率曲线图和两个动态任务分配结果曲线图，然后根据曲线图中数据在左侧仿真参数栏中计算出任务规则生成时间和平均系统切换次数等数据，具体动态目标的生命周期可以通过手动输入动态目标编号来查看，如图 9.14 所示。

从仿真结果可以看出，本章建立的虚拟仿真演示系统在 Walker 星群 32 颗卫星针对 16 个动态目标执行协同观测任务时，任务规则生成时间为 1.18131s，有效验证了星群类脑智能任务决策算法的实时性、可靠性和有效性。

9.1.3　星群智能自主协同控制场景演示验证

除了利用星群组网对多目标任务进行协同观测之外，星群还需要拥有一定的编队跟踪控制能力，以满足其他类型的任务需求。本节主要介绍以卫星星群本体为研究对象的星群智能自主协同控制虚拟仿真场景，验证相关星群路径规划及协同控制算法(具体算法见 4.2 节)的有效性。

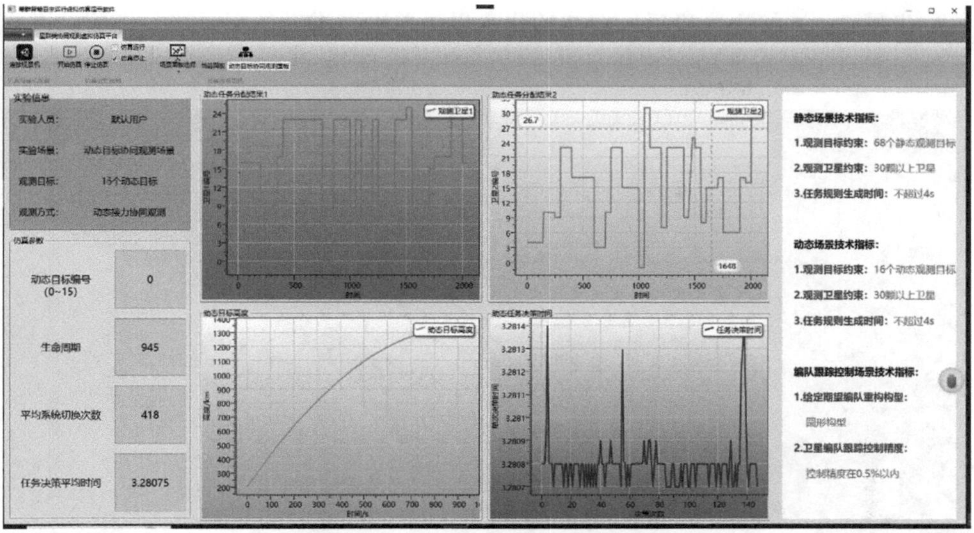

图 9.14　动态目标观测任务决策时间

1. 场景描述

星群智能自主协同控制场景实验基于卫星模型及星群路径规划及协同控制算法，以 Walker 星群构型下 1 颗卫星作为主星、12 颗小卫星作为从星研究对象，进行星群整体的编队跟踪控制，仿真系统采用星群智能自主协同控制算法控制每一颗从星的状态，进而控制整个星群按照规划轨迹完成整体编队构型变换，最后将星群编队控制结果反馈到主控数据显示面板，以验证星群路径规划及协同控制算法的有效性。

2. 演示验证

步骤 1：打开主控软件，在主控软件上方工具栏单击“连接视景机”按钮，连接视景软件，如图 9.15 所示。

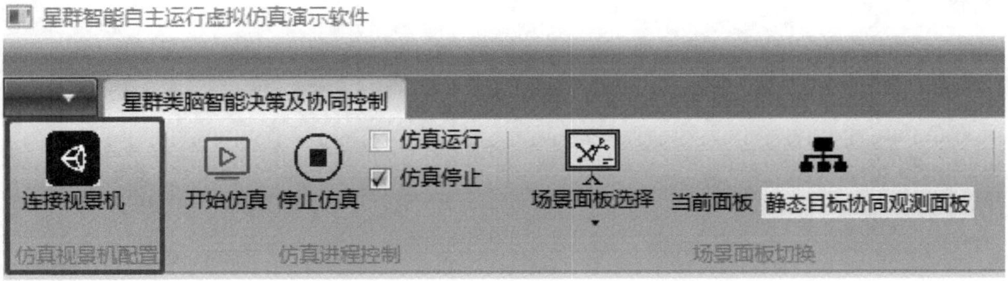

图 9.15　星群智能自主协同控制场景下连接视景机

步骤 2：连接视景机后，在初始化主界面单击“进入仿真系统”按钮，进入星群智能自主运行虚拟仿真演示系统，如图 9.16 所示。

图 9.16　星群智能自主协同控制场景下进入仿真系统

步骤 3：进入虚拟仿真演示系统主界面后，在左侧人机交互栏单击“添加静态目标”按钮和“添加观测卫星”按钮，其中包含添加小卫星群的功能，按照场景设计需求在编号为 WalkerA1(0)号的卫星下添加 12 颗从星，初始构型按照“一字型”排开，如图 9.17 所示。

图 9.17　添加星群编队

步骤 4：添加完编队卫星星群后，在左侧人机交互栏单击“开始仿真观测”按钮，采用星群智能自主协同控制算法计算出在主星坐标系下的相对规划路径，仿真平台会将相对规划路径分配到相应的卫星，每颗从星按照规划路径进行编队构型变换，最后完成从“一字型”到圆形构型的变换，如图 9.18 所示。

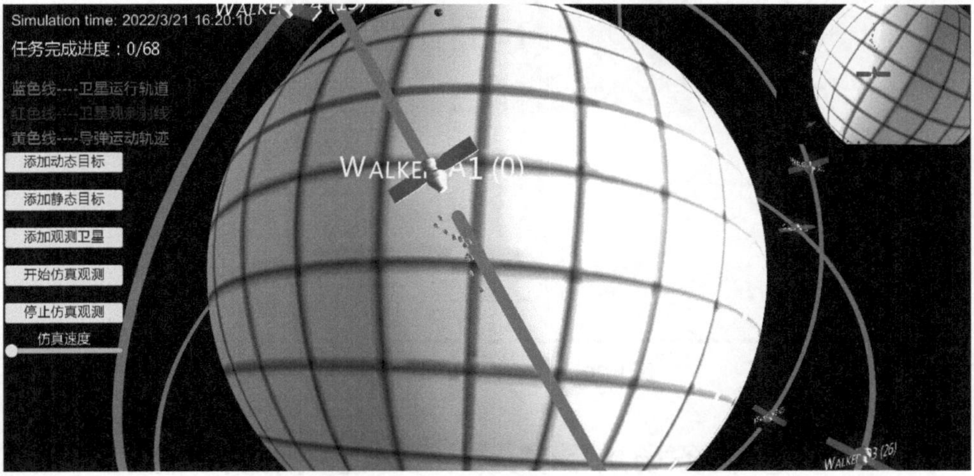

图 9.18 星群智能自主协同控制

步骤 5：星群编队跟踪控制完成后，在主控软件工具栏“场景面板选择”中选择“静态目标协同观测面板”，然后单击“开始仿真”按钮，接收星群编队数据，如图 9.19 所示。

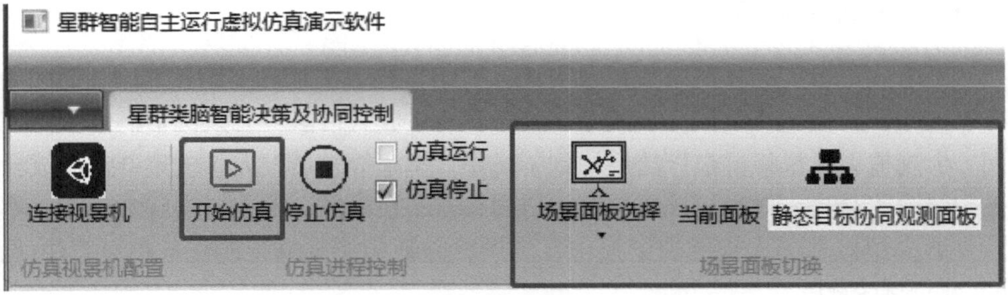

图 9.19 接收星群编队数据

步骤 6：在主控软件中单击“开始仿真”后，仿真平台自动绘制出卫星编队跟踪控制精度曲线图，通过控制精度曲线图可以看出所有从星的控制精度在 14s 左右时就收敛到 0.5%以内，如图 9.20 所示。

从仿真结果可以看出，虚拟仿真系统在针对 12 颗从星组成的卫星星群进行编队跟踪控制时，最终卫星编队跟踪控制精度可以收敛到 0.5%以内，有效验证了星群智能自主协同控制算法的实时性、可靠性和有效性。

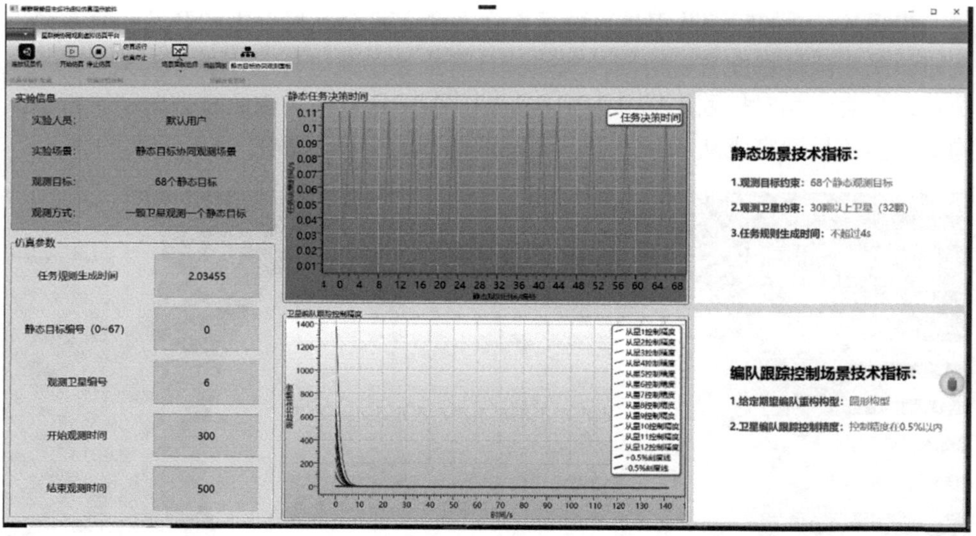

图 9.20　卫星编队跟踪控制精度

9.2　多任务场景下多无人机智能决策演示验证

本节主要介绍以多无人机为研究对象的仿真演示验证环节。首先给出多无人机在特定任务场景下的场景描述，其次给出具体的演示验证步骤，最后根据仿真结果得到的数据进行理论分析，得出最终的演示验证结论。

9.2.1　围捕场景演示验证

随着人工智能技术的发展以及对无人机集群任务需求的不断扩大，多架无人机组成集群协同工作共同完成复杂的任务目标，成为目前多无人机集群的主流方向，大规模无人机集群被广泛应用到了民用、军事等领域，无人机集群在作战任务中可分工合作，对目标开展侦察、协同打击，在战场环境中提供巨大优势。本节主要介绍以多无人机围捕虚拟仿真场景，验证相关类脑智能任务决策算法(见 6.2 节)的有效性。

1. 场景描述

在某个范围已知的任务区域内，存在 5 架己方无人机和 1 架对方无人机。任务区域内分布着多种类型的障碍物，除障碍物位置，其余区域对所有无人机均可达。己方无人机在实际执行围捕任务的过程中，决策信息仅依赖于自身传感器获取的周围环境信息。当无人机与环境中的障碍物发生碰撞时，认为无人机撞毁，无法继续参与围捕/逃跑。在规定的最大时间范围内，若达成围捕成功条件，判定任务执行成功，否则，视为任务失败。综上，围捕任务的决策目标为：考虑己方和对方无人机的位置、速度、任务需求和障碍物信息，仅利用自身观测值，在规定时间内达成围捕条件。

2. 演示验证

步骤 1：打开主控软件，在主控软件上方工具栏单击“场景选择”按钮，选择切换到“多无人机围捕场景”，如图 9.21 所示。

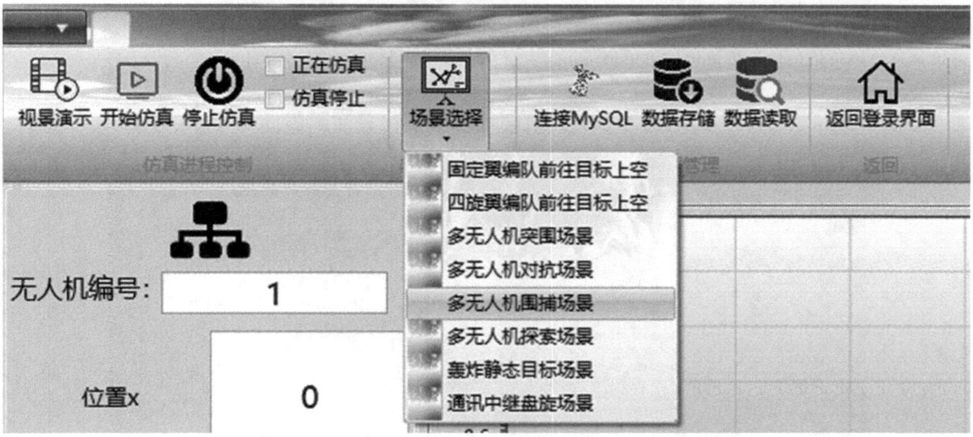

图 9.21　选择“多无人机围捕场景”

步骤 2：选择场景之后，在主控软件上方工具栏单击“视景演示”按钮，激活多无人机围捕场景的算法端和视景软件，进行实时的交互训练，如图 9.22 所示。

图 9.22　多无人机围捕场景下单击“视景演示”按钮

步骤 3：激活算法端和视景软件之后，通过数据的实时交互驱动视景软件中的无人机运动，效果如图 9.23 和图 9.24 所示。

步骤 4：在视景软件运行结束之后，单击主控软件上方工具栏的“开始仿真”按钮，获取多无人机围捕场景的仿真数据，如图 9.25 所示。

图 9.23　多无人机围捕场景下视景演示界面

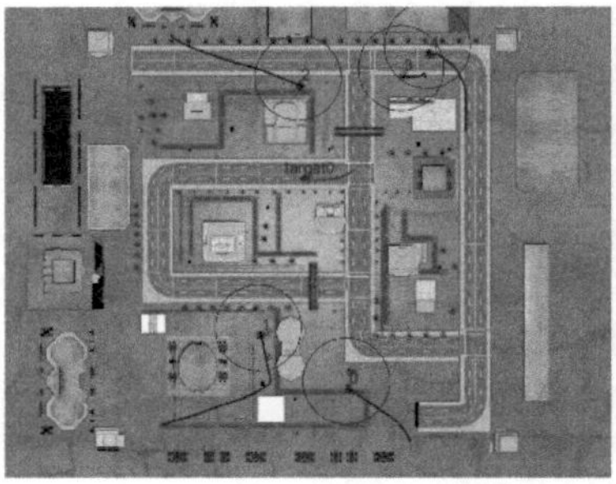

(a)

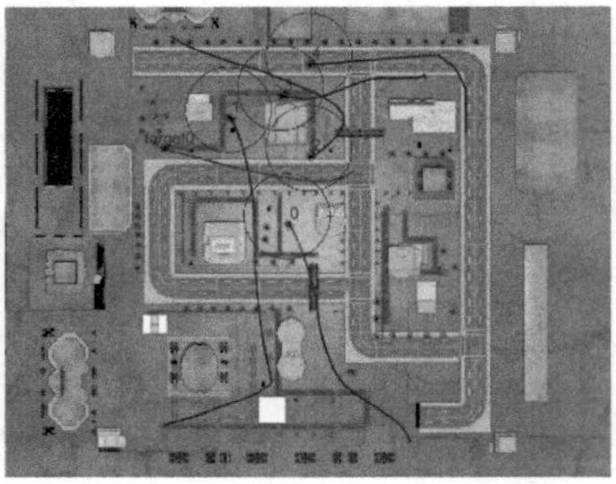

(b)

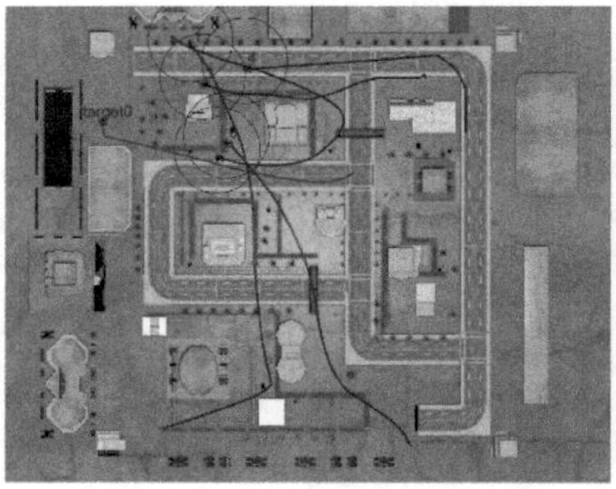

(c)

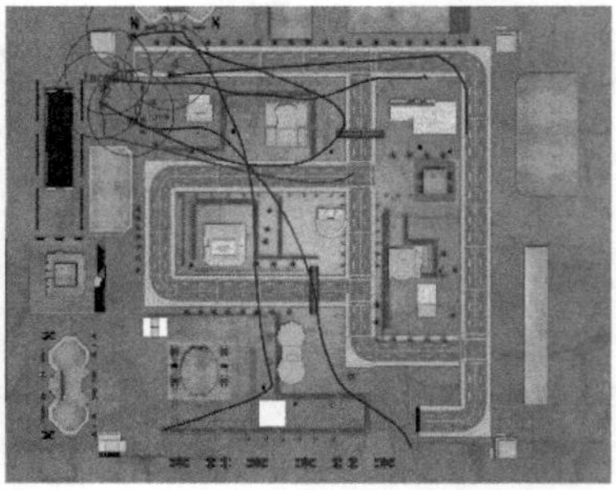

(d)

图 9.24　多无人机围捕场景下视景软件仿真结果

图 9.25　多无人机围捕场景下单击“开始仿真”按钮

步骤 5：在主控软件中单击“开始仿真”后，仿真平台会自动绘制出位置、速度、单步自主决策时间等仿真数据的曲线图，如图 9.26 所示。

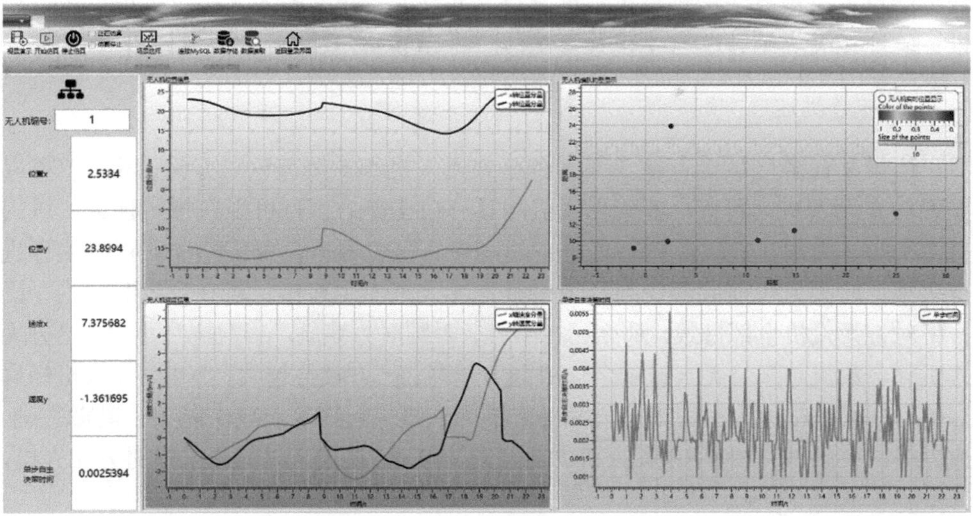

图 9.26　多无人机围捕场景仿真数据曲线图

步骤 6：在无人机编号输入框中输入无人机编号，并按下回车键，可切换不同无人机的仿真数据曲线，如图 9.27 所示。

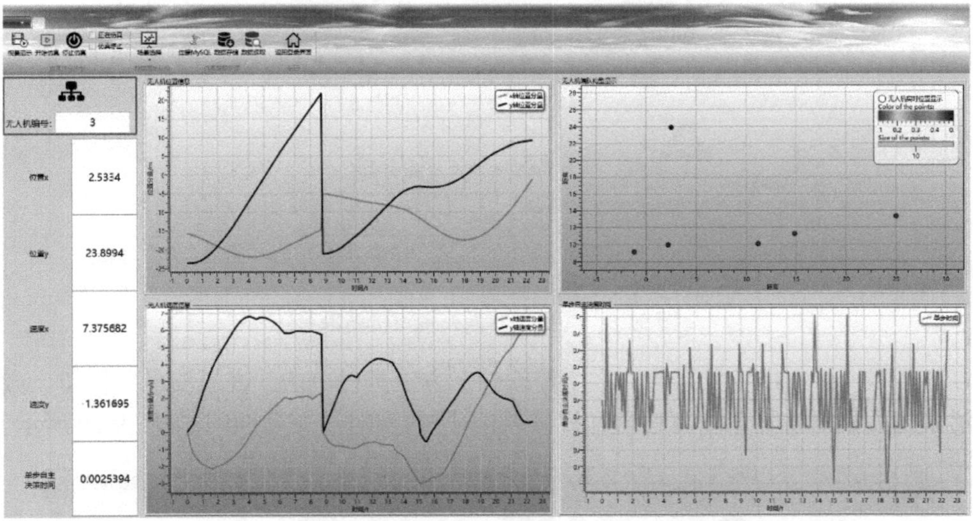

图 9.27　多无人机围捕场景下切换不同无人机仿真数据曲线

9.2.2　对抗场景演示验证

由于多无人机集群技术对军事领域作战造成了巨大威胁，采用多无人机与对方无人机进行对抗，即“无人机反无人机”的对抗策略是一种解决无人机威胁的重要措施之一，其中一个关键难点在于搭建一个多无人机对抗虚拟仿真平台为类脑智能自主决策算法训练提供数据支持，本节主要介绍多无人机对抗虚拟仿真场景，验证相关类脑智能自主决策算法(见 6.3 节)的有效性。

1. 场景描述

假设某任务区域内存在 5 架红色己方无人机和 5 架蓝色对方无人机，双方以摧毁对方无人机为目标。各架无人机均具有攻击能力，且可以在指定任务区域内自由飞行，无人机在实际执行任务的过程中，仅能根据自身传感器获得的信息进行决策。此无人机需要避免与环境中其他无人机发生碰撞。若在规定时间内，己方将对方无人机全部摧毁，那么己方获胜，否则对方获胜。当对抗终止时，己方无人机剩余数量越多且无人机剩余作战能力越高，己方收益越大。综上，无人机蜂群对抗目标可以描述为：考虑己方和对方的无人机飞行速度、攻击能力、避障避碰、边界等约束条件，仅利用各无人机的自身观测状态，在规定时间内摧毁对方无人机。

2. 演示验证

步骤 1：打开主控软件，在主控软件上方工具栏单击“场景选择”按钮，选择切换到“多无人机对抗场景”，如图 9.28 所示。

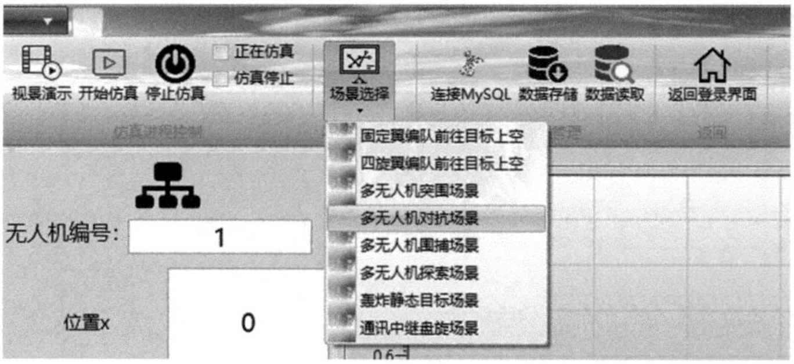

图 9.28　选择“多无人机对抗场景”

步骤 2：选择场景之后，在主控软件上方工具栏单击“视景演示”按钮，激活多无人机对抗场景的算法端和视景软件，进行实时的交互训练，如图 9.29 所示。

图 9.29　多无人机对抗场景下单击“视景演示”按钮

步骤 3：激活算法端和视景软件之后，通过数据的实时交互驱动视景软件中的无人机运动，效果如图 9.30 所示。

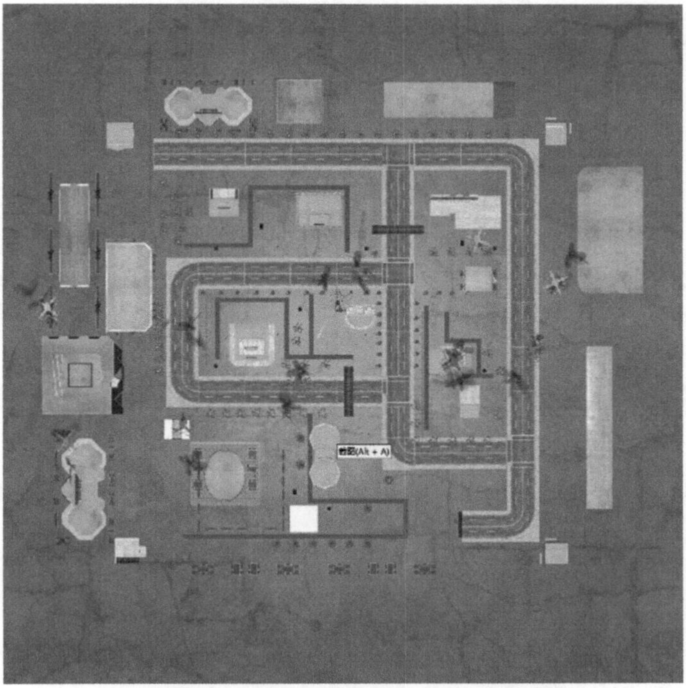

图 9.30　多无人机对抗场景视景演示界面

步骤 4：在视景软件运行结束之后，单击主控软件上方工具栏的“开始仿真”按钮，获取多无人机对抗场景的仿真数据，如图 9.31 所示。

图 9.31　多无人机对抗场景下单击“开始仿真”按钮

步骤 5：在主控软件中单击“开始仿真”后，仿真平台会自动绘制出位置、速度、单步自主决策时间等仿真数据的曲线图，如图 9.32 所示。

步骤 6：在无人机编号输入框中输入无人机编号，并按下回车键，可切换不同无人机的仿真数据曲线，如图 9.33 所示。

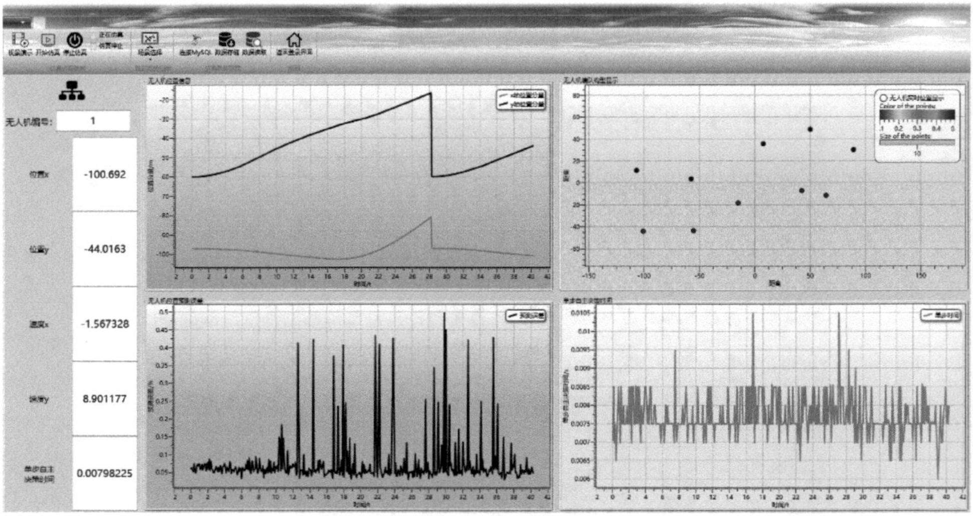

图 9.32　多无人机对抗场景仿真数据曲线图

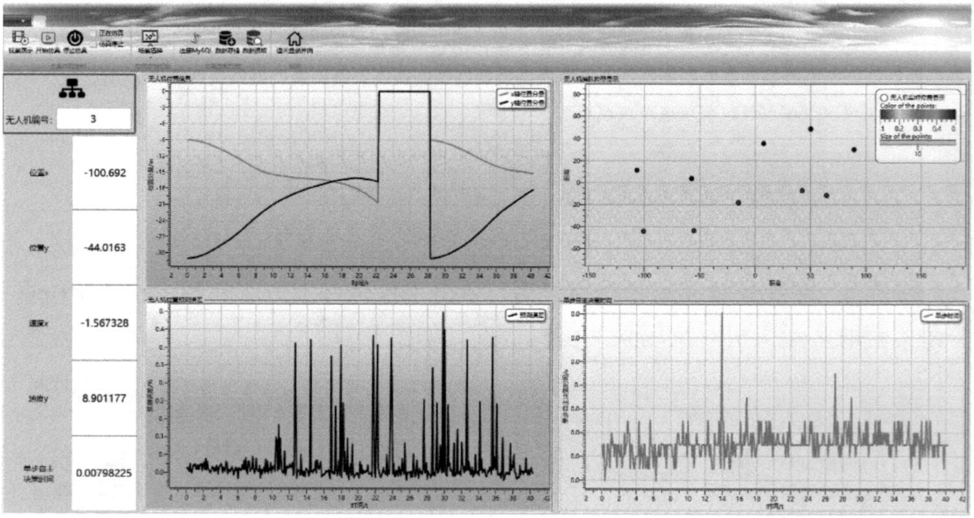

图 9.33　多无人机对抗场景下切换不同无人机仿真数据曲线

9.2.3　路径规划与编队飞行场景演示验证

1. 场景描述

无人机群编队到达城市上空之后，随机分布在一小片集群区域内。根据任务目标地点和障碍物信息对执行各任务的无人机分组进行路径规划，并对各编队进行编队控制，使其按照相应的队形运动，并避免过程中可能发生的碰撞。首先，固定翼无人机编队前往任务上空对静态目标进行清除，之后四旋翼无人机编队前往任务点执行各自任务。

2. 演示验证

步骤 1：打开主控软件，在主控软件上方工具栏单击“场景选择”按钮，选择切换到“固定翼编队前往目标上空”，如图 9.34 所示。

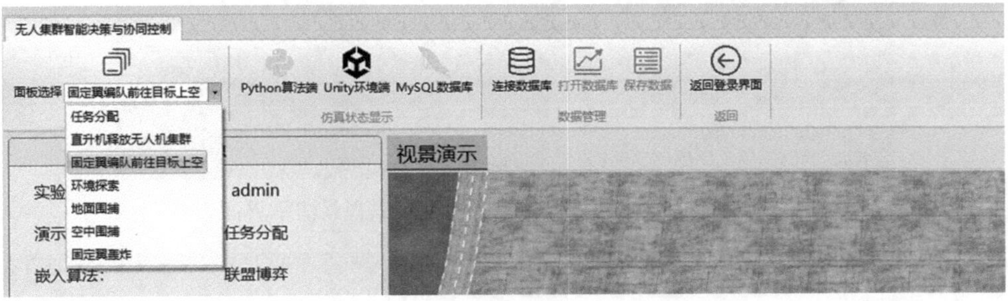

图 9.34　选择“固定翼编队前往目标上空“场景

步骤 2：选择场景之后，在主控软件上方工具栏单击“视景演示”按钮，激活固定翼编队前往目标上空场景的算法端和视景软件，进行实时的交互控制，如图 9.35 所示。

图 9.35　固定翼编队前往目标上空场景下单击“视景演示”按钮

步骤 3：激活算法端和视景软件之后，绘制规划的路径，通过数据的实时交互驱动视景软件中的无人机运动，效果如图 9.36 所示。

步骤 4：在视景软件运行结束之后，单击主控软件上方工具栏的“开始仿真”按钮，获取固定翼编队前往目标上空场景的仿真数据，如图 9.37 所示。

步骤 5：在主控软件中单击“开始仿真”后，仿真平台会自动绘制出位置、速度、单步自主决策时间等仿真数据的曲线图，如图 9.38 所示。

步骤 6：在无人机编号输入框中输入无人机编号，并按下回车键，可切换不同无人机的仿真数据曲线，如图 9.39 所示。

图 9.36　固定翼编队前往目标上空场景视景演示界面

图 9.37　固定翼编队前往目标上空场景下单击“开始仿真”按钮

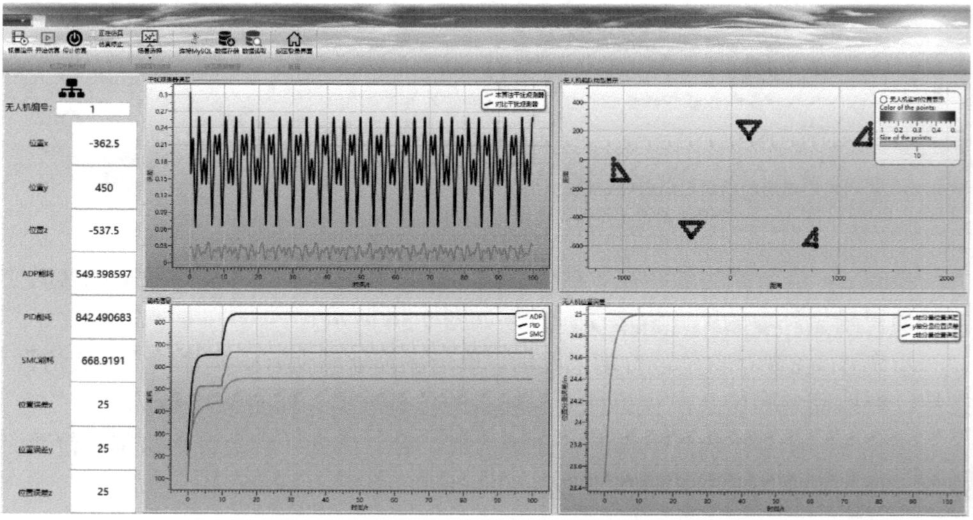

图 9.38　固定翼编队前往目标上空场景仿真数据曲线图

步骤 7：在主控软件上方工具栏单击“场景选择”按钮，选择切换到“四旋翼编队前往目标上空”，如图 9.40 所示。

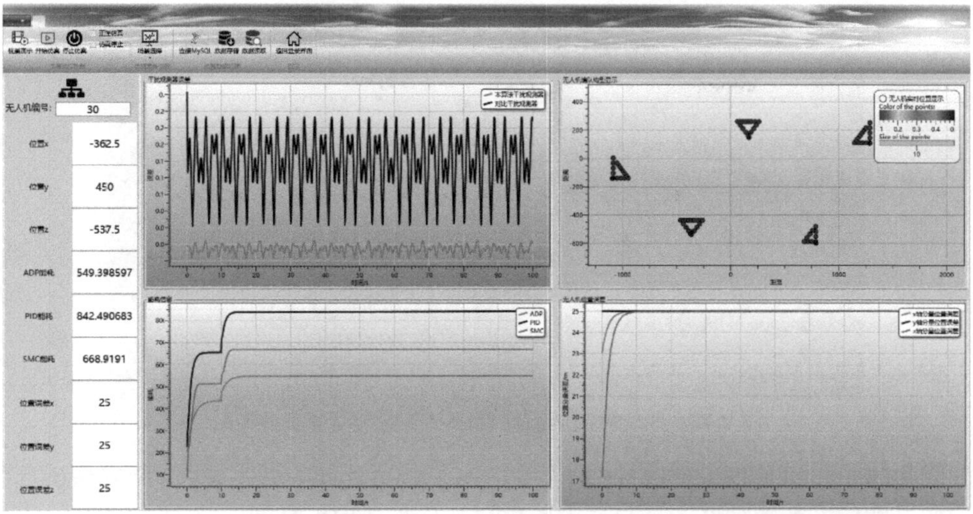

图 9.39　固定翼编队前往目标上空场景下切换不同无人机仿真数据曲线

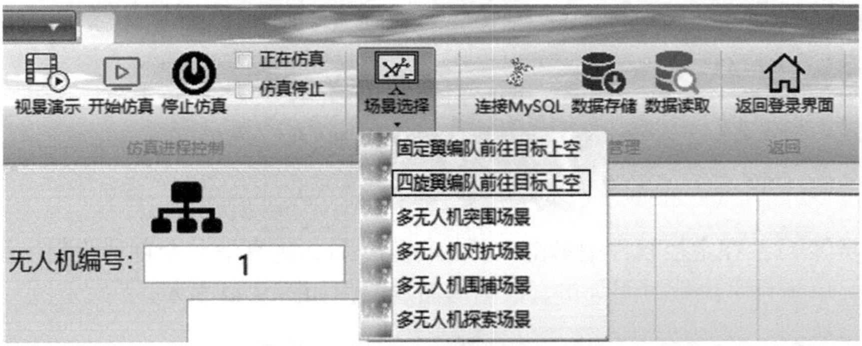

图 9.40　选择“四旋翼编队前往目标上空”场景

步骤 8：选择场景之后，在主控软件上方工具栏单击“视景演示”按钮，激活四旋翼编队前往目标上空场景的算法端和视景软件，进行实时的交互控制，如图 9.41 所示。

图 9.41　四旋翼编队前往目标上空场景下单击“视景演示”按钮

步骤 9：激活算法端和视景软件之后，绘制规划的路径，通过数据的实时交互驱动视景软件中的无人机运动，效果如图 9.42 所示。

图 9.42　四旋翼编队前往目标上空场景视景演示界面

步骤 10：在视景软件运行结束之后，单击主控软件上方工具栏的“开始仿真”按钮，获取四旋翼编队前往目标上空场景的仿真数据，如图 9.43 所示。

图 9.43　四旋翼编队前往目标上空场景下单击“开始仿真”按钮

步骤 11：在主控软件中单击“开始仿真”后，仿真平台会自动绘制出位置、速度、单步自主决策时间等仿真数据的曲线图，如图 9.44 所示。

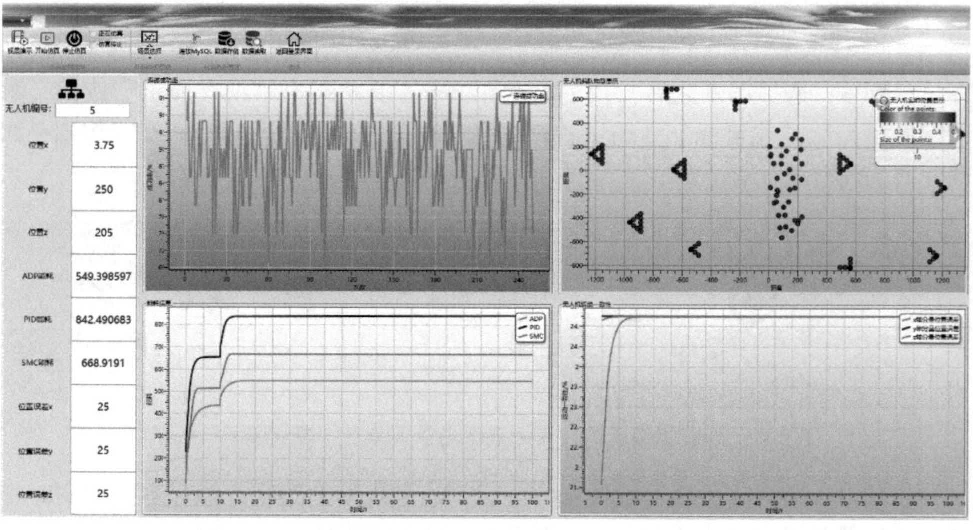

图 9.44　四旋翼编队前往目标上空场景仿真数据曲线图

步骤 12：在无人机编号输入框中输入无人机编号，并按下回车键，可切换不同无人机的仿真数据曲线，如图 9.45 所示。

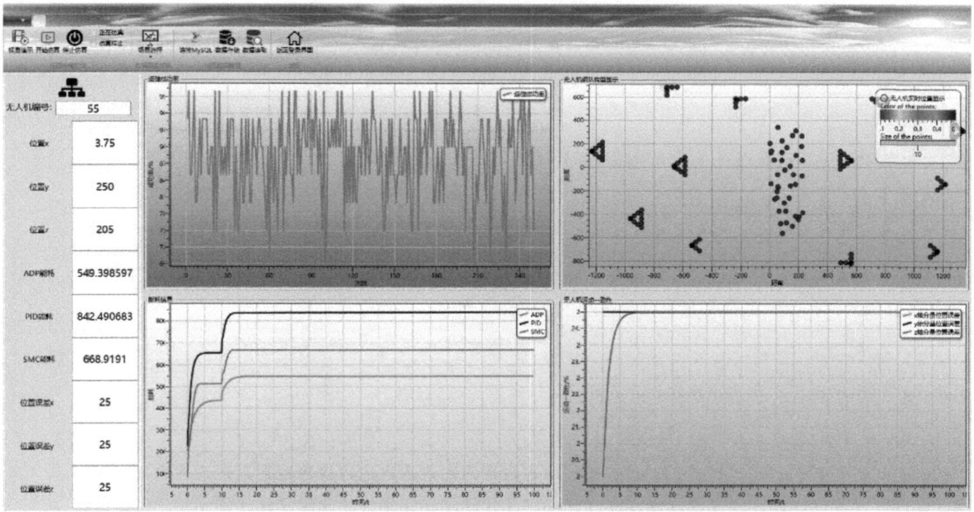

图 9.45　四旋翼编队前往目标上空场景下切换不同无人机仿真数据曲线

9.3　小　　结

本章通过仿真实验，验证多无人飞行器虚拟仿真交互平台的性能。首先，针对以卫星星群为研究对象的场景，将其分为静态目标观测、动态目标观测和星群智能自主协同控制三个子场景；针对以多无人机为研究对象的场景，将其分为围捕、对抗及路径规划与编队飞行三个子场景。针对不同的仿真场景，分别介绍了各子场景的任务背景、仿真操作流程和效果，并分析了仿真实验结果，最终验证了多无人飞行器虚拟仿真交互平台的有效性和可靠性。